# 南海西科 1 井碳酸盐岩生物礁储层沉积学

## 古生物地层

祝幼华　朱伟林　王振峰  
罗　威　刘新宇　**编著**

## 内容提要

本书以西科1井钻井岩芯为研究材料,通过珊瑚、钙藻、有孔虫、钙质超微、双壳类及腹足类六门类古生物化石的系统研究,明确各门类生物的属种类型及组合特征,建立了该井所在区域生物地层及年代地层格架。依据多门类古生物化石群落组成、分布和丰度,运用个体生态学和综合生态学相结合的研究方法,揭示了中新世以来的主要造礁生物类型及造礁期,阐明了西科1井早中新世至第四纪古生态环境演化特征。

## 图书在版编目(CIP)数据

南海西科1井碳酸盐岩生物礁储层沉积学·古生物地层/朱伟林,谢玉洪主编;祝幼华,朱伟林,王振峰,罗威,刘新宇编著.—武汉:中国地质大学出版社,2016.12
 ISBN 978-7-5625-3982-7

Ⅰ.①南…
Ⅱ.①朱…②谢…③祝…④王…⑤罗…⑥刘…
Ⅲ.①南海-地层古生物学
Ⅳ.①Q911.6

中国版本图书馆 CIP 数据核字(2016)第 327094 号

| 南海西科1井碳酸盐岩生物礁储层沉积学·古生物地层 | 祝幼华 朱伟林 王振峰<br>罗 威 刘新宇 | 编著 |
|---|---|---|
| 责任编辑:王凤林　赵颖弘　　　选题策划:毕克成　王凤林 | | 责任校对:张咏梅 |
| 出版发行:中国地质大学出版社(武汉市洪山区鲁磨路388号) | | 邮政编码:430074 |
| 电　　话:(027)67883511　　　　传　　真:67883580 | | E-mail:cbb@cug.edu.cn |
| 经　　销:全国新华书店 | | http://www.cugp.cug.edu.cn |
| 开本:880毫米×1230毫米 1/16 | 字数:499千字 | 印张:15.75 |
| 版次:2016年12月第1版 | 印次:2016年12月第1次印刷 | |
| 印刷:武汉籍缘印刷厂 | 印数:1—1000册 | |
| ISBN 978-7-5625-3982-7 | | 定价:198.00元 |

如有印装质量问题请与印刷厂联系调换

# 《南海西科1井碳酸盐岩生物礁储层沉积学》

## 编 辑 委 员 会

**丛书主编：** 朱伟林　谢玉洪

**执行主编：** 王振峰　张道军

**委　　员**（按拼音顺序排序）：

| | | | | |
|---|---|---|---|---|
| 邓成龙 | 高阳东 | 郭书生 | 姜　平 | 李绪深 |
| 廖　晋 | 刘　立 | 刘新宇 | 陆永潮 | 罗　威 |
| 米立军 | 裴健翔 | 邵　磊 | 时志强 | 孙志鹏 |
| 童传新 | 肖安涛 | 解习农 | 杨红君 | 杨计海 |
| 杨希冰 | 易　亮 | 尤　丽 | 翟世奎 | 张迎朝 |
| 祝幼华 | | | | |

# 序

随着全球油气勘探开发的发展，海域和海相已成为当前我国油气勘探的两大重要领域，其中碳酸盐岩储层无疑成为科学研究和油气勘探的热点。生物礁滩体系是南海最具诱惑力、最具价值的勘探领域。尽管国土资源部等单位先后在西沙岛礁已钻探了4口井，但这些钻孔由于取芯率低及受当时研究技术手段的局限而缺乏系统的分析，研究未能取得理想的成果。中国海洋石油总公司在南海西沙群岛生物礁上组织实施了1口全取芯的科学探索井——"南海西科1井"，并由中海石油（中国）有限公司湛江分公司牵头，汇聚了中国地质大学（武汉）、同济大学、中国海洋大学、成都理工大学、吉林大学、中国科学院南京地质古生物研究所及地质与地球物理研究所等多家科研院所，联合组成多学科的研究团队，经过3年联合攻关形成了一系列的研究成果。

西科1井为南海区域揭示生物礁地层最全、取芯最为完整的钻井，高密度的采样分析、多学科的综合研究使之成为我国生物礁滩体系研究的经典范例。该书取得如下重要进展：①系统开展了西科1井6个门类生物化石的鉴定及多门类高精度的生物地层、沉积环境与古生态演变综合研究；②系统开展了生物礁的岩石磁学研究，首次获取了南海西沙岛礁中新世以来的磁极性倒转序列和高分辨率环境磁学序列；③首次采用有机分子化合物分析并结合无机地球化学方法恢复了西沙地区中新世以来的海平面变化过程；④综合运用古生物、古地磁、岩石学、元素地球化学、同位素测年等多种方法，首次全面系统地建立了早中新世以来的南海碳酸盐岩-生物礁地层标准剖面；⑤首次利用高分辨率X射线岩芯扫描资料建立了西科1井高频旋回单元划分方案及生物礁滩垂向动态沉积模式和演化模式；⑥应用古流体恢复技术阐明了西科1井储层特征、成岩演化特征及岛礁潟湖环境下的白云岩化模式。

本专著汇集了该科研团队对南海生物礁滩体系的综合研究成果，通过西沙地区科学探索1号井的精细解剖，全面揭示了南海西沙海域新生代生物礁滩体系发育演化及古海洋演变历程，查明了碳酸盐岩储层非均质性及其特点。研究成果为南海生物礁滩体系研究提供一个极佳的范例，对广大油气勘探工作者具有很大参考价值和实用价值，也是高等院校师生一部很好的参考书。相信本书的出版会进一步深化生物礁滩体系理论研究，对我国海域碳酸盐岩油气勘探将起到重要的推动作用。

中国工程院院士：马永生<br>
2016年12月17日

# 丛书前言

碳酸盐岩油气藏是近年来油气勘探最重要的领域之一。纵观世界油气勘探历史,新近发现中大型油气藏的 2/3 为碳酸盐岩油气藏,碳酸盐岩储层虽然只占沉积岩的 20%,油气探明储量却占 50%以上,油气产量约占世界油气总产量的 60%(Michael,2011)。2006 年巴西在 BM-S-11 区块发现的碳酸盐岩油气藏,最大水深 2126m,油田面积 900km$^2$,可采储量 65×10$^8$bbl(1bbl=159L),是巴西近几年的最大油气突破(吴时国,2011);中东地区石油产量约占全世界产量的 2/3,其中 80%的含油层产于碳酸盐岩(Klaas Verwer,2011),沙特阿拉伯的石油储量占世界总储量的 26%,而其储层均属碳酸盐岩储层;北美的碳酸盐岩中油气产量约占北美整个石油产量的一半(Wilson,1980;Mazzullo,2009);鉴于碳酸盐岩储层的地位和重要性,碳酸盐岩油气藏成为各大石油公司多年来主要的勘探目标(Roehl & Choquette,1985;Andrel et al,2003;Klett,2010)。

生物礁是碳酸盐岩储层中的核心部分(Paola Ronchi,2010)。世界上一些礁相大气田的总储量达到了 4×10$^8$t,在碳酸盐岩大油气田中占据着重要的地位。加拿大的油气产量约有 60%产自生物礁油气藏;墨西哥全国石油产量的 70%产自生物礁油气藏(卫平生,2006);哈萨克斯坦的最大油田卡沙甘油田就是生物礁相的优质碳酸盐岩储层(Paola Ronchi et al,2002,2010;Zempolich,2005);此外,美国二叠盆地的石炭纪—二叠纪马蹄形礁油田(Vest E L,1970;Arthur H Saller,2007),伊拉克基尔库克古近纪到新近纪生物礁油田(Majid A H,1986;Sadooni,2003),阿联酋布哈萨生物礁油田(Alsharhan A S,1987)等均为大型生物礁油田;我国陆地勘探近年来在塔里木盆地(塔中奥陶系)、川东盆地(普光及龙岗)等也发现多个大型碳酸盐岩生物礁油气藏。

近年来,生物礁滩体系沉积机制及储层条件的研究有赖于与现代环境的比较沉积学分析,国际上最为系统的研究实例就是巴哈马滩,以迈阿密大学比较沉积学实验室的 Robert N Ginsburg 教授为代表的团队,坚持了数十年的专门研究,已建立了多种背景下的沉积相模式,包括台地内部、碳酸盐砂、生物礁、潮坪以及边缘斜坡沉积(Eberli & Ginsburg,1987;Grammer et al,1993;Grammer et al,2004)。这些研究成果不仅加深了对"孤立"碳酸盐岩台地内部结构及其空间分布的认识,而且大大深化了碳酸盐岩成岩作用及其机理的理解,为碳酸盐岩储层侧向非均质性类比提供了极佳的范例。

生物礁滩体系是南海最具诱惑力、最具价值的勘探领域。然而,到目前为止,南海生物礁的研究总体还基于地震资料和为数不多的钻孔,尽管 20 世纪 70 年代石油部和国土资源部先后在西沙群岛针对生物礁钻探了西永 1 井和西琛 1 井,但这些钻孔由于取芯率低及受当时技术手段的局限而缺乏系统的分析,研究未能取得理想的成果。为了强化生物礁的研究,并为南海北部深水区及南海中南部勘探潜力评价与生物礁储层研究等提供依据,中国海洋石油总公司在南海西沙群岛生物礁上组织实施了 1 口全取芯的科学探索井——"南海西科 1 井"。因此,本次研究聚焦于"南海西科 1 井碳酸盐岩生物礁储层沉积学",由中海石油(中国)有限公司湛江分公司、中国地质大学(武汉)、同济大学、中国海洋大学、成都理工大学、吉林大学、中国科学院南京地质古生物研究所及地质与地球物理研究所联合组成多学科的研究团队,开展了多学科的综合研究,经过 3 年联合攻关取得了如下重要进展。

## 1. 古生物地层

以西科 1 井的岩芯为研究材料,通过岩芯宏观标本观察与鉴定、样品分析与鉴定、薄片分析与鉴定等多种方法,开展了该井古生物化石的系统研究与描述,取得的主要进展如下。

(1)通过有孔虫、钙藻、珊瑚、钙质超微、腹足、双壳共6个门类化石的系统研究与鉴定,明确了西科1井生物礁主要造礁生物与附礁生物的属种类型,并进行了系统描述。

(2)通过主要生物门类生物带或化石组合的划分及与其他地区的对比,划分了该井年代地层单元,在此基础上通过对周边已钻井生物地层的厘定与系统总结,建立了该井所在区域的生物地层与年代地层格架。

(3)通过组成生物礁的生物种类、数量、分布规律和生态特征的分析,揭示了西沙地区中新世以来的沉积环境及古生态演变过程,明确该井揭示了礁前滩、礁骨架、礁后滩及潟湖等多种沉积环境类型。

## 2. 年代地层与古海洋环境

通过西科1井岩芯样品的岩石磁学、沉积学、沉积地球化学、古生态学、同位素年代学及稳定同位素地层学等方法的系统性分析,开展了该井年代地层的精细研究,恢复了西沙地区海平面变化过程,取得的主要成果如下。

(1)首次在南海地区开展了生物礁的岩石磁学研究,确定了从海水中捕获的磁铁矿为西沙生物礁中的磁性矿物,阐明了生物礁的剩磁获得机制;结合生物年代地层学研究成果,建立了20.44Ma以来的南海地区中新世磁性地层时间序列。

(2)首次采用碳同位素地层学方法对西科1井上部50m进行了精细的地层学划分,并采用珊瑚U-Th定年方法进行了准确标定。

(3)首次采用有机分子化合物及无机地球化学方法对西沙地区珊瑚礁发育生长环境进行了系统分析,建立了中新世以来的西沙地区海平面变化曲线,揭示了生物礁生长发育具有高海平面以潟湖相为主、低海平面以礁相为主的演变规律。

(4)应用反映陆源的Si、K、Ti等与反映海源的Na、P、B等元素指标的比值进行了全井段古海洋环境的分析,揭示了南极冰盖扩大及北极冰盖形成等古海洋学事件在西沙碳酸盐岩台地中的记录,恢复了中新世以来的相对温度变化曲线。

## 3. 层序地层与沉积演化

基于西科1井岩芯及岩石薄片宏观与微观特征的定性和定量分析、全井段岩芯高分辨率X射线扫描(Itrax)成像及岩样的高精度测试,精细划分了西科1井高频层序地层单元,揭示了生物礁高频生长单元的构成、沉积微相的类型特征,建立了西科1井生物礁、滩垂向动态沉积演化模式。主要进展包括以下几方面。

(1)基于详细岩芯观察和薄片鉴定,将礁岩和粒屑岩两大类岩性划分为16种宏观岩性相类型及21种微观岩性相类型。在此基础上查明了生物礁滩体系中生物礁、生屑滩和潟湖相沉积的特征,进而总结了相应的沉积模式。

(2)首次利用高分辨率X射线岩芯扫描仪(Itrax多功能扫描仪)对西科1井全井段(1268m)岩芯进行了扫描,获得了26种元素含量计数点,组成了325个元素比值,通过观察各元素比值随深度的变化趋势,从层序和成岩角度对其进行了规律性总结及高频单元的划分。基于受控层序和成岩两者共同作用元素的变化规律,很好地进行了五级层序单元甚至六级层序单元的划分。

(3)阐明了西沙地区生物礁主要生长单元样式和动态演化模式。以海泛面和暴露面为标志,将礁体归纳为淹没型生长单元和暴露型生长单元两大类。暴露型又进一步细分为硬基底和软基底两类,淹没型可细分为快速淹没和缓慢淹没两类。垂向上形成了极具特色的礁体组合,即慢步礁(或淹没礁)、同步礁(加积礁)、快步礁(暴露礁),进而总结了生物礁滩体系的动态演化模式。

## 4. 储层特征与成岩演化

运用储层物性测试资料、岩石薄片鉴定成果以及扫描电镜、阴极发光、碳氧同位素、微量元素、稀土元素、包裹体均一温度等多种测试资料,详细总结了西科1井储层特征、成岩演化特征,特别是白云岩化机理。对西沙地区礁滩相碳酸盐岩储层研究取得了如下进展。

(1)西科1井钻遇的碳酸盐岩主要为原地石灰岩、异地石灰岩、碳酸盐砂、白云岩化灰岩和混积岩。碳酸盐岩的成岩作用主要受成岩环境和成岩阶段制约。其中,大气水成岩环境的影响深度范围为0～169m,见新月形、悬垂状、等厚栉状或粒间晶簇状胶结物;海水成岩环境的影响深度范围为169～579m,含泥晶套、纤维状—针状文石胶结物,具偏重的$\delta^{13}C$和$\delta^{18}O$值。埋藏成岩环境的影响深度范围为579～1257.52m,以粗晶镶嵌状方解石及相对偏轻的$\delta^{13}C$和$\delta^{18}O$值为识别标志。乐东组、莺歌海组和黄流组处于同生成岩阶段,梅山组和三亚组处于早成岩阶段。

(2)在白云岩层段,白云石的形成晚于海水成岩作用。白云岩中白云石多呈粉晶-中晶结构,随深度的增加较大晶粒白云石在岩石中的比例增加,在三亚组碳酸盐岩中鞍形白云石含量显著增加。白云岩样品的碳、氧同位素则完全缺乏相关性,反映了大气水、岩浆来源流体、有机酸等流体等成岩流体并没有参与白云石化过程,白云石形成流体的盐度稍高于正常海水。中等盐度渗透回流模式适用于西沙地区大部分白云岩的形成解释。

(3)西科1井碳酸盐岩总体较为疏松,孔隙发育。钻遇地层的所有岩石类型中均发育铸模孔隙和溶解孔隙等次生孔隙。其粒内孔隙分布于几乎所有的岩石类型,粒间孔隙主要发育于颗粒支撑的岩石类型,格架孔隙主要发育于骨架灰岩、黏结灰岩以及原岩为原地灰岩的白云质灰岩和灰质白云岩中,晶间孔隙分布于白云岩中。孔隙度和储集质量明显受岩性制约,孔隙度随埋深变化呈分段式。白云岩、灰质白云岩和白云质灰岩的储集条件优于泥粒灰岩和粒泥灰岩。孔隙演化的主控因素为成岩环境、机械压实作用和白云化作用。

编写这套《南海西科1井碳酸盐岩生物礁储层沉积学》专著的目的,不仅是要全面展示南海西科1井精细的研究成果,更重要的是为南海生物礁研究提供一个经典的"铁柱子",可作为油气勘探生产的不同生物礁微相标准化及示范化规范的宏观、微观特征图版和数据库。客观地总结我国近年来在生物礁研究领域的成果经验,为广大海洋地质工作者及油气勘探专家提供一部实用的参考书。

本专著共分4册。第一册为《古生物地层》,系统介绍了西科1井主要造礁生物及附礁生物的类型和组合特征,明确了该井地质年代及地层单元的划分,建立了西科1井及西沙地区的生物地层格架,分析了早中新世以来的沉积环境及古生态演变过程。第二册为《年代地层与古海洋环境》,介绍了年代地层格架的建立及古海洋学的研究成果,确立了20.44Ma以来的南海地区中新世磁性地层时间序列,建立了中新世以来的西沙地区海平面变化曲线及相对温度变化曲线,揭示了南极冰盖扩大及北极冰盖形成等古海洋学事件在西沙碳酸盐岩台地中的记录。第三册为《层序地层与沉积演化》,介绍了西科1井岩石学特征,完成西科1井岩性相类型识别与沉积相分析,建立了以三级层序为单元的西科1井层序地层格架;分析了西科1井生物礁发育过程及阶段,并建立了相关的沉积模式。第四册为《储层特征与成岩演化》,介绍了西科1井礁滩相碳酸盐岩储层岩性、成岩演化及物性特征,深刻认识了碳酸盐岩储层岩石组构与岩石类型,描述了储集空间和孔隙演化特征,综合评价了储层的储集性,总结了孔隙发育的影响因素及白云岩化机理。

本专著是"南海西科1井"课题组全体科技人员集体劳动成果的结晶。中国海洋石油总公司朱伟林和谢玉洪对全书进行了统编与审定。前言由朱伟林执笔。各册主要执笔人员分别是:《古生物地层》由中国科学院南京地质古生物研究所祝幼华、中国海洋石油总公司朱伟林,中海石油(中国)有限公司湛江分公司王振峰、罗威、刘新宇执笔;《年代地层与古海洋环境》由同济大学邵磊、中国海洋石油总公司朱伟林、中国科学院地质与地球物理研究所邓成龙、中海石油(中国)有限公司湛江分公司张迎朝、中国海洋大学翟世奎执笔;《层序地层与沉积演化》由中国地质大学(武汉)解习农、中国海洋石油总公司谢玉洪、中海石油(中国)有限公司湛江分公司李绪深、中国地质大学(武汉)陆永潮执笔;《储层特征与成岩演化》由成都理工大学时志强,中国海洋石油总公司谢玉洪,吉林大学刘立和中海石油(中国)有限公司张道军、尤丽执笔。

  这些成果的取得得到了国内一系列单位及领导、专家和学者的大力支持,主要包括中国海洋石油总公司科技发展部,中海石油(中国)有限公司勘探部、湛江分公司,中海油服油技事业部,海油发展工程技术分公司湛江实验中心,中国地质大学(武汉),同济大学,成都理工大学,中国海洋大学,吉林大学,中国科学院南京古生物研究所、地质与地球物理研究所,国土资源部青岛海洋地质研究所,海南省地质基础工程院。

  汪品先院士、龚再升教授参加了多次讨论会,并提出了宝贵的修改意见。马永生院士参与了成果交流讨论并为本书作序,在此一并表示衷心感谢! 鉴于本专著涉及多个方向领域,难免有不足或错误之处,敬请广大读者批评与指正。

2016 年 12 月 18 日

# 前 言

西沙群岛位于南海西北部,距海南岛东南方180多海里,由宣德环礁、永乐环礁、华光环礁、东岛环礁、浪花环礁、北礁环礁等组成,是我国南海四大群岛中天然出露海面陆地最多的群岛。为全面揭示南海新生代生物礁地层,开展南海北部深水区及南海中南部生物礁油气勘探潜力评价和储层研究,中国海洋石油总公司依托"十二五"国家重大专项"海洋深水区油气勘探关键技术"(项目编号:2011ZX05025),在西沙群岛的石岛组织实施了西科1井的钻探。该井钻穿生物礁滩进入基底约10.5m完钻,完钻深度1268.02m,是目前南海地区揭示生物礁最厚、获取岩芯最全、测井项目最齐、样品测试项目最多、研究内容最系统的一口全井段取芯钻井。

西科1井生物礁地层中含有孔虫、钙藻、珊瑚、钙质超微、双壳类和腹足类等多门类古生物化石。在国家自然科学基金(41272014)和中国海洋石油总公司课题"西沙生物礁古地磁学、古环境磁学与白云岩化形成机制研究"(CNOOC-2013-ZJ-01)的共同资助下,对西科1井生物礁生物地层及沉积环境开展了深入细致的研究,本书是该研究成果的系统总结。专著的出版得到了中国科学院南京地质古生物所和中海石油(中国)有限公司湛江分公司领导的大力支持。

双壳类和腹足类化石受保存因素影响,绝大部分标本未鉴定到种,因此,本书未对上述2个门类的化石进行属种描述。本书的出版旨在为今后西沙群岛生物礁中古生物化石的研究奠定基础,并将对该地区生物地层研究起到积极的推动作用。

本书为集体研究成果之一,由各单位参加人员共同努力完成。其中朱伟林拟定了提纲,组织了相关编写人员并撰写了前言;王振峰完成了统稿及第一章的编写工作;祝幼华完成了第二章、第三章和第五章的编写工作;刘新宇完成了第四章的编写工作;罗威完成了第六章和第七章的编写工作。在本书的编写过程中,中海石油(中国)有限公司张道军首席工程师及中国科学院南京地质古生物研究所廖卫华研究员、马兆亮博士分别在古沉积环境分析、珊瑚化石描述、有孔虫和钙藻化石描述方面提供了支持。此外,本书的顺利完成还离不开多位专家的热情帮助,包括双壳类化石研究专家蓝琇研究员、腹足类化石研究专家潘华璋研究员、钙藻化石研究专家王玉净研究员和有孔虫研究专家李前裕教授等。南海西部石油研究院原沉积与地层研究项目全体成员及中国科学院南京地质古生物研究所蔡华伟研究员、罗辉研究员、何承全研究员、舒军武副研究员、南京大学《高校地质》编辑部赵媛媛助理研究员、Université Paris-Sud 马瑞芳博士、广西地质调查院王学恒助理工程师均参加了本研究工作。中国石油化工股份有限公司江苏油田分公司杨晓清高级工程师帮助绘制了插图和编排了化石图版,中国科学院南京地质古生物研究所樊晓羿高级工程师拍摄了双壳类和腹足类化石扫描电镜照片,中国科学技术大学刘实佳博士帮助整理了参考文献,笔者在此一并致以最诚挚的谢意!

# 目 录

## 1 绪 论 ……………………………………………………………………………………………… (1)
### 1.1 西科1井科学目标 ……………………………………………………………………………… (1)
### 1.2 西沙群岛区域地质概况 ………………………………………………………………………… (3)
### 1.3 西沙群岛钻井古生物地层研究现状 …………………………………………………………… (5)
### 1.4 西科1井岩石地层划分方案 …………………………………………………………………… (7)

## 2 有孔虫生物地层研究 …………………………………………………………………………… (8)
### 2.1 组合特征 ………………………………………………………………………………………… (8)
### 2.2 化石带与地质时代讨论 ………………………………………………………………………… (10)
### 2.3 古沉积环境 ……………………………………………………………………………………… (15)
### 2.4 属种描述 ………………………………………………………………………………………… (20)

## 3 钙藻生物地层研究 ……………………………………………………………………………… (68)
### 3.1 组合特征 ………………………………………………………………………………………… (68)
### 3.2 地质时代 ………………………………………………………………………………………… (70)
### 3.3 古沉积环境 ……………………………………………………………………………………… (73)
### 3.4 属种描述 ………………………………………………………………………………………… (76)

## 4 珊瑚生物地层研究 ……………………………………………………………………………… (83)
### 4.1 组合特征 ………………………………………………………………………………………… (83)
### 4.2 地质时代讨论 …………………………………………………………………………………… (84)
### 4.3 古沉积环境 ……………………………………………………………………………………… (86)
### 4.4 属种描述 ………………………………………………………………………………………… (89)

## 5 钙质超微化石生物地层研究 …………………………………………………………………… (93)
### 5.1 组合特征 ………………………………………………………………………………………… (93)
### 5.2 化石带与地质时代讨论 ………………………………………………………………………… (95)
### 5.3 古沉积环境 ……………………………………………………………………………………… (98)
### 5.4 属种描述 ………………………………………………………………………………………… (99)

## 6 其他门类化石生物地层研究 …………………………………………………………………… (104)
### 6.1 腹足类 …………………………………………………………………………………………… (104)
### 6.2 双壳类 …………………………………………………………………………………………… (106)

**7　西沙岛礁生物地层划分及沉积环境演化** ………………………………………………（111）
 7.1　西科 1 井生物地层划分 ……………………………………………………………（111）
 7.2　西沙岛礁地层对比 ……………………………………………………………………（114）
 7.3　古生态学与沉积环境演化 ……………………………………………………………（125）

**主要参考文献** ……………………………………………………………………………………（132）

**图版说明及图版** …………………………………………………………………………………（138）

# 1 绪 论

## 1.1 西科 1 井科学目标

国内外油气勘探实践表明，碳酸盐岩油气藏是最具诱惑力、最具价值的勘探领域。纵观世界油气勘探历史，新近发现的中大型油气藏 2/3 为碳酸盐岩油气藏。碳酸盐岩储层虽然只占沉积岩的 20%，油气探明储量却占 50% 以上，油气产量约占世界油气总产量的 60%。2006 年巴西在 BM-S-11 区块发现的碳酸盐岩油气藏，最大水深 2126m，油田面积 900km$^2$，可采储量 65 亿桶，是巴西近几年来最大的油气勘探突破（吴时国等，2011）；中东地区石油产量约占全世界产量的 2/3，其中 80% 的含油层产于碳酸盐岩，沙特阿拉伯的石油储量占世界总储量的 26%，而其储层均属碳酸盐岩储层；北美的碳酸盐岩中油气产量约占北美整个石油产量的 1/2；俄罗斯 27.4% 的油气田发现于碳酸盐岩沉积相中，并且生物礁油田的石油储量占整个碳酸盐岩储量的 31%，天然气占 29%（范嘉松等，2004）。鉴于碳酸盐岩储层的地位和重要性，碳酸盐岩油气藏成为各大石油公司多年来主要的勘探目标。

生物礁作为主要由生物或生物作用所形成的、显示古地貌隆起的一种特殊碳酸盐岩体（范嘉松，张维，1985），在碳酸盐岩大油气田中占据着重要的地位。世界上一些礁相大气田的总储量达到了 4×10$^8$t，加拿大的油气产量约有 60% 产自生物礁油气藏；墨西哥全国石油产量的 70% 产自生物礁油气藏（卫平生，2006）；哈萨克斯坦的最大油田卡沙甘油田就是生物礁相的优质碳酸盐岩储层（Paola Ronchi et al，2002，2010；Zempolich，2005）；此外，美国二叠盆地的石炭纪—二叠纪马蹄形礁油田（Vest E L，1970；Artlcur H Saller，2007），伊拉克基尔库克古近纪到新近纪生物礁油田（Majid A H，1986；Sadooni，2003）及阿联酋布哈萨生物礁油田等均为大型生物礁油田（Alsharhan A S，1987）。并且，我国近年来在塔里木盆地（塔中奥陶系）、川东盆地（普光、龙岗）等也相继取得突破，发现了多个大型碳酸盐岩-生物礁油气藏。

南海周缘含油气盆地生物礁油气藏同样占有重要的地位，如南海北部珠江口盆地的流花 11-1、流花 4-1 和陆丰 15-1 等油田，南海西南部万安盆地及曾母盆地的 L、F6、F23 等 18 个大中型气田，南海东南部巴拉望盆地的尼多礁、盖洛克和奔拉等 8 个油气田，以及马来西亚在南康台地开发的生物礁型油气田群，都是具有一定规模的生物礁油气田（魏喜等，2005）。

当前，我国油气生产和需求的矛盾越来越突出，而陆地和近岸浅水区石油天然气勘探程度越来越高，勘探难度也越来越大，因此，紧跟国际油气勘探趋势，向深水进军成为当前我国石油勘探人员最紧迫的任务之一。但我国南海西沙等地块从华南板块分离后，在中新世逐渐被海水淹没，由于周缘琼东南盆地、中建南盆地等的阻隔，中新世以来该区域缺乏大型河流等陆源碎屑的注入，从而成为相对独立的碳酸盐岩台地。晚中新世以来，伴随着区域热沉降作用，西沙地块水深不断加大，大部分早期生长的碳酸盐岩台地被淹没。目前，除部分现今依然在生长的碳酸盐岩台地外，该区域水深大部分超过 1000m。因此，针对该区域开展碳酸盐岩储层的研究尤为重要。

然而，到目前为止，南海生物礁的研究总体还是基于地震资料和为数不多的钻井。如 20 世纪 70 年代，石油部和国土资源部在西沙群岛针对生物礁先后钻探了西永 1 井和西琛 1 井，但受当时的技术条件及其他因素的制约，采取间断取芯方式或取芯率较低，没发现格架生物礁，因此，目前对生物礁的结构、发育演化、储层特征等还缺乏深入的认识。为全面揭示新生代生物礁地层和生物礁骨架灰岩,并为南海北部深水区及南海中南部勘探潜力评价与生物礁储层研究等提供依据,中国海洋石油总公司在西沙群岛组织实施了 1 口全取芯的科学探索井——"南海西科 1 井"。该井位于海南省三沙市石岛之上,该岛是南海诸岛中唯一的一座老灰砂岛,位于西沙群岛宣德环礁永兴岛的东北角,与之前钻探的西永 1 井、西永 2 井和西石 1 井的位置十分接近(图 1-1)。西科 1 井完钻深度 1268.02m,其中揭示碳酸盐岩生物礁沉积 1257.52m,钻穿生物礁滩进入基底 10.5m,采取全井段取芯方式,除个别放空层段外,岩芯平均取芯率达 85% 以上,从而为本研究奠定了坚实的材料基础。

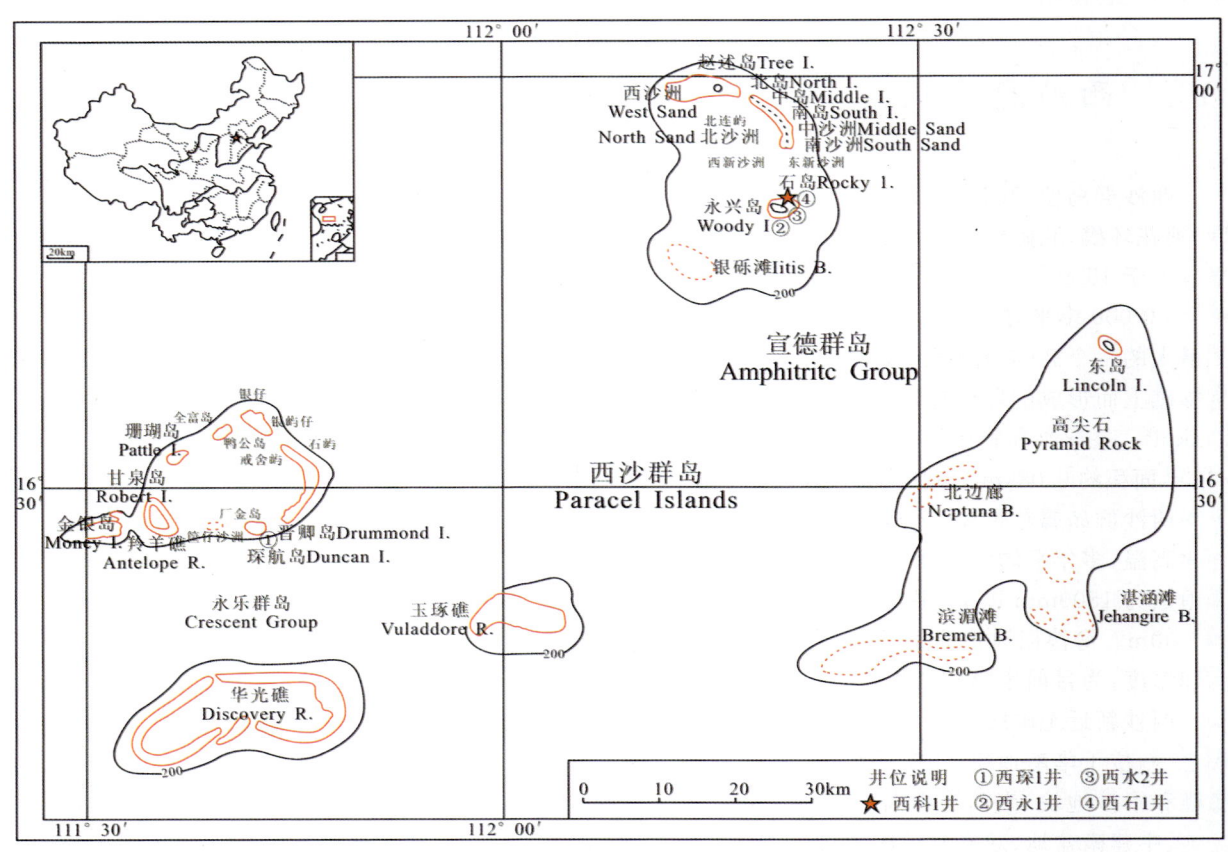

图 1-1 西科 1 井位置略图

西科 1 井作为目前南海地区针对碳酸盐岩生物礁获取岩芯最完整、测试项目最齐全的一口钻井,除相关生产研究之外,主要的科学研究内容包括以下 4 个方面:①西科 1 井生物礁生物地层与生态环境研究;②新近纪以来古海洋学及海平面变化研究;③生物礁层序与沉积演化研究;④生物礁成岩演化与储层动态建模研究。本研究主要为该科学研究的第一部分,并为相关研究提供年代地层学依据。

西沙群岛生物礁之前有关古生物学和地层学的研究仅限于传统生物地层的范畴,研究内容相对单一。与南海其他含油气盆地如珠江口盆地、北部湾盆地和莺琼盆地等非生物礁区域的生物地层研究相比,其古生物研究程度、地层划分精度以及古沉积环境分析等都有很大的差距。从现有研究成果分析,西永 1 井和西琛 1 井的研究程度相对较高,有关介形类、有孔虫及钙藻等生物地层研究均有成果报道(张明书等,1989,1990a;秦国权,1987;王玉净等,1996;等),而西石 1 井钻探井深较浅,为 200.63m,仅对有孔虫进行过研究(张明书等,1989)。

因此,为了更好地了解西沙海域生物礁的古生物组成,建立较系统的生物地层层序和年代地层格架,本研究以西科 1 井全井段岩芯为基础,主要开展以下几个方面的研究:

（1）古生物类型研究。利用岩芯观察和描述与薄片分析相结合的方法对生物礁造礁生物与附礁生物的主要门类进行系统的分析鉴定，包括珊瑚、钙藻、有孔虫、腹足类、双壳类、钙质超微化石6个门类，明确各门类化石的类型及特征。

（2）年代地层学研究。通过主要生物门类生物带或化石组合的划分及其与其他地区的对比，划分该井年代地层单元，并与周边钻井进行对比分析，建立该井所在区域的生物地层与年代地层格架。

（3）古生态学研究。通过组成生物礁的生物种类、数量、分布规律和生态特征的分析，揭示西沙地区中新世以来的沉积环境及古生态演变，并为该区域生物礁生长规律的分析及生物礁油气藏的勘探提供地层古生物依据。

## 1.2 西沙群岛区域地质概况

西沙群岛位于南海西北部，距海南岛东南方180多海里，由宣德环礁、永乐环礁、华光环礁、东岛环礁、浪花环礁、北礁环礁等组成，为我国南海四大群岛中天然出露海面陆地最多的群岛。西沙群岛主体部分处于15°40′—17°10′N，110°—113°E之间，共有22个岛屿、7个沙洲及10多个暗礁和暗滩，形成了一个30 000多平方千米海域的珊瑚岛礁群（何起祥，张明书，1986）。永兴岛为西沙海域天然岛屿中面积最大的一个岛屿，地势平坦，平均海拔约5m，属宣德群岛。它是一座由白色珊瑚贝壳沙堆积在更新世生物礁上而形成的珊瑚岛，整体呈不规则椭圆形，岛屿东西长约1900m，南北宽约1400m，面积大约为2.1km²。在永兴礁盘的东北部约800m为石岛，该岛由暴露的生物礁所构成，东西长约375m，南北宽约340m，面积约0.08km²，海拔高达15.9m，为南海诸岛中地势最高的岛。目前该岛有人工堤与永兴岛相连。

西沙群岛属热带海洋季风气候，其特点是冬季盛行偏北季风，夏季盛行偏南季风；年太阳辐射量大，终年高温，多年平均气温达26.3℃，最冷月平均温度22.8℃，极端最低温度15.3℃；日照时间长，年均降雨量为1800mm以上，平均相对湿度为80%以上。表层海水平均温度为26.8℃，海水透明度一般达20～30m。海浪以风浪为主，平均波高1.5m，最大为11.0m（陈史坚等，1983）。西沙海域适宜的海水盐度和温度，为目前生物礁的生长和发育提供了有利的条件。

西沙新近纪碳酸盐岩沉积发育于西沙地块之上，西沙地块是南海在演化过程中形成的众多微小地块之一，位于华南地块、印支地块和南海的交接处，其北面为西沙海槽，东部是西北次海盆，东南为中沙海槽和中沙地块，南面为西南次海盆，西面与中建隆起相望（图1-2）。在西沙地块周围分布着琼东南盆地、中建南盆地、双峰盆地等新生代盆地，这些盆地主要是在南海扩张的过程中，南海北部陆缘发生了大规模的拉张、减薄作用而形成的（郭晓然等，2016）。深部地球物理及南海中央海盆磁异常条带的研究表明，西沙、中沙、南沙地块在白垩纪末期均为华南古地块的一部分，大约在始新世，伴随着太平洋板块由向西移动转为向北西西向移动，西沙、中沙和南沙组成的统一陆块发生了张裂，逐渐脱离了华南古陆块向南移动，其后在太平洋板块不断向西运动的冲击下，西沙、中沙和南沙地块发生了分离，于32.3Ma前开始南北向扩张，形成了西南次海盆，至25.1Ma前西南次海盆停止了活动。后来受到印度板块北移并与亚洲板块碰撞的影响，南海扩张方向发生了改变，于24.8Ma前开始了第二期扩张，形成了西北次海盆，至17.4Ma前扩张活动再次停止（方迎尧等，1998；郭晓然等，2016）。此后，南海及周边地区以热沉降为主，西沙地块基本到达现今位置。

由于西沙地块为白垩纪末期以来伴随着新南海的扩张与古南海的关闭而逐渐到达目前的位置，因此，新生代以前该地区位于古南海的北侧，其地层演化和发育特征与古南海有关，即除南海中央海盆区外，南海周缘盆地及隆起都可能存在古南海陆架基底地层和中生代海相及局部陆缘河湖相沉积地层（图1-3）。研究表明南海大陆架和大陆坡的基底及地层包括：元古宙变质岩和碳酸盐岩，为前寒武纪或晋宁期褶皱基底；早古生代变质海相碎屑岩和碳酸盐岩，为加里东期褶皱基底；晚古生代浅变质碎屑岩和碳酸盐岩，为海西—印支期褶皱基底；中生代三叠系、侏罗系和白垩系等地层及岩浆岩是燕山期褶皱带

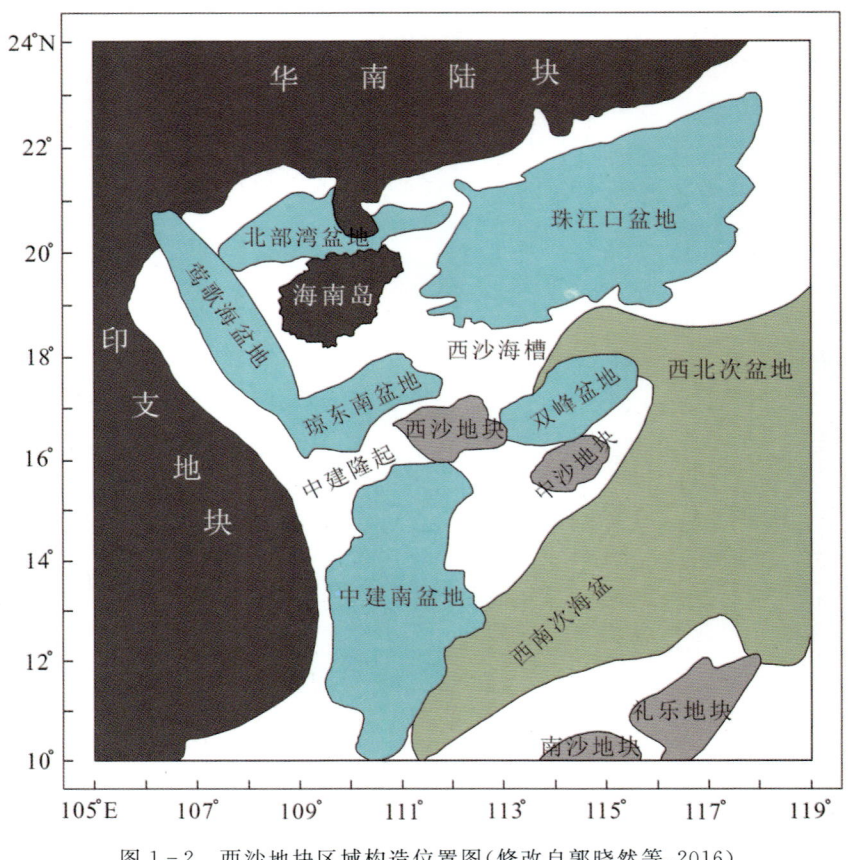

图1-2 西沙地块区域构造位置图（修改自郭晓然等，2016）

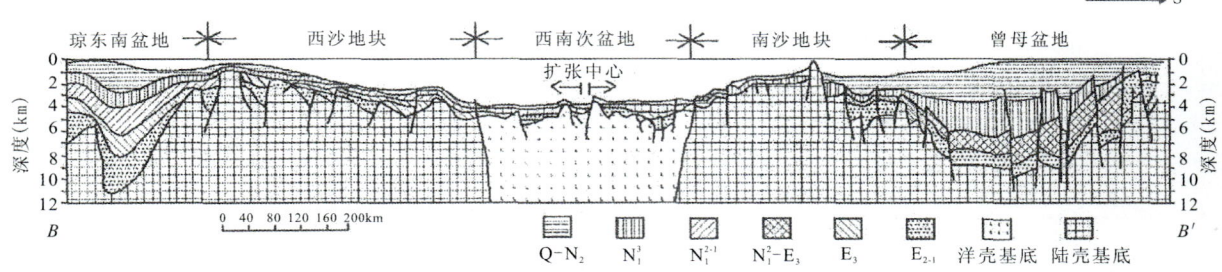

图1-3 南海过西沙地块地质剖面（魏喜，2006）

基底。新生代南海进入了一个新的演化阶段,沉积序列自古近纪中期以来表现为一个巨大的海侵序列。古近系中下部为陆相沉积,上部的中上渐新统为海陆交互相,新近系以上为海相沉积。因此,新生界整体上表现为从陆相到海相的演化序列。由于南海不同部位构造环境有一定差别,因此不同地区地层特征又有一定的差异(魏喜,2006)。

新近纪以来,伴随南海的扩张及区域的热沉降,西沙地块逐渐全部沉没于海平面之下,早期的断块高地成为水下隆起,由于具有优越的碳酸盐岩台地地貌条件及适宜的温度、盐度、水深,使该地区发育了大规模的生物礁、滩体系。中新世以来西沙碳酸盐岩台地的形成及演化过程可以概括为4个期次:早中新世为碳酸盐台地初始发育期;中中新世早期为碳酸盐台地繁盛期;中中新世晚期为碳酸盐台地衰退期;晚中新世之后为碳酸盐台地淹没期。这一整体发育趋势与该区二级相对海平面的持续上升保持一致(杨振等,2014)。

## 1.3 西沙群岛钻井古生物地层研究现状

西沙群岛钻井古生物地层研究已有 30 余年的历程,在取芯的 4 口钻井中,以西永 1 井和西琛 1 井的研究较为深入,有关古生物地层的研究成果相对较多。

### 1. 西永 1 井

西永 1 井为 1973—1974 年由南海石油勘探指挥部组织钻探的一口石油普查探井。该井位于西沙群岛的永兴岛,完钻井深 1384.6m,其中揭示碳酸盐岩生物礁沉积 1251m,风化壳 28m,基底片麻花岗岩 105.6m。作为我国在西沙海域钻探的第一口探井,该井为揭示西沙群岛和南海区域地质情况提供了宝贵的资料,但受设备及外部不利条件等因素的影响,虽然钻井人员克服了大量的困难,但整口井的材料获取情况并不理想。在钻井施工过程中,由于 352～363m 钻遇溶洞,泥浆不再返出井口,因此 352m 以下没有获取岩屑,其下的资料主要为电测曲线(电阻率、自然电位等)及少量的取芯和井壁芯,其中取芯 21 次,6 次收获率为 0,且相互之间间距较大,井壁芯 15 个。

目前,该井的地层研究主要基于上述获取的岩屑及岩芯材料进行,多年以来研究人员根据介形类、有孔虫及碳、氧同位素等对西永 1 井的地层划分提出了不同方案(表 1-1)。

**表 1-1 西沙群岛西永 1 井古生物地层划分沿革**

| 地层系统 | | 张锡南,梁名胜(1982) | 王崇友等(1985) | 秦国权(1987) | 张明书(1990a) |
|---|---|---|---|---|---|
| 更新统 | 上 | 第四系 10～150m | 第四系 0～150m | 第四系 1～22m | 石岛组 0～44m |
| | 中 | | | | 琛航组 44～84m |
| | 下 | | | | 永兴组 84～258m |
| 上新统 | 上 | 永兴组 150～300m | 永兴组 150～300m | 永兴组 22～585m | 永乐组 258～340m |
| | 下 | | | | |
| 中新统 | 上 | | | 西沙组 585～658m | |
| | 中 | 宣德组 300～660m | 宣德组 300～660m | 宣德组 658～990m | |
| | 下 | 西沙组 660～1251m | 西沙组 660～1251m | 永乐组 990～1251m | |

张锡南、梁名胜(1982)通过对西永 1 井介形类化石的研究提出将 10～150m 划分为第四系,150～300m 划归为上新统永兴组,300～660m 为中中新统宣德组,其中永兴组与宣德组为不整合接触,660～1251m 为下中新统西沙组。随后,王崇友等(1985)在岩石学及微体古生物学的基础上,开展了西永 1 井的地层层序及分统建组工作,确定的划分方案为:0～150m 为第四系;150～300m 为上新统永兴组;300～660m 为中新统宣德组,永兴组与宣德组之间为不整合接触关系;660～1251m 为中新统西沙组;1251～1279m 为风化壳;1279～1384.6m 为前寒武系沉积变质岩基底,其中原始沉积岩形成时间为 6.27 亿年,后期变质年龄为 77Ma。秦国权(1987)研究了西永 1 井的有孔虫,划分出了 4 个有孔虫组合,提出其中 0～22m 为第四系,内含丰富的底栖有孔虫化石;22～585m 为上新统永兴组,可分为上、下两段,上段(22～205m)有孔虫数量不多,下段(205～585m)含丰富的有孔虫,并且组合中出现浮游有孔虫;585～658m 为中新统西沙组,未见有孔虫,但存在大量藻类化石;658～990m 为中新统宣德组,内含以 *Miogypsina* 为主的有孔虫化石群;990～1251m 为中新统永乐组,具有以 *Nephrolepidina morgani* 为特征的有孔虫化石群;1251～1279m 为风化壳,局部见黄褐色细—粉砂岩;1279～1384.6m 为变质岩基底。

其后,张明书(1990a)以西永 1 井的岩屑为研究材料,通过岩石地层学、地球化学地层学及碳、氧同位素地层学的研究提出该井 340m 以上的地层划分方案:0～44m 为上更新统石岛组,可分为两段,上段(0～30m)代表末次冰期阶段的地层记录,下段(30～44m)为末次间冰期的地层记录;44～84m 为中更新统琛航组;84～258m 为下更新统永兴组,可分为两段;258～340m 为上新统永乐组,未见底。

## 2. 西琛 1 井

西琛 1 井位于西沙群岛永乐环礁南端,琛航岛西侧,是永乐环礁上钻探最深的一口全取芯钻井,岩性为碳酸盐岩,钻探井深为 802.17m,其中 0～400m 岩芯固结程度较好,岩性获取率也较高,达 85% 以上;400～802m 出现厚达 270m 的松散沉积物,岩芯收获率较低。

目前针对西琛 1 井的古生物地层也有较多研究成果(表 1-2)。韩春瑞(1989,1990)系统采集了西琛 1 井 400m 以上的岩芯样品,进行了岩石学,矿物学,微体古生物学,碳、氧稳定同位素及部分样品的放射性同位素年代测定,认为 0～33.5m 为全新统—上更新统;33.5～98m 为中更新统;98～213m 为下更新统;213～232m 为上上新统;232～289m 为中上新统;289～350m 为下上新统;350～400m 属上中新统。何起祥、张明书(1990)将西琛 1 井 218～319.05m 归属于上新统永乐组,319.05～400m 划分为中新统宣德组上段。王玉净等(1996)对 346.92～802.17m 井段约 450m 岩芯中的珊瑚藻、有孔虫和介形类化石进行了系统研究,共发现红藻门珊瑚藻科中的壳状珊瑚藻 6 属 37 种,绿藻门松藻科中的仙掌藻 1 属,有孔虫 31 属 53 种,介形类 24 属 44 种,综合厘定后认为 353.4～431m 属中中新统宣德组,431～802.17m 属下中新统西沙组,可分为两段,其中上段为 431～550m,下段为 550～802.17m。同时,根据化石组合特征还在西琛 1 井建立了多个化石带及组合(表 1-3),其中壳状珊瑚藻化石带 2 个,分别为西沙组上段的 *Aethesolithon nanhaiensis - A. guatemalaensum* 带和宣德组的 *Mesophyllum iraqense* 带;大有孔虫化石带一个,即 *Nephrolepidina - Miogypsina* 带,并细分为两个亚带,分别为西沙组的 *Miolepidocyclina - Miogypsinoides* 亚带和宣德组的 *Cycloclypeus* 亚带;介形类只见于西沙组下段,建立了 3 个化石组合,自上而下分别为 *Neomesidea ventrocaudota - N. yomgleensis* 组合、*Tenedocythere xishaensis - Radimella palycosta - Aurila xishaensis* 组合和 *Aurila xishaensis - Tenedocythere xishaensis* 组合。此外,在井深 448m 以上岩芯段出现了绿藻门松藻科中的仙掌藻,并沉积了多层 *Halimeda* 灰岩与壳状珊瑚藻,与大有孔虫、珊瑚、海绵、双壳类共生,揭示了西沙组顶部和宣德组已逐渐由早期的正常浅海环境转变为非正常盐度的潟湖环境。

**表 1-2 西沙群岛西琛 1 井古生物地层划分沿革**

| 地层系统 | | 韩春瑞等(1989) | 何起祥,张明书(1990) | 王玉净等(1996) |
|---|---|---|---|---|
| 全新统 | | 0～33.5m | | |
| 更新统 | 上 | 0～33.5m | | |
| | 中 | 33.5～98m | | |
| | 下 | 98～213m | | |
| 上新统 | 上 | 213～232m | 永乐组 218～319.05m | |
| | 中 | 232～289m | | |
| | 下 | 289～350m | | |
| 中新统 | 上 | 350～400m | 宣德组上段 319.05～400m | ? 346.92～353.4m |
| | 中 | | | 宣德组 353.4～431m |
| | 下 | | | 西沙组上段 431～550m |
| | | | | 西沙组下段 550～802.17m |

表 1-3　西沙群岛西琛 1 井古生物化石带对比表（王玉净等，1996）

| 地层 | | 珊瑚藻化石带 | 大有孔虫化石带 | | 介形类化石带 | |
|---|---|---|---|---|---|---|
| ? | 346.9~353.4m | 未建带 | *Nephrolepidina-Miogypsina* 带 | *Cycloclypeus* 亚带 | | |
| 中中新统 | 宣德组 353.4~431m | *Mesophyllum iraqense* 带 | | | | |
| 下中新统 | 西沙组上段 431~550m | *Aethesolithon nanhaiensis - A. guatemalaensum* 带 | | *Miolepidocyclina-Miogypsinoides* 亚带 | 554.3~625.52m | *Neomesidea ventrocaudota - N. yomgleensis* 组合 |
| | 西沙组下段 550~802.17m | | | | 625.52~686.25m | *Tenedocythere xishaensis - Radimella palycosta - Aurila xishaensis* 组合 |
| | | | | | 686.25~802.17m | *Aurila xishaensis - Tenedocythere xishaensis* 组合 |

### 3. 西永 2 井与西石 1 井

西永 2 井位于宣德环礁永兴岛，井深 600.02m，未钻穿生物礁；西石 1 井位于宣德环礁石岛东南侧，井深 200.63m，也未钻穿生物礁。目前以上两口井的古生物地层还缺乏公开的系统研究成果，相关成果仅零星分布于各文献之中，如何起祥、张明书（1990）在与西琛 1 井的对比研究中认为西永 2 井 256~377m 为上新统永乐组。

## 1.4　西科 1 井岩石地层划分方案

西沙地区岩石地层前人虽已有定义和划分（王崇友等，1979；张锡南，梁名胜，1982；何起祥，张明书，1990；张明书等，1989；张明书，1990a；王玉净等，1996），但目前尚未形成统一的划分方案。如在西永 1 井，张锡南，梁名胜（1982）认为永兴组为上新统，其上为第四系，其下为中新统宣德组；张明书（1990a）则将永兴组划归为下更新统，其上为中更新统琛航组，其下为上新统永乐组。西沙地区岩石地层单位的最初定义多基于钻井岩芯，受保存条件的影响，目前难以进一步开展系统的地层划分与对比研究，以厘清岩石地层序列及时代归属。而邻近的莺歌海盆地和琼东南盆地在多年的油气勘探过程中，建立了系统的岩石地层格架，自上而下分别为乐东组、莺歌海组、黄流组、梅山组及三亚组（南海北部大陆架第三系编辑委员会，1981；蒋仲雄等，1994），各组的时代归属也较为明确（刘新宇等，2009；谢金有等，2010），且为众多学者所接受，已广泛应用于该地区油气勘探生产与科研中。新近纪以来，位于琼东南盆地南部隆起区的西沙台地与琼东南盆地已为统一的海盆，为建立两者之间可对比的地层格架，开展琼东南盆地深水区与西沙地块之间碳酸盐岩生物礁群的分布和迁移规律，以及与琼东南盆地北部陆架区碳酸盐台地的对比研究，本书中西科 1 井的岩石地层序列引用琼东南盆地的地层划分方案。

# 2 有孔虫生物地层研究

有孔虫最早出现于寒武纪,在地史时期经历了多次繁盛与衰落,其中石炭纪和二叠纪为古生代有孔虫的繁盛期;白垩纪为中生代有孔虫的繁盛期,其程度甚至超过了晚古生代后期;第三纪是有孔虫发展史上的全盛时期,其中很多分子延续到现代。

西科1井开展了多门类古生物化石研究,发现该井揭示的地层含丰富的有孔虫。由于中生代以来有孔虫的壳体以胶结壳和钙质壳为主,受成岩作用的影响,分离碳酸盐岩岩芯中的有孔虫比较困难,实体化石的分析结果往往不能代表有孔虫化石的总面貌,为了更好地了解碳酸盐岩地层中有孔虫化石的全貌,本次工作对有孔虫的研究采用了实体化石与岩芯薄片相结合的方法。

## 2.1 组合特征

西科1井在0.03~1263.65m井段内分析实体有孔虫样品423个,观察2191个岩芯薄片,对有孔虫化石进行了半定量统计,共鉴定有孔虫71属69种或未定种,其中底栖有孔虫48属37种或未定种,浮游有孔虫23属32种或未定种。根据鉴定结果,西科1井有孔虫动物群以底栖大有孔虫占优势,其次为底栖小有孔虫,浮游有孔虫数量最少。

底栖有孔虫主要有 *Amphistegina*, *Cycloclypeus*, *Operculina*, *Heterostegina*, *Planorbulinella*, *Quinqueloculina*, *Triloculina*, *Spiroloculina*, *Cibicidoides*, *Sporadotrema*, *Nodogenerina*, *Textularia*, *Streptochilus*, *Sorites*, *Amphimorphina*, *Nephrolepidina* 等。

浮游有孔虫含量低,主要分布于210.47~363.48m井段,以 *Globigerina*, *Globigerinoides*, *Orbulina* 和 *Globorotalia* 等为主。发现了一些重要的属种,其中,237.15m 为 *Globigerinoides obliquus* 的末现面,界面年龄为 2.5Ma;349m 为 *Sphaeroidinella dehiscens* 的初现面,界面年龄为 5.2Ma。

根据西科1井底栖有孔虫的地层分布(图2-1),0.03~1263.65m井段地层大致可划分为4个底栖有孔虫化石组合。

### 1. *Calcarina*-*Amphistegina* 组合

该组合分布于0.03~233.13m井段,组合内底栖有孔虫较丰富,以 *Calcarina* 和 *Amphistegina* 数量较多为主要特征,其他常见的底栖有孔虫为 *Ammonia*, *Amphisorus*, *Cassidulina*, *Cellanthus*, *Cibicides*, *Cibicidoides*, *Cycloclypeus*, *Elphidium*, *Eponides*, *Lenticulina*, *Operculina*, *Pararotalia*, *Sorites* 等。此外,浮游有孔虫的 *Globigerinoides ruber*, *Gs. trilobus*, *Gs. sacculifer* 在本井段亦较常见,偶见 *Globorotalia menardii*, *Gr. crassaformis*, *Pulleniatina obliquiloculata* 和 *Globoquadrina venezuelana* 等。

### 2. *Amphistegina*-*Operculina*-*Cycloclypeus* 组合

该组合分布于237.15~356.65m井段,主要特征是 *Amphistegina* 非常丰富,*Operculina* 和

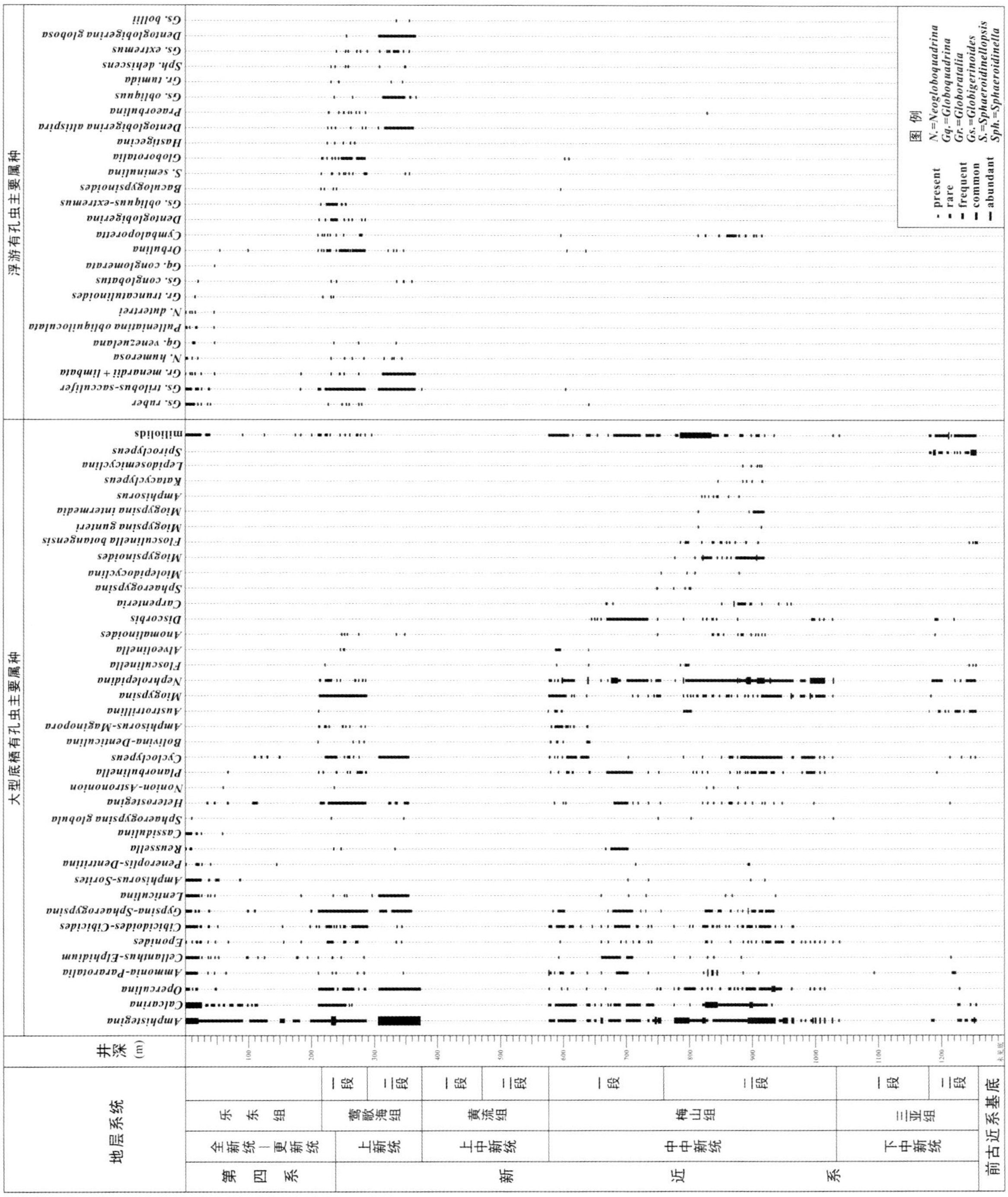

图 2-1 西科 1 井有孔虫主要属种地层分布

*Cycloclypeus*分布较连续。常见底栖有孔虫除以上3类,还有*Cibicidoides*、*Cibicides*、*Gypsina*、*Sphaerogypsina*、*Lenticulina*和*Heterostegina*等,以及少量*Eponides*、*Reussella*、*Planorbulinella*、*Amphisorus*和*Maginopora*等。本组合所在井段为西科1井浮游有孔虫最丰富的井段,其中*Globigerinoides trilobus*、*Gs. sacculifer*、*Orbulina*、*Dentoglobigerina altispira*和*D. globosa*地层分布较为连续,少量出现的有*Globigerinoides obliquus*、*Sphaeroidinella dehiscens*、*Globigerinoides bollii*、*Gs. extremus*、*Gs. conglobatus*、*Praeorbulina*、*Globorotalia*等。值得注意的是,*Amphistegina*和*Operculina*等大量底栖及浮游有孔虫在深度373.69m附近存在明显的突然繁盛界面,此外,289.36m附近为*Miogypsina*、*Nephrolepidina*、*Planorbulinella*等一个次级突现繁盛界面。

### 3. *Nephrolepidina - Miogypsina* 组合

该组合分布于577.04～1028.2m井段,以*Nephrolepidina*和*Miogypsina*大量繁盛为标志,其余常见底栖有孔虫有:*Amphistegina*、*Calcarina*、*Operculina*、*Eponides*、*Cibicidoides*、*Cibicides*、*Gypsina*、*Sphaerogypsina*、*Heterostegina*、*Planorbulinella*、*Cycloclypeus*、*Miogypsinoides*、*Flosculinella botangensis*、*Miogypsina gunteri*、*Miogypsina intermedia*、*Katacyclypeus*、*Lepidosemicyclina*等。浮游有孔虫非常少,主要有*Globigerinoides ruber*、*Gs. trilobus*、*Gs. sacculifer*、*Orbulina*、*Cymbaloporetta*、*Praeorbulina*、*Globorotalia*等。值得注意的是,该组合的顶、底均为大量底栖有孔虫突然繁盛和衰亡的界面,推测这种界面的反复出现可能与沉积环境的突变有关。此外,在920.26m附近,还存在一个底栖有孔虫突然繁盛的次级界面,*Miogypsina intermedia*、*Flosculinella botangensis*、*Lepidosemicyclina*等属种开始繁盛。

### 4. *Spiroclypeus - Austrotrillina* 组合

该组合分布于1180.75～1256.28m井段,以*Spiroclypeus*和*Austrotrillina*的大量出现为特征,其他常见底栖有孔虫有*Flosculinella botangensis*、*Nephrolepidina*、*Amphistegina*等,出现少量*Cycloclypeus*、*Calcarina*、*Heterostegina*等,发育较多小粟虫类(Miliolids),浮游有孔虫不发育。

## 2.2 化石带与地质时代讨论

根据西科1井浮游有孔虫标志化石的分布时限(图2-2),结合底栖有孔虫的组合特征,对该井第四系、上新统、上中新统、中中新统等关键层位的底界进行了探讨。

### 1. 0.03～237.15m 第四系

2004版国际地层表确定的第四系与新近系界线年龄为1.806Ma,浮游有孔虫化石带N22/N21界线接近于该界面。有学者提出以*Globorotalia truncatulinoides*的首现作为N22/N21界线标志,界面年龄为1.93Ma(Banner & Blow,1965)。之后该界面被广泛应用(Hays & Berggren,1971;Bayliss,1975;Sprovieri et al,1973;Rio et al,1997;韩春瑞,孟祥营,1990)。但进一步研究发现,该种在地中海地区比较稀少,且不同地区*Globorotalia truncatulinoides*首现面存在明显的穿时性(Van Couvering & Berggren,1977),导致许多学者对界线标志提出了异议。2008版国际地层表并没有明确第四系与新近系的界线年龄,而将该界线地质年龄定为1.806Ma或2.588Ma。

此后为了便于统一交流,2009年版的国际年代地层表将第四系与新近系界面年龄确定为2.588Ma,2014年国际地层委员会将其确定为2.58Ma,2017年国际地层表也延用了该方案。按照这一

表 2-1 底栖有孔虫化石带与浮游有孔虫化石带对比表

| 世 | 阶 | "字母分带"<br>(Leupold & Van der Vlerk, 1931; Boudagher-Fadel, 2008) | | | 浮游有孔虫带<br>(Blow, 1979) | |
|---|---|---|---|---|---|---|
| 全新世 | 上阶 | | | | N23 | ← FO *Gg. calida calida*<br>← LO *Se. dehiscens dehiscens* |
| 更新世 | 中阶 | | | | N22 | |
| | 卡拉布里雅阶 | | | | | ← FO *Gr. truncatulinoides truncatulinoides* |
| | 杰拉阶 | | | | N21 | |
| 上新世 | 皮亚察阶 | Th | | | N20 | ← FO *Gr. tosaensis tenultheca*<br>← FO *Gr. acostaensis pseudopima* |
| | 赞克勒阶 | | | | N19 | ← FO *Se. dehiscens dehiscens* |
| 晚中新世 | 墨西拿阶 | Tg | | | N18 | ← FO *Gr. tumida tumida* |
| | 托尔托纳阶 | | | | N17 b<br>a | ← FO *Pulleniatina primalis*<br>← FO *Gr. tumida plesiotumida* |
| | | | | | N16 | ← FO *Gr. acostaensis* |
| | | | | | N15 | ← LO *Gr. siakensis* |
| | | | | | N14 | ← FO *Gr. nepenthes* |
| 中中新世 | 塞拉瓦莱阶 | | Tf3 | ← LO *Lepidocyclina* spp. | N13 | ← FO *Gr. subdehiscens subdehiscens* |
| | | | Tf2 | ← LO *Katacycloclypeus* spp., *Planorbulinella solida* | N12 | |
| | 兰盖阶 | Tf | | ← LO *Austrotrillina* spp. | N11 | ← FO *Gr. fohsi* |
| | | | Tf1 上 | | N10 | ← FO *Gr. praefohsi*<br>← FO *Gr. peripherocuts* |
| | | | 中 | | N9 | ← FO *Gr. suturalis* |
| | | | 下 | ← LO *Lepidosemicyclina* sp. | N8 | ← FO *Gr. sicanus* |
| 早中新世 | 波尔多阶 | | | ← FO *Austrotrillina howchini*<br>← LO *Austrotrillina striata*, *Eulepidina* spp., *Heterostegina (Vlerkina) borneensis* | N7 | ← LO *Cs. dissimilis* |
| | | Te | Te5 | | N6 | ← FO *Gt. insueta* |
| | 阿基坦阶 | | | | N5 | ← LO *Gr. kugleri* |
| | | | | | N4 b<br>a | ← FO *Gq. dehiscens*<br>← FO *Gs. primordius* |
| 晚渐新世 | | | Te1-4 | ← FO *Miogypsina tani* | | |

*Cs.=Catapsydrax*　　*Gr.=Globoratalia*　　*Se.=Sphaeroidinella*
*Gg.=Globigerina*　　*Gs.=Globigerinoides*
*Gq.=Globoquadrina*　　*Gt.=Globigerinatella*

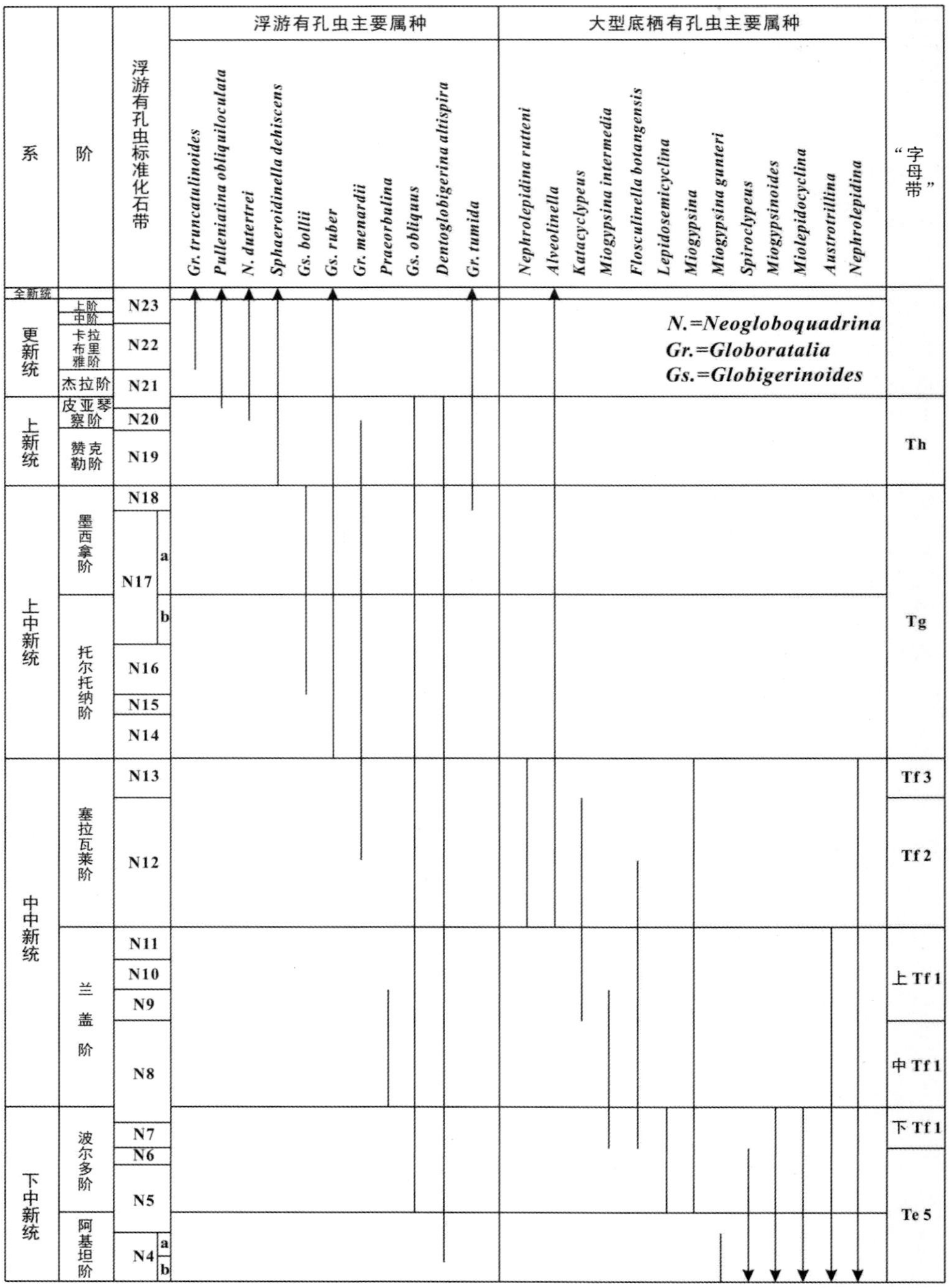

图 2-2 西科 1 井有孔虫主要属种分布时代

方案，*Globorotalia truncatulinoides* 首现面（年龄为 1.93Ma）已不能作为划分第四系与新近系的标志。*Globigerinoides obliquus* 分布范围较广，其末现面位于 N21 带的中部，该界面年龄 2.5Ma（Berggren & Amdurer，1973；Brinskin & Berggren，1975；Saito et al，1975；Van Couvering & Berggren，1977；Thunell，1979；Ibaraki，1990；Maniscalco & Brunner，1998），与 2017 年国际年代地层表中的第四系底界年龄（2.58Ma）比较接近。

西科 1 井 0.03～233.13m 为底栖有孔虫 *Calcarina - Amphistegina* 组合带，237.15m 为 *Globigerinoides obliquus* 的末现面，据此认为该井 0.03～237.15m 为第四系，且第四系底界与底栖有孔虫

*Calcarina-Amphistegina* 组合带的底界接近,二者均可作为第四系与上新统界线的标志。

南海北部大陆架在多年的油气勘探过程中,对各地层界面的年代及识别标志均有明确的定义。20世纪90年代根据国际地层表将乐东组定义为第四系沉积,底界对应于浮游有孔虫 N22 带底部至 N21 带顶部附近,以 *Globorotalia extremus*、*Globorotalia exilis* 的末现面或 *Globorotalia truncatulinoides* 的初现面为标志,界面年龄约为1.8Ma,其后对区域内的钻井进行了统一的地层划分。本次根据2017版国际年代地层表将第四系底界置于2.58Ma,但为了便于区域内的地层对比及统一仍将乐东组底界置于1.8Ma附近,因此本次划分的第四系虽主要为乐东组,但底部还包括部分莺歌海组。

### 2. 237.15~349.15m 上新统

根据2017版国际年代地层表上新统与中新统界线的地质年龄为5.333Ma,浮游有孔虫 *Sphaeroidinella dehiscens* 和 *Globorotalia tumida* 均在该界线附近开始出现,并迅速繁盛和演化(Malmgren,1983)。其中,*Sphaeroidinella dehiscens* 首现面标志 N19 带底界,为划分上新统与上中新统界线的重要标志之一(Bandy & Wade,1965;Banner & Blow,1965;Blow,1969;Berggren,1969;Hays et al,1969;Malmgren et al,1996;Chaisson & Pearson,1997),一般认为其首现面年龄为5.53Ma(Gradstein et al,2012),在西科1井该种的首现面位于349.15m;*Globorotalia tumida* 的首现面与 *Sphaeroidinella dehiscens* 非常接近,其首现面年龄为5.57Ma(Gradstein et al,2012),该种在西科1井分布于327.59~347.45m井段,首现面位于347.45m,这两种的首现面年龄都与国际年代地层表上新世与晚中新世界线年龄5.333Ma比较接近。据此认为,西科1井237.15~349.15m地层可划归于上新统莺歌海组。底栖有孔虫 *Amphistegina-Operculina-Cycloclypeus* 组合主要分布于237.15~356.65m井段,与浮游有孔虫化石揭示的上新世地层相当。

### 3. 349.56~576.70m 上中新统

本段有孔虫化石稀少,属种分异度极低,仅发现少量 *Amphistegina*、*Operculina*、*Heterostegina*、*Lenticulina*、*Cycloclypeus*、*Sphaerogypsina* 等。

西科1井373m以下地层缺乏浮游有孔虫,因此,采用浮游有孔虫化石带划分地层较为困难。"字母分带"是依据亚太地区用大有孔虫首现和末现的基准面来划分地层的方案,在古新世—中新世地层划分中应用较广(表2-1)。底栖有孔虫 Tf3 顶界是划分上中新统与中中新统界线的标志,该界面以 *Lepidocyclina* 和 *Nephrolepidina* 的绝灭面为标志,此外,*Miogypsina* 也绝灭于 Tf3 带。经研究,*Nephrolepidina* 和 *Miogypsina* 等虽然在早期的研究中认为绝灭于中中新世末期,但在亚太地区的晚中新世和上新世却仍有发现(Adams,1984;Betzler & Chaproniere,1993),这些晚期的记录是因为再沉积还是因为区域性绝灭时间不同有待后续研究。在西科1井,上述属种主要或者连续出现在577.08m以下地层中,577.08m之上地层中化石数量明显减少,结合岩性变化特征,将577.08m作为上中新统与中中新统的界线,349.56~576.70m地层归属于上中新统。

### 4. 577.08~1016.10m 中中新统

根据2017版国际年代地层表,中中新统与下中新统界线的地质年龄为15.97Ma,而有孔虫 *Globorotalia fohsi peripheroronda* 带底界和 *Globigerinoides sicanus* 的首现面与该界线接近,可作为划分中中新统与下中新统的界线标志(Bolli & Saunders,1985;Boudagher-Fadel,2013),但在西科1井未发现上述两种浮游有孔虫。577.08~1016.1m出现具有地层时代意义的浮游有孔虫 *Praeorbulina*,该属在加勒比海、大西洋、地中海、太平洋等地的首现面与 *Globorotalia fohsi peripheroronda* 带底界大致相当(Bolli & Saunders,1985)。*Globigerinoides trilobus-Praeorbulina* 演化谱系是划分波尔多阶(Burdigalian)与兰盖阶(Langhian)的重要依据(Turco et al,2011),因此,*Praeorbulina* 首现面为早中新世与

中中新世界线的重要标志(Rio et al,1997;Hilgen et al,2012;Beldean et al,2013),其首现面位于 N8 带底界(Boudagher-Fadel,1999),界面年龄为 16.27Ma,与国际年代地层表(2017)中中新统的底界年龄(15.97Ma)比较接近。*Praeorbulina* 在西科 1 井 828.63m 开始出现 1 粒相似分子,向上直至 286.57m 才再次出现,因此,以该属的首现面 828.63m 作为西科 1 井早中新世与中中新世的界线证据不够充分。大有孔虫 *Spiroclypeus* 分布于 1180.75～1256.28m,该种的绝灭面标志 Te5 带的顶界,地质时代为早中新世末期,由此推测 577.08～1016.10m 地层属于中中新统。

1016.10～1180.15m 主要为白云岩沉积,有孔虫化石缺乏,无法根据有孔虫化石划分地层时代。

### 5. 1180.75～1256.28m 下中新统

大有孔虫 *Spiroclypeus* 绝灭面标志着 Te5 带的顶界,该界面位于早中新世晚期。该属在西科 1 井分布于 1180.75～1256.28m 井段地层中,1180.75m 井深上下岩性存在明显的变化,之上为白云岩,之下为生物碎屑颗粒灰岩、粒泥灰岩,推测 1180.75m 已进入下中新统。由于 1180.75m 以上为白云岩段,缺乏有孔虫化石,因此,无法根据有孔虫提出中中新统与下中新统的界线划分意见,但可以确定 1180.75～1256.28m 地层归属于下中新统。

已有不少学者对西沙群岛生物礁地层中的有孔虫做过相关研究(秦国权,1987;王玉净等,1996;韩春瑞,孟祥营,1990),并提出了各自的有孔虫组合(表 2-2)。

表 2-2　西科 1 井与西永 1 井、西永 2 井及西琛 1 井有孔虫组合对比表

| 地层 | | 西琛 1 井 | | 西永 1 井 | 西永 2 井 | 西科 1 井 |
|---|---|---|---|---|---|---|
| | | 韩春瑞,孟祥营,1990 | 王玉净等,1996 | 秦国权,1987 | 韩春瑞,孟祥营,1990 | 本文 |
| 第四系 | | 第1～6有孔虫组合段 | | *Calcarina-Heterostegina* 组合 | 第1～4有孔虫组合段 | *Calcarina-Amphistegina* 组合 |
| 上新统 | 上上新统 | 第7～8有孔虫组合段 | | *Cycloclypeus-Nephrolepidina-Orbulina* 组合 | 第5有孔虫组合段 | *Amphistegina-Operculina-Cycloclypeus* 组合 |
| | 下上新统 | | | | | |
| 中新统 | 上中新统 | 第9有孔虫组合段 | | | | |
| | 中中新统 | | *Nephrolepidina-Miogypsina* 亚带 | *Miogypsina* 组合 | | *Miogypsina-Nephrolepidina* 组合 |
| | 下中新统 | | *Miolepidocyclina-Miogypsinoides* 亚带 / *Cycloclypeus* 亚带 | *Nephrolepidina morgani* 组合 | | *Spiroclypeus-Austrotrillina* 组合 |

韩春瑞和孟祥营(1990)对西琛1井和西永2井的有孔虫进行过研究,根据有孔虫组合面貌的变化,将西琛1井0~400m地层划分为9个有孔虫组合段,西永2井0~400m地层划分为5个有孔虫组合段,但均未建立有孔虫化石带;王玉净等(1996)将西琛1井346.92~802.17m地层中的大有孔虫统称为 *Nephrolepidina - Miogypsina* 带,该带可划分下中新统西沙组的 *Miolepidocyclina - Miogypsinoides* 亚带和中中新统梅山组的 *Cycloclypeus* 亚带。秦国权(1987)通过对西永1井0~1251m井段地层中有孔虫化石的研究,划分了4个有孔虫组合,分别为下中新统 *Nephrolepidina morgani* 组合、中中新统 *Miogypsina* 组合、下上新统 *Cycloclypeus - Nephrolepidina - Orbulina* 组合和上上新统—第四系的 *Calcarina - Heterostegina* 组合。

本次根据西科1井有孔虫分布特征,划分了4个有孔虫组合,分别为第四系的 *Calcarina - Amphistegina* 组合、上新统 *Amphistegina - Operculina - Cycloclypeus* 组合、中中新统 *Nephrolepidina - Miogypsina* 组合以及下中新统的 *Spiroclypeus - Austrotrillina* 组合。此外,还识别出1个浮游有孔虫带以及2个底栖有孔虫化石带。

从目前西沙群岛有孔虫研究状况分析,虽然上述几口井的地层中有孔虫均较丰富,而且存在不少共同分子,但有孔虫组合却难以统一,还有待于对有孔虫进行更深入的研究,以建立本区完整且可对比的有孔虫组合序列。

## 2.3 古沉积环境

有孔虫是碳酸盐岩沉积中重要的古环境指示生物(Frost & Langenheim,1974;Chaproniere,1975;Fermont,1982;Setiawan,1983)。礁相地层中,有孔虫尤其是大有孔虫对生物礁的发育具有重要意义。通过对现代珊瑚礁中大有孔虫的研究,发现大有孔虫的碳酸盐类生产水平可以与珊瑚和钙藻媲美,这类有孔虫在礁体中的含量不低于15%(Maxwell,1968;Hallock,1981)。

Hallock & Glenn(1986)研究了与礁有关的现代碳酸盐岩沉积环境中有孔虫分布特征,提出现代碳酸盐岩沉积环境中有孔虫的理想分布模式(图2-3),根据有孔虫的分布特征,划分了8个相带。其中,盆地相以浮游有孔虫及少量深水底栖有孔虫为主。开阔陆棚以丰富的浮游及底栖有孔虫为主,典型的底栖类为大而扁平的盘状轮虫类(Rotaliids)。坡底的有孔虫特征在碳酸盐岩地区与开阔陆棚相似,但可见泥粒及粒泥灰岩。前缘斜坡有孔虫非常丰富,浮游有孔虫既有原地种群也有异地浅水种群,底栖有孔虫在斜坡下部与开阔陆棚相类似,但斜坡上部以中等大小的轮虫类及扁平的环圈虫类(Soritids)为主,典型的属种如较小的 *Amphistegina lessonii* 等。生物礁相的有孔虫类型多样,既有原地生长种群,又发育因波浪或洋流搬运而来的异地分子,以低纬度浅海底栖有孔虫为主,见少量浮游有孔虫,在高能区域则以结实的卵圆形种类为主,在印度—太平洋区域的生物礁中常见 *Calcarina*,*Baculogypsina* 及 *Amphistegina lobifera* 等大而结实的属种。台缘滩相(礁后内侧滩)在现代的印度—太平洋区域几乎全为 *Calcarina*,*Baculogypsina* 及 *Amphistegina* 的壳体;在加勒比海区域以结实的马刀虫类(Peneroplids)、环圈虫类(Soritids)及厚壳或粘合壳的小粟虫类(Miliolids)为主;开阔台地相(礁后外侧滩)中较小的轮虫类及小粟虫类在水动力分选不充分的区域较发育,较大的轮虫类在砂质沉积物中较发育,在非常浅的高能环境 *Calcarina* 较为发育。局限台地和潟湖相小粟虫类所占比例较高,见马刀虫类(Peneroplids)及轮虫类等。

Boudagher - Fadel(2008)对新近纪以来特提斯地区礁相有孔虫群落进行了研究,提出了与Hallock & Glenn(1986)等相似的生物礁底栖有孔虫分布模式(图2-4)。认为在生物礁等水深较浅的环境,主要以 *Calcarina*,*Miogypsina* 和 *Lepidocyclina*[包括 *Lepidocyclina*(*Lepidocyclina*)和 *Lepidocychina*(*Nephrolepidina*)]等为主。礁前大有孔虫以 *Planorbulinella*,*Cycloclypeus*,*Operculina*,*Heterostegina* 和 *Lepidocyclina*[包括 *Lepidocyclina*(*Lepidocyclina*)和 *Lepidocychina*(*Nephrolepidina*)]的部分

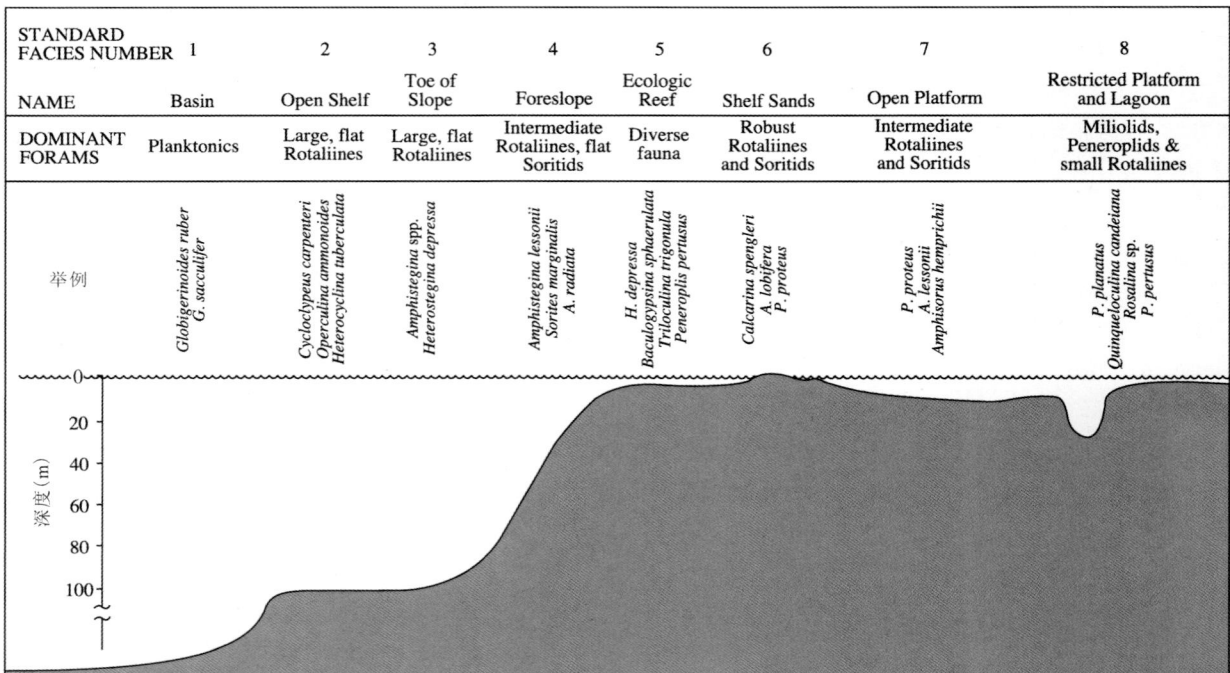

图 2-3 与礁有关的现代碳酸盐岩沉积环境中有孔虫分布图(Hallock & Glenn,1986)

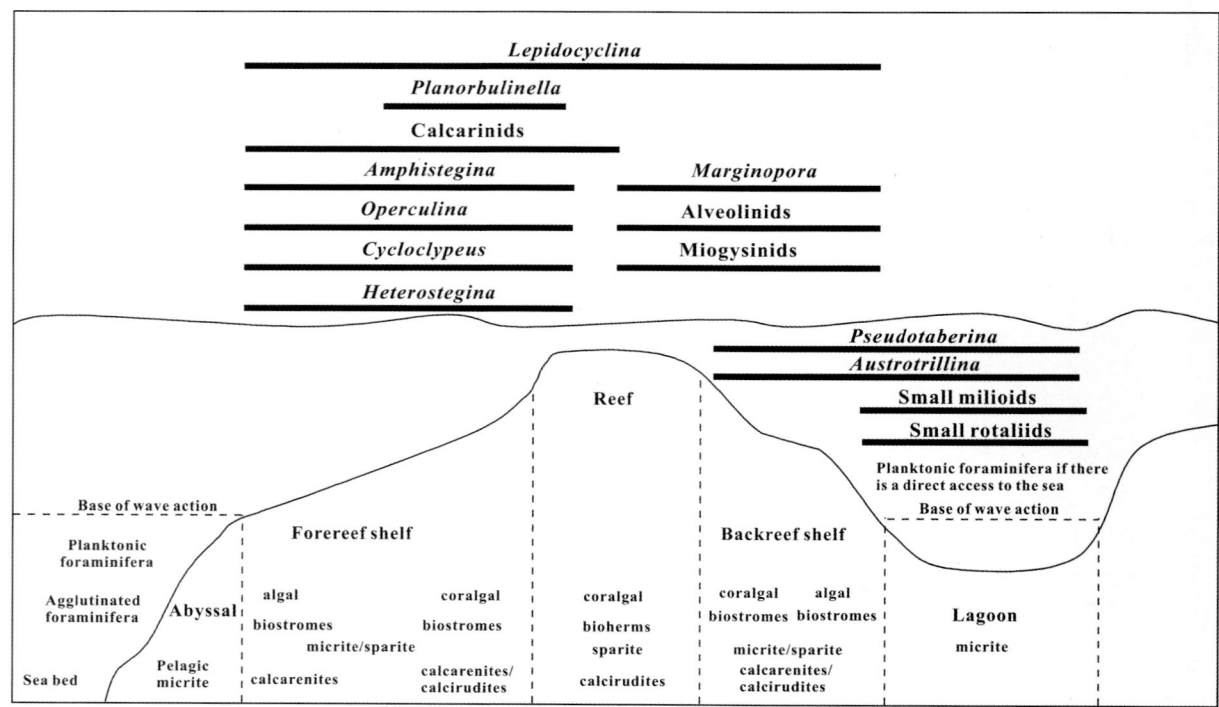

图 2-4 新近纪特提斯地区碳酸盐岩斜坡礁体中的有孔虫分布图(Boudagher-Fadel,2008)

种占控制地位,同时发育少量浮游有孔虫。礁后环境受波浪影响较小,大型底栖有孔虫非常丰富,常见分子包括 *Miogypsina*,*Austrotrillina* 等。潟湖环境中底栖有孔虫以小粟虫类、轮虫类和 *Austrotrillina* 为主,与开阔海连通较好的潟湖还发育浮游有孔虫。

Simon et al(2004)在总结前人资料的基础上,进一步指出不同属、种的有孔虫适应于不同的水深及水动力环境。如:*Amphistegina* 主要生活水深 0~130m 范围,但不同分子差别较大,*Amphistegina papillosa* 主要生活于 60~120m 的开阔陆棚环境,而 *Amphistegina radiata* 主要生活于 20~30m 水深较浅的环境;*Operculina* 主要生活于水深 0~130m 范围,不同种适应的水深及环境同样差别较大;*Cycloclypeus* 主要生活于 40~150m 水深的硬基底及砂砾质基底环境;*Heterostegina* 在生物礁等高能环境至礁前斜坡等水深小于 150m 的环境中均可发育;*Alveolinella* 主要生活于水深小于 40m 的生物礁及其附近的环境;*Marginopora* 主要分布于水深小于 30m 的生物礁等环境;*Amphisorus* 主要生活在水深小于 40m 的生物礁周缘至潟湖等环境。

前人对南海区域生物礁中有孔虫生态环境进行了研究。韩春瑞、孟祥营(1990)结合沉积物类型对西琛 1 井和西永 1 井生物礁内的有孔虫分布特征和沉积环境进行了研究,并识别出 6 种沉积环境类型。何炎、胡平忠(1995)讨论了南海东沙隆起早中新世大有孔虫的沉积环境,认为 *Miogypsina* 和 *Nephrolepidina* 生活于高能浅水环境,薄壳的 *Amphistegina* 一般生活于礁前中等水深的斜坡部位,厚壳的 *Amphistegina* 多见于水流动荡的礁坪环境。此外,*Quinqueloculina*,*Triloculina*,*Pyrgo* 等南海北部大陆架常见的似瓷质壳有孔虫及 *Ammonia* 等在潟湖等盐度异常的环境中较为发育(郝诒纯,1990)。

在综合前人关于生物礁中不同沉积环境有孔虫组合特征的基础上,作者对环礁不同相带中有孔虫的发育特征进行了归纳(表 2-3),并据此对西科 1 井的环境进行分析。

**表 2-3 环礁不同生态环境有孔虫组合特征**

| 沉积环境 | 有孔虫组合特征 |
|---|---|
| 潟湖 | 水动力低,小底栖类丰富,发育 *Quinqueloculina*,*Triloculina*,*Pyrgo*,*Ammonia* 等耐盐度分子及小粟虫类、小轮虫类和 *Austrotrillina* 等,常见 *Amphistegina* 及浮游类有孔虫,有孔虫壳体保存完好,*Miogypsina* 和 *Nephrolepidina* 等不占优势 |
| 礁后外侧滩 | 水动力较低,受各种局部小环境影响有孔虫种群复杂,*Operculina*,*Amphistegina* 和 *Heterostegina* 等适应范围较广的分子及高能环境下的 *Nephrolepidina* 和 *Miogypsina* 等均可发育,但因更靠近潟湖,小底栖类及 *Austrotrillina*,*Quinqueloculina*,*Ammonia* 等占优势 |
| 礁后内侧滩 | 水动力较强,*Calcarina*,*Nephrolepidina*,*Miogypsina* 等高能分子极其丰富,常见 *Amphistegina* 及小粟虫类等,大部分为异地搬运而来,壳体遭受磨蚀,典型的原地分子为黏合壳的串珠虫类,如 *Textularia* 等,浮游有孔虫罕见 |
| 生物礁 | 水动力强,原地与异地礁前分子混杂,典型的原地分子为 *Calcarina*,*Nephrolepidina*,*Miogypsina* 等大而结实的属种,常见的有 *Alveolinella* 和 *Marginopora* 等,整体以高能分子占优势,小底栖类不发育,可见少量浮游有孔虫 |
| 礁前斜坡 | 水动力较低,浮游有孔虫较多,底栖有孔虫减少,以 *Cycloclypeus*,*Operculina*,*Amphistegina* 和 *Heterostegina* 等占据优势,*Quinqueloculina*,*Triloculina*,*Pyrgo* 和 *Ammonia* 等耐盐度分子含量明显降低 |

西科 1 井的有孔虫整体上以底栖类型为主,浮游有孔虫较少,且主要集中于顶部 367.80m 以上的地层中,此外,适应于潟湖等盐度异常环境的 *Quinqueloculina*,*Triloculina*,*Pyrgo* 及 *Ammonia* 等在大部分井段均较发育,表明该井揭示的古环境以生物礁至潟湖环境为主,而礁前环境不发育。在此基础

上,根据有孔虫类型、丰度和壳体保存状况,将西科1井中新统至第四系的沉积环境划分为10个古生态演化阶段(表2-4)。

**表 2-4 西科 1 井有孔虫古生态环境演化阶段划分表**

| 演化阶段 | 井段(m) | 古生态环境 | 有孔虫组合特征 |
|---|---|---|---|
| Ⅰ | 1256.28~1226.5 | 生物礁至礁后内侧滩 | 有孔虫壳体保存欠佳,适应于高能环境的 Calcarina 和 Nephrolepidina 丰富;而在低能环境下常见的小底栖类等不发育 |
| Ⅱ | 1226.2~1180.15 | 礁后外侧滩至潟湖 | 高能环境的 Calcarina 不发育;在潟湖等盐度异常水体中发育的 Ammonia 及低能环境发育的小底栖类含量丰富 |
| | 1179.12~1033.06 | | 白云岩化段,有孔虫化石稀少,无法判断沉积环境 |
| Ⅲ | 1032.76~933.60 | 礁后内侧滩至外侧滩 | 高能环境的 Nephrolepidina,Miogypsina 与低能环境下的小底栖类均较为发育,常见于生物礁等高能环境的 Calcarina 不发育 |
| Ⅳ | 931.16~820.4 | 礁后外侧滩至潟湖 | 底栖有孔虫保存较好,低能环境下的 Austrotrillina,Quinqueloculina,Ammonia 及小底栖类大量出现 |
| Ⅴ | 818.71~749.69 | 生物礁至礁后内侧滩 | 低能环境的小底栖类不发育,常分布于生物礁及礁后内侧滩的 Sphaerogypsina 及 Textularia 较为发育 |
| Ⅵ | 748.52~638.17 | 礁后外侧滩至潟湖 | 适应于砂质基底的 Textularia 不发育,外形扁平适应于较软基底的 Discorbis 开始出现,小底栖类丰富 |
| Ⅶ | 637.44~577.04 | 生物礁至礁后内侧滩 | 高能环境下的 Calcarina,Miogypsina 占优势,Textularia 丰富,同时可见 Alveolinella,Amphisorus,Marginopora 等,小底栖类不发育 |
| | 576.70~376.00 | | 白云岩化段,有孔虫化石稀少,无法判断沉积环境 |
| Ⅷ | 373.69~306.38 | 礁前滩 | 浮游有孔虫丰富,高能环境及异常盐度分子不发育,较深水环境的 Cycloclypeus 较为常见 |
| Ⅸ | 302.88~210.92 | 生物礁至礁后内侧滩 | 高能环境的 Calcarina,Miogypsina 及 Nephrolepidina 较丰富;Alveolinella,Amphisorus 等也较常见 |
| | 210.47~117.69 | | 有孔虫相对稀少,无法推断沉积环境 |
| Ⅹ | 114.59~0.03 | 生物礁至礁后内侧滩 | 浮游有孔虫及高能环境的 Calcarina 发育;低能环境的小底栖类不发育,见 Ammonia 等 |

Ⅰ段(1256.28~1226.5m)有孔虫壳体保存不佳,大型底栖类有孔虫个体出现破损,有孔虫种类和数量中等,未见浮游有孔虫,常见于高能环境的 Calcarina 和 Nephrolepidina 最为发育;而在低能环境下常见的小底栖类等不发育,此外常见的有孔虫还有 Amphistegina,Spiroclypeus,Flosculinella botangensis,Cycloclypeus 等,据此推测该时期主要为相对高能的生物礁至礁后内侧滩环境,少量相对深水环境的 Cycloclypeus 可能为异地搬运而来。

Ⅱ段(1226.2~1180.15m)浮游有孔虫不发育,底栖有孔虫与前期相比含量及分异度略有降低,常见于生物礁等高能环境的 Calcarina 不发育;在潟湖等异常盐度水体中较发育的 Ammonia 及低能环境较发育的小底栖类含量明显升高,其余常见有孔虫有 Nephrolepidina,Spiroclypeus,Austrotrillina 等。据此认为该时期主要为水动力较前期低的礁后外侧滩至潟湖环境。

1179.12~1033.06m 井段发育白云岩,有孔虫稀少,根据有孔虫无法判断沉积环境。

Ⅲ段(1032.76～933.60m)有孔虫丰度和分异度中等,未见浮游有孔虫,以 *Amphistegina* 和 *Nephrolepidina* 最为繁盛,常见于生物礁等高能环境的 *Calcarina* 不发育,但可见一定数量的 *Miogypsina*,而低能环境下的小底栖类较为发育,并可见分布于相对深水环境的 *Cycloclypeus*,此外常见的有孔虫有 *Eponides*、*Operculina*、*Discorbis* 等。据该时期有孔虫低能环境与高能环境分子数量相当的特征,推测主要为礁后内侧滩至外侧滩的环境。

Ⅳ段(931.16～820.4m)有孔虫丰度和分异度高,偶见1～2粒浮游有孔虫,底栖有孔虫壳体保存相对较好,以 *Nephrolepidina*、*Calcarina* 和 *Amphistegina* 等最为发育,且常见于低能环境的小底栖类含量明显增高,在潟湖等环境较为发育的 *Austrotrillina*、*Quinqueloculina*、*Ammonia* 等大量出现,此外常见有孔虫有 *Miogypsina*、*Miogypsinoides*、*Cibicidoides*、*Cycloclypeus*、*Eponides* 和 *Operculina* 等。根据该时期底栖有孔虫保存较好、低能环境分子大量出现,且有一定高能环境分子等,推测主要为礁后外侧滩至潟湖的环境。

Ⅴ段(818.71～749.69m)有孔虫丰度和分异度较高,浮游有孔虫偶见,以 *Amphistegina* 最为发育,常见的有 *Miogypsina*、*Nephrolepidina* 和 *Operculina* 等。值得注意的是适应于低能环境的小底栖类在本段不发育,常分布于礁后内侧滩的黏合质壳 *Textularia* 开始出现,小粟虫类也较为发育,虽然未见常分布于生物礁附近的 *Calcarina*,但外形浑圆且同样适应于高能生物礁环境的 *Sphaerogypsina* 却开始出现,据此认为该时期主要为生物礁至礁后内侧滩的环境。

Ⅵ段(748.52～638.17m)有孔虫丰度和分异度中等,浮游有孔虫偶见,底栖有孔虫 *Amphistegina*、*Calcarina* 和 *Nephrolepidina* 出现较多,此外常见的有 *Cibicidoides*、*Eponides* 和 *Heterostegina* 等。与前期相比,适应于砂质基底的 *Textularia* 不发育,而适应于较软基底外形扁平的 *Discorbis* 开始出现,同时适应于低能环境的小底栖类再次繁盛,据此推测该时期主要为礁后外侧滩至潟湖的环境。

Ⅶ段(637.44～577.04m)有孔虫丰度和分异度中等,浮游有孔虫常见 *Globigerina*;底栖类 *Calcarina*、*Amphistegina*、*Miogypsina*、*Nephrolepidina* 和 *Cycloclypeus* 出现较多,地层分布相对连续,此外常见 *Cibicidoides*、*Ammonia*、*Heterostegina* 和 *Operculina* 等。与前期相比小底栖类不发育,而 *Textularia* 再次繁盛,同时可见 *Alveolinella*、*Amphisorus* 和 *Marginopora* 等浅水生物礁环境常见的底栖类有孔虫。结合高能环境底栖类占优势等特征,推测该时期主要为生物礁至礁后内侧滩的环境。

576.70～376.00m 井段岩性主要为白云岩,有孔虫非常少,见极少量 *Amphistegina*、*Operculina*、*Heterostegina*、*Lenticulina*、*Cycloclypeus* 和 *Sphaerogypsina* 等,部分层位可见到有孔虫轮廓,根据有孔虫无法判断生态环境。

Ⅷ段(373.69～306.38m)有孔虫丰度及分异度中等,浮游有孔虫较为发育,为西科1井浮游有孔虫最为繁盛的井段,以 *Globigerinoides sacculifer*、*Gs. trilobus*、*Gs. obliquus*、*Dentoglobigerina altispira*、*D. globosa* 和 *Globorotalia menardii* 最为丰富,常见 *Globigerinoides extremus*、*Gs. conglobatus* 和 *Globorotalia plesiotumida* 等。底栖有孔虫的 *Amphistegina* 和 *Operculina* 最为发育,常见 *Heterostegina*、*Lenticulina* 和 *Gypsina* 等。值得注意的是,本井段生活于较深水环境的 *Cycloclypeus* 较为常见,而常见于高能环境的 *Calcarina*、*Nephrolepidina*、*Miogypsina* 却不发育,同时生活于异常盐度环境的 *Quinqueloculina* 等在本井段不发育,为西科1井除有孔虫化石稀少井段外的唯一例外,据此认为本井段为相对低能且盐度相对正常的礁前环境。

Ⅸ段(302.88～210.92m)有孔虫丰度和分异度较高,浮游与底栖有孔虫均较发育,浮游有孔虫以 *Globigerinoides trilobus*、*Gs. sacculifer*、*Globorotalia*、*Orbulina* 和 *Globigerina* 等最丰富,常见 *Dentoglobigerina altispira*、*Sphaeroidinellopsis seminulina* 等。底栖有孔虫以生活于高能环境的 *Calcarina*、*Miogypsina* 及 *Nephrolepidina* 较发育,*Amphistegina*、*Operculina*、*Heterostegina*、*Planorbulinella*、*Eponides* 和 *Cibicidoides* 也较丰富,生活于较深水环境的 *Cycloclypeus* 较常见,同时可见 *Alveolinella*、*Amphisorus*、*Marginopora* 等浅水生物礁环境常见的底栖有孔虫,以及 *Textularia* 等在礁后内侧滩环境较发育的底栖有孔虫,据此认为该时期主要为相对高能的生物礁至礁后内侧滩环境。

210.47～117.69m 该井段有孔虫相对稀少,浮游有孔虫偶见几粒 Globigerina 及 Globigerinoides 等。底栖有孔虫以环境分布较广的 Amphistegina 为主,偶见少量 Quinqueloculina、Gypsina、Cycloclypeus 和 Nephrolepidina 等,但均不占优势,据此难以判断沉积环境。

Ⅹ段(114.59～0.03m)有孔虫丰度和分异度中等,浮游与底栖有孔虫均较为发育。浮游有孔虫以 Globigerinoides ruber、Gs. trilobus、Pulleniatina obliquiloculata、Neogloboquadrina humerosa 和 Neogloboquadrina dutertrei 最常见。底栖有孔虫以 Amphistegina 和 Calcarina 占优势,常见的有 Operculina、Eponides、Cibicidoides 和 Ammonia 等,根据高能环境的 Calcarina 丰富及低能环境的小底栖类不发育的特征,推测主要为生物礁至礁后内侧滩的环境。

## 2.4 属种描述

### 泡口虫科 Catapsydracidae Bolli,Leblich et Tappan,1957
### 齿抱球虫属 Dentoglobigerina Blow,1979

壳螺旋式,近球形至高螺旋形。壳室迅速增大,壳壁钙质,壁孔明显,网格状。口孔在脐部,脐大,偏向终室初端,具三角形齿板,并可见前面一些壳室齿板显露于脐部。

**分布时代** 始新世—上新世。

### 高旋齿抱球虫 Dentoglobigerina altispira (Cushman et Jarvis),1936
(图版 1,图 1-3;图版 15,图 2,3,5-8,11-15;图版 16,图 1-3)

1936 Globigerina altispira Cushman et Jarvis,p. 5,pl. 1,figs. 13,14.
1957 Globoquadrina altispira altispira Bolli,p. 111,pl. 24,figs. 7,8.
1975 Globoquadrina altispira altispira Stainforth et al,p. 245,fig. 100.
1973 Dentoglobigerina altispira Cushman et Jarvis,p. 177,pl. 9,fig. 8.

壳中等到大,高螺旋式,塔形。壳高与壳宽相近。末圈发育 4～6 个壳室,排列紧密,沿轴向方向伸长。缝合线凹。壳口位于脐部,具三角形齿板。壳壁呈细网纹状。壳径 0.41～0.75mm,壳高 0.32～0.80mm。

**产地层位** 西沙群岛西科 1 井,莺歌海组。

### 球形齿抱球虫 Dentoglobigerina globosa (Bolli),1957
(图版 16,图 4,5)

1957 Globoquadrina altispira globosa Bolli,p. 111,pl. 24,figs. 9,10.
1983 Dentoglobigerina altispira globosa Kennett et Srinivasan,p. 189,pl. 44,fig. 4,pl. 46,figs. 7-9.
1990 Dentoglobigerina altispira globosa Spezzaferri et Silva,p. 240,pl. Ⅲ,figs. 4a,4b.
1993 Dentoglobigerina globosa Berggren,p. 208,pl. 8,figs. 12-15.

与 Dentoglobigerina altispira 相比,螺旋较低,壳室较小。壳径 0.33～0.45mm,壳高 0.35～0.48mm。

**产地层位** 西沙群岛西科 1 井,莺歌海组。

### 抱球虫科 Globigerinidae Carpenter,Parker et Jones,1862
### 抱球虫属 Globigerina d'Orbigny,1839

壳螺旋式。房室球形至卵圆形,末圈 3～5 个房室。壳壁钙质,具微孔,微细构造放射状,壳面光滑或具小坑、网纹、茸刺或细刺。缝合线下凹。缘内口孔位于脐部,圆拱形,少数种具微向脐外延伸的趋势,早期口孔洞开,近圆形。

**分布时代** 始新世—全新世。

### 抱球虫(未定种)*Globigerina* sp.
(图版 16,图 6-10)

壳低螺旋式。房室球形。斜切面,壳壁钙质,微细构造放射状,壳面具茸刺或细刺。缝合线下凹。缘内口孔位于脐部。壳径 0.19~0.26mm,壳高 0.21~0.23mm。

**产地层位** 西沙群岛西科 1 井,莺歌海组。

### 泡状抱球虫 *Globigerina bulloides* d'Orbigny,1826
(图版 16,图 11,12)

1826 *Globigerina bulloides* d'Orbigny,p. 277.
1941 *Globigerina bulloides* Cushman,p. 38,pl. 10,figs. 1-13.
1994 *Globigerina bulloides* Loeblich et Tappan,p. 105,pl. 197,figs. 1-9.

抱球虫属模式种。壳低螺旋,房室近球形。壳壁钙质,壳面具茸刺。壳径 0.34~0.36mm,壳壁厚 0.01~0.03mm。

**产地层位** 西沙群岛西科 1 井,乐东组。

### 小抱球虫属 *Globigerinella* Cushman,1927

壳低螺旋式。房室亚球形。壳缘宽圆,周边呈瓣状。末圈房室依次增大。缝合线下凹,放射状。壳壁钙质,具孔,表面发育短的小刺。口孔位于脐部,拱形。

**分布时代** 中新世—全新世。

### 小抱球虫(未定种)*Globigerinella* sp.
(图版 16,图 13)

壳近球形,房室亚球形。壳缘宽圆,斜切面呈瓣状。缝合线下凹。壳壁钙质,表面发育短的小刺。壳径 0.38mm。

**产地层位** 西沙群岛西科 1 井,乐东组。

### 似抱球虫属 *Globigerinita* Brönnimann,1951

壳螺旋式排。壳缘圆,呈瓣状。脐部被脐泡覆盖。末圈缝合线下凹。壳壁钙质,表面光滑或具细刺。口孔位于脐部,发育补充口孔。

**分布时代** 中新世—全新世。

### 粘连似抱球虫 *Globigerinita glutinata* (Egger),1839
(图版 1,图 4)

1839 *Globigerinita glutinata* Egger,p. 371,pl. 13,figs. 19-21.
1962 *Globigerinita glutinata* Parker,p. 246,pl. 9,figs. 1-16.
2001 *Globigerina glutinata* Egger,何炎等,119 页,图版 47,图 10。

壳小,低至中等螺旋。壳缘圆,呈瓣状。末圈具 4 个壳室,迅速增大。脐部被脐泡遮盖。缝合线下凹。壳壁具细刺。口孔位于脐部,脐泡边缘发育若干补充口孔。壳径 0.27mm。

**产地层位** 西沙群岛西科 1 井,莺歌海组。

### 拟抱球虫属 *Globigerinoides* Cushman,1927

壳低螺旋式。房室球形至卵圆形。壳壁钙质,具微孔,微细构造放射状,壳面光滑或具小坑、网纹、茸刺或细刺。缘内口孔位于脐部,早期口孔洞开,近圆形。背侧沿缝合线具次生口孔。

**分布时代** 早新世—全新世。

### 拟抱球虫(未定种)*Globigerinoides* sp.
(图版 16,图 14,15)

壳低螺旋式。房室球形。壳壁钙质,具微孔,微细构造放射状,壳面光滑或具小坑、网纹、茸刺或细刺。缘内口孔位于脐部,早期口孔洞开,近圆形。背侧沿缝合线具次生口孔。

**产地层位** 西沙群岛西科1井,莺歌海组、乐东组。

### 共球拟抱球虫 *Globigerinoides conglobatus* Brady,1819
(图版 1,图 5-9)

1819 *Globigerinoides conglobata* Brady,p.286.
1960 *Globigerinoides conglobata* Brady,郑执中等,139 页,图版Ⅶ,图 1,2。
1981 *Globigerinoides conglobatus* Brady,汪品先等,103 页,图版 47,图 8,9。

壳低螺旋,壳室球形,末圈具 4 个壳室,缝合线下凹。壳壁凹坑小,具茸刺。主口孔位于脐部,拱形。壳径 0.35~0.66mm,壳高 0.36~0.67mm。

**产地层位** 西沙群岛西科1井,莺歌海组。

### 极斜拟抱球虫 *Globigerinoides extremus* Bolli et Bermudez,1965
(图版 1,图 10,11;图版 17,图 1-13;图版 19,图 11)

1965 *Globigerinoides obliquus extremus* Bolli et Bermudez,p.113,pl.25,figs.9,10.
1971 *Globigerinoides extremus* Postuma,p.290,pl.291.
1975 *Globigerinoides extremus* Stainforth et al,p.351,fig.165.
1981 *Globigerinoides extremus* Bolli et Bermudez,汪品先等,104 页,图版 47,图 14;图版 48,图 1-3。
2001 *Globigerinoides extremus* Bolli et Bermudez,何炎等,115-116 页,图版 45,图 5,6。

壳高螺旋,壳缘瓣状。末圈 4 室,房室依次增大,但终室减小。房室逐渐倾斜,终室斜切状。缝合线弯曲,深凹。壳壁钙质,具孔。口孔半圆形。壳径 0.43~0.57mm。

**产地层位** 上西沙群岛西科1井,莺歌海组。

### 斜室拟抱球虫 *Globigerinoides obliquus* Bolli,1957
(图版 14,图 12-15;图版 15,图 1,4,9,10;图版 17,图 14,15;图版 18,图 1,2,5-15)

1957 *Globigerinoides obliquus* Bolli,p.113,pl.25,figs.9,10.
1971 *Globigerinoides obliquus* Postuma,p.296,pl.297.
1978 *Globigerinoides obliquus* Bolli,林甲兴等,100 页,图版 24,图 9。
1981 *Globigerinoides obliquus* Bolli,汪品先等,48 页,图版 4,5。
2001 *Globigerinoides obliquus* Bolli,何炎等,115 页,图版 44,图 4;图版 45,图 1,2。

壳螺旋式。房室除终室外都是球形,终室倾斜,壳缘圆,瓣状,房室增大较快。缝合线清晰,微凹。壳壁钙质、粗糙,具凹坑。主壳口位于脐部。壳径 0.25~0.52mm。

**产地层位** 西沙群岛西科1井,莺歌海组。

### 红色拟抱球虫 *Globigerinoides ruber* (d'Orbigny),1839

(图版 1,图 12-15;图版 2,图 1;图版 19,图 1,2)

1839 *Globigerinoides ruber* d'Orbigny,p. 82,pl. 4,figs. 12-14.
1960 *Globigerinoides ruber*,郑执中等,138 页,图版 Ⅴ,图 3-6;图版 Ⅶ,图 1。
1971 *Globigerinoides ruber* Postuma,p. 300,pl. 301.
1983 *Globigerinoides ruber* Kennett et Srinivasan,p. 78,pl. 17,figs. 1-3.
1978 *Globigerinoides ruber* (d'Orbigny),林甲兴等,100-101 页,图版 25,图 1。
1981 *Globigerinoides ruber* (d'Orbigny),汪品先等,103 页,图版 47,图 4,5。
2001 *Globigerinoides ruber* (d'Orbigny),何炎等,115 页,图版 44,图 3。

壳高螺旋,壳缘宽圆,房室球形,末圈 3 个房室,依次增大。缝合线放射状,清晰,下凹。壳壁钙质,壁孔明显,壳面具小坑和茸刺。主口孔大,半圆形,位于脐部,背部缝合线处发育补充口孔。壳径 0.27～0.50mm,壳高 0.28～0.61mm。

**产地层位** 西沙群岛西科 1 井,乐东组、莺歌海组。

### 袋状拟抱球虫 *Globigerinoides sacculifer* (Brady),1877

(图版 2,图 2-7,9,10;图版 19,图 3-10,12-15;图版 20,图 1-15;图版 21,图 1,2)

1877 *Globigerinoides sacculifer*,Brady,p. 164,pl. 9,figs. 7-10.
1949 *Globigerinoides sacculifer* Bermudez,p. 281,pl. 21,fig. 53.
1978 *Globigerinoides sacculifer* (Brady),林甲兴等,101 页,图版 25,图 5。
1981 *Globigerinoides sacculifer* (Brady),汪品先等,103 页,图版 47,图 6,7。
1994 *Globigerinoides sacculifer* Loeblich et Tappan,p. 107,pl. 205,figs. 1-9.
2001 *Globigerina sacculifer* (Brady),何炎等,114 页,图版 44,图 6;图版 45,图 3;图版 47,图 4。

壳螺旋式,房室呈袋状。末圈 3～4 个房室。缝合线放射状。壳壁钙质,壁孔细小。主口孔拱形,另具 3 个补充口孔。壳径 0.31～0.48mm,壳高 0.33～0.65mm。

**产地层位** 西沙群岛西科 1 井,乐东组、莺歌海组。

### 三叶拟抱球虫 *Globigerinoides trilobus* (Reuss),1850

(图版 21,图 3-7,11)

1850 *Globigerinoides trilobus* Reuss,p. 374,pl. 47,fig. 11.
1978 *Globigerinoides trilobus* (Reuss),林甲兴等,101 页,图版 25,图 4。
1985 *Globigerinoides trilobus* Bolli et Saunders,p. 193,pl. 20,fig. 15.
1994 *Globigerinoides trilobus* Loeblich et Tappan,p. 107,pl. 206,figs. 1-6.

壳螺旋式,壳缘宽圆。壳室增大迅速,终室最大,约占壳体 1/2。缝合线微凹。壳壁钙质,粗糙,壳面呈蜂巢状。发育口孔和补充口孔。壳径 0.21～0.32mm。

**产地层位** 西沙群岛西科 1 井,乐东组、莺歌海组。

### 方球虫属 *Globoquadrina* Finlay,1947

壳螺旋式,双凸或平凸,具脐。房室近斜方形。缝合线放射状,下凹。缘内口孔位于脐部,具窄边状到似齿状的遮缘(脐齿),脐部洞开标本的后生房室未遮盖先生房室的口孔,使后生房室脐部仍洞开。

**分布时代** 中始新世—上新世。

### 团状方球虫 *Globoquadrina conglomerata* Schwager,1866

(图版 2,图 11-13)

1866 *Globoquadrina conglomerate* Schwager,pl. 7,fig. 113.
1960 *Globigerina conglomerata* Banner et Blow,pl. 2,fig. 3.

1967 *Globoquadrina conglomerata* Parker, p. 165, pl. 27, fig. 4.
1993 *Globoquadrina conglomerata* Chaisson et Leckie, p. 177, pl. 9, fig. 1.
2012 *Globoquadrina conglomerata* Hemleben, p. 20, text figs. 2. 4c, d.

壳体较大，表面网格状。房室球形或稍侧向压扁。末圈可见 3～5 个房室，脐部口孔穹顶状，末端口孔齿三角形。

**产地层位** 西沙群岛西科 1 井，乐东组、莺歌海组。

### 球转轮虫属 *Globoturborotalita* Hofker, 1976

壳球形，房室排列紧密。壳壁网格状，具茸刺，微孔粗。

**分布时代** 始新世—现代。

### 球转轮虫（未定种）*Globoturborotalita* sp.
（图版 18，图 3,4；图版 21，图 8 - 10）

壳球形或近球形，最多可见 7 个房室，房室排列紧密，逐渐增大，壳长 0.30～0.43mm，壳宽 0.28mm，初房直径 55μm。

**产地层位** 西沙群岛西科 1 井，莺歌海组、乐东组。

### 圆球虫属 *Orbulina* d'Orbigny, 1839

壳球形，一般只具一个房室，少数发育 2 或 3 个房室。微球型早期房室低螺旋排列，成年壳的一侧可见抱球虫式旋卷的痕迹，或被终室完全包裹，或壳体由数个完全包裹的同心球状房室组成（可能为显球型）。早期抱球虫式阶段缘内口孔位于脐部，房室周围常有缝合线口孔，壳面也可见到。成年壳为面复口孔，壳的一侧或大部分壳面散布许多小圆孔。壳壁钙质，具微孔，半透明，壳面光滑或网状。

**分布时代** 中新世—现代。

### 线缝圆球虫 *Orbulina suturalis* Brönnimann, 1951
（图版 21，图 12,13）

1951 *Orbulina suturalis* Brönnimann, p. 135, text fig. Ⅳ, figs. 15,16,20.
1983 *Orbulina suturalis* Kennett et Srinivasan, p. 86, pl. 20, figs. 1 - 3.
1985 *Orbulina suturalis* Bolli et Saunders, p. 200, pl. 23, fig. 2; pl. 24, figs. 3,7,9,11.
2001 *Orbulina suturalis* Brönnimann, 何炎等, 117 页, 图版 46, 图 2。

壳近球形，早期螺旋，最后壳室膨大呈球形，大部分包覆早期壳室，包覆超过 3/4。壳壁细孔密集，口孔散布且较大，补充口孔沿最后壳室缝合线分布。壳径 0.13～0.30mm。

**产地层位** 西沙群岛西科 1 井，乐东组、莺歌海组。

### 普通圆球虫 *Orbulina universa* d'Orbigny, 1839
（图版 2，图 14；图版 21，图 14,15；图版 22，图 1 - 5）

1839 *Orbulina universa* d'Orbigny, p. 3, pl. 1, fig. 1.
1960 *Orbulina universa* d'Orbigny, 郑执中等, 145 页, 图版 Ⅸ, 图 4,5,7,8；图版 Ⅹ, 图 7,8。
1971 *Orbulina universa* Postuma, p. 374, pl. 375.
1978 *Orbulina universa* d'Orbigny, 林甲兴等, 102 页, 图版 226, 图 1。
1983 *Orbulina universa* Kennett et Srinivasan, p. 86, pl. 20, figs. 4 - 6.
2001 *Orbulina universa* d'Orbigny, 何炎等, 116 - 117 页, 图版 46, 图 3。

壳圆球形，成体只见球形单一房室。壳壁钙质，饰有一些茸刺，成年壳的口孔为许多圆形小孔，散布在壳面上。壳径 0.30～0.61mm。

**产地层位** 西沙群岛西科 1 井，莺歌海组、乐东组。

### 小球形虫属 Sphaeroidinella Cushman, 1927

壳早期螺旋式，终壳圈由 2～3 个房室组成，强烈超覆，包裹早期壳圈。房室边缘具凸缘，部分遮盖弧形口孔。壳壁钙质，具微孔。幼壳微孔极大，紧密排列，使壳面呈网状；后期房室稍不规则，沿缝合线呈破裂状或围绕房室基部具扇形凸缘，由无孔的壳质组成，终室表面具次生堆积，光滑似玻璃状。幼壳具缘内口孔，位于脐部，与 Globigerina 相似，但晚期因终室包裹而被遮盖；终室两侧具一个或多个次生缝合线口孔，常被与缝合线平行但悬垂其上的凸缘部分遮盖，有时相邻房室沿缝合线明显裂开而呈果裂状，在相对房室的凸缘之间具宽的洞开区，缝合线裂缝上具横越的小泡，部分遮盖口孔区，小泡壁光滑。

**分布时代** 中新世晚期—现代。

### 果裂小球形虫 Sphaeroidinella dehiscens (Parker et Jones), 1865

（图版 2，图 15；图版 3，图 1，2；图版 22，图 6-8；图版 23，图 1，4）

1865 Sphaeroidinella bulloides var. dehiscens Parker et Jones, p. 369, pl. 19, fig. 5.
1960 Sphaeroidinella dehiscens, 郑执中等, 142 页, 图版 10, 图 2-4, 6。
1983 Sphaeroidinella dehiscens Kennett et Srinivasan, p. 212, pl. 51, fig. 2; pl. 52, figs. 7-9.
2001 Sphaeroidinella dehiscens (Parker et Jones), 何炎等, 114 页, 图版 48, 图 7。

壳早期螺旋式排列，房室球形至卵形，末圈具三个房室，包覆早期壳圈。末圈房室相互分离呈果裂状，各房室内缘略向上翘，呈波状羽纹饰边。壳壁钙质，具刺状突起微孔，排列呈网格状。壳外壁具次生堆积，光滑，似玻璃状。口孔位于终室基部内缘，隐藏于房室之间的裂隙中。壳大小 0.42～1.01mm。

**产地层位** 西沙群岛西科 1 井，莺歌海组。

### 类球形虫属 Sphaeroidinellopsis Banner et Blow, 1959

壳低螺旋，壳室球形，迅速增大，房室少，最后壳圈有 3～4 个壳室，壳缘宽圆。壳壁钙质，具微孔，早期与 Globoturborotalia 相似，成年壳具厚的光滑似玻璃状的次生壳层，与 Sphaeroidinella 相似，微孔隐约可见，或在一些特定的种微孔直径减小。口孔位于腹侧，从脐部延伸至脐外，具唇，无次生缝合线口孔。

**分布时代** 中新世兰盖期—上新世皮亚琴察期。

### 类球形虫(未定种) Sphaeroidinellopsis sp.

（图版 22，图 9，10）

斜切面，微孔稍粗。壳径 0.22～0.33mm。

**产地层位** 西沙群岛西科 1 井，莺歌海组。

### 半缺类球形虫 Sphaeroidinellopsis seminulina (Schwager), 1866

（图版 2，图 8；图版 22，图 11-15；图版 23，图 2，3）

1866 Globigerina seminulina Schwager, p. 256, pl. 7, fig. 112.
1956 Sphaeroidinella seminulina Blow, p. 197, pl. 12, figs. 74-77.
1981 Sphaeroidinellopsis seminulina (Schwager), 汪品先等, 106 页, 图版 51, 图 8-12。
1985 Sphaeroidinellopsis seminulina Bolli et Saunders, p. 242, pl. 38, figs. 6-13.
2001 Sphaeroidinellopsis seminulina (Schwager), 何炎等, 113 页, 图版 47, 图 9。

壳近球形，壳缘圆，壳壁钙质，次生壳质层不太发育，表面粗糙。横切面最多可见 7 个房室，壳径 0.51～0.68mm，初房 20μm。

**产地层位** 西沙群岛西科 1 井，莺歌海组。

### 圆辐虫科 Globorotaliidae Cushman, 1927
### 圆辐虫属 *Globorotalia* Cushman, 1927

壳螺旋式。双凸或平凸,壳缘具棱边。房室斜方形,带棱角。缝合线加厚、下凹或突起。壳壁钙质,微孔,但棱脊和缘周无微孔,壳面光滑,具网纹和茸刺。缘内口孔月牙形,自脐部延伸至脐外,具唇,唇常变宽呈抹刀形或三角形。

**分布时代** 中新世—现代。

### 厚圆辐虫 *Globorotalia crassaformis* (Galloway et Wissler), 1927
(图版 3,图 3;图版 24,图 7,8)

1927 *Globorotalia crassaformis* Galloway et Wissler, p. 41, pl. 7, fig. 12.
1966 *Globorotalia crassaformis* Kennett, p. 235 – 245.
2001 *Globorotalia crassaformis* (Galloway et Wissler), 何炎等, 109 页, 图版 40, 图 2。

壳低螺旋,螺旋面平,脐面凸。壳缘锐圆,周边呈瓣状。壳室增大十分迅速。缝合线明显,微凹。壳壁穿孔较粗,螺旋面壳壁光滑。横切面可见 6 个壳室。初房直径 22μm。

**产地层位** 西沙群岛西科 1 井,莺歌海组、乐东组。

### 多毛圆辐虫(相似种) *Globorotalia* cf. *hirsuta* (d'Orbigny), 1839
(图版 24,图 9)

1839 *Rotalina hirsuta* d'Orbigny, p. 131, pl. 1, figs. 37 – 39.
1931 *Globorotalia hirsuta* Cushman, p. 99, pl. 17, fig. 6.
1962 *Globorotalia hirsuta* Takayanagi et Saito, p. 77, pl. 26, fig. 1.
1967 *Globorotalia hirsuta* Parker, p. 178, pl. 32, fig. 3.
1974 *Globorotalia hirsuta* Saito, Thompsonet Breger, p. 137, pl. 46, fig. 1.
1985 *Globorotalia hirsuta* Hemleben, Spindler et Anderson, p. 23, figs. 2.5 (d, e).

由于模式标本遗失,Blow (1969, p. 399)推荐将采自加那利群岛的标本作为新模式标本,之后 Le Calvez(1974)选择 d'Orbigny 收集的地模标本中的一个作为模式标本。壳体较大,低螺旋式,最后壳圈发育 4 个房室,赤道面呈瓣状排列,壳壁钙质,具微细小孔。壳径 0.37mm。

**产地层位** 西沙群岛西科 1 井,莺歌海组。

### 中膨大圆辐虫(相似种) *Globorotalia* cf. *merotumida* Blow et Banner, 1965
(图版 3,图 4;图版 23,图 7 – 9,13,14)

1965 *Globorotalia*(*Globorotalia*)*merotumida* Blow et Banner, p. 1352, figs. 1a – c.
1983 *Globorotalia*(*Globorotalia*)*merotumida* Kennett et Srinivasan, p. 154, pl. 37, figs. 4 – 6.
1985 *Globorotalia merotumida* Bolli et Saunders, p. 227, text figs. 33 – 6, 33 – 7, 33 – 10, 33 – 12.
1993 *Globorotalia merotumida* Chaisson et Leckie, p. 175, pl. 7, figs. 11 – 15.

壳小,壳缘视脐部明显高于螺旋部。壳壁钙质,表面光滑,具微孔。壳径 0.35～0.38mm,壳厚 0.18～0.21mm,实体标本终室破损。

**产地层位** 西沙群岛西科 1 井,莺歌海组。

### 多室圆辐虫(相似种) *Globorotalia* cf. *multicamerata* Cushman et Jarvi, 1930
(图版 3,图 5,6;图版 25,图 3,4)

1930 *Globorotalia menardii* var. *multicamerata* Cushman et Jarvi, p. 367, pl. 34, figs. 8a – c.
1967 *Globorotalia menardii multicamerata* Poag et Akers, p. 171, pl. 17, figs. 4 – 6.
1981 *Globorotalia multicamerata* Cushman et Jarvi, 汪品先等, 98 页, 图版 41, 图 15, 16;图版 42, 图 1 – 3。

2001 *Globorotalia crassaformis* Cushman et Jarvi,何炎等,109 页,图版 40,图 2。

壳横切面上可见 7～8 个房室,瓣状。壳径 0.63mm。

**产地层位** 西沙群岛西科 1 井,莺歌海组。

### 膨胀圆辐虫 *Globorotalia inflata* (d'Orbigny),1839
(图版 3,图 7)

1839 *Globigerina inflata* d'Orbigny,p. 134,pl. 2,figs. 7 - 9.
1964 *Globigerina inflata* Akers et Dorman,p. 16,pl. 13,figs. 17 - 19.
1967 *Globorotalia inflate* Banner et Blow,p. 144 - 146,pl. 4,figs. 1a - c.
1972 *Globorotalia inflata* Beard et Lamb,p. 52,pl. 27,figs. 8 - 11;pl. 28,fig. 1 - 4,6.
1985 *Globorotalia inflate* Iaccarino,p. 305,figs. 6. 9a - c.

壳体近球形,腹侧包旋。背侧露旋,后期房室部分包覆早期房室,脐部出露较小,房室逐渐增大,晚期增大较快,缝合线早期不清晰,晚期下凹程度增加。末圈包含 4 个房室。壳壁钙质,具微孔,口孔位于终室基部,宽,呈穹隆形。口面较厚,表面颗粒状。壳径 0.52mm,壳厚 0.33mm。

**产地层位** 西沙群岛西科 1 井,莺歌海组。

### 珍珠圆辐虫 *Globorotalia margaritae* Bolli et Bermudez,1965
(图版 3,图 8)

1965 *Globorotalia margaritae* Bolli et Bermudez,p. 139,pl. 1,figs. 16 - 18.
1975 *Globorotalia margaritae* Stainforth et al,p. 363,figs. 175,176.
1983 *Globorotalia* (*Hirsutella*) *margaritae* Kennett et Srinivasan,p. 136,pl. 32,figs. 4 - 6.
2001 *Globorotalia margaritae* Bolli et Bermudez,何炎等,109 页,图版 40,图 4;图版 47,图 5。

壳螺旋式,背面凸,腹面凹到平,具棱边。末圈具 5 个房室,终室增大,约占个体的 1/3。缝合线在背侧强烈弯曲,在腹侧近放射状排列。壳壁钙质,壁孔细,早期房室上有颗粒物。壳口缝状,由脐部延伸至壳缘,具唇。壳径 0.30mm。

**产地层位** 西沙群岛西科 1 井,莺歌海组。

### 敏纳圆辐虫 *Globorotalia menardii* (d'Orbigny),1826
(图版 3,图 9;图版 23,图 10;图版 24,图 10 - 15;图版 25,图 1,2)

1826 *Rotalia*(*Rotalie*)*menardii* d'Orbigny,p. 273.
1949 *Globorotalia menardii* Cushman et Bermúdez,p. 27,pl. 5,figs. 4 - 6.
1960 *Globorotalia menardii* (d'Orbigny),郑执中等,130 页,图版 1,图 1,2。
1978 *Globorotalia menardii* (d'Orbigny),林甲兴等,97 页,图版 23,图 11。
1983 *Globorotalia*(*Menardella*)*menardii* Kennett et Srinivasan,p. 124,pl. 28,fig. 2;pl. 29,figs. 1 - 3.
2001 *Globorotalia menardii* (d'Orbigny),何炎等,108 页,图版 40,图 1。

壳螺旋式,扁,双凸,具宽的棱边。末圈 5～6 个房室。缝合线在背面镶边,弯曲,在腹面深凹,呈放射状。壳壁钙质,壳面光滑,在腹面早期房室上有颗粒物质。壳口弧形,自脐部延伸至壳缘,具唇。壳径 0.50～0.72mm。

**产地层位** 西沙群岛西科 1 井,莺歌海组、乐东组。

### 近膨大圆辐虫 *Globorotalia plesiotumida* Blow et Banner,1965
(图版 3,图 10)

1965 *Globorotalia tumida plesiotumida* Blow et Banner,p. 1353,figs. 2a - c.
2001 *Globorotalia menardii*,何炎等,108 页,图版 40,图 1。

壳凸透镜形,轮廓近卵形。壳缘尖锐,具棱边,周边稍呈瓣状。最后壳圈具 6 个壳室,逐渐增大,最后壳室伸长。缝合线在螺旋面弯曲而隆起,镶边式,在脐面呈放射状,凹。壳壁光滑,壁孔细,近脐部有少许凸疣。壳口低拱形,从脐至壳缘,具口唇。壳长 0.6mm,壳宽 0.43mm。

**产地层位**　西沙群岛西科 1 井,莺歌海组。

### 美观圆辐虫 *Globorotalia scitula* (Brady),1882
(图版 25,图 5)

1882 *Pulvinulina scitula* Brady,p. 716,pl. 103,figs. 7a – c.
1945 *Globorotalia canariensis* Cushman et Stainforth,p. 70,pl. 13,figs. 12a – b.
1948 *Globorotalia canariensis* Renz,p. 136,pl. 11,figs. 3a – b.
1957 *Globorotalia scitula* Bolli,pl. 29,figs. 11a – 12c.
1983 *Globorotalia*(*Hirsutella*)*scitula* Kennett et Srinivasan,p. 134,pl. 31,fig. 1,3 – 5.
1990 *Globorotalia scitula* Vincent et Toumarkine,p. 832,pl. 3,figs. 21,22,29.
1993 *Globorotalia scitula* Chaisson et Leckie,p. 173 – 174,pl. 4,fig. 6;pl. 6,figs. 15,16.

水平切面壳缘圆,轴切面壳缘圆滑到次棱角状。房室增大较快。壳径 0.4mm。

**产地层位**　西沙群岛西科 1 井,莺歌海组。

### 美观圆辐虫(相似种) *Globorotalia* cf. *scitula* (Brady),1882
(图版 23,图 5,6)

1882 *Pulvinulina scitula* Brady,p. 716,pl. 103,figs. 7a – c.
1945 *Globorotalia canariensis* Cushman et Stainforth,p. 70,pl. 13,figs. 12a – b.
1957 *Globorotalia scitula* Bolli,pl. 29,figs. 11a – 12c.
1960 *Pulvinulina scitula* Banner et Blow,pl. 5,fig. 5.
1983 *Globorotalia*(*Hirsutella*)*scitula* Kennett et Srinivasan,p. 134,pl. 31,figs. 1,3 – 5.
1993 *Globorotalia scitula* Chaisson et Leckie,p. 173 – 174,pl. 4,fig. 6;pl. 6,figs. 15,16.

与 *Globorotalia scitula* 相比,壳体偏小,房室较多,切片中最多可见 7 个房室。房室逐渐增大。壳径 0.18～0.21mm。

**产地层位**　西沙群岛西科 1 井,莺歌海组。

### 截锥圆辐虫 *Globorotalia truncatulinoides* (d'Orbigny),1839
(图版 3,图 11;图版 25,图 6 – 8)

1839 *Globorotalia truncatulinoides* d'Orbigny,p. 132,pl. 2,figs. 25 – 27.
1972 *Globorotalia truncatulinoides* Lamb et Beard,p. 56,pl. 24,figs. 1 – 4;pl. 25,figs. 1 – 7;pl. 26,figs. 1 – 3.
1985 *Globorotalia truncatulinoides truncatulinoides* Bolli et Saunders,p. 234,text figs. 37 – 4,37 – 5.
1990 *Globorotalia truncatulinoides* Vincent et Toumarkine,p. 834,pl. 5,figs. 12,18,23.
1993 *Globorotalia truncatulinoides* Chaisson et Leckie,p. 174,pl. 6,figs. 3,4.
1994 *Globorotalia truncatulinoides* Loeblich et Tappan,p. 102 – 103,pl. 186,figs. 10 – 12;pl. 187,figs. 1 – 7.

壳高螺旋式,平凸。壳壁钙质,壳面光滑。脐部宽,稍下凹。壳缘圆。口孔位于终室基部,缝状,具宽唇。壳径 0.4mm,壳宽 0.25mm。

**产地层位**　西沙群岛西科 1 井,莺歌海组、乐东组。

### 截锥圆辐虫(相似种) *Globorotalia* cf. *truncatulinoides* (d'Orbigny),1839
(图版 25,图 9)

1839 *Globorotalia truncatulinoides* d'Orbigny,p. 132,pl. 2,figs. 25 – 27.
1972 *Globorotalia truncatulinoides* Lamb et Beard,p. 56,pl. 24,figs. 1 – 4;pl. 25,figs. 1 – 7;pl. 26,figs. 1 – 3.
1983 *Globorotalia*(*Truncorotalia*) *truncatulinoides* Kennett et Srinivasan,p. 148,pl. 34,fig. 2;pl. 35,figs. 4 – 6.

1990 *Globorotalia truncatulinoides* Vincent et Toumarkine, p. 834, pl. 5, figs. 12, 18, 23.
1994 *Globorotalia truncatulinoides* Loeblich et Tappan, p. 102 – 103, pl. 186, figs. 10 – 12; pl. 187, figs. 1 – 7.

个体较 *Globorotalia truncatulinoides* 小。壳径 0.3mm，壳厚 0.2mm。

**产地层位** 西沙群岛西科 1 井，莺歌海组。

### 肿圆辐虫 *Globorotalia tumida* (Brady), 1877
（图版 3，图 12；图版 24，图 4，5）

1877 *Pulvinulina menardii* var. *tumida* Brady, pl. 103, figs. 4 – 6.
1983 *Globorotalia(Globorotalia)tumida tumida* Kennett et Srinivasan, p. 158, pl. 36, fig. 1; pl. 38, figs. 1 – 3.
1993 *Globorotalia tumida* Chaisson et Leckie, p. 175, pl. 7, figs. 3 – 5.
1994 *Globorotalia tumida* Loeblich et Tappan, p. 101, pl. 183, figs. 7 – 12.

壳低螺旋式。与 *Globorotalia menardii* 相似，但是该种螺旋高度稍高，壳壁稍厚。壳壁钙质，壳面光滑。最后两圈扭旋。壳缘较宽。缝合线在背侧镶边，腹面深凹。口孔弧形，自脐部延伸至壳缘，具唇。壳径 0.40～0.50mm。

**产地层位** 西沙群岛西科 1 井，莺歌海组、乐东组。

### 肿圆辐虫（相似种）*Globorotalia* cf. *tumida* (Brady), 1877
（图版 25，图 10）

1877 *Pulvinulina menardii* var. *tumida* Brady, pl. 103, figs. 4 – 6.
1983 *Globorotalia(Globorotalia)tumida tumida* Kennett et Srinivasan, p. 158, pl. 36, fig. 1; pl. 38, figs. 1 – 3.
1993 *Globorotalia tumida* Chaisson et Leckie, p. 175, pl. 7, figs. 3 – 5.
1994 *Globorotalia tumida* Loeblich et Tappan, p. 101, pl. 183, figs. 7 – 12.

水平切面，壳体较大。仅见末圈 6 个房室，未见初房室。壳径 1.00mm。

**产地层位** 西沙群岛西科 1 井，莺歌海组。

### 肿圆辐虫弯曲亚种 *Globorotalia tumida flexuosa* (Koch), 1923
（图版 3，图 13，14）

1923 *Pulvinulina tumida* var. *flexuosa* Koch, p. 351, text figs. 9a – b, 10a – b.
1923 *Globorotalia(Globorotalia)tumida flexuosa* Koch, p. 357, text figs. 9, 10.
1976 *Globorotalia(Globorotalia)tumida flexuosa* Quilty, p. 695, pl. 15, figs. 21, 22.

壳大，低螺旋式。水平切面轮廓卵圆形或少有拉长。轴切面轮廓两端尖锐，房室边缘在脐部强烈弯曲。末圈具 6～7 个房室，终室迅速增大、拉长。壳体表面光滑，具微孔，脐部发育较多的凸疣。脐部窄，较深。口孔低穹隆状，位于靠近内边缘的脐部。壳径 0.41mm。

**产地层位** 西沙群岛西科 1 井，莺歌海组。

### 蹄形圆辐虫 *Globorotalia ungulata* Bermudez, 1960
（图版 25，图 11，12）

1960 *Globorotalia ungulata* Bermudez, p. 1304, pl. 15, figs. 6a – b.
1961 *Globorotalia ungulata*, Bermúdez, p. 1304 – 1305, pl. 15, fig. 6.
1967 *Globorotalia ungulata*, Blow, p. 372, pl. 8, figs. 13 – 15.
1972 *Globorotalia ungulata*, Lamb et Beard, p. 57, pl. 11, figs. 7 – 9.
2001 *Globorotalia ungulata* Bermudez, 何炎等, 108 页, 图版 47, 图 3, 7。

壳小，脐面比螺旋面凸度大，壳缘尖锐，具一窄棱边，周边瓣状。纵切面可见 7 个壳室，见口孔，壳径 0.48～0.5mm，壳厚 0.24mm。

**产地层位** 西沙群岛西科 1 井，莺歌海组。

### 圆辐虫(未定多种)*Globorotalia* spp.
(图版 23,图 11,12,15;图版 24,图 1-3,6)

壳小,壳缘尖锐,房室在水平切面中呈瓣状,壳径 0.30～0.40mm,壳厚 0.18～0.32mm,壳高 0.38mm。

**产地层位**　西沙群岛西科 1 井,莺歌海组。

### 新方球虫属 *Neogloboquadrina* Bandy,Frerichs et Vincent,1967

壳球形,低螺旋。壳壁钙质,具微孔,孔粗,具茸刺。主口孔位于脐部内侧的前部。齿亚三角形。

**分布时代**　上新世—现代。

### 杜氏新方球虫 *Neogloboquadrina dutertrei* (d'Orbigny),1839
(图版 4,图 1,2)

1839 *Globigerina dutertrei* d'Orbigny,p. 84,pl. 4,figs. 19-21.
1983 *Neogloboquadrina dutertrei* Kennett et Srinivasan,p. 198,pl. 48,figs. 7-9.
1990 *Neogloboquadrina dutertrei* Vincent et Toumarkine,p. 836,pl. 7,figs. 12-16.
1993 *Neogloboquadrina dutertrei* Chaisson et Leckie,p. 176,pl. 8,fig. 4.

壳体球形,低螺旋,螺旋顶尖平至微凸。末圈具 5～6 个房室,背侧缝合线呈放射状,稍弯曲,较深凹。腹侧缝合线放射状,深凹。壳体表面具微孔,分布密度适中。脐部展开,较宽、深凹。

**产地层位**　西沙群岛西科 1 井,乐东组。

### 杜氏新方球虫(相似种)*Neogloboquadrina* cf. *dutertrei*(d'Orbigny),1839
(图版 3,图 15;图版 25,图 13-15)

1839 *Globigerina dutertrei* d'Orbigny,p. 84,pl. 4,figs. 19-21.
1983 *Neogloboquadrina dutertrei* Kennett et Srinivasan,p. 198,pl. 48,figs. 7-9.
1990 *Neogloboquadrina dutertrei* Vincent et Toumarkine,p. 836,pl. 7,figs. 12-16.
1993 *Neogloboquadrina dutertrei* Chaisson et Leckie,p. 176,pl. 8,fig. 4.

壳低螺旋式,与 *Neogloboquadrina dutertrei* 相似,区别在于该种的缝合线更深、更明显,末圈房室数量稍少。壳径 0.21～0.48mm。

**产地层位**　西沙群岛西科 1 井,莺歌海组、乐东组。

### 小丘新方球虫 *Neogloboquadrina humerosa* (Takayanagi et Saito),1962
(图版 4,图 3-7;图版 26,图 1-6)

1962 *Globorotalia humerosa* Takayanagi et Saito,p. 78,pl. 28,figs. 1a-c.
1972 *Globoquadrina humerosa* Lamb et Beard,p. 50,pl. 3,figs. 4-9;pl. 8,figs. 1-6.
1981 *Globorotalia humerosa* (Takayanagi et Saito),汪品先等,99 页,图版 43,图 1-7。
1986 *Neogloboquadrina humerosa* Jenkins,Whittaker et Carlton,p. 98,pl. 1,figs. 11,12.
1994 *Neogloboquadrina humerosa* Loeblich et Tappan,p. 102,pl. 199,figs. 1-6.

壳低螺旋,背面相对较平,壳缘宽圆,呈瓣状。房室球形,末圈 5 个房室。缝合线微凹,微弯。近放射状。壳壁钙质,壁孔清晰。口孔低拱形,自脐部延伸至壳缘,具唇。壳径 0.22～0.35mm。

**产地层位**　西沙群岛西科 1 井,莺歌海组。

### 普林虫科 Pulleniatinidae Cushman, 1927
### 普林虫属 *Pulleniatina* Cushman, 1927

壳球形,低螺旋式到扭旋式,早期与 *Globigerina* 相似,具洞开的脐,后期房室完全包裹早期旋圈,包旋式排列。缘内口孔,幼年期位于脐部,宽弧形;成年期位于终室的基部,为脐外口孔,宽弧形,较低,其上缘具加厚的唇,由于后期房室扭旋的结果,口孔位移,不与较早的脐部直通。

**分布时代** 上新世—现代。

### 斜室普林虫 *Pulleniatina obliquiloculata* (Parker et Jones), 1865
(图版 4,图 8)

1865 *Pulleniatina obliquiloculata* Parker et Jones, p. 368, pl. 19, figs. 4a – b.
1975 *Pulleniatina obliquiloculata* Bolli, Loeblich et Tappan, p. 33, pl. 4, figs. 1 – 5.
1994 *Pulleniatina obliquiloculata* Loeblich et Tappan, p. 103, pl. 187, figs. 8 – 13; pl. 188, figs. 1 – 6.
2001 *Pulleniatina obliquiloculata* (Parker et Jones), 何炎等, 118 页, 图版 40, 图 5。

壳近球形,早期壳圈小,呈抱球虫状。塔式螺旋。最后壳圈有 3~5 个壳室,迅速增大,扭旋包旋早期壳圈。缝合线弯曲,近平。壳壁早期较粗糙,后期渐光滑,壁孔明显。壳口长,拱形,伸向壳缘,具厚的唇。壳径 0.4mm。

**产地层位** 西沙群岛西科 1 井,乐东组。

### 初始普林虫 *Pulleniatina primalis* Banner et Blow, 1967
(图版 4,图 9 – 11)

1967 *Pulleniatina primalis* Banner et Blow, p. 142, pl. 1, figs. 3 – 8; pl. 3, figs. 2a – c.
1971 *Pulleniatina primalis* Postuma, p. 384, pl. 385.
1981 *Pulleniatina primalis* Banner et Blow, 汪品先等, 105 页, 图版 50, 图 5 – 9。
1985 *Pulleniatina primalis* Bolli et Bermudez, p. 248, pl. 40, fig. 6; pl. 41, figs. 20 – 27.
2001 *Pulleniatina primalis* Banner et Blow, 何炎等, 118 页, 图版 41, 图 5。

壳螺旋式,壳缘宽圆,瓣状,房室亚球形,末圈具 5 个房室,终室尖端盖住脐。缝合线凹,放射状。壳壁钙质,光滑。口孔低拱形,从脐部延伸至壳缘,具较厚的唇边。壳径 0.30~0.52mm,壳厚 0.36mm。

**产地层位** 西沙群岛西科 1 井,莺歌海组。

### 普林虫(未定种) *Pulleniatina* sp.
(图版 26,图 7 – 9)

壳近球形,最多可见 5 个房室,早期壳圈小,呈抱球虫状。因为缺失缝合线、口孔等特征,定为未定种。壳径 0.40~050mm。

**产地层位** 西沙群岛西科 1 井,莺歌海组。

### 砂盘虫科 Ammodiscidae Reuss, 1826
### 砂盘虫属 *Ammodiscus* Reuss, 1826

壳圆盘形。继初房之后,管状第二房室围绕初房平旋。壳壁胶结型。口孔位于管状房室的末端。

**分布时代** 志留纪—现代。

### 砂盘虫(未定种) *Ammodiscus* sp.
(图版 26,图 10, 11)

纵切面,壳圆盘形,壳壁胶结型,壳径 0.22~0.81mm。

**产地层位** 西沙群岛西科 1 井,乐东组。

### 旋织虫科 Spiroplectamminidae Cushman,1927
### 旋织虫属 *Spiroplectammina* Cushman,1927

壳狭长,早期壳室平旋,后期双列式排列,口孔圆形,位于终室末端附近的短颈上。

**分布时代** 石炭纪—现代。

### 旋织虫(未定种)*Spiroplectammina* sp.
(图版 29,图 3)

斜切面,不完整,故定为未定种。

**产地层位** 西沙群岛西科 1 井,乐东组。

### 串珠虫科 Textulariidae Ehrenberg,1838
### 串珠虫属 *Textularia* Defrance,1824

壳狭长,横断面常呈扁圆形,偶尔呈卵形到圆形。房室多,排列紧密,双列式。缝合线下凹,不显。壳壁胶结型,内部简单,缘内口孔弧形,位于终室基部。

**时代分布** 中石炭世—现代;世界各地。

### 串珠虫(未定多种)*Textularia* spp.
(图版 26,图 12-15;图版 27,图 1-15;图版 28,图 1-9)

壳体较大,呈下尖上宽的锥形。房室多,排列紧密,双列式。缝合线下凹,不明显。壳壁胶结型,内部简单,缘内口孔弧形,位于终室基部。

**产地层位** 西沙群岛西科 1 井,梅山组、黄流组、莺歌海组、乐东组。

### 双串虫属 *Bigenerina* d'Orbigny,1826

壳狭长。房室早期双列式排列,口孔半月形,位于口面基部,与 *Textularia* 相似。晚期单列式排列,口孔圆形,位于终室末端。

**分布时代** 侏罗纪—现代。

### 双串虫(未定种)*Bigenerina* sp.
(图版 28,图 11)

纵切面,未见初房。壳长 0.40mm,壳宽 0.11mm。

**产地层位** 西沙群岛西科 1 井,梅山组。

### 管串珠虫属 *Siphotextularia* Finlay,1939

壳狭长,横断面呈长方形。房室始终双列式排列。口孔圆形,位于终室末端附近的短颈上。

**分布时代** 古新世—现代。

### 佛林提管串珠虫 *Siphotextularia flintii* (Cushman),1911
(图版 28,图 10,12-15;图版 29,图 1,2)

1911 *Textularia flintii* Cushman,p. 21,text fig. 36.
1921 *Textularia flintii* Cushman,p. 113,pl. 22,fig. 4.
1972 *Siphotextularia flintii* Murray,p. 33,pl. 9,figs. 6-8.
1981 *Siphotextularia flintii* Banner et Pereira,p. 103,pl. 7,figs. 3,6,7,13,14.
1988 *Siphotextularia flintii* Cushman,郑守仪,125 页,图版 35,图 1,2。

1994 *Quinqueloculina tropicalis* Loeblich et Tappan, pl. 41, figs. 8 – 15.

纵切面。壳小,房室 4～6 对,缝合线微凹。壳壁黏结质,壳长 0.28～0.34mm,壳宽 0.31～0.35mm,初房直径 0.18～0.23mm。

**产地层位**　西沙群岛西科 1 井,梅山组。

### 维纽尔虫科 Verneuilinidae Cushman, 1911
### 高锥虫属 *Gaudryina* d'Orbigny, 1839

壳长,高锥形。早期房室三列式,横切面呈三角形。晚期双列式,横切面三角形、四角形或椭圆形。口孔弧形,位于口面基部。

**分布时代**　晚三叠世—现代。

### 高锥虫(未定种) *Gaudryina* sp.
(图版 29,图 4)

纵切面,壳长大于壳宽,房室早期三列式,晚期双列式,缝合线不明显,微凹,壳壁黏结质,未见初房,壳长 1.25mm,宽 0.72mm。

**产地层位**　西沙群岛西科 1 井,乐东组。

### 豪尔虫科 Hauerinidae Schwager, 1876
### 微粟虫属 *Miliolinella* Wiesner, 1931

壳侧视卵圆形。初房球形,房室排列呈三玦虫式。缝合线清晰。壳壁钙质,似瓷质,无微孔。口孔位于终室末端,局部被宽平的遮缘所掩盖,仅留一新月形开口。

**分布时代**　渐新世—现代。

### 微粟虫(未定种) *Miliolinella* sp.
(图版 29,图 15)

斜切面,可见 6 个房室,切面呈肾形,壳缘圆,最后壳室最大,内部房室呈三玦虫式排列,缝合线凹。壳宽 0.35mm,壳厚 0.20mm。

**产地层位**　西沙群岛西科 1 井,梅山组。

### 玦心虫属 *Massilina* Schlumberger, 1893

壳侧视近卵圆形。房室三玦虫式排列。缝合线清晰。壳壁钙质,似瓷质,无微孔。口孔位于终室末端,局部被遮缘掩盖,仅留一新月形开口。初房球形。

**分布时代**　渐新世—现代。

### 玦心虫(未定种) *Massilina* sp.
(图版 37,图 10)

斜切面,壳体近菱形,房室三玦虫式排列,标本长 0.23mm,宽 0.21mm。

**产地层位**　西沙群岛西科 1 井,乐东组。

### 双玦虫属 *Pyrgo* Defrance, 1824

壳卵圆形。初房球形。微球型个体早期五玦虫式,之后为三玦虫式,最终为双玦虫式绕旋。显球型个体始终是双玦虫式绕旋。外观仅见最后两个房室。壳壁钙质,无孔。口孔位于终室末端,圆形或椭圆形,具有单或叉齿。

**分布时代** 侏罗纪—现代。

### 双珠虫(未定种1)*Pyrgo* sp. 1
(图版4,图12)

壳卵圆形。外观仅见最后两个房室。壳壁钙质,无孔。壳体出现破损,未见口孔。壳长0.54mm,壳宽0.42mm。

**产地层位** 西沙群岛西科1井,三亚组。

### 双珠虫(未定多种)*Pyrgo* spp.
(图版30,图1-11)

壳近圆形,多数为纵切面,房室呈弧形,壳长0.33~0.72mm,壳宽0.22~0.68mm。

**产地层位** 西沙群岛西科1井,梅山组。

### 五珠虫属 *Quinqueloculina* d'Orbigny,1826

壳绕旋,顺序生成的房室夹角144°,相邻房室夹角72°,外观多视面可见4个房室,少视面可见3个房室。壳壁钙质,无孔。口孔位于终室末端,具棒状或"T"形齿。

**分布时代** 侏罗纪—现代。

### 微纹五珠虫(相似种)*Quinqueloculina* cf. *cuvieriana* d'Orbigny,1839
(图版31,图5,6)

1839 *Quinqueloculina cuvieriana* d'Orbigny,p. 190,pl. 11,figs. 19-21.
1977 *Quinqueloculina cuvieriana*,Calvez,p. 70,figs. 1-3.
1994 *Quinqueloculina cuvieriana*,Loeblich et Tappan,pl. 78,figs. 1-9.

壳体表面纵纹较弱,尤其是在房室外缘。横切面近正三角形,壳缘钝圆,壳宽0.26~0.52mm,壳厚0.18~0.36mm。

**产地层位** 西沙群岛西科1井,乐东组。

### 拉马克五珠虫 *Quinqueloculina lamarckiana* d'Orbigny,1839
(图版4,图13)

1839 *Quinqueloculina lamarckiana* d'Orbigny,p. 189,pl. 11,figs. 14,15.
1965 *Quinqueloculina lamarckiana* d'Orbigny,何炎等,61页,图版2,图1a-c。
2001 *Quinqueloculina lamarckiana* d'Orbigny,何炎等,29页,图版5,图1;图版6,图15;图版8,图6。

壳长0.51mm,壳宽0.42mm,壳厚0.40mm。

**产地层位** 西沙群岛西科1井,乐东组。

### 热带五珠虫 *Quinqueloculina tropicalis* Cushman,1924
(图版4,图14)

1924 *Quinqueloculina tropicalis* Cushman,p. 63,pl. 23,figs. 9,10.
1960 *Quinqueloculina tropicalis* Barker,p. 10,pl. 5,fig. 3.
1988 *Quinqueloculina tropicalis* Cushman,郑守仪,214页,图版6,图5,6;图版24,图2;图版31,图4,插图32。
1994 *Quinqueloculina tropicalis* Loeblich et Tappan,pl. 78,figs. 13-15.

壳长0.94mm,宽0.48mm。

**产地层位** 西沙群岛西科1井,乐东组。

### 五玦虫(未定多种)*Quinqueloculina* spp.

(图版4,图15;图版5,图1-4;图版30,图12-15;图版31,图1-4;图版41,图2)

壳绕旋,外观多视面可见4个房室,少视面可见3个房室,横切面最多见8个房室。壳壁钙质,无孔。实体标本壳体磨蚀,口孔和壳饰缺失,切片标本缺少壳体表面特征,故只能鉴定到属。

**产地层位** 西沙群岛西科1井,三亚组、梅山组、乐东组。

### 类曲形虫属 *Sigmoilopsis* Finlay,1947

壳近卵圆形。房室有一半被相邻新房室覆盖,早期房室螺旋式排列,晚期平旋。壳壁厚,似瓷质,但是表面黏结大量颗粒。口孔圆,具小齿。

**分布时代** 中新世—现代。

### 类曲形虫(未定种)*Sigmoilopsis* sp.

(图版5,图5;图版32,图10)

壳外形近卵圆形。外表面磨损。斜切面未经过初房,房室弧形。未见口孔和小齿。壳长0.30~0.39mm,壳宽0.21~0.30mm。

**产地层位** 西沙群岛西科1井,乐东组。

### 三玦虫属 *Triloculina* d'Orbigny,1826

壳侧视近椭圆形。初房球形,每个旋圈由两个房室组成。微球型胚壳房室排列呈五玦虫式,然后变为两个相继生长房室的绕旋平面相交成120°。显球型壳无五玦虫式阶段。壳壁钙质,似瓷质,无微孔,表面偶具胶结的砂粒。口孔位于终室末端,具典型的双分叉齿。

**时代分布** 侏罗纪—现代;世界各地。

### 三棱三玦虫 *Triloculina tricarinata* d'Orbigny,1826

(图版5,图7;图版32,图1,2)

1826 *Triloculina tricarinata* d'Orbigny,p.299,No.7.
1988 *Triloculina tricarinata* d'Orbigny,郑守仪,246页,图版19,图2;图版33,图2-4,插图63。
2001 *Triloculina tricarinata* d'Orbigny,何炎等,34页,图版7,图4,9。

壳缘尖锐,横切面近于正三角形,棱边微凸。缝合线清楚,微凹。壳壁光滑。壳长0.38~0.50mm,壳宽0.33~0.40mm。

**产地层位** 西沙群岛西科1井,梅山组、乐东组。

### 三角三玦虫 *Triloculina trigonula* (Lamarck),1804

(图版32,图3-9)

1804 *Triloculina trigonula* Lamarck,p.351.
1965 *Triloculina* cf. *trigonula* Lamarck,何炎等,67页,图版3,图6a-c。
2001 *Triloculina tricarinata* Lamarck,何炎等,35页,图版7,图17。

壳缘钝圆,横切面近于圆三角形,棱边弧形。缝合线清楚,微凹。壳壁光滑。壳缘长0.20~0.60mm,壳厚0.22~0.80mm。

**产地层位** 西沙群岛西科1井,梅山组、乐东组。

### 马刀虫科 Peneroplidae Schultze, 1854
### 枝口虫属 *Dendritina* d'Orbigny, 1826

壳侧视卵圆形。房室平旋式,近包旋或全包旋。壳壁钙质无孔,壳面光滑或具纵纹。口孔树枝形,位于口面。

**分布时代** 始新世—现代。

### 枝口虫(未定种) *Dendritina* sp.
(图版 32,图 13,14)

可见外部的 2～3 个壳圈,内圈及初房不明。壳高 0.60～1.20mm,壳宽 0.55～0.80mm。

**产地层位** 西沙群岛西科 1 井,梅山组、乐东组。

### 兰吉枝口虫 *Dendritina rangi* d'Orbigny, 1904
(图版 32,图 15;图版 33,图 1)

1904 *Dendritina rangi* d'Orbigny emend. Fornasini, p. 6, pl. 1, fig. 13.
1950 *Dendritina* cf. *rangi* Henson, p. 31, pl. 5, fig. 2; pl. 6, fig. 2; pl. 10, fig. 3.
1967 *Dendritina* cf. *rangi* Adams et Bourgeois, p. 20, pl. 2, figs. 2, 3.

壳卵圆形,平旋。壳壁钙质,似瓷质。横切面呈瘦长形,两端钝圆。隔壁向口孔位置弯曲。见 2.5～3 个壳圈,壳圈迅速增大,未见初房,口孔树枝状。

**产地层位** 西沙群岛西科 1 井,梅山组。

### 圆卷虫属 *Spirolina* Lamarck, 1804

早期房室平旋式排列,具双脐。晚期房室展开,单列,呈圆柱形。房室短。壳壁钙质,似瓷质,壳面光滑或具纵向细纹。口孔圆形,位于末端。有许多向内伸的齿状突起。

**分布时代** 始新世—现代。

### 圆卷虫(未定种) *Spirolina* sp.
(图版 32,图 11,12)

早期平旋,见 2 个壳圈,晚期单列。壳高 0.7mm。

**产地层位** 西沙群岛西科 1 井,梅山组。

### 抱环虫科 Spiroloculinidae Wiesner, 1920
### 抱环虫属 *Spiroloculina* d'Orbigny, 1826

壳呈纺锤形,两侧对称,扁平。初房球形,第二房室管状,环绕初房一圈,其后房室(显球型的房室)在同一平面旋卷,2 个房室组成一个壳圈。壳壁钙质无孔型,似瓷质。壳口位于终室末端,具简单或分叉齿。

**分布时代** 晚白垩世—现代。

### 皱抱环虫 *Spiroloculina corrugate* Cushman et Todd, 1944
(图版 5,图 6)

1944 *Spiroloculina corrugate* Cushman et Todd, p. 61, pl. 8, figs. 22-25.
1949 *Spiroloculina corrugate* Said, p. 15, pl. 1, fig. 33.
1951 *Spiroloculina corrugate* Asano, p. 13, figs. 91, 92.
1959 *Spiroloculina corrugate* Graham et Militante, p. 51, pl. 7, figs. 1a-b.

壳扁,略呈宽纺锤形,壳长约为壳宽2倍,中央部分凹陷,壳缘圆,基部突出。房室排列分明,依次迅速增大。缝合线清楚,凹陷。壳壁饰有许多细纵凸纹。口端延伸呈圆筒状长颈,口孔圆,具一短"Y"形齿。

**产地层位** 西沙群岛西科1井,乐东组。

### 抱环虫(未定多种)*Spiroloculina* spp.
(图版29,图6-14)

壳呈纺锤形至圆形,初房球形,壳壁钙质。壳体表面特征以及口孔特征无从辨别,不能鉴定到种。

**产地层位** 西沙群岛西科1井,梅山组、乐东组。

### 箭头虫科 Bolivinidae Glaessner,1937
### 箭头虫属 *Bolivina* d'Orbigny,1839

壳狭长,稍扁,向始端变窄、变小。房室低宽,双列式排列。房室底边后脊或向后延伸。壳壁钙质,具微孔,显微结构放射状。壳面光滑或具纹饰。口孔位于终室基部,扣眼状,具内齿板。

**分布时代** 晚白垩世—现代。

### 箭头虫(未定多种)*Bolivina* spp.
(图版5,图10;图版33,图7,8,10)

壳狭长,向始端变窄、变小。房室双列式排列。实体标本表面磨损,切片标本已无法观测壳饰和口孔。

**产地层位** 西沙群岛西科1井,梅山组、莺歌海组、乐东组。

### 似箭头虫属 *Bolivinita* Cushman,1927

壳狭长,壳缘和两侧扁平到下凹,横切面长方形,壳的四角具发达的轴线。房室双列式排列,宽度逐渐增加。初房常具一根或数根底刺。缝合线壳缘视下直伸,下凹,侧视倾斜,镶边式。壳壁钙质,薄,具微孔,微细构造放射状。口孔位于终室缘内,从基部向上延伸,近圆形或椭圆形。具唇,内齿板微凸。

**分布时代** 中新世—现代。

### 似箭头虫(未定种)*Bolivinita* sp.
(图版33,图9)

壳体较小,纵切面房室双列式排列,自下而上宽度逐渐增加。缝合线下凹。壳壁钙质,薄,具微孔,微细构造放射状。壳饰和口孔、唇等无从观察。

**产地层位** 西沙群岛西科1井,莺歌海组。

### 小盔虫科 Cassidulinidae d'Orbigny,1839
### 球盔虫属 *Globocassidulina* Voloshinova,1960

壳球形至凸透镜形,壳缘圆至尖锐,有时具棱边。壳室双列排列,平旋,相互交叉越过壳缘。近壳缘缝合线曲折。壳壁钙质,具微孔,粒状结构,光滑或偶见装饰。口孔卵形,缝状或弯曲,位于口面,与基部斜交,后侧有齿板,具鸡冠状齿突。

**分布时代** 晚始新世—现代。

### 小型球盔形虫 *Globocassidulina minima* (Saidova), 1975
(图版 7,图 8,9)

1975 *Smyrnella crassa* (d'Orbigny) sub sp. *minima* Saidova,p. 333,pl. 88,fig. 7.
1994 *Globocassidulina minima* Loeblich et Tappan,p. 115,pl. 223,figs. 11－14.

壳稍小,轮廓近球形,壳缘钝圆。壳室少,隆起,缝合线凹。壳壁光滑。口孔短,近三角形。壳径 0.17～0.2mm。

**产地层位** 西沙群岛西科 1 井,乐东组、莺歌海组。

### 冰岛虫属 *Islandiella* Norvang, 1959

壳凸透镜状至亚球形。壳缘圆至角状。壳室双列平旋,两侧对称,壳室从脐部开始一直到另一侧,另一侧仅见一小三角形。缝合线平至微凹,脐部为透明壳质物。壳壁钙质有孔,放射结构,表面光滑。壳口在壳缘以内,缝状,后侧发育一齿板,前侧发育一个次生舌状物,与以前的孔相连,齿板凸出于壳口。

**分布时代** 古新世—全新世。

### 日本冰岛虫 *Islandiella japonica* (Asano et Nakamura), 1937
(图版 5,图 12,13)

1937 *Cassidulina japonica* Asano et Nakamura,p. 144,text figs. 2a－b,pl. 13,figs. 1a－c,2a－c.
1983 *Islandiella islandica*,Ujiié et al,p. 61,pl. 9,figs. 1,2.
1995 *Islandiella japonica*,Hasegawa et Nomura,p. 91,figs. 1－1a－2d.
1983 *Islandiella californica*,Ujiié et al,p. 60,pl. 8,figs. 10－15 (part).
1999 *Islandiella japonica*,Nomura,p. 49,figs. 36－3,37－1a－c,37－2a－2b,37－3a－c.

壳近圆形。壳缘圆。两侧近平,中间部分微凸。缝合线微凹。壳壁光滑,壁孔细。壳宽 0.29～0.83mm,长 0.37～0.96mm,壳厚 0.28～0.59mm。

**产地层位** 西沙群岛西科 1 井,莺歌海组。

### 橡果虫科 Glandulinidae Reuss, 1860
### 橡果虫属 *Glandulina* d'Orbigny, 1826

壳狭长,横切面圆形。房室早期双列,晚期单列,逐渐增大,强烈叠覆。缝合线清晰与壳面齐平。末端口孔位于中央,放射状。

**时代分布** 古新世—现代,世界各地。

### 橡果虫(未定种)*Glandulina* sp.
(图版 5,图 14)

壳亚球形至卵形。基部钝圆。末端锐圆,缝合线平,壳壁光滑,口孔磨损。壳长 0.72mm,壳宽 1.0mm。

**产地层位** 西沙群岛西科 1 井,梅山组。

### 节房虫科 Nodosariidae Ehrenberg, 1838
### 双型虫属 *Amphimorphina* Neugeboren, 1850

壳狭长,早期常扁平。显球型房室单列。微球型早期具 6～10 对双列式房室。早期口孔放射状。放射沟之间的肋至晚期收敛,并于中部交会,留下 3～6 个孔,形成筛状口孔。具口孔小房室。

**分布时代** 中始新世—现代。

### 双型虫（未定种）*Amphimorphina* sp.
（图版 33，图 4）

纵切面，呈下尖上宽的锥形，壳长 1.5mm。

**产地层位** 西沙群岛西科 1 井，莺歌海组。

### 齿形虫属 *Dentalina* d'Orbigny，1839

壳弧形，单列式。缝合线常倾斜。末端口孔放射状，可以偏离中心或接近中心。

**分布时代** 二叠纪—现代。

### 齿形虫（未定种）*Dentalina* sp.
（图版 33，图 5，6）

壳体纵切面细长锥形，不完整，可见 6 个房室，未见初房。

**产地层位** 西沙群岛西科 1 井，莺歌海组。

### 金字塔虫属 *Pyramidulina* Fornasini，1894

壳长，直线形，多房室单列式排列。房室球形或近球形，自下而上逐渐增大。缝合线与轴面垂直。壳壁钙质有孔，壳面发育纵脊。末端口孔位于终室短颈末端。

**分布时代** 侏罗纪—全新世。

### 凯茨比金字塔虫 *Pyramidulina catesbyi* (d'Orbigny)，1839
（图版 5，图 8）

1839 *Nodosaria catesbyi* d'Orbigny in de la Sagra，p. 16，pl. 1，figs. 8 – 10.
1977 *Lagenonodosaria catesbyi* Le Calvez，p. 47，figs. 1 – 5，8 – 10.
1994 *Pyramidulina catesbyi* Loeblich et Tappan，p. 66，pl. 116，figs. 10 – 12.

壳长 0.57mm，壳宽 0.20mm。

**产地层位** 西沙群岛西科 1 井，莺歌海组。

### 节房虫属 *Nodosaria* Lamarck，1812

壳狭长，直线形，多房室单列式排列。横切面圆形，缝合线清晰且与壳轴垂直。壳面光滑，或具粗纹、细纹以及茸刺、节结。末端口孔位于短颈上，放射状。

**分布时代** 二叠纪—现代。

### 节房虫（未定种）*Nodosaria* sp.
（图版 33，图 2，3）

纵切面，壳长 0.75~0.85mm，壳宽 0.20~0.30mm。

**产地层位** 西沙群岛西科 1 井，莺歌海组。

### 假高椎虫科 Pseudogaudryinidae Loeblich et Tappan，1985
### 假棒形虫属 *Pseudoclavulina* Cushman，1936

游离型壳，壳体较长。早期三列式，横切面呈三角形。后期单列式，房室圆柱形。壳壁胶结质，发育细管。末端口孔半圆形或圆形，齿不清晰。

**分布时代** 晚白垩世—早始新世。

### 假棒形虫(未定种) *Pseudoclavulina* sp.
(图版 34,图 1-5)

壳长 0.52~0.80mm,壳宽 0.17~0.43mm。

**产地层位** 西沙群岛西科 1 井,梅山组。

### 罗伊斯虫科 Reussellidae Cushman,1933
### 罗伊斯虫属 *Reussella* Galloway,1933

房室三列式排列,侧视呈倒三角锥形,横切面呈三角形。壳壁钙质,具粗微孔。口孔位于终室基部,具内齿板。

**分布时代** 中新世—现代。

### 罗伊斯虫(未定种) *Reussella* sp.
(图版 5,图 15;图版 6,图 1,2;图版 33,图 14)

壳呈三角锥形,壳缘尖锐。壳室上面弯曲,光滑,弯折向下呈尖锐棱状,壳室下部收缩成,下部壳壁有粗刺。口孔不清楚。壳长 0.40~0.50mm,壳宽 0.20~0.25mm。

**产地层位** 西沙群岛西科 1 井,梅山组、莺歌海组。

### 小蛹形虫属 *Chrysalidinella* Schubert,1908

壳三角锥形,横切面呈三角形。早期房室三列式排列,晚期单列式排列。壳壁钙质有孔。口孔筛状,位于末端。

**分布时代** 始新世—全新世。

### 小蛹形虫(未定种) *Chrysalidinella* sp.
(图版 33,图 13;图版 53,图 11)

横切面,呈三角形,内部房室不清楚。

**产地层位** 西沙群岛西科 1 井,莺歌海组、梅山组。

### 拟管列虫科 Siphogenerinoididae Saidova,1981
### 直箭头虫属 *Rectobolivina* Cushman,1927

壳长,横切面圆或稍扁,早期房室双列式,后期单列式。壳壁钙质,具壁孔。壳面光滑或有装饰。壳口位于终室顶端,具向内扭曲的内齿板,相邻房室的内齿板在一个平面上两侧交错地改变位置。

**分布时代** 中始新世—现代。

### 直箭头虫(未定种) *Rectobolivina* sp.
(图版 5,图 9;图版 33,图 11)

实体化石保存不完整,纵切面房室排列清晰,早期双列式,晚期单列式。壳长 0.45~0.58mm,壳宽 0.19~0.20mm。

**产地层位** 西沙群岛西科 1 井,莺歌海组。

### 斜口虫属 *Loxostomina* Sellier de Civrieux,1969

壳细长,房室早期双列式,后成房室趋于单列。房室高度增加迅速。横切面圆或亚圆形。早期缝合线倾斜,后期近于水平。稍凹。壳壁钙质,具孔,透明。壳面发育较细的纵肋。末端口孔圆形或卵圆形。

**分布时代** 始新世—现代。

### 斜口虫(未定种)*Loxostomina* sp.
(图版 5,图 11)

壳长 0.71mm,壳宽 0.30mm。

**产地层位** 西沙群岛西科 1 井,莺歌海组。

### 管列虫属 *Siphogenerina* Schlumberger,1883

壳长,房室早期大多数为双列式,个别为三列式,晚期为单列式。壳壁钙质透明,微孔细,放射状。壳面光滑或具纵向粗线、细纹或小坑。末端口孔圆形,具短颈凸边和瓶口唇,内齿板往内突伸,相继房室内齿板对称面相交成 120°。

**分布时代** 始新世—现代。

### 管列虫(未定种)*Siphogenerina* sp.
(图版 33,图 12)

壳长 0.55mm,壳宽 0.15mm,房室纵切面近半圆形。

**产地层位** 西沙群岛西科 1 井,莺歌海组。

### 葡萄虫科 Uvigerinidae Haeckel,1894
### 葡萄虫属 *Uvigerina* d'Orbigny,1826

壳狭长,三列式,横切面圆形。房室膨鼓。壳壁钙质,具微孔。壳面光滑或茸刺或纵向粗线。末端口孔圆形,具无孔的颈,有时具瓶口唇,内齿板一侧有清晰的翼突。

**分布时代** 始新世—现代。

### 葡萄虫(未定种)*Uvigerina* sp.
(图版 33,图 15)

壳长 0.16mm,壳宽 0.12mm。

**产地层位** 西沙群岛西科 1 井,梅山组。

### 三棱虫属 *Trifarina* Cushman,1826

壳狭长,三列式,早期房室排列紧密,晚期疏松,有变成单列式的趋势。壳壁钙质,具细微孔,发育纵向粗线。末端口孔卵圆形,位于具加厚凸缘的短颈上。内齿板位于背侧,具翼突。

**分布时代** 始新世—现代。

### 三棱虫(未定种)*Trifarina* sp.
(图版 29,图 5)

房室早期螺旋堆叠,切片中呈双列,晚期呈单列。缝合线不明显,微凹,壳壁钙质,初房直径约 $10\mu m$,壳长 0.25mm,宽 0.08mm。

**产地层位** 西沙群岛西科 1 井,乐东组。

### 多型虫科 Polymorphinidae d'Orbigny,1839
### 小滴虫属 *Guttulina* d'Orbigny,1839

壳卵形或长度上拉伸。房室膨突,呈五块虫式绕旋,相继生长的房室对称面成 144°夹角。每个续生房室向上延伸较远,且强烈超覆。缝合线下凹。末端口孔放射状。

**分布时代** 侏罗纪—现代。

### 小滴虫（未定种）*Guttulina* sp.
（图版6，图3）

壳长0.38mm，壳宽0.23mm。

**产地层位**　西沙群岛西科1井，莺歌海组。

### 希望虫科 Elphidiidae Galloway, 1933
### 花室虫属 *Cellanthus* de Montfort, 1808

壳大，透镜形，房室多，平旋式排列，包旋，两侧对称。两侧中部均具有大的脐塞，其直径占壳径的1/4或以上。房室多，具后延突。隔壁完全双层。管道系与*Elphidium*相似。壳壁钙质有孔，具壁间桥，壳面饰纹较简单。壳口为沿口面基部呈一线排列的小孔。

**分布时代**　上新世—现代。

### 编格花室虫 *Cellanthus craticulatum* (Fichtel et Moll), 1798
（图版6，图5-7）

1798 *Nautilus craticulatum* Fichtel et Moll, p. 51, pl. 5, figs. h – k.
1978 *Cellanthus craticulatum* (Fichtel et Moll)，郑执中等，227页，图版29，图1，2。
1981 *Cellanthus craticulatum* (Fichtel et Moll)，汪品先等，134页，图版68，图12。
1999 *Cellanthus craticulatum* (Fichtel et Moll)，许红等，51页，图版14，图4，5。

壳稍扁，完全包旋；壳壁稍锐尖，壳缘视呈透镜状。脐塞直径大于壳径的1/3，具有许多的小圆坑。房室分明，狭长。末圈房室一般为20个或更多。缝合线清楚，稍弯，壁间桥细长，达25条以上。口面呈箭头形，两侧缘近平直，壳口呈一列小孔，沿口面基部排列。壳径0.93mm，壳厚0.53mm。

**产地层位**　西沙群岛西科1井，乐东组、莺歌海组。

### 花室虫（未定种）*Cellanthus* sp.
（图版6，图4；图版34，图6，7，9-13）

壳大，壳径0.71~0.80mm，壳厚0.30~0.40mm。

**产地层位**　西沙群岛西科1井，乐东组、莺歌海组、梅山组。

### 希望虫属 *Elphidium* de Montfort, 1808

壳平旋，包旋，两侧对称，房室多，具许多反突或沿隔壁边缘分布的内部房室突起。终室后脊朝向口面并被终隔壁封闭，但在其之前的房室中，被反突基部隔壁重吸收作用形成的小圆孔穿通，构成许多连通房室的管状孔。隔壁次生双层，当毗邻的新房室形成时，在其前一房室的口面上形成不完全的隔壁盖，使隔壁在中部和基部附近保持单层，通向穿过脐塞并垂直壳面的脐部管系。盘旋管在隔壁面和相邻的隔壁盖之间的隔壁间隙处伸出隔壁管，位于反突之下。从隔壁管伸出分管，与壳面相通，沿缝合线可见成排的小坑即为分管的开口，壳壁钙质，微孔细，放射状，壳面常具平行壳缘的沟或脊，位置往往与壳内的反突相符。壳面光滑或具小泡。口孔为一排小孔，位于口面基部，由于重吸收作用，较早的隔壁具隔壁孔。

**分布时代**　早始新世—现代。

### 卷曲希望虫 *Elphidium crispum* (Linne), 1758
（图版6，图8，9）

1758 *Nautilus crispum* Linne, p. 709.
1927 *Elphidium crispum* Cushman et Grant, p. 73, pl. 7, figs. 3a – b.

1978 *Elphidium crispum* (Linne),郑执中等,224 页,图版 28,图 6a-b,7a-b。
1999 *Elphidium crispum* (Linne),许红等,51 页,图版 17,图 13,14。

壳近圆形,完全包旋,壳径约为壳厚 2 倍,壳缘稍锐,壳缘视透镜形,脐塞微凸,直径不及壳径的 1/3,具数个小圆坑。房室分明,狭长,末圈房室一般为 20~40 个。缝合线清楚,较弯。壁间桥大约 12 条,长度约为房室高度的 1/2。壁孔细。口面低,呈箭头形,两侧缘稍内凹,壳口为沿口面基部单行排列的小孔。壳径 0.78mm,壳厚 0.40mm。

**产地层位** 西沙群岛西科 1 井,莺歌海组。

### 希望虫(未定种)*Elphidium* sp.
(图版 34,图 8)

只见两个壳圈,未见初房。切面透镜形,完全包旋,壳径约为壳厚 2 倍,壳缘稍锐,壳径 0.68mm,壳厚 0.30mm。

**产地层位** 西沙群岛西科 1 井,梅山组。

### 诺宁虫科 Nonionidae Schultze,1854
### 花朵虫属 *Florilus* de Montfort,1808

壳侧视近喇叭形,两侧对称或不对称,晚期有延伸趋势,壳缘圆到棱角状。房室多,平旋,包旋,低而宽,宽度和厚度迅速增加,壳体扩展似喇叭状。脐部微凹,附有颗粒状壳质,沿缝合线放射延伸。壳壁钙质,微孔细,微细构造颗粒状,隔壁单层。口孔窄缝状,位于壳缘。

**分布时代** 古新世—现代。

### 波义花朵虫 *Florilus boueanus* (d'Orbigny),1846
(图版 35,图 1)

1846 *Florilus boueanus* d'Orbigny,p. 108,pl. 5,figs. 11,12.
1978 *Florilus boueanus* (d'Orbigny),林甲兴等,111 页,图版 28,图 13。
1999 *Florilus boueanus* (d'Orbigny),王乃文等,128 页,图版 162,图 4。

壳径 0.50mm,壳宽 0.35mm。

**产地层位** 西沙群岛西科 1 井,乐东组。

### 环圈虫科 Soritidae Ehrenberg,1839
### 双环圈虫属 *Amphisorus* Ehrenberg,1839

壳圆盘形,双凹。显球型胚壳由球状初房和环绕初房的管状房室组成,之后壳室多而小,呈半环圈式排列,末圈房室排列成环状。双层,交错排列。壳口位于壳缘,两排交错排列于壳缘缝合线的凹槽中。

**分布时代** 中新世—现代。

### 饼双环圈虫 *Amphisorus hemprichii* Ehrenberg,1839
(图版 35,图 3)

1839 *Amphisorus hemprichii* Ehrenberg,p. 134,pl. 3,fig. 2.
1961 *Amphisorus hemprichii* Lehmann,p. 649,pl. 10,figs. 6-9;pl. 11,figs. 1-5,text figs. 39,40.
1987 *Amphisorus hemprichii* Loeblich et Tappan,p. 380,pl. 417,figs. 1-8.
1992 *Amphisorus hemprichii* Hatta et Ujiié,p. 80,pl. 17,figs. 3,4.
1994 *Amphisorus hemprichii* Loeblich et Tappan,p. 116,pl. 225,figs. 6-8.

壳呈圆盘状,较厚,中央部分微凹,壳缘平截;早期房室单层,后期被一中间层分隔为两层。壳口一般为两行交错排列略呈蚯蚓形孔,较大个体在两行交错形孔之间尚有双行或单行小孔。壳径 2.40mm,

壳厚 0.28mm。

**产地层位** 西沙群岛西科 1 井,乐东组。

### 双环圈虫(未定种)*Amphisorus* sp.
(图版 35,图 2)

壳圆盘形,中部双凹。双层,交错排列。壳径 0.60mm,壳厚 0.05mm。

**产地层位** 西沙群岛西科 1 井,乐东组。

### 古虫属 *Archaias* de Montfort,1808

壳扁平。房室早期平旋,包旋,晚期呈喇叭形扩展,渐变成同心圆圈状,露旋。房室内部有隔壁间小柱。复口孔位于终室末端,由两排小孔组成。

**分布时代** 中始新世—现代。

### 古虫(未定种)*Archaias* sp.
(图版 35,图 4,5)

壳径 0.62mm,初房直径 60μm。

**产地层位** 西沙群岛西科 1 井,梅山组。

### 堆虫属 *Sorites* Ehrenberg,1839

壳薄圆饼状,由单层房室组成,初房球形,之后为一管状第二房室,以后房室呈马刀虫(*Peneroplis*)式排列,呈环形,并分割成若干小室,相邻环的小室交错排列,并有通道相连,同一环的小室也有环形通道相连。壁钙质无孔,口孔在壳缘呈单列小孔。

**分布时代** 中新世—现代。

### 边缘堆虫(相似种)*Sorites* cf. *marginalis* (Lamarck),1816
(图版 35,图 6-8)

1816 *Orbulites marginalis* Lamarck,p.196.
1927 *Sorites marginalis* Cole,pl.211,figs.1,2.
1930 *Sorites marginalis* Cushman,p.49,pl.18,figs.1-4.
1978 *Sorites marginalis* Hanzawa,p.55,pl.37,fig.6.
1999 *Sorites marginalis*(Lamarck),许红等,53页,图版21,图14。

壳圆饼状,中心薄,向边缘缓慢加厚,边缘圆,环形室排列整齐。当前标本未切至初房,但壳体及房室排列形状都与之相似,故定为相似种。壳径 1.10mm,壳中心厚 0.10mm,壳缘厚。

**产地层位** 西沙群岛西科 1 井,乐东组。

### 缘孔虫属 *Marginopora* Quoy et Gaimard,1830

壳圆盘形,双凹。初房椭球形,从第二房室开始即为环圈式排列,无弯曲第二管状房室。环形管系连接小房室,除最初两个壳圈之外其他壳圈的各大房室的个边均有环形管道。早期较大的小房室由牙茎相通,后期除较大的小房室由牙茎相通外,其余较小的小房室互不相通。复口孔,不规则的多排小孔分布在壳缘微下凹的沟中。

**分布时代** 中新世—现代。

### 柱型缘孔虫 *Marginopora vertebralis* Blainville, 1834
(图版 35,图 9)

1834 *Marginopora vertebralis* Blainville, p. 412, pl. 69, fig. 6.
1924 *Marginopora vertebralis* Van der Vlerk, p. 11, pl. 4, figs. 14, 15.
1930 *Marginopora vertebralis* Hofker, p. 160, pl. 57, figs. 1, 2; pl. 61, figs. 4, 5, 11; pl. 62, figs. 1-9, 11, 12.
1933 *Marginopora vertebralis* Cushman, p. 67, pl. 19, figs. 11, 12.
1954 *Marginopora vertebralis* Todd et Post, p. 557, pl. 203, figs. 3c, 3d.

壳体圆盘形,中间薄,向壳缘增厚。壳径约 1.25mm,未见初房。

**产地层位** 西沙群岛西科 1 井,乐东组。

### 鞘形虫科 Vaginulinidae Reuss, 1860
### 扁豆虫属 *Lenticulina* Lamarck, 1804

壳扁豆形或凸透镜形,平旋,一般为包旋,偶见露旋,双壳顶。壳缘角状或棱脊状。房室逐渐增大,一般宽度大于高度,缝合线放射状,伸直或弯曲,下凹。齐平或突起。壳面常见加厚突起的缝合线、原突、缝合线节结等各种装饰。口孔位于缘周角,放射状。

**分布时代** 三叠纪—现代。

### 亚圆形扁豆虫 *Lenticulina suborbicularis* Parr, 1950
(图版 7,图 6,7)

1950 *Lenticulina (Robulus) suborbicularis* Parr, p. 321-322, pl. 11, figs. 5, 6.
1975 *Robulus suborbicularis* Saidova, p. 190, pl. 52, fig. 5.
1994 *Lenticulina suborbicularis* Loeblich et Tappan, p. 68, pl. 123, figs. 1-9.

壳透镜状,壳缘尖锐,具圆滑的窄棱边。缝合线隆起,弧形,向后弯曲,镶边式。壳壁光滑,壳口放射状。壳径 0.71~1.35mm,壳厚 0.36~0.54mm。

**产地层位** 西沙群岛西科 1 井,莺歌海组。

### 扁豆虫(未定多种) *Lenticulina* spp.
(图版 6,图 10-15;图版 7,图 1-5;图版 35,图 11,12;图版 37,图 6)

壳扁豆形或凸透镜形,包旋。壳缘角状或棱脊状。房室逐渐增大,宽度小于或等于高度,缝合线放射状,弯曲,下凹。口孔位于缘周角,放射状。当前的标本壳长 0.46~1.00mm,壳厚 0.25mm。

**产地层位** 西沙群岛西科 1 井,梅山组、莺歌海组、乐东组。

### 龙虾虫属 *Astacolus* de Montfort, 1808

壳长而弯,扁。房室多,低而宽,纵轴稍弯。缝合线倾斜,在外缘最高,弯曲、稍凹。壳壁薄,透明。末端口孔位于缘周角,放射状。

**分布时代** 二叠纪—现代。

### 龙虾虫(未定种) *Astacolus* sp.
(图版 35,图 10)

斜切面,壳厚 0.27mm。

**产地层位** 西沙群岛西科 1 井,乐东组。

### 缘口虫属 Marginulina d'Orbigny,1826

壳早期轻微旋卷,与 Lenticulina 和 Marginulinopsis 相似,晚期直线形。缝合线倾斜,早期尤甚。口孔位于背角(外缘角)。

**分布时代** 三叠纪—现代。

### 缘口虫(未定种)Marginulina sp.
(图版 35,图 13)

纵切面,早期轻微螺旋,后期单列式。壳长 1.12mm,壳厚 0.65mm。

**产地层位** 西沙群岛西科 1 井,乐东组。

### 袋形虫科 Bagginidae Cushman,1927
### 袋形虫属 Baggina Cushman,1926

壳近球形,低螺旋式。房室少,迅速增大,背侧少许超覆,腹侧包旋,脐封闭。壳壁钙质,具微孔,微细构造放射状。口孔位于脐部,宽弧形,上有一清楚的新月形无孔带。

**分布时代** 白垩纪—现代。

### 袋形虫(未定种)Baggina sp.
(图版 35,图 14)

壳径 1.18mm。

**产地层位** 西沙群岛西科 1 井,莺歌海组。

### 面包虫科 Cibicididae Cushman,1927
### 面包虫属 Cibicides de Montfort,1808

壳平凸,低螺旋式,背侧平到凹,露旋,腹侧凸到强烈突起,包旋。以背侧固着生长。口面锐角状。壳壁钙质,放射结构,双层,具微孔背侧粗,腹侧细,口面无。壳缘棱角状,具无孔的棱边。口孔低,内缘开口,具窄唇,沿缝合线延伸。

**分布时代** 白垩纪—现代。

### 面包虫(未定种 A)Cibicides sp. A
(图版 35,图 15;图版 36,图 1,4)

水平切面和纵切面,缝合线平。壳长 0.33mm,壳宽 0.22mm,壳厚 0.18mm。

**产地层位** 西沙群岛西科 1 井,莺歌海组、乐东组。

### 面包虫(未定种 B)Cibicides sp. B
(图版 36,图 2,3)

缝合线凹陷。壳长 0.30mm,壳宽 0.20mm,壳厚 0.15mm。

**产地层位** 西沙群岛西科 1 井,乐东组。

### 裂瓣面包虫 Cibicides lobatulus(Walker et Jacob),1798
(图版 7,图 10-12)

1798 Lobatula lobatula Walker et Jacob,p. 642,pl. 14,fig. 36.
1884 Trunoatulina lobatulus Brady,p. 660,pl. 92,fig. 10;pl. 93,figs. 1,4,5.
1884 Trunoatulina lobatulus (Walker et Jacob),Brady,p. 660,pl. 92,fig. 10;pl. 93,figs. 1,4,5.

1915 *Trunoatulina lobatulus* Cushman, p. 31, pl. 15, fig. 1, figs. 34a – c.
1931 *Cibicides lobatulus* Cushman, p. 118, pl. 21, figs. 3a – c.
1959 *Cibicides lobatulus* Graham et Militante, p. 116, pl. 19, figs. 12a – c.
1961 *Cibicides lobatulus* Todd et Low, p. 21, pl. 2, fig. 20.
1978 *Cibicides lobatulus* (Walker et Jacob), 郑执中等, 232 页, 图版 21, 图 3a – c.

壳长大于壳宽，背面稍平，腹面凸，壳缘窄圆。房室多，末圈房室大约 10 个，依次逐渐增大。缝合线清楚，在背面略呈镶边状，在腹面深凹，稍弯。壁孔较粗，背面的较密。背面初始壳圈常被壳质物覆盖。口孔低拱裂缝状，位于终室基部，一般自终室背面基部内缘伸延至腹面近脐部，口缘稍厚。

**产地层位** 西沙群岛西科 1 井，梅山组、莺歌海组、乐东组。

### 闪烁面包虫 *Cibicides refulgens* Montfort, 1808
（图版 7, 图 13 – 15; 图版 8, 图 1 – 4）

1808 *Cibicides refulgens* Montfort, p. 123.
1987 *Cibicides refulgens* Loeblich et Tappan, p. 582, pl. 634, figs. 1 – 3.
1990 *Cibicides refulgens* Akimoto, p. 195, pl. 23, fig. 5.
1991 *Cibicides refulgens* Van Marle, p. 200, pl. 21, figs. 15, 16; pl. 22, fig. 1.
1984 *Teuncatulina refulgens* Brady, p. 659, pl. 92, figs. 7 – 9.
1994 *Cibicides refulgens*, Loeblich et Tappan, p. 149, pl. 318, figs. 7 – 9.

壳径约 0.51mm, 壳厚 0.24mm。

**产地层位** 西沙群岛西科 1 井，莺歌海组、乐东组。

### 小面包虫属 *Cibicidina* Bandy, 1949

壳圆盘形，平凸，壳缘尖棱角状，具棱边。房室低螺旋式排列北侧可见所有房室，腹侧只见末圈房室。缝合线微凹。壳壁钙质，具细微孔壳面光滑。缘内口孔弯缝状，朝向先生旋圈的壳缘，稍向腹侧延伸。

**分布时代** 晚古新世—全新世。

### 小面包虫（未定种）*Cibicidina* sp.
（图版 36, 图 5, 6; 图版 37, 图 4）

纵切面，壳径 0.22~0.77mm, 壳厚 0.10~0.20mm。

**产地层位** 西沙群岛西科 1 井，乐东组、莺歌海组。

### 圆盘虫属 *Discorbis* Sellier et Civrieux, 1977

壳游离，低螺旋，螺旋面平，脐面隆起。壳缘圆。腹面最后壳圈迅速增大。缝合线平至微凹，斜。背面部分露旋，后期壳室具短而宽的脐板。缝合线放射状，凹。壳壁钙质，具粗孔。口孔位于壳缘，拱形有缘边，延至背面脐板下。

**分布时代** 始新世—现代。

### 圆盘虫（未定种）*Discorbis* sp.
（图版 9, 图 2, 3）

壳螺旋，壳缘宽圆，略呈瓣状，脐部仅平。壳体破损。缝合线放射状，凹。壳壁钙质，具粗孔。

**产地层位** 西沙群岛西科 1 井，莺歌海组、梅山组。

### 双面包虫属 *Dyocibicides* Cushman et Valentine, 1930

壳固着生长，壳体狭长形，幼壳低螺旋式，以背侧固着，随后松开，变成不规则的双列式或弯曲的单列式，壳缘具棱边，微孔粗。口孔狭长裂缝状，位于最终房室末端，具唇。

**分布时代** 始新世—现代。

### 双面包虫（未定种）*Dyocibicides* sp.
（图版 8，图 5）

仅见早期螺旋式壳，壳壁钙质，壳面具微孔，壳径 0.21mm。

**产地层位** 西沙群岛西科 1 井，莺歌海组。

### 梅花孔虫科 Cymbaloporidae Cushman, 1927
### 似梅花孔虫属 *Cymbaloporetta* Cushman, 1928

壳早期螺旋，圆锥形，后期壳室低而宽，新月形。最后壳圈具 3～6 个亚三角形房室。缝合线深凹。脐部有时部分覆盖，或有大的球形"浮室"。壳壁薄，钙质，壁孔粗。口孔缝状，位于壳室两侧，球形室上有许多圆孔状补充口孔。

**分布时代** 中新世—现代。

### 似梅花孔虫（未定种）*Cymbaloporetta* sp.
（图版 36，图 7-11）

水平切面圆形，最大直径 0.85mm。房室多，切面呈弧形或新月形。壳壁钙质。

**产地层位** 西沙群岛西科 1 井，梅山组。

### 蔷薇似梅花孔虫 *Cymbaloporetta bradyi* (Cushman), 1884
（图版 36，图 12，13）

1884 *Cymbalopora poeyi* (d'Orbigny) var., Brady, p. 637, pl. 102, figs. 14a - c.
1915 *Cymbalopora poeyi* (d'Orbigny) var. *bradyi* Cushman, p. 25, pl. 10, figs. 2a - c; pl. 14, figs. 2a - c.
1924 *Cymbalopora bradyi* Cushman, p. 34, pl. 10, figs. 2 - 4.
1959 *Cymbaloporetta bradyi* Graham et Militante, p. 108, pl. 18, figs. 2a - e.
1978 *Cymbaloporetta bradyi* Cushman, 郑执中等, 238 页, 图版 23, 图 1a - c, 2, 3。
1994 *Cymbaloporetta bradyi* Loeblich et Tappan, p. 152, pl. 327, figs. 8 - 10; pl. 328, figs. 1 - 3.

壳低圆锥形，腹面稍凸，脐穴大而凹陷。早期房室螺旋式，后成房室交错环列，房室腹面膨鼓，略呈长方形。壳壁薄，有时具假几丁质内层。背面壁孔粗，早期部分有少量透明次生物。腹面玻璃透明状，有时具稀疏粗壁孔。壳口由房室腹面两侧的一个或数个低拱形口孔及脐端口孔构成。壳径 0.28mm，壳高 0.13mm。

**产地层位** 西沙群岛西科 1 井，乐东组。

### 圆盘虫科 Discorbidae Ehrenberg, 1838
### 新上弯虫属 *Neoeponides* Reiss, 1960

壳螺旋式，平凸至不等双凸。壳缘角状具棱边。壳室低而宽，呈新月形。缝合线在背面斜而弯，在腹面呈放射状，凹，近脐部处加厚。隔壁双层，壳壁厚，钙质有孔。口孔在壳缘以内至脐部，缝状，有唇边。

**分布时代** 中新世—现代。

### 新上穹虫(未定种) *Neoeponides* sp.
(图版 36,图 14)

斜切面。高 1.40mm,宽 0.81mm。

**产地层位** 西沙群岛西科 1 井,莺歌海组。

## 上口虫科 Epistominidae Wedekind,1937
### 缘缝虫属 *Hoeglundina* Brunnich,1772

壳螺旋式,包卷较紧,双凸,房室逐渐增大,末圈具 8～9 个房室。靠近中心部分房室稍平。早期房室被吸收,只有终室保存完整。在背侧的螺旋面,缝合线在壳缘部分向后弯曲。在腹侧的脐面,缝合线直线状倾斜。壳缘具棱边。壳壁钙质,具微孔。壳面平滑。口孔位于脐部,缝状。

**分布时代** 古新世—全新世。

### 雅致缘缝虫 *Hoeglundina elegans* (d'Orbigny),1826
(图版 36,图 15)

1826 *Hoeglundina elegans* d'Orbigny,p.272,no.6.
1871 *Hoeglundina elegans* Parker et al,pl.12,fig.142.
1981 *Hoeglundina elegans* (d'Orbigny),汪品先等,126 页,图版 59,图 15,16。
1994 *Hoeglundina elegans* Loeblich et Tappan,p.98,pl.174,figs.1-6.

横切面直径 1.07mm。

**产地层位** 西沙群岛西科 1 井,莺歌海组。

## 上穹虫科 Eponididae Hofker,1951
### 上穹虫属 *Eponides* de Montfort,1808

壳低螺旋式,双凸,壳缘棱角状,具清晰的棱脊,脐部凹陷。缝合线在背侧弯曲,在腹侧近放射状排列,弯曲或"S"形。壳壁钙质,微孔细,微细构造放射状,多层,隔壁原生双层,具隔壁内通道。壳面或有次生的小泡,或在先生壳圈的口孔下方有纹脊。缘内口孔月牙形,从脐部伸向脐外,无内齿板,隔壁孔局限在部分隔壁面上。

**分布时代** 始新世—现代。

### 波萼上穹虫 *Eponides repandus* (Fichtel et Moll),1798
(图版 8,图 6)

1798 *Nautilus repandus* Fichtel et Moll,p.35,pl.3,figs.a-d.
1884 *Pulvinulina repanda* Brady,p.684,pl.104,fig.18.
1922 *Pulvinulina repanda* Cushman,p.51,pl.8,figs.10-12.
1941 *Eponides repandus* LeRoy,p.47,pl.3,fig.43.
1959 *Eponides repandus* Graham et Militante,p.118,pl.19,figs.17a,b.
1978 *Eponides repandus* (Fichtel et Moll),郑执中等,235 页,图版 22,图 2a-b;图版 32,图 5。
1994 *Islandiella japonica* Loeblich et Tappan,p.116,pl.225,figs.6-8.

壳长 0.76mm,壳厚约 0.46mm。

**产地层位** 西沙群岛西科 1 井,乐东组。

### 上穹虫(未定多种) *Eponides* spp.
(图版 8,图 7-11;图版 37,图 1-3,5)

壳低螺旋式,双凸,壳缘棱角状。壳体表面磨蚀,缝合线不清楚。壳壁钙质,微孔细,微细构造放射状,多层,隔壁原生双层。实体化石终室破损,切片为斜切面。未见口孔。壳径 0.42~0.91mm。

**产地层位** 西沙群岛西科 1 井,梅山组、莺歌海组、乐东组。

### 平脐虫科 Glabratellidae Loeblich et Tappan,1967
### 光滑虫属 *Glabratellina* Seiglie et Bermúdez,1965

壳小,螺旋式,平凸到凹凸。螺旋面壳圈包括 5~6 个呈新月形的房室。脐面中部凹陷部分房室近似三角形。缝合线在螺旋面与壳面相平,弯曲,在脐面呈放射状,弯曲。壳缘圆。壳壁钙质,微孔细。螺旋面光滑,脐面具分散的颗粒或疣状纹理。缘内口孔,可能发育脐盖。

**分布时代** 中新世—全新世。

### 光滑虫(未定种) *Glabratellina* sp.
(图版 8,图 12)

壳小,低螺旋。脐面凹陷似三角形。缝合线不清楚。脐面具分散的颗粒。未见口孔。壳径 0.24mm。

**产地层位** 西沙群岛西科 1 井,梅山组。

### 异鳞虫科 Heterolepidae Gonzalez – Donoso,1969
### 拟异常虫属 *Anomalinoides* Brotzen,1942

壳圆盘形,房室螺旋式至平旋式排列。背侧露旋,腹侧包旋。壳壁钙质,具粗孔。缝合线凹。壳缘圆,周边瓣状。缘内口孔位于壳缘处,呈弯缝状,自缝合线向背侧延伸至倒数 1~3 个房室的内缘,发育窄唇。

**分布时代** 晚白垩世—现代。

### 球拟异常虫 *Anomalinoides globulosus* (Chapman et Parr),1937
(图版 8,图 13,14)

1937 *Anomalina globulosus* Chapman et Parr,p. 117,pl. 9,fig. 27.
1951 *Anomalina globulosus* Asano,p. 15,text figs. 13 – 15.
1981 *Anomalina globulosus* Resig,pl. 8,figs. 11,12.
1990 *Anomalinoides globulosus* Akimoto,p. 192,pl. 20,fig. 6.
1994 *Anomalinoides globulosus* Loeblich et Tappan,p. 162,pl. 354,figs. 1 – 13;pl. 355,figs. 4 – 13.

壳近圆形,房室螺旋式排列。壳体表面具微孔。壳缘早期圆,晚期呈瓣状。壳径 0.27~0.56mm。

**产地层位** 西沙群岛西科 1 井,莺歌海组。

### 异鳞虫属 *Heterolepa* Franzenau,1884

壳体为不等的双凸到平凸,壳缘钝角状,具无微孔的棱边。房室多,低螺旋式排列。背侧扁平到微凸,露旋,旋圈和房室均逐渐增大。腹侧高凸,包旋。缝合线在背侧近放射状,后斜,在腹侧呈放射状,微后弯,齐平或轻微下凹。壳壁钙质,厚,多层,微孔规则,较粗,隔壁双层。缘内口孔缝状,从壳缘向脐部延伸至两者之间的 1/2,并横越壳缘,沿旋缝合线稍向背侧延伸。

**分布时代** 晚白垩世末期—现代。

### 双凸异鳞虫 *Heterolepa subhaidingeri* (Parr),1950

(图版 11,图 15;图版 12,图 1-5;图版 45,图 15;图版 46,图 1-5)

1950 *Cibicides subhaidingeri* Parr,p. 364,pl. 15,fig. 7.
1978 *Cibicides subhaidingeri* (Parr),郑执中等,233 页,图版 21,图 7。
1982 *Heterolepa subhaidingeri* Tappanet Loeblich,pl. 53,fig. 10.
1989 *Cibicides subhaidingeri* Inoue,pl. 21,fig. 1.
1990 *Heterolepa subhaidingeri* Akimoto,p. 201,pl. 23,fig. 3.
1994 *Heterolepa subhaidingeri* Loeblich et Tappan,p. 163,pl. 359,figs. 1-13.

壳圆形,双凸,壳缘锐尖,具弱棱边,末圈 5～6 个房室。壳径 0.49～0.69mm,壳厚 0.19～0.31mm。

**产地层位** 西沙群岛西科 1 井,梅山组、莺歌海组、乐东组。

### 双凸异鳞虫(相似种) *Heterolepa* cf. *subhaidingeri* (Parr),1950

(图版 34,图 14)

1950 *Cibicides subhaidingeri* Parr,p. 364,pl. 15,fig. 7.
1978 *Cibicides subhaidingeri* (Parr),郑执中等,233 页,图版 21,图 7。
1982 *Heterolepa subhaidingeri* Tappanet Loeblich,pl. 53,fig. 10.
1989 *Cibicides subhaidingeri* Inoue,pl. 21,fig. 1.
1990 *Heterolepa subhaidingeri* Akimoto,p. 201,pl. 23,fig. 3.
1994 *Heterolepa subhaidingeri* Loeblich et Tappan,p. 163,pl. 359,figs. 1-13.

斜切面,壳体透镜形,双凸,壳缘锐尖,房室螺旋排列。壳径 0.49～1.22mm,壳厚 0.50mm。

**产地层位** 西沙群岛西科 1 井,乐东组。

### 索箍虫科 Parrelloididae Hofker,1956
### 拟面包虫属 *Cibicidoides* Thalmann,1939

壳凸透镜形,壳缘角状,有棱边。房室低螺旋式排列,背侧见所有房室,腹侧仅见终圈房室。壳壁钙质,透明,背侧发育较多微孔,粗。背侧缝合线放射状,齐平或突起。口孔弧形,位于壳缘,具微凸的唇。

**分布时代** 古新世—现代。

### 假恩格拟面包虫 *Cibicidoides pseudoungerianus* (Cushman),1922

(图版 8,图 15;图版 9,图 1;图版 37,图 7)

1922 *Truncatulina pseudoungerianus* Cushman,p. 97,pl. 20,fig. 9.
1953 *Cibicides pseudoungerianus* Beckmann,p. 403,pl. 28,figs. 3,4.
1984 *Cibicidoides pseudoungerianus* Saunders et al,p. 408,pl. 4,fig. 7.

壳凸镜形,低螺旋式。终圈 7～8 个房室。缝合线微凹,放射状。弧形,向后弯。壳缘具棱边。壳径 0.30mm。

**产地层位** 西沙群岛西科 1 井,梅山组、莺歌海组、乐东组。

### 碟虫科 Patellinidae Rhumbler,1906
### 碟虫属 *Patellina* Williamson,1858

壳圆锥形,背面凸,露旋,腹面平,包旋。初房椭圆形,由无分隔的旋管环绕 1～3 圈,随后每两个房室组成一圈。室腔发育许多不完整横隔板。壳壁钙质有孔型。口孔拱形,位于终室腹面基部中央。

**分布时代** 早白垩世—现代。

### 碟虫（未定种）*Patellina* sp.
（图版37，图8,9）

纵切面，圆锥形，壳高0.21～0.33mm，壳径0.22～0.38mm。

**产地层位** 西沙群岛西科1井，莺歌海组、乐东组。

### 圆饼虫科 Placentulinidae G. K. Kasimova, Poroshina et Geodakchan, 1980
### 小真碟虫属 *Eupatellinella* Hatta in Hatta et Ujiié, 1992b

壳圆锥形，平凸，房室螺旋式排列。最早的壳圈发育3个房室，之后的壳圈都会比相邻的前一圈多两个房室。螺旋面能够看到多有的房室，脐面只能看到最后的两个房室。壳壁钙质，微孔。发育脐部口孔，被相邻的下一个房室遮盖。

**分布时代** 中侏罗世—现代。

### 小真碟虫（未定种）*Eupatellinella* sp.
（图版9，图4）

壳径0.32mm，壳厚0.21mm。

**产地层位** 西沙群岛西科1井，莺歌海组。

### 假箍虫科 Pseudoparrellidae Voloshinova, 1952
### 耳蜗虫属 *Facetocochlea* Loeblich et Tappan, 1994

壳小，透镜状，低螺旋。房室宽而低，具缘周脊。缝合线向后拱，在脐面呈放射状。壳壁钙质，透明，表面平滑。螺旋面壳面具粗孔，排列方向与缝合线平行。口孔缝状，位于口面。

**分布时代** 晚白垩世—现代。

### 优美耳蜗虫 *Facetocochlea pulchra* (Cushman), 1933
（图版9，图5,6）

1933b *Pulvinulinella pulchra* Cushman, p. 92, pl. 9, fig. 10.
1958 *Pseudoparrella pulchra* Collins, p. 410.
1965 *Epistominella pulchra* Todd, p. 31, pl. 10, figs. 3, 4.
1991 *Facetocochlea pulchra* Van Marle, p. 150, pl. 15, figs. 7-9.
1992b *Facetocochlea pulchra* Hatta et Ujiié, p. 187, pl. 36, fig. 2.

壳小，透镜形，双凸，两侧近于对称或螺旋面更凸，具缘周脊。房室逐渐增大。缝合线在螺旋面向后弯曲。壳径0.17～0.34mm。

**产地层位** 西沙群岛西科1井，乐东组。

### 玫瑰虫科 Rosalinidae Reiss, 1963
### 新圆锥虫属 *Neoconorbina* Hofker, 1951

壳螺旋式，呈低圆锥状，螺旋面凸，脐面平至凹。壳缘尖锐，或具棱边。早期壳室呈亚球状，最后壳圈壳室沿螺旋方向宽度迅速增加成为低的新月形，最后壳室占据大部分壳缘，脐面壳室向脐部延伸有一三角形或瓣状的板，两侧有下凹的角。壳壁钙质有孔，口孔在脐缘瓣状板下。

**分布时代** 新近纪—现代。

### 新圆锥虫(未定种) *Neoconorbina* sp.
(图版 37,图 11-14)

纵切面呈三角形,不对称。壳径 0.31～0.55mm,壳厚 0.20～0.40mm。

**产地层位** 西沙群岛西科 1 井,乐东组、莺歌海组。

### 玫瑰虫属 *Rosalina* d'Orbigny,1826

壳游离或附着,螺旋式,平凸。背面可见所有房室,腹面仅出露终圈,脐部洞开。腹面房室脐端形成不甚显著的脐瓣,部分遮掩脐部。背面壁孔粗,腹面壁孔粗,腹面壁孔细,壳口低拱形,位于终室腹面基部,自脐部伸延至近壳缘处。具缝合线次壳口。

**分布时代** 中新世—现代。

### 玫瑰虫(未定种) *Rosalina* sp.
(图版 9,图 7;图版 37,图 15;图版 38,图 1,2)

壳近圆饼状,背面微凸,腹面微凹。房室长,弯月形。初圈有 5 个房室。缝合线在背面微凹,弯曲。壳壁钙质,壁孔和口孔不清楚。壳径 0.20～0.22mm,壳高 0.20mm。

**产地层位** 西沙群岛西科 1 井,莺歌海组、乐东组。

### 轮虫科 Rotaliidae Ehrenberg,1839
### 卷转虫属 *Ammonia* Brünnich,1772

壳双凹,低螺旋式,3～4 圈,缝合线在背侧微弯,加厚,在腹侧下凹。隔壁双层。壳壁钙质,纤维方解石放射状排列,具细孔。背侧表面光滑,缝合线发育不规则的颗粒。幼年个体脐部具开口的脐裂缝和脐塞,成年个体脐塞分裂成许多相连的柱和突起。脐塞向内延伸至初房,无脐通道。口孔弧形,位于内缘。

**分布时代** 中新世—现代。

### 毕克卷转虫 *Ammonia beccarii* (Linné),1758
(图版 9,图 9-12)

1758 *Nautilus beccarii* Linné,p. 710,figs. 1a-c.
1931 *Rotalia beccarii* Cushman,p. 58,pl. 12,figs. 1-7.
1965 *Ammonia beccarii* (Linné),何炎等,103 页,图版 11,图 2a-c.
2001 *Ammonia beccarii* (Linné),何炎等,95 页,图版 28,图 10;图版 35,图 10.

该种分布范围较广。壳径 0.30～0.40mm,壳厚约 0.18mm。

**产地层位** 西沙群岛西科 1 井,乐东组。

### 星轮虫属 *Asterorotalia* Hofker,1950

壳螺旋式,双凸,具三条从最早的旋圈辐射出来的细长刺,通过各个旋圈。壳缘具棱脊。隔壁具内通道,其开口在脐侧沿缝合线成一系列小孔或裂隙,部分被薄板遮盖,仅末端有孔。壳壁钙质,具微孔,微细构造放射状。每根刺中部都有一根辐射管。背侧表面具不规则的节结及突起的缝合线。口孔椭圆形位于腹侧缘内,靠近壳缘,具唇,后端朝壳缘延伸,部分被先生房室及裂缝状隔壁内通道所遮盖。口孔内部具曲折状的齿板,隔壁孔大,椭圆形。

**分布时代** 上新世—现代。

### 星轮虫(未定种)*Asterorotalia* sp.
(图版 38,图 3-5)

旋切面和斜切面。壳径 0.78mm。

**产地层位** 西沙群岛西科 1 井,乐东组。

### 仿轮虫属 *Pararotalia* Y. Le Calvez,1949

壳螺旋式,脐部一般具脐塞。房室有时具短缘刺。壳壁钙质,具微孔,显微构造辐射状。壳口位于终室腹面基部或稍离基部,自近壳缘伸延至脐部,具口唇及内齿板。

**分布时代** 晚白垩世—现代。

### 仿轮虫(未定种)*Pararotalia* sp.
(图版 9,图 8;图版 38,图 6)

壳螺旋式,壳体磨损严重,旋切面可见初房和两个壳圈,壳径 0.26mm。

**产地层位** 西沙群岛西科 1 井,梅山组、乐东组。

### 假轮虫属 *Pseudorotalia* Reiss et Merling,1958

壳螺旋式,壳缘尖锐,具无孔的棱边。房室在脐部具无微孔的唇及遮盖脐部的无微孔小板。小板常被少数分散的大圆孔穿通,圆孔边缘加厚但无小柱,相邻小板上的圆孔位置不在一条直线上。隔壁次生双层,具隔壁内通道,以两排交错排列的管系通向表面,开口位于缝合线上,背腹两侧均有。壳壁多层,由纤维状方解石组成,微孔粗。缘内口孔位于腹侧,部分被口面的延伸部分所掩盖,每当一个新房室形成后,这种遮盖物被重新吸收,原来的口孔也就成为隔壁孔。齿板发达,弯曲,向后延伸,接近前一个隔壁孔的下半部,并固定在隔壁孔之下,以锐角相交。

**分布时代** 中新世—现代。

### 假轮虫(未定种)*Pseudorotalia* sp.
(图版 38,图 7-9)

斜切面,未见初房。壳长 0.40mm。

**产地层位** 西沙群岛西科 1 井,乐东组。

### 轮虫属 *Rotalia* Lamarck,1804

壳低螺旋式,双凸至平凸。背侧可见所有房室,附件仅见末圈房室,旋卷方向不定。房室多,隔壁原生双层,由室底向上弯曲而成。壳壁钙质,具粗微孔,由放射纤维状方解石组成。背侧壳面光滑,腹侧具腹塞被许多交织的裂缝分裂成许多突起和小柱。房室表层之下有脐部管系。

**分布时代** 晚白垩世—现代。

### 轮虫(未定种)*Rotalia* sp.
(图版 34,图 15)

斜切面,壳径 0.82mm,壳厚 0.43mm。

**产地层位** 西沙群岛西科 1 井,莺歌海组。

### 拟吸管虫科 Siphoninidae Cushman,1927
### 拟吸管虫属 *Siphoninoides* Cushman,1927

壳亚球形、长锥形,不规则塔式螺旋,包旋。壳室数目多。壳壁钙质有孔,壁孔粗,通常表面具短的刺或小管。口孔圆形,具短颈和唇。

**分布时代**　中新世—现代。

### 具管拟吸管虫 *Siphoninoides siphoniferus* (Brady),1881
(图版 38,图 10,11)

1881 *Textularia siphonifera* Brady,p. 362,pl. 42,figs. 25 – 29.
1921 *Textularia siphonifera* Cushman,p. 218,pl. 30,figs. 9 – 14.
1928 *Gaudryina siphonifera* Cushman,p. 115,pl. 21,figs. 4 – 7.
1937 *Gaudryina* (*Siphogalldryina*) *siphonifera* Cushman,p. 83,pl. 12,figs. 9,10.
1981 *Siphoninoides siphoniferus* Saidova,p. 25.
1985 *Siphoninoides siphoniferus* Loeblich et Tappan,p. 211,pl. 16,figs. 6 – 11.
1987 *Siphoninoides siphoniferus* Loeblich et Tappan,p. 180,pl. 198,figs. 5 – 9.
1992 *Siphoninoides siphoniferus* Hatta et Ujiié,p. 60,pl. 3,fig. 5.
1994 *Siphoninoides siphoniferus* Loeblich et Tappan,p. 33,pl. 46,figs. 1 – 10.

纵切面,房室呈不规则塔式堆叠。壳比。壳长 0.75~1.42mm,壳宽 0.30~0.40mm。

**产地层位**　西沙群岛西科 1 井,乐东组。

### 胜利虫科 Victoriellidae Chapman et Crespin,1930
### 沃德尔虫属 *Wadella* Srinivasan,1966

壳近圆锥形,螺旋式。早期游离,晚期以顶端附着生长。每个壳圈包含 3~5 个房室。缝合线凹。壳壁钙质,发育有机质层,具粗孔。壳体表面粗糙,具疣状突起。口孔拱形,具突出的唇。

**分布时代**　晚始新世—上新世。

### 球形沃德尔虫 *Wadella globiformis* Chapman,1926
(图版 9,图 13 – 15)

1926 *Carpenteria globiformis* Chapman,p. 81,pl. 16,fig. 6.
1996 *Wadella globiformis* Li et al,p. 195,pl. 2,fig. 16.

壳体外形类似于荔枝,房室泡状,螺旋式排列,但缝合线深凹。壳体表面粗糙,具疣状突起。口孔拱形,具突出的唇。壳径 1.00~1.23mm,壳高 1.10~1.52mm。

**产地层位**　西沙群岛西科 1 井,莺歌海组。

### 堆房虫科 Acervulinidae Schultze,1854
### 球垩虫属 *Sphaerogypsina* Galloway,1933

壳体大,球形,固着生长。房室近圆形、长方形或多角形,多层排列,先后两层房室位置交错。壳壁网格状。无口孔。

**分布时代**　古新世—现代。

### 球形球垩虫 *Sphaerogypsina globula* (Reuss),1848
(图版 10,图 1 – 3;图版 38,图 15;图版 39,图 1 – 4)

1848 *Ceriopora globulus* Reuss,p. 33,pl. 5,fig. 7.
1884 *Gypsina globulus* Brady,p. 717,pl. 101,fig. 8.

1933 *Sphaerogypsina globula* Galloway, p. 309, pl. 28, figs. 13, 14.
1954 *Gypsinaglobula* Cushman, Todd et Post, p. 373, pl. 91, fig. 39.
1992 *Sphaerogypsina globula* Azazi, pl. 1, fig. 58.
1994 *Sphaerogypsina globula* Loeblich et Tappan, p. 154, pl. 334, figs. 4－6.
壳径 1.76～1.90mm。
**产地层位** 西沙群岛西科 1 井,梅山组、莺歌海组和乐东组。

### 蜂巢虫科 Alveolinidae Ehrenberg, 1839
### 小蜂巢虫属 *Alveolinella* Douvillé, 1907

壳很小,壳球形至椭球形。第一个旋圈不规则。相邻房室的小隔壁交错排列,具隔壁前通道和隔壁后通道。两排口孔,交错排列。
**分布时代** 晚中新世—现代。

### 小蜂巢虫(未定种)*Alveolinella* sp.
(图版 39,图 5－8)

横切面,球形至椭球形。相邻房室的小隔壁交错排列,具隔壁通道。壳径 0.71～1.96mm。
**产地层位** 西沙群岛西科 1 井,梅山组。

### 北方虫属 *Borelis* de Montfort, 1808

壳小,球形至纺锤形。第一个旋圈不规则绕旋。相邻房室的小隔壁连续排列,有时同一房室的小房室大小不等,小的位于外侧,小隔壁呈"Y"形。无隔壁后通道。口孔为一排小圆孔,位于口面。
**分布时代** 晚始新世—现代。

### 矮小北方虫 *Borelis pygmaeus* (Hanzawa), 1947
(图版 10,图 4,5;图版 39,图 9－11)

1947 *Borelis pygmaeus* Hanzawa, p. 9－11, pl. 5, figs. 1－4.
1953 *Borelis pygmaeus* Cole et Bridge, p. 27, pl. 12, fig. 16; pl. 13, figs. 4－7.
壳纺锤形。房室低,早期房室旋卷不规则,后期房室在同一平面绕轴旋卷。沿轴切面 1mm 发育 22～28 个房室。其中图版 39 图 11 为轴切面,壳半长 1.04mm,壳宽 0.66mm,轴率 3.15。口面具单列近圆形小孔。
**产地层位** 西沙群岛西科 1 井,三亚组、梅山组。

### 小花虫属 *Flosculinella* Schubert, 1910

壳球形至椭球形,房室围绕长轴旋卷生长,每一个房室分割成两层,下层为一列主小房室,上层为一列排列紧密而更小的顶室。副隔壁连续呈一直线排列,微球型世代及显球型世代的最初房室旋卷均不规则。
**分布时代** 早中新世—现代。

### 博唐小花虫 *Flosculinella botangensis* (Rutten), 1913
(图版 39,图 12－15;图版 40,图 1－4)

1913 *Flosculinella botangensis* Rutten, p. 221, pl. 14, figs. 1－3; p. 222, text fig. 1; p. 223, text fig. 2.
1929 *Alveolinella botangensis* Van der Vlerk, p. 14, pl. 1, figs. 1－5.
1962 *Flosculinella botangensis*, Eames et al, pl. 6, fig. c; pl. 7, fig. c.
壳椭球形至纺锤形,8～10 圈,壳长 1.10～1.40mm,壳宽 0.80～1.00mm,最初 2～3 圈旋卷不规则,主小房室及顶室呈圆形管状,排列整齐。

**产地层位** 西沙群岛西科1井,梅山组。

### 双盖虫科 Amphisteginidae Cushman,1927
### 双盖虫属 *Amphistegina* d'Orbigny,1826

壳凸透镜形,一般为两侧不对称双凸,低螺旋旋转。壳壁厚。房室多,叠片状,低而宽,在边缘强烈向后弯曲,发育类似 *Nummulites* 的翼延伸。背面隔壁简单,缝合线放射状,镰刀形,在中心凸起出现波动。腹面隔壁被深的、叠瓦状的结构分开,形成次生叶,围绕中心突起发育次生小壳室。所有房室内部具有边缘形的齿板,从口孔面至前一隔壁的中部几乎完全分割房室。

**分布时代** 始新世—现代。

#### 博丹威奇双盖虫 *Amphistegina bohdanowiczi* Bieda,1936
(图版40,图13-15;图版41,图1,3-5)

1936 *Amphistegina bohdanowiczi* Bieda,p. 266,pl. 8,fig. 4.
1998 *Amphistegina bohdanowiczi* Rögl,p. 80,pl. 64,figs. 20-23.
2008 *Amphistegina bohdanowiczi* Popescu et Crihan,p. 296,pl. 10,figs. 8-10.

壳凸透镜形,壳体具微细颗粒突起。房室较多。缝合线在靠近脐部1/3处向后呈近90°弯折。当前标本为旋切面,其中经过初房的标本厚0.30~0.33mm,壳径0.58~0.63mm。

**产地层位** 西沙群岛西科1井,梅山组。

#### 勒松双盖虫 *Amphistegina lessonii* d'Orbigny,1826
(图版10,图6,7;图版40,图5-12;图版41,图6-11)

1826 *Amphistegina lessonii* d'Orbigny,p. 304,pl. 17,figs. 1-4.
1931 *Amphistegina lessonii* Cushman,p. 79,pl. 16,figs. 1-3.
1994 *Amphistegina lessonii* Loeblich et Tappan,p. 156,pl. 340,figs. 1-9.

壳体透镜形,较小,表面光滑,背腹近等凸,脐盾小,壳壁较薄,房室小而多,呈胯状,向脐端成翼状展延,房室之间以小叶突和副叶相互叠覆。

**产地层位** 西沙群岛西科1井,梅山组、莺歌海组、乐东组。

#### 马达加斯加双盖虫 *Amphistegina madagascariensis* (d'Orbigny),1826
(图版10,图8;图版41,图12)

1826 *Amphistegina madagascariensis* d'Orbigny,p. 304.
1924 *Amphistegina madagascariensis* Cushman,p. 342,pl. 17,fig. 3.
1954 *Amphistegina madagascariensis* Cushman,Todd et Post,p. 362,pl. 90,figs. 1-2.
1959 *Amphistegina madagascariensis* Graham et Militante,p. 104,pl. 16,figs. 9-11a-c.
1965 *Amphistegina madagascariensis* Todd,p. 34,pl. 11,fig. 3;pl. 12,figs. 1,2.

壳体透镜形,较大,表面光滑,背腹不等凸,脐盾厚大,壳壁厚,房室大,呈胯状,向脐端成翼状展延,房室之间以小叶突和副叶相互叠覆。背侧隔壁简单,弧形,放射状排列。

**产地层位** 西沙群岛西科1井,三亚组、梅山组、莺歌海组、乐东组。

#### 乳突双盖虫 *Amphistegina papillosa* Said,1949
(图版11,图2;图版41,图13)

1949 *Amphistegina radiata* (Fichtel et Moll) var. *papillosa* Said,p. 39,pl. 4,fig. 12.
1954 *Amphistegina radiata* (Fichtel et Moll) var. *papillosa*,Cushman,Toddet Post,p. 362,pl. 90,figs. 5,6.

1976 *Amphistegina papillosa* Larsen,p. 8,pl. 4,figs. 1-5;pl. 7,fig. 4;pl. 8,fig. 4.
1992 *Amphistegina papillosa* GHatta et Ujiié,p. 196,pl. 42,fig. 3.
1994 *Amphistegina papillosa* Loeblich et Tappan,p. 157,pl. 339,figs. 4-7;pl. 341,figs. 1-7.

壳体透镜形，较大，表面发育乳头状突起。壳径 0.92mm。

**产地层位** 西沙群岛西科 1 井，莺歌海组。

### 放射双盖虫 *Amphistegina radiata* (Fichtel et Moll),1798

(图版 10,图 9-15;图版 11,图 1;图版 41,图 14,15;图版 42,图 1-6)

1798 *Nautilus radiata* Fichtel et Moll,p. 58,pl. 8,figs. a-d.
1957 *Amphistegina radiata*,Hanzawa,p. 60-61,pl. 6,fig. 11;pl. 31,figs. 4-8;pl. 32,fig. 1.
1971 *Amphistegina radiata*,Matsumaru,pl. 26,fig. 4.
1994 *Amphistegina radiata*,Loeblich et Tappan,p. 157,pl. 339,figs. 8-11;pl. 341,figs. 8-10.

壳体透镜形，较小，表面光滑，背腹近等凸，脐盾小，壳壁较薄，房室小而多，呈胯状，向脐端成翼状展延，房室之间以小叶突和副叶相互叠覆。背侧隔壁简单，呈"7"形折线，弯折处位于背侧中部。

**产地层位** 西沙群岛西科 1 井，三亚组、梅山组、莺歌海组、乐东组。

### 南三房虫科 Austrotrillinidae Loeblich et Tappan,1986
### 南三房虫属 *Austrotrillina* Parr,1942

壳呈伸长的卵圆形，轴切面呈椭圆形，横切面呈圆三角状，房室排列如五玦虫式，外表可见 3~4 个房室。壳壁钙质，瓷状，内层为厚蜂巢层，外层薄，有细坑。房室内部不再分割，口孔末端，圆形，具齿。

**分布时代** 晚渐新世—中新世。

### 布汝尼南三房虫 *Austrotrillina brunni* Marie,1955

(图版 42,图 7,11-15;图版 43,图 1-5)

1955 *Austrotrillina brunni* Marie,p. 203,pl. 19,figs. 4-8.
2007 *Austrotrillina* cf. *brunni* Bassi et al,p. 854,pl. 3,fig. 6.

斜切面，房室排列紧密，蜂巢状小房室较窄，蜂巢末端未分叉。最大壳径 1.71mm,壳壁厚 10$\mu$m。

**产地层位** 西沙群岛西科 1 井，三亚组、梅山组。

### 典型南三房虫 *Austrotrillina howchini* (Schlumberger),1893

(图版 42,图 8-10;图版 43,图 6-15;图版 44,图 1-5)

1893 *Trillina howchini* Schlumberger,p. 119,text fig. 1,pl. 3,fig. 6.
1942 *Austrotrillina howchini* Parr,p. 361,figs. 1-3.
1953 *Austrotrillina howchini* Cole,p. 20,pl. 14,fig. 12.
1954 *Austrotrillina howchini* Cole,p. 573,pl. 210,figs. 6-9.
1957 *Austrotrillina howchini* Hanzawa,p. 83,pl. 22,figs. 12,13;pl. 34,figs. 1,2.
1957 *Austrotrillina howchini* Cole,p. 329,pl. 101,figs. 4-6.
1981 *Austrotrillina howchini* (Schlumberger),汪品先等,115 页,图版 72,图 15-21。
1999 *Austrotrillina howchini* (Schlumberger),许红等,52 页,图版 20,图 22。

壳近圆形,6 圈，壳长 1.00mm,壳宽 0.95mm。

**产地层位** 西沙群岛西科 1 井，梅山组。

### 马刺虫科 Calcarinidae Schwager,1876
### 棒㻴虫属 *Baculogypsina* Sacco,1893

壳体双凸,发育5～7根粗壮的钙质骨刺。早期房室螺旋式排列,骨刺自早期房室开始,在同一平面内呈放射状生长,后期房室沿骨刺根部逐层绕早期部分生长,壳壁钙质,壁孔粗,具粗的小管,发育具交织的管系。

**分布时代**　上新世—现代。

### 棒㻴虫(未定种)*Baculogypsina* sp.
(图版44,图6)

斜切面,可见6根粗壮的刺,内部结构不清楚。

**产地层位**　西沙群岛西科1井,莺歌海组。

### 拟棒㻴虫属 *Baculogypsinoides* Sacco,1893

壳体球状,发育3～4根粗壮的刺,与*Baculogypsina*不同,这些骨刺并未处于同一平面。

**分布时代**　始新世—现代。

### 拟棒㻴虫(未定种)*Baculogypsinoides* sp.
(图版44,图7)

壳体近球形,可见初房和第一壳圈,初房直径$20\mu m$。晚期房室壳壁厚,约$40\mu m$。

**产地层位**　西沙群岛西科1井,乐东组。

### 马刺虫属 *Calcarina* d'Orbigny,1826

壳大,透镜形,双凸,始终螺旋,房室多。壳壁钙质,房室顶壁和底壁为两层式,由薄的内层和厚的具粗孔的外层组成,壳壁表面覆盖节结。缝合线放射状,下凹,脐部多被附加的层状方解石隐盖,发育内隔壁通道,脐腔被小柱阻隔,具放射和侧向通道。发育6～30根粗壮的壳缘刺,表面具纵纹,末端分叉。壳口狭窄,锯齿形,位于内缘,形态上相同于内室孔。

**分布时代**　早中新世—第四纪。

### 刺状马刺虫 *Calcarina calcar* d'Orbigny,1826
(图版11,图3-5;图版44,图8-15;图版45,图1,2,5,7,8-14)

1826 *Calcarina calcar* d'Orbigny,p.276.
1884 *Calcarina calcar* Brady,p.209,pl.108,figs.3,4.
1915 *Calcarina calcar* Cushman,p.69,pl.28,fig.2.
1939 *Calcarina calcar* Cuba,p.33,pl.5,fig.27.

壳双凸,房室多,末圈发育约10个房室。缝合线在背、腹部都为镶边式。每个房室壳壁向外延伸成刺。背部中央具突起的小泡。口孔狭窄,呈简单缝状,由脐部延伸至壳缘处。该种形态变化较多。壳径0.85～1.50mm。

**产地层位**　西沙群岛西科1井,梅山组、莺歌海组、乐东组。

### 茸刺马刺虫 *Calcarina hispida* Brady,1884
(图版11,图6-14;图版45,图3,4,6)

1884 *Calcarina hispida* Brady,p.713,pl.108,figs.8,9.
1915 *Calcarina hispida* Cushman,p.72,pl.29,figs.4,5;pl.31,fig.3.

1954 *Calcarina hispida* Cushman,Todd et Post,p. 363,pl. 90,figs. 9 – 12.
1956 *Calcarina hispida* Kuwano,p. 146,pl. 30,figs. 1 – 3.
1959 *Calcarina hispida* Graham et Militante,p. 106,pl. 17,figs. 5 – 6,7a – b.
1965 *Calcarina hispida* Todd,p. 36,pl. 9,fig. 3.
1994 *Calcarina hispida* Loeblich et Tappan,p. 167,pl. 375,figs. 3 – 6.

壳近圆形,两面微凸。腹面脐部稍凹,具数个壳质疣突。一般具 3 个壳圈。房室不甚分明,终圈房室一般有 12 个左右。腹面最后几个房室常较膨大和分明。房室外缘具有十分发达的棒状或末端分叉棘,棘的外表具有许多小刺。缝合线在背面不明显,在腹面较清楚,稍凹,放射状。壁孔较细,壳表满布刺状和疣突状次生物质。壳口为一排小孔,位于终室腹面基部。壳长 0.80～1.00mm,壳宽 0.70～0.88mm,壳厚 0.45mm。

**产地层位** 西沙群岛西科 1 井,梅山组、莺歌海组、乐东组。

### 小施氏属 Schlumbergerella Hanzawa,1952

壳大,球形,具突起的刺或节结。显球型胚壳由 3 个方式组成,复盆状,不旋卷。微球型胚壳旋卷,后续房室泡沫状。具刺,相邻两刺之间夹角 60°,含辐射管及分支管。发育小柱,与刺相似,但是较小,管道较少。壳壁钙质,具微孔。口孔由室顶的圆孔组成,排成数行,每行 2～4 个小孔。

**分布时代** 更新世—现代。

### 小施氏虫(未定种)*Schlumbergerella* sp.
(图版 38,图 12 - 14)

壳体较大,旋切面呈球形或圆三角形,未见胚壳,房室泡沫状。壳径 0.28～0.70mm。

**产地层位** 西沙群岛西科 1 井,乐东组。

### 同孔虫科 Homotrematidae Cushman,1927
### 匀孔虫属 Homotrema Hickson,1911

壳大,附着生长,球形、半球形或摊展状,发育不规则疣状、截锥状突起,或直立突起。早期房室旋卷或呈"复盆式"排列,后期大致排列成同心层。壳壁钙质,早期具假几丁质内层,厚而无孔,壳壁表面见由多边形房室壁围成的蜂巢状构造。同心层间的隔壁薄,具壁孔,呈筛板状。壳呈深红或粉红色。

**分布时代** 中新世—现代。

### 红匀孔虫 Homotrema rubrum (Lamarck),1816
(图版 12,图 6,7)

1816 *Millepora rubra* Lamarck,p. 202.
1911 *Homotrema rubrum*,Hickson,p. 454,pl. 30,fig. 2;pl. 31,fig. 9;pl. 32,figs. 19,22,28.
1927 *Homotrema rubrum*,Hofker,p. 31,pl. 13,figs. 8,9;pl. 14,figs. 12 – 20.
1951 *Homotrema rubrum*,Emiliani,p. 143 – 146,pl. 15,16.
1954 *Homotrema rubrum*,Cushman,Todd et Post,p. 373,pl. 93,fig. 2.
1964 *Homotrema rubrum*,Hofker,p. 85,figs. 220 – 221.

壳外形树枝型,固着。壳长 2.00mm。

**产地层位** 西沙群岛西科 1 井,莺歌海组。

### 散孔虫属 Sporadotrema Hickson,1911

壳固着生长,幼年期壳旋卷,随后呈圆筒形枝状生长,垂直切面房室大,在枝的边缘,以大的张开的通道相连接,枝的中心部分被不规则状向上螺旋的管所占,内隔壁无孔,壳壁钙质,表面有不规则分布的粗糙穿孔。

**分布时代** 始新世—现代。

### 柱形散孔虫 *Sporadotrema cylindricum* (Carter), 1880
(图版53,图15)

1880 *Polytrema cylindricum* Carter, p. 441, pl. 18, fig. 1.
1911 *Polytrema cylindricum* Hickson, p. 447, pl. 30, figs. 3 – 7; pl. 31, figs. 10 – 17; pl. 32, figs. 20, 21, 24 – 26, 29, 32, 33, text fig. 1a.
1957 *Polytrema cylindricum* Hanzawa, p. 70, pl. 36, fig. 5; pl. 37, figs. 1 – 5; pl. 38, figs. 7, 10, 11.
1995 *Polytrema cylindricum* 何炎等,30 – 31 页,图版2,图1。

壳固着生长,成体呈圆筒形,垂直切面房室大,隔壁细,弯曲。壳壁厚,内部具不规则分布的粗糙穿孔。壳宽1.42mm。

**产地层位** 西沙群岛西科1井,三亚组、莺歌海组。

### 鳞环虫科 Lepidocyclinidae Scheffen, 1932
### 肾鳞虫属 *Nephrolepidina* Douville, 1911

壳透镜形、圆盘形,三层式,成年个体中层室小房室弧形,幼年个体呈两端较尖的抹刀形。显球型胚壳由一个小的初房和一个肾形次室组成,初室约一半被次室围绕,初房与次室之间被薄壁分隔,薄壁中间具孔,胚壳被一厚壁包裹。

**分布时代** 渐新世—上新世。

### 肾鳞虫(未定种) *Nephrolepidina* sp.
(图版12,图10;图版46,图10 – 12,15;图版47,图2,4,5,7)

垂直切面,壳体较大,壳径1.74～2.06mm,壳中央内凹,靠近边缘处扁平,但多数边缘磨蚀。赤道层中央较薄,向边缘加厚,房室小。侧室排列整齐,层叠排列,发育小柱。

**产地层位** 西沙群岛西科1井,梅山组。

### 角肾鳞虫 *Nephrolepidina angulosa* (Provale), 1909
(图版47,图6,8 – 13)

1909 *Lepidocyclina tournoueri* var. *angulosa* Provale, p. 28, pl. 3, figs. 13 – 15.
1981 *Nephrolepidina angulosa* (Provale),汪品先等,129 页,图版20,图6 – 10;图版71,图1 – 3。
1995 *Nephrolepidina angulosa* (Provale),何炎等,31 页,图版3,图8,9。

壳径1.50～2.00mm,壳厚0.75～0.80mm。

**产地层位** 西沙群岛西科1井,梅山组。

### 比基尼肾鳞虫 *Nephrolepidina bikiniensis* Cole, 1954
(图版47,图14,15;图版48,图1)

1954 *Nephrolepidina bikiniensis* Cole, p. 586, pl. 214, figs. 1 – 8.

壳双凸,壳体表面粗糙,呈网格状,在中部发育4～7根柱状突起。胚壳为典型的肾鳞虫式,初房椭球形,直径约170μm,次房室弯月形,半包围初房。壳径1.13～1.68mm。

**产地层位** 西沙群岛西科1井,梅山组。

### 马丁肾鳞虫 *Nephrolepidina martini* (Schlumberger), 1900
(图版 48,图 2,3)

1900 *Orbitoides* (*Lepidocyclina*) *martini* Schlumberger, p. 131, pl. 6, figs. 5 – 8.
1945 *Lepidocyclina* (*Nephrolepidina*) *martini*, Cole, p. 288, pl. 25, figs. A – M.
1957 *Lepidocyclina* (*Nephrolepidina*) sp., Hanzawa, p. 32, pl. 34, fig. 7.
1963 *Lepidocyclina* (*Nephrolepidina*) *martini*, Coleman, p. 14 – 15, pl. 3, figs. 7 – 14.

壳厚凸透镜形,中层薄,厚度均一,在中层切面呈鱼鳞状排列。侧室层房室呈叠瓦状,排列整齐。胚壳有厚壁包围,初室小,圆形,大部分被次室围绕。

**产地层位** 西沙群岛西科1井,梅山组。

### 吕滕肾鳞虫 *Nephrolepidina rutteni* van der Vlerk, 1924
(图版 47,图 1,3;图版 48,图 4 – 7)

1924 *Lepidocyclina rutteni* van der Vlerk, p. 17 – 21, pl. 3, figs. 1 – 4.
1939 *Lepidocyclina rutteni* Caudri, p. 218 – 221, pl. 8, figs. 61 – 65.
1945 *Lepidocyclina* (*Nephrolepidina*) *rutteni* Cole, p. 289 – 290, pl. 27, figs. A – G.
1963 *Lepidocyclina* (*Nephrolepidina*) *rutteni* Cole, p. E24, pl. 11, figs. 1 – 8.

蠕虫状房室,晚期房室隔壁薄,房室的顶和底为轻微的拱形。

**产地层位** 西沙群岛西科1井,梅山组。

### 苏门答腊肾鳞虫 *Nephrolepidina sumatrensis* (Brady), 1875
(图版 12,图 8,9,11;图版 46,图 13,14;图版 48,图 8 – 13)

1875 *Orbitoides sumatrensis* Brady, p. 536, pl. 14, figs. 3a – b.
1953 *Lepidocyclina* (*Nephrolepidina*) *sumatrensis* Cole, p. 32 – 33, pl. 10, figs. 7 – 10; pl. 11, figs. 4,5.
1957 *Lepidocyclina* (*Nephrolepidina*) *sumatrensis* Cole, p. 343 – 344, pl. 104, figs. 1 – 9; pl. 105, fig. 18; pl. 106, fig. 5.
1963 *Lepidocyclina* (*Nephrolepidina*) *sumatrensis* Coleman, p. 20 – 21, pl. 7, figs. 3 – 10.
1981 *Nephrolepidina sumatrensis* (Brady),汪品先等,129 页,图版 71,图 4 – 6。
1995 *Nephrolepidina sumatrensis* (Brady),何炎等,31 页,图版 2,图 10,11。
1999 *Nephrolepidina sumatrensis* (Brady),许红等,55 页,图版 20,图 7,8。

壳体凸透镜形,赤道层由中心向边缘增厚,侧室叠瓦状,排列紧密而整齐,未见柱构造,胚壳双室,初房圆形,次室包围初室的一半。壳长 1.70~3.00mm,壳厚 1.10~1.70mm。

**产地层位** 西沙群岛西科1井,莺歌海组、梅山组。

### 费贝克肾鳞虫 *Nephrolepidina verbeeki* (Newton et Holland), 1899
(图版 46,图 7 – 9;图版 48,图 14,15;图版 49,图 1;图版 12,图 12)

1899 *Orbitoides* (*Lepidocyclina*) *verbeeki* Newton et Holland, p. 257, pl. 9, figs. 7 – 9; pl. 10, fig. 1.
1981 *Nephrolepidina verbeeki* (Newton et Holland),汪品先等,129 页,图版 70,图 1 – 5。
1995 *Nephrolepidina verbeeki* (Newton et Holland),何炎等,32 页,图版 3,图 6。

壳长 3.20~5.30mm,壳厚 1.00~1.60mm。

**产地层位** 西沙群岛西科1井,梅山组、三亚组。

### 中垩虫科 Miogypsinidae Vaughan, 1928
### 中垩虫属 *Miogypsina* Sacco, 1893

壳体在垂直切面及中层切面均呈近三角形至亚圆形,房室由中层室及侧室组成,胚壳位于壳体顶端,壳壁钙质有空。

**分布时代** 晚渐新世—上新世。

### 婆罗中垩虫 *Miogypsina borneensis* Tan,1936

（图版 12,图 14;图版 49,图 2-6,8-12,15）

1936 *Miogypsina borneensis* Tan,p.50-51,pl.1,figs.18,19;pl.2,figs.1,2.
1940 *Miogypsina borneensis* Hanzawa,p.783-785,pl.41,figs.11-23.
1954 *Miogypsina*(*Miogypsina*)*borneensis* Cole,p.598,pl.220,figs.9-21.

壳大,扇形至亚圆形。侧室厚,一般个体壳长大于壳宽,某些个体壳长和壳宽近似相等。壳体表面分布一些微凸起或者乳头状突起。壳长 2.30~2.80mm,壳宽 2.20mm,壳厚 0.90~1.00mm。

**产地层位** 西沙群岛西科 1 井,梅山组。

### 印尼中垩虫 *Miogypsina indonesiensis* Tan,1936

（图版 50,图 3-9）

1936 *Miogypsina indonesiensis* Tan,p.54,55,pl.2,figs.3-6.
1954 *Miogypsina*(*Miogypsina*)*indonesiensis* Cole,p.9,pl.219,figs.1-15;pl.220,fig.22.

壳体扇形,初始端圆,前半部分椭圆形,后半部分靠近尾端横切面圆,纵切面收尖。侧室排列整齐,房室纵切面近矩形,赤道面房室亚圆形,侧室层和赤道层厚度均小于 *Miogypsina borneensis*。胚壳双房室,每个房室近半圆形。壳长 1.80~3.00mm,壳宽 0.64~1.00mm。

**产地层位** 西沙群岛西科 1 井,梅山组。

### 中阶中垩虫 *Miogypsina intermedia* Drooger,1952

（图版 50,图 10）

1952 *Miogypsina intermedia* Drooger,p.80,pl.3,fig.14.

壳体较扁,纵切面细长,赤道层较厚,房室近矩形,侧室层薄。壳长 2.10mm,壳厚 0.62mm。

**产地层位** 西沙群岛西科 1 井,梅山组。

### 鞘状中垩虫 *Miogypsina thecideaeformis* (Rutten),1911

（图版 12,图 13,15;图版 13,图 1,2;图版 49,图 7,13,14;图版 50,图 1,2）

1911 *Orbitoides* (*Lepidocyclina*) *thecideaeformis* Rutten,p.1157.
1957 *Miogypsina thecideaeformis* Cole,p.340-342,pl.112,figs.1-15;pl.113,figs.1-17;pl.114,figs.1-20.
1963 *Miogypsina thecideaeformis* Coleman,p.12-13,pl.2,figs.7-12.
1999 *Miogypsina thecideaeformis*( Rutten),许红等,55-56 页,图版 19,图 22,23;图版 20,图 17-19。

壳近圆形,顶端胚壳处较尖,壳缘宽而薄,壳面布满圆形颗粒。在赤道切面,赤道室近菱形,在垂直切面呈圆形,侧视成层分布。胚壳双室,初室圆形,次室稍小于初室。壳长 1.17~1.53mm,壳宽 1.07~1.43mm。

**产地层位** 西沙群岛西科 1 井,梅山组。

### 拟中垩虫属 *Miogypsinoides* Yabe and Hanzawa,1928

壳形和壳体构造与 *Miogypsina* 相似,区别在于中鳞环虫无侧室,覆盖在中层两侧的侧层由厚的致密层组成。

**分布时代** 中渐新世—早中新世。

### 戴哈突拟中垩虫 *Miogypsinoides dehaarti*(van der Vlerk),1924

（图版 50,图 11,12）

1924 *Miogypsina dehaarti* van der Vlerk,p.429-432,text figs.1-3.
1928 *Miogypsina* (*Miogypsinoides*) *dehaarti* van der Vlerk var. *formosensis* Yabe et Hanzawa,p.535-536,text

fig. 1.
　　1953 *Miogypsinoides dehaarti* Drooger,p. 110 - 114,pl. 1,figs. 15 - 19.
　　1954 *Miogypsinoides dehaarti* Cole,p. 602,pl. 220,figs. 1 - 8.
　　1957 *Miogypsinoides dehaarti* Cole,p. 339 - 340,pl. 111,figs. 5 - 16.
　　垂直切面,壳体近凸透镜形,两侧不对称,壳中部最后。赤道层微弯,赤道室近圆形,排列整齐,侧层由排列整齐的薄的致密层组成。胚壳双室,初室及次室大致相等,近圆形。壳长 1.06～1.13mm,壳宽 0.53～0.73mm。
　　**产地层位**　西沙群岛西科 1 井,梅山组。

### 中鳞环虫属 *Miolepidocyclina* Silvestri,1907

　　特征与 *Miogypsina* 相似,区别在于中鳞环虫的胚壳并非位于壳顶,而是靠近壳顶,胚壳与壳顶之间存在中间房室。
　　**分布时代**　晚渐新世—早中新世。

### 中鳞环虫(未定种) *Miolepidocyclina* sp.
（图版 50,图 13 - 15;图版 51,图 1,2）

　　标本纵切面内部结构较为模糊。壳长 1.20～2.40mm,壳厚 1.00～2.00mm。
　　**产地层位**　西沙群岛西科 1 井,梅山组。

### 货币虫科 Nummulitidae de Blainville,1825
### 圆盾虫属 *Cycloclypeus* Carpenter,1856

　　壳大,扁圆形。微球型胚壳与 *Heterostegina* 相似,显球型胚壳双室,后跟 *Heterostegina* 式胚周壳。双型成年房室环状,房室再分割成众多的长方形小房室。
　　**分布时代**　始新世—现代。

### 圆盾虫亚属 *Cycloclypeus*(*Cycloclypeus*) Carpenter,1856

　　壳大,扁圆形。胚壳双室,由球形初房室和肾形次房室组成,早期房室平旋,后期呈环形,房室由众多的小房室组成。壳体两侧覆盖着薄层状的致密层,壳面无明显的同心环状装饰。
　　**分布时代**　始新世—现代。

### 印太圆盾虫 *Cycloclypeus* (*Cycloclypeus*)*indopacificus* Tan,1930
（图版 51,图 6 - 11）

　　1930 *Cycloclypeus communis* var. *indopacificus* Tan,p. 235.
　　1932 *Cycloclypeus*(*Cycloclypeus*)*indopacificus* var. *indopacificus* Tan,p. 65,pl. 3,figs. 1,2;pl. 18,fig. 3;pl. 19,fig. 1;pl. 22,fig. 10;pl. 23,fig. 2.
　　壳圆盘形,具明显脐凸,缘边宽,胚壳具两个房室,前幼年期有一不分隔房室,幼年期具 6～7 个隔壁,壳壁厚,层片状,具许多小柱。壳径 2.50～3.00mm,壳厚 0.50～1.00mm。
　　**产地层位**　西沙群岛西科 1 井,莺歌海组。

### 小柱圆盾虫 *Cycloclypeus* (*Cycloclypeus*)*pillaria* BouDagher - Fadel,2002
（图版 51,图 12,13）

　　2002 *Cycloclypeus pillaria* BouDagher - Fadel,p. 166,pl. 2,figs. 1 - 8.
　　壳中部具有凸起的壳顶,周边为宽广的壳缘,壳缘遍布小柱。壳径 2.00mm,壳厚 0.90mm。
　　**产地层位**　西沙群岛西科 1 井,黄流组。

### 圆盾虫(未定多种)*Cycloclypeus*(*Cycloclypeus*) spp.
（图版 13,图 3-7；图版 46,图 6；图版 51,图 3-5）

壳大,实体化石保存不完整,化石切片为纵切面,未见横切面。壳体扁圆形,壳面具疣状突起或同心环状装饰。

**产地层位**　西沙群岛西科 1 井,乐东组、莺歌海组、梅山组、三亚组。

### 异盖虫属 *Heterostegina* d'Orbigny,1826

壳透镜形,平旋,包旋到露旋,房室多,早期房室简单,不细分成小房室,后期壳室分成许多长方形的小壳室。

**分布时代**　始新世—现代。

### 弯曲异盖虫 *Heterostegina curva* Moebius,1880
（图版 52,图 1）

1880 *Heterostegina curva* Moebius,p.105,pl.13,figs.1-6.
1933 *Heterostegina curva* Cushman,p.59,pl.19,figs.1-5.

壳缘较厚,凸透镜形。房室迅速展开,中间部分,很厚、光滑,无脐,壳缘十分扁平,房室往边缘强烈弯曲,从壳缘端累积分成许多小壳室。缝合线明显,微镶边式,非常强烈的弯曲,向内端呈"S"形。壳长 2.50mm,壳厚 0.95mm。

**产地层位**　西沙群岛西科 1 井,莺歌海组。

### 亚圆异盖虫 *Heterostegina suborbicularis* d'Orbigny,1826
（图版 51,图 14,15；图版 52,图 2-4）

1826 *Heterostegina suborbicularis* d'Orbigny,p.305.
1903 *Heterostegina suborbicularis* Fornasini,p.396,pl.14,figs.5-7.
1927 *Heterostegina suborbicularis* Hofker,p.70,pls.35-36,figs.3,6-12.
1949 *Heterostegina suborbicularis* Said,p.24,pl.2,fig.40.
1954 *Heterostegina suborbicularis* Todd et Post,p.346,pl.82,figs.7,8；pl.87,fig.2.
1956 *Heterostegina suborbicularis* Kuwano,p.277,pl.28,figs.8,9.
1959 *Heterostegina suborbicularis* Graham et Militante,p.76,pl.11,figs.19-22a-b.
1978 *Heterostegina suborbicularis* (d'Orbigny),郑执中等,228 页,图版 18,图 13a-b,14a-b,15,16。

壳大,近圆形,早期部分包旋,晚期部分露旋。壳缘视透镜形,中央部分膨胀,向壳缘迅速变薄,壳缘钝圆。房室多,早期房室简单,无分室,之后的房室具分室,第一分室较大。缝合线清楚,弯曲,略呈微凸镶边状,中央部分不明显。壁孔细而密,壳壁内具有管道系。口孔不明显。

**产地层位**　西沙群岛西科 1 井,乐东组。

### 异盖虫(未定种) *Heterostegina* sp.
（图版 52,图 5）

斜切面,壳大,两侧微凸,两侧对称,仅见最外部壳圈。

**产地层位**　西沙群岛西科 1 井,乐东组。

### 盖虫属 *Operculina* d'Orbigny,1826

壳大,两侧微凸,除中央部分外均扁平,两侧对称,平旋,露旋式,房室简单,未细分,壳缘具增厚边缘,壳壁钙质,有孔,口孔简单,位于口面基部中央。

**分布时代**　晚白垩世—现代。

### 盖虫(未定种)*Operculina* sp.
(图版13,图8,9)

壳体破损和磨蚀,壳体较大,两侧微凸,未见口孔,壳径1.32~1.83mm。

**产地层位** 西沙群岛西科1井,梅山组、乐东组。

### 拟日盖虫 *Operculina ammonoides* (Gronovius),1781
(图版13,图10-12)

1781 *Nautilus ammonoides* Gronovius,p.282,pl.19,figs.5,6.
1959 *Operculina ammonoides* Cole,p.356,pl.28,figs.1-9,11,15;pl.29,figs.3,5-10,12,15;pl.30,figs.2-8;pl.31,figs.5-7.
1963 *Operculina ammonoides* Cole,p.E14,pl.5,figs.13-24,26-30,33-35.

壳扁平,包旋到露旋,缝合线镶边式或稍凸,呈串珠状。在中部有一个或多个轻微隆起。壳径1.80~2.10mm。

**产地层位** 西沙群岛西科1井,莺歌海组、乐东组。

### 网状盖虫 *Operculina rectilata* Cole,1954
(图版52,图6-8)

1954 *Operculina rectilata* Cole,p.575,pl.204,figs.11-15;pl.205,figs.15-17.
1963 *Operculina rectilata* Cole,p.16,pl.4,figs.2-9.

该种与*Operculina amplicuneata*非常接近,区别在于该种壳壁更厚,胚壳周壳形成了类似于肿块的结构。轴切面中两侧的壳壁近于平行。壳长3.20~4.00mm,壳厚0.40~0.60mm。

**产地层位** 西沙群岛西科1井,梅山组。

### 具脉盖虫 *Operculina venosa* (Fichtel et Moll),1798
(图版52,图9-12)

1798 *Nautilus venosus* Fichtel et Moll,Test.Micro.,p.59,pl.8,figs.e-h.
1963 *Operculina venosa* Coleman,p.28,pl.8,figs.1,2.

壳包旋,双凸,早期部分较厚,后期部分围绕中间部分呈宽、薄的喇叭形边缘,发育棱边。缝合线突起,弯曲。壳壁光滑。口孔缝状,位于口面基部。

**产地层位** 西沙群岛西科1井,梅山组。

### 具脉盖虫(相似种)*Operculina* cf. *venosa* (Fichtel et Moll),1798
(图版52,图13-15;图版53,图1)

1798 *Nautilus venosus* Fichtel et Moll,Test.Micro.,p.59,pl.8,figs.e-h.
1963 *Operculina venosa* Coleman,p.28,pl.8,figs.1,2.

纵切面,壳大,见3~4个壳圈,发育缘周脊。壳径2.56~3.15mm,壳厚0.74~1.16mm。

**产地层位** 西沙群岛西科1井,莺歌海组。

### 旋盾虫属 *Spiroclypeus* Douville,1905

壳凸透镜状至圆盘状,平旋包旋,三层式,中层壳圈迅速增大,房室多,早期壳圈不分成小房室,其后壳圈有许多次级隔壁分隔成小房室,侧室发育,具小柱,壳壁钙质具细孔,中心区具凸疣。

**分布时代** 晚始新世—早中新世。

### 希金斯旋盾虫 *Spiroclypeus higginsi* Cole,1939

(图版 53,图 2-6)

1939 *Spiroclypeus higgins* Cole,p. 185,pl. 23,figs. 10-15.
1995 *Spiroclypeus higgins* Cole,何炎等,35页,图版 4,图 12-14。

壳小,凸透镜状,壳缘宽,中层房室分隔为小房室,侧视薄,每侧可见 7~8 层,侧壁厚,小柱多。壳径 3.10mm,壳厚 0.80mm。

**产地层位** 西沙群岛西科 1 井,三亚组。

### 扁卷虫科 Planorbulinidae Schwager,1877
### 小扁卷虫属 *Planorbulinella* Cushman,1927

壳圆盘形,以背侧固着,早期房室低螺旋式排列,成年后呈环圈式生长。相邻壳圈的房室交错排列。壳壁钙质,具粗孔,多层。隔壁 2 层。壳口多,位于壳内缘,一般 1 或 2 个,卵形到半月形,口缘厚。

**分布时代** 始新世—现代。

### 面具小扁卷虫 *Planorbulinella larvata* (Parker et Jones),1865

(图版 13,图 13,14;图版 53,图 7-10,12-14)

1865 *Planorbulinella larvata* Parker et Jones,p. 379,pl. 19,figs. 3a-b.
1884 *Planorbulinella larvata* Brady,p. 658,pl. 92,figs. 5,6.
1915 *Planorbulinella larvata* Cushman,p. 27,pl. 8,fig. 2.
1927 *Planorbulinella larvata* Hofker,p. 6,pls. 1,2.
1941 *Planorbulinella larvata* LeRoy,p. 47,pl. 3,fig. 43.
1949 *Planorbulinella larvata* Bermudez,p. 311,pl. 26,figs. 42,43.
1949 *Planorbulinella larvata* Said,p. 44,pl. 4,fig. 27.
1956 *Planorbulinella larvata* Kuwano,p. 282,pl. 30,figs. 12,13.
1959 *Planorbulinella larvata* Graham et Militante,p. 118,pl. 19,figs. 17a-b.

壳附着或游离,圆盘形,由中部向壳缘增厚,背腹两面中央部分的房室被粗大钙质瘤状突起所覆盖。壳缘部分房室较膨大而分明,房室铲状,交错环列。壳壁厚。壳径 0.40~0.80mm,壳厚中心部分 0.05~0.10mm,壳缘厚 0.10~0.15mm。

**产地层位** 西沙群岛西科 1 井,乐东组、莺歌海组、梅山组。

### 小扁卷虫(未定种) *Planorbulinella* sp.

(图版 13,图 15)

壳盘形,表面受到磨蚀纹饰不清晰,壳缘出现破损。壳径 1.24mm。

**产地层位** 西沙群岛西科 1 井,梅山组。

# 3 钙藻生物地层研究

钙藻是一类以生物化学作用方式将碳酸钙沉淀下来、构成身体格架或钙质纹层状构造的藻类植物的总称,其生活环境多样,在淡水、半咸水及海洋中均有发育。按照生活方式可分为浮游钙藻和底栖钙藻两大类,其中浮游类包括属于金藻门的颗石藻纲和属于甲藻门的钙质沟鞭藻,一般个体微小;底栖类包括蓝藻门、绿藻门、轮藻门和红藻门中能沉淀钙质的种类,大多为宏观植物。

西科 1 井通过对 0.03～1263.65m 井段 2344 个薄片中大型底栖钙藻(本书简称钙藻,下同)化石的观察,在其中 1167 个薄片中发现钙藻化石,主要分布于第四系乐东组至上中新统黄流组一段、中中新统梅山组二段和下中新统三亚组二段下部等层位。共鉴定 3 科 12 属 28 种(包括未定种)及 1 个相似种,其中红藻门珊瑚藻科 10 属 26 种或未定种及 1 个相似种,种类较多的为 *Mesophyllum*, *Lithophyllum* 和 *Corallina*,分别为 *Mesophyllum* 属的 *Mesophyllum japonicum*, *M. chichibuensis*, *M. yuyashimaensis*, *M. contii*, *M. iraqense*; *Lithophyllum* 属的 *Lithophyllum johnsoni*, *Lp. tenuicrustum*, *Lp. irregularis*, *Lp. pseudoamphiroa*, *Lp. kuboiensis*, *Lp. premoluccense*;以及 *Corallina* 属的 *Corallina elliptica*, *C. typica*, *C. neuschelorum*, *C. ōtsukiensis*, *C.* cf. *officinalis*;其次为 *Archaeolithothamnium*,含 3 个种,分别为 *Archaeolithothamnium lugeoni*, *Ar. fijiensis* 和 *Ar. lvovicum*;此外, *Lithothamnium* 和 *Aethesolithon* 各发现 2 个种,分别为 *Lithothamnium nanhaiensis* 和 *Lt. araii*; *Aethesolithon guatemalaensum* 和 *Aethesolithon nanhaiensis*;种类较少的为 *Lithoporella melobesioides*, *Porolithon* sp., *Jania kuboiensis*, *Amphiroa* 等,每个属各发现 1 种。绿藻门松藻科仅发现 *Halimeda* sp.;绿藻门粗枝藻科发现 *Cymopolia* sp. 等。

## 3.1 组合特征

根据西科 1 井钙藻的地层分布特征,0.03～1263.65m 井段地层大致可划分为 4 个钙藻化石组合(带)。

### 1. *Amphiroa - Halimeda* 组合

该组合分布于 0.03～373.42m 井段,以 *Amphiroa*, *Lithoporella*, *Mesophyllum* 等较丰富为特征,可分为两个亚组合。其中,上部为 *Amphiroa - Lithoporella* 亚组合,分布于 0～212.23m 井段,该亚组合以 *Amphiroa* 和 *Lithoporella* 较连续分布为特征,此外常见 *Jania*, *Lithoporella*, *Lithothamnium*, *Lithophyllum*, *Halimeda* 和 *Corallina* 等;下部为 *Archaeolithothamnium - Mesophyllum* 亚组合,分布于 212.53～373.42m,该亚组合以 *Archaeolithothamnium* 和 *Mesophyllum* 开始出现及较连续分布为特征。此外, *Lithoporella*, *Lithothamnium*, *Lithophyllum*, *Amphiroa* 和 *Corallina* 等也较常见。

### 2. *Corallina - Jania - Aethesoilithon* 组合

该组合分布于 380.42～934.63m 井段,以 *Corallina* 和 *Jania* 较丰富为主要特征,其余常见分子有

*Aethesolithon* sp., *Aethesolithon nanhaiensis*, *Archaeolithothamnium fijiensis*, *Jania kuboiensis*, *Lithoporella melobesioides*, *Lithophyllum irregularis*, *Lp. johnsoni*, *Lp. kuboiensis*, *Lithothamnium* sp., *Lithothamnium araii*, *Mesophyllum* sp., *Mesophyllum chichibuensis*, *M. yuyashimaensis* 等。值得注意的是,井深580m为 *Corallina elliptica* 和 *Lithophyllum premoluccense* 的末现面,而 *Aethesolithon nanhaiensis* 则开始繁盛。

### 3. *Mesophyllum iraqense* 带

该化石带分布于936.26～1159.28m井段,以 *Mesophyllum iraqense* 初现面为底界,以 *Mesophyllum iraqense* 末现面为顶界。在该化石带顶界附近,*Corallina typica*,*Lithothamnium nanhaiensis*,*Aethesolithon guatemalaensum*,*Corallina neuschelorum*,*C. ōtsukiensis*,*C.* cf. *officinalis* 等也开始出现,而在上个组合较为发育的 *Lithothamnium* 和 *Archaeolithothamnium* 等明显减少。在该化石带底界附近 *Archaeolithothamnium* 的部分种开始出现,如 *Archaeolithothamnium lvovicum* 和 *Ar. fijiensis* 的初现面均与 *Mesophyllum iraqense* 初现面接近。该化石带内常见属种还有 *Mesophyllum* 和 *Jania kuboiensis* 等。

### 4. *Lithophyllum kuboiensis* – *Lp. tenuicrustum* 组合

该组合分布于1162.95～1263.65m井段,以 *Lithophyllum kuboiensis* 和 *Lp. tenuicrustum* 的共同出现为底界,*Mesophyllum iraqense* 的初现面为顶界。常见分子有 *Corallina elliptica*,*Corallina typica*,*Corallina neuschelorum*,*Jania kuboiensis*,*Mesophyllum yuyashimaensis*,*Lithophyllum johnsoni*,*Lithophyllum tenuicrustum*,*Lithophyllum kuboiensis*,*Lithothamnium nanhaiensis*,*Lithoporella melobesioides* 等。

西沙群岛钻井地层中有关钙藻化石的研究成果较为少见,据目前查到的文献,只有西琛1井中新世的钙藻化石进行过详细的研究。王玉净等(1996)研究了西琛1井346.92～802.17m井段地层中的钙藻化石,发现藻类植物群以红藻门珊瑚藻科中的壳状珊瑚藻最为发育,产于中中新统宣德组和下中新统西沙组上段,计6属37种,其中 *Archaeolithothamnium* 6个种,*Lithothamnium* 7种,*Lithophyllum* 14种,*Mesophyllum* 6种,*Aethesolithon* 2种,*Lithoporella* 2种;有节珊瑚藻仅有少量代表,*Corallina* 3个种和 *Jania* 1个种;绿藻门仅发现松藻科的 *Halimeda*。

西科1井中新世地层中发现的钙藻与西琛1井同时期的钙藻化石可进行较好的对比,西琛1井发现的6属壳状珊瑚藻、2属有节珊瑚藻及松藻科的仙掌藻属在西科1井均有发现。根据西琛1井钙藻的地层分布,划分为2个钙藻化石带,即下中新统西沙组上段的 *Aethesolithon nanhaiensis* – *A. guatemalaensum* 带和中中新统宣德组的 *Mesophyllum iraqense* 带。在西科1井中,中中新统梅山组也建立了1个钙藻化石带,即 *Mesophyllum iraqense* 带,该带以 *Mesophyllum iraqense* 的始现和绝灭作为化石带的范围。上述2口井中中新统的钙藻化石带虽然有一定可对比性,但井深却有一定差异,西琛1井353.40～431m地层划分为中中新统 *Mesophyllum iraqense* 带;而在西科1井,该钙藻化石带分布范围为936.26～1159.28m。西琛1井下中新统西沙组上段建立的化石带以 *Aethesolithon* 的始现作为带的底界,*Aethesolithon guatemalaensum* 种的顶峰带作为该带的顶界。在西科1井中,*Aethesolithon guatemalaensum* 仅个别出现,*Aethesolithon nanhaiensis* 集中分布于507.60～627.76m。因此,上述2口井下中新统钙藻化石的面貌差异较大。

此外,西科1井钙藻化石除了在中中新统梅山组二段和下中新统三亚组数量较丰富,上中新统黄流组一段至第四系乐东组也有广泛分布。据目前的文献,前人仅研究了西沙群岛中新世地层中的钙藻未见有上新世和第四纪钙藻化石研究成果,因此,无法对上新世和第四纪的钙藻化石组合进行对比。

## 3.2 地质时代

### 1. 0.03～373.42m 第四系—上新统

对应于钙藻 *Amphiroa - Halimeda* 组合,相当于西科 1 井乐东组和莺歌海组时期的沉积,其中乐东组大致对应于 *Amphiroa - Lithoporella* 亚组合;莺歌海组大致对应于 *Archaeolithothamnium - Mesophyllum* 亚组合。

本井段常见的钙藻化石种类有 *Amphiroa*,*Archaeolithothamnium*,*Halimeda*,*Corallina*,*Jania*,*Lithoporella*,*Lithothamnium*,*Lithophyllum*,*Mesophyllum* 和 *Porolithon* 等。钙藻化石均为第四系—上新统常见分子(图 3-1),其中 *Halimeda* 从白垩纪开始出现,一直延续到现代;*Mesophyllum* 分布时代为始新世—现代;*Lithothamnium*,*Lithoporella* 和 *Archaeolithothamnium* 分布时代为晚侏罗世—现代;*Jania* 和 *Amphiroa* 分布于晚白垩世—现代;*Porolithon* 分布于晚中新世—现代(Foslie,1907;Johnson,1964a,1964b;Buchbinder,1977),但直到中—晚上新世才开始大量繁盛,在关岛、塞班岛、日本和埃尼威托克岛见于上新世—现代(Ishijima,1954;Johnson,1961,1964b)。在 380.42m 出现绝灭于中新世的 *Mesophyllum chichibuensis*,推测 380.42m 已进入中新统。根据本组合钙藻化石面貌,结合下部地层钙藻的分布时代,将 *Amphiroa - Halimeda* 组合地层时代划分为第四纪—上新世。

### 2. 380.42～934.63m 上中新统—中中新统

对应于 *Corallina - Jania - Aethesoilithon* 组合,相当于黄流组及梅山组中晚期沉积。

从钙藻分布时代来看,本井段常见的 *Aethesoilithon*,*Lithophyllum irregularis*,*Mesophyllum chichibuensis*,*M. yuyashimaensis* 等均为中新世常见分子(图 3-2)。如 *Aethesoilithon* 见于西太平洋诸岛中的关岛和危地马拉中新世(Johnson,1964b,1965)以及中国南海早中新世(许红等,1999);*Lithophyllum irregularis* 出现于日本中新世地层(Ishijima,1954),在中国琛航岛见于早中新世地层(许红等,1999);*Mesophyllum chichibuensis*,*M. yuyashimaensis*,*Lithophyllum johnsoni*,*Lithophyllum kuboiensis*,*Lithoporella melobesioides*,*Jania kuboiensis*,*Lithothamnium araii* 等,这些分子见于日本中新世地层(Ishijima,1954)。此外,*Lithophyllum johnsoni* 亦见于法国中新世地层(Johnsou,1961)。在 936.26m 发现末现于中中新统的伊拉克中叶藻(*Mesophyllum iraqense*),可见 936.26m 已进入中中新统。根据本段地层主要钙藻化石的分布时代,结合下部地层标志性钙藻化石的存在,推测 *Corallina - Jania - Aethesoilithon* 组合对应的地层时代为晚中新世—中中新世。

### 3. 936.26～1159.28m 中中新统—下中新统

对应于 *Mesophyllum iraqense* 带,相当于梅山组早期及三亚组晚期沉积。

该化石带以 *Mesophyllum iraqense* 带的延限作为顶底界面,可与黎巴嫩(Johnson,1964a;Edgell & Basson,1975)和西琛 1 井(许红等,1999)中中新世同名化石带进行对比(表 3-1)。带内常见分子有 *Archaeolithothamnium fijiensis*,*Archaeolithothamnium lvovicum*,*Corallina elliptica*,*Corallina typica*,*Corallina neuschelorum*,*Corallina ōtsukiensis*,*Corallina* cf. *officinalis*,*Aethesolithon guatemalaensum*,*Jania kuboiensi*,*Lithophyllum kuboiensis*,*Lithophyllum johnsoni*,*Lithophyllum tenuicrustum*,*Lithothamnium nanhaiensis*,*Lithothamnium araii*,*Mesophyllum chichibuensis*,*Mesophyllum iraqense*,*Mesophyllum japonicum*,*Mesophyllum yuyashimaensis* 和 *Mesophyllum contii* 等。其中比较重要的化石种是 *Archaeolithothamnium lvovicum*,该种在乌克兰、波兰、保加利亚、阿尔及利亚等地

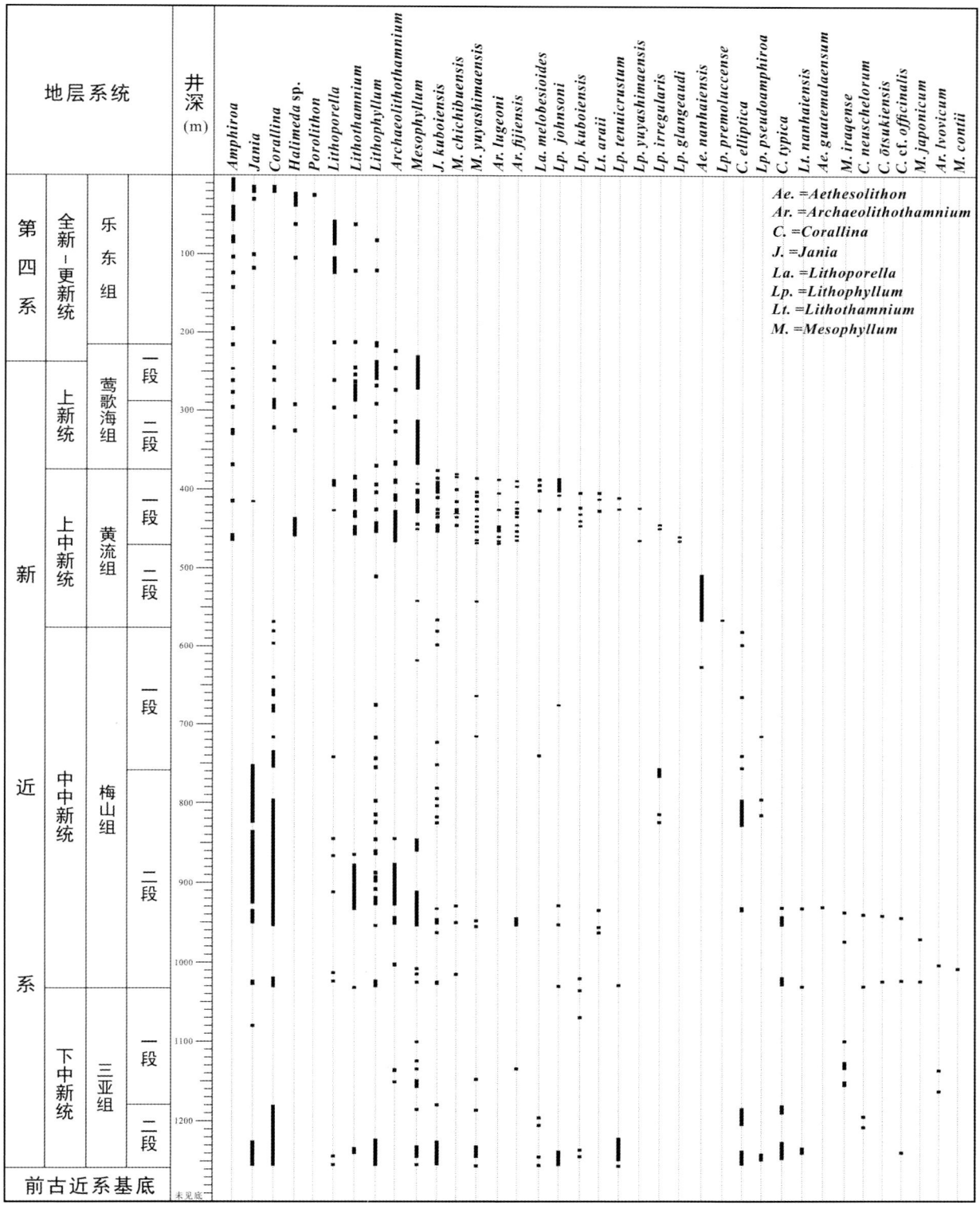

图 3-1 西科 1 井钙藻地层分布图

| 地质年代<br>属/种 | 中新世 | | | 上新世 | 更新世 | 全新世 |
|---|---|---|---|---|---|---|
| | 早 | 中 | 晚 | | | |
| *Amphiroa* | ← | | | | | |
| *Archaeolithothamnium* | ← | | | | | |
| *Corallina* | ← | | | | | |
| *Halimeda* | ← | | | | | |
| *Jania* | ← | | | | | |
| *La. melobesioides* | ← | | | | | |
| *Lithoporella* | ← | | | | | |
| *Lithophyllum* | ← | | | | | |
| *Lithothamnium* | ← | | | | | |
| *Mesophyllum* | ← | | | | | |
| *Porolithon* | | | | | | |
| *C. elliptica* | | | | | | |
| *C. ōtsukiensis* | | | | | | |
| *C. typica* | | | | | | |
| *C. cf. officinalis* | | | | | | |
| *J. kuboiensis* | | | | | | |
| *Lp. tenuicrustum* | | | | | | |
| *Lp. johnsoni* | | | | | | |
| *Lp. irregularis* | | | | | | |
| *Lt. araii* | | | | | | |
| *M. contii* | | | | | | |
| *M. yuyashimaensis* | | | | | | |
| *M. chichibuensis* | | | | | | |
| *M. japonicum* | | | | | | |
| *Ar. lugeoni* | ← | | | | | |
| *Lp. yuyashimaensis* | | | | | | |
| *Lp. glangeaudi* | | | | | | |
| *Ar. fijiensis* | | | | | | |
| *Ar. lvovicum* | | | | | | |
| *M. iraqense* | | | | | | |
| *Lp. pseudoamphiroa* | | | | | | |
| *Aethesolithon nanhaiensis* | | | | | | |
| *Ae. guatemalaensum* | | | | | | |
| *Lp. kuboiensis* | | | | | | |
| *Lp. premoluccense* | | | | | | |
| *C. neuschelorum* | | | | | | |
| *Lt. nanhaiensis* | | | | | | |

Ae. =*Aethesolithon*
Ar. =*Archaeolithothamnium*
C. =*Corallina*
J. =*Jania*
La. =*Lithoporella*
Lp. =*Lithophyllum*
Lt. =*Lithothamnium*
M. =*Mesophyllum*

图 3-2　西科 1 井钙藻主要属种分布时代

见于中中新世(Maslov,1956;Studencki,1988;Pisera & Studencki,1989;Bassi et al,2007),此外 *Mesophyllum iraqense* 在西琛 1 井主要分布于中中新统(许红等,1999);但在黎巴嫩仅在中中新统兰盖阶出现(Edgell & Bassou,1975);在埃及和伊朗的早中新世地层中也有发现(Hamad,2009;Hamad et al,2015),因此该种的分布时代为早中新世—中中新世。值得注意的是在西科 1 井常见于早中新世的 *Aethesolithon guatemalaensum*,*Lithothamnium nanhaiensis*,*Corallina neuschelorum* 等在 *Mesophyllum iraqense* 带内亦较常见。并且,其余分子中 *Mesophyllum contii* 和 *Mesophyllum chichibuensis* 见于日本中新统(Ishijima,1954);*Mesophyllum japonicum* 分布于日本和埃尼威托克岛中新统(Ishijima,1954;Johnson,1961)以及中国琛航岛下中新统(许红等,1999);*Archaeolithothamnium fijiensis* 见于日本、美国中新统(Ishijima,1954;Johnson,1963)和塞班岛下中新统(Johnson,1957);*Corallina* ōtsukiensis 和 *Lithothamnium araii* 分布于日本中新统(Ishijima,1954),后者还见于中国琛航岛下中新统(许红等,1999)。据此结合上、下地层钙藻化石特征推测,西科 1 井 *Mesophyllum iraqense* 带地层时代应为中中新世早期—早中新世晚期。

表 3-1　西科 1 井与西琛 1 井及黎巴嫩新生代钙藻生物地层对比表

| 地层 | 西科 1 井 | 西琛 1 井<br>(许红等,1999) | 黎巴嫩<br>(Edgell & Basson,1975) |
|---|---|---|---|
| 第四系—上新统 | *Amphiroa - Halimeda* 组合 | | |
| 上中新统 | | | |
| 中中新统 | *Corallina - Jania -*<br>*Aethesolithon* 组合 | *Mesophyllum iraqense* 带 | *Mesophyllum sanctidionysii* 带 |
| | | | *Mesophyllum laffittei -*<br>*M. iraqense* 带 |
| | | | *Archaeolithothamnium* sp. cf.<br>*Ar. batuense* 带 |
| | *Mesophyllum iraqense* 带 | | *Lithothamnium undulatum* 带 |
| 下中新统 | *Lithophyllum kuboiensis -*<br>*Lithophyllum tenuicrustum* 组合 | *Aethesolithon nanhaiensis -*<br>*A. guatemalaensum* 带 | *Lithothamnium saipanense* 带 |

### 4. 1162.95～1263.65m 下中新统

对应于 *Lithophyllum kuboiensis - Lithophyllum tenuicrustum* 组合,相当于三亚组早期沉积。

该组合虽然位于钻井底部,但钙藻化石相对丰富,组合中常见分子如:*Lithophyllum kuboiensis*,*Corallina elliptica* 和 *Jania kuboiensis* 分布于日本、中国琛航岛下中新统(Ishijima,1954;许红等,1999);*Lithophyllum tenuicrustum* 在日本、斐济岛、中国琛航岛为下中新统常见种(Johnson & Ferris,1950;Ishijima,1954;许红等,1999);*Lithophyllum johnsoni* 出现于中国南海、日本、埃尼威托克、危地马拉早中新世、法国中新世地层中(王玉净,1981;Ishijima,1954;许红等,1999;Johnson,1965);*Lithophyllum pseudoamphiroa* 分布于伊拉克、关岛下中新统(Johnson,1964a,1964b);*Corallina neuschelorum* 见于西太平洋诸岛中的关岛、塞班岛、埃尼威托克岛以及中国琛航岛下中新统(Johnson,1957,1961,1964b;许红等,1999);*Corallina typica*,*Mesophyllum yuyashimaensis* 见于日本中新世地层(Ishijima,1954);*Lithoporella melobesioides* 在世界各地始新世至现代藻灰岩中都有发现,在中新世地层中较为发育(许红等,1999)。根据本段钙藻属种的时代分布,推测西科 1 井 *Lithophyllum kuboiensis - Lithophyllum tenuicrustum* 组合带地层时代属于早中新世。

## 3.3　古沉积环境

大型底栖钙藻无论是在现代还是地史时期的海洋中都广泛分布,是重要的造礁生物之一,尤其是在热带生物礁环境中十分丰富,其地理分布和生态分布受多种因素的制约,包括深度、盐度、温度、光照以及生活底质条件等,每一类钙藻都有其特定的生长条件,因此,钙藻对古生态、古环境具有重要的指示意义。

陆架环境中的底栖钙藻主要是红藻门珊瑚藻科和绿藻门松藻科仙掌藻属(Milliman,1977)。绿藻门 Halimeda 的母体由不钙化的关节相连,死亡后以分散的节片形式保存,多呈短圆柱状或扁平片状。珊瑚藻科中的大多数属种适于干净的水体以及硬基底生长,具两种不同的生长外形,包括有节珊瑚藻和壳状珊瑚藻。有节珊瑚藻呈直立、分枝状,以固着方式生长,由于其母体是由不钙化的关节相连,因此多以节片产出,在岩芯中呈现为圆锥状、扇状、短圆破碎状等,抗风浪能力较弱,主要生长于低潮面至30m深度范围内的静水透光带,分布于温暖的浅水海域,在太平洋珊瑚礁靠近礁体的潟湖环境中比较丰富。壳状珊瑚藻呈简单皮壳状、复杂皮壳状、块状等缠绕及包裹的方式产出,以固着、附着等方式生长,抗风浪能力较强(表3-2),地理分布非常广泛,除某些特定的属如 Archaeolithothamnium、Goniolithon、Porolithon 等只生活于热带和温带,其余属种广泛分布于从热带到两极的海洋中,生活于低潮面到水深120m之间,主要集中于低潮面至水深30m的范围内。

表3-2 西科1井钙藻的形态与生态环境

| 钙藻属名 | 钙藻形态分类 | 生态环境 |
| --- | --- | --- |
| Amphiroa | 节片状红藻,直立、分枝状固着生长,分散节片状保存 | 抗风浪能力较弱,多生长低潮带至30m水动力较弱的浅海,多见于礁坪至潟湖等礁后环境 |
| Corallina | | |
| Jania | | |
| Lithothamnium | 壳状红藻,块状固着生长 | 抗风浪能力较强,主要集中于潮间带至水深100m的海洋内 |
| Lithophyllum | | |
| Aethesolithon | | |
| Lithoporella | | |
| Halimeda | 节片状绿藻,节片密集叠置保存 | 潟湖沉积的重要古生物标志 |

王玉净等(1996)和Johnson(1961)对现代海洋中的底栖藻类生活环境进行了研究,认为壳状珊瑚藻中的 Archaeolithothamnium 富集于8~20m水深范围内,在热带和温带其生活范围可扩展至海平面以下约40m。Mesophyllum 的生活范围为潮汐面至水深50m的沿岸带,而在水深10~30m的范围内最为繁盛。Lithothamnium 适应能力很强,在所有海洋环境中都能生存,但在冷水和凉水中最丰富。Lithoporella 生活于潮汐面至15m深的海水中。Lithophyllum 在热带和温带等暖水环境最为繁盛,具分枝型和壳状型两种类型,前者见于低潮面至30m深度的海水中,后者分布于水体较深处,一般生活水深不超过120m。有节珊瑚藻类中的 Corallina 和 Jania 多见于太平洋珊瑚礁周围,也是仅有的可以在冷水和温水环境中生活的有节珊瑚藻。Amphiroa 在地中海至加利福尼亚地区等均有发育,在热带地区与 Corallina 和 Jania 共生。有节珊瑚藻类的其余属种比较稀少,集中于温暖海域。松藻类 Halimeda 多富集于热带和暖温带的浅海海底,Halimeda 灰岩往往是潟湖沉积的重要古生物标志。

James(1979),何起祥、张明书(1986)等将礁复合体划分为塌积相、斜坡相、礁骨架相、礁顶相、礁坪相、礁后砂相及潟湖相等相带,其中礁前包括塌积相和斜坡相;礁后包括礁坪相和礁后砂相,生物礁包括礁骨架相和礁顶相。Wray(1969)对利比亚古新世与礁、滩有关的碳酸盐岩台地的钙藻群落进行研究后认为:潮坪环境是以各类藻片层结构和叠层石为特征的;潟湖和礁后以绿藻门的松藻类和粗枝藻类占统治地位,这些藻类主要为密集叠置节片状结构;生物礁以各类骨骼钙藻为特征,皮壳状珊瑚藻类的几个属包括 Archaeolithothamnium、Lithophyllum、Lithothamnium 和 Mesophyllum,是主要建礁藻类,珊瑚藻类在这种环境中起着一种黏结和格架作用;向斜坡和盆地方向,上述珊瑚藻类减少,在盆地内有孔虫和颗石藻类是优势组分。此外,Johnson(1964b)也对生物礁每个相带的钙藻组合特征进行了研究,认为礁前主要发育壳状珊瑚藻,顶部相对较丰富,其中个体较大、强分枝型的分布于水深不超过20m的范围内;随着水体加深,壳状珊瑚藻个体变小,呈薄壳状,有节珊瑚藻类也少量发育。礁边缘相较窄,最宽不超过15m,钙藻大量出现,可形成"藻脊",以 *Lithothamnium* 为主,有时可见 *Porolithon* "藻脊"。开阔礁坪相既发育壳状珊瑚藻类,也发育有节珊瑚藻类,同时还发育仙掌藻斑块。潟湖中适应低能环境的藻类非常丰富,最明显的特征是仙掌藻十分繁盛,仙掌藻碎片是潟湖沉积的主要化石成分。

西科1井发育的钙藻主要为热带生物礁常见类型,如 *Amphiroa*,*Corallina*,*Jania* 等有节珊瑚藻和 *Mesophyllum*,*Lithophyllum*,*Lithothamnium*,*Lithoporella* 等壳状珊瑚藻以及松藻科 *Halimeda* 等。主要赋存层位为第四系乐东组、上新统莺歌海组、上中新统黄流组一段以及中中新统梅山组二段中部,其中以红藻门珊瑚藻科中的壳状珊瑚藻最为发育。

根据壳状珊瑚藻、节片状珊瑚藻和仙掌藻的丰度变化以及钙藻的保存状态,可将生态环境划分为10个演化阶段(表3-3)。

表3-3 西科1井钙藻生态环境演化阶段划分表

| 演化阶段 | 井段(m) | 生态环境 | 钙藻组合特征 |
| --- | --- | --- | --- |
| Ⅰ | 1256.28~1230.96 | 生物礁-礁坪 | 节片状珊瑚藻和壳状珊瑚藻均较丰富 |
| Ⅱ | 1229.24~1180.75 | 礁坪-潟湖 | 钙藻稀少,但以节片状珊瑚藻占绝对优势 |
| Ⅲ | 1179.12~1033.06 | 生物礁 | 为白云岩沉积,残存钙藻化石稀少,识别的钙藻均为壳状珊瑚藻 |
| Ⅳ | 1032.76~741.23 | 礁坪-潟湖,局部斑点礁 | 节片状珊瑚藻占优势,分布也较为连续;壳状珊瑚藻仅局部层段发育 |
| Ⅴ | 738.29~568.50 | 礁坪-潟湖 | 钙藻含量偏低,但以节片状珊瑚藻占优势 |
| Ⅵ | 567.36~474.06 | 生物礁 | 钙藻含量偏低,但以壳状珊瑚藻占绝对优势,节片状珊瑚藻极少见 |
| Ⅶ | 468.59~380.42 | 生物礁 | 钙藻含量高,部分层位钙藻含量大于50%,以壳状珊瑚藻占优势,可能代表了礁边缘相的"藻脊"环境 |
| Ⅷ | 372.25~309.16 | 礁前-礁前斜坡顶部 | 属种单调,多以生物碎屑形式分布于泥晶之中,以壳状珊瑚藻占优势 |
| Ⅸ | 297.13~211.93 | 生物礁-礁坪 | 钙藻含量较高,节片状珊瑚藻和壳状珊瑚藻均较发育,但以壳状珊瑚藻相对占优势 |
|  | 204.35~126.55 | 无法判断 |  |
| Ⅹ | 126.22~0.03 | 生物礁-礁坪 | 钙藻含量中等,壳状珊瑚藻含量高于有节珊瑚藻,部分层位发育仙掌藻 |

阶段Ⅰ(1256.28~1230.96m)节片状珊瑚藻和壳状珊瑚藻均较丰富,其中壳状珊瑚藻以 *Lithophyllum* 最为发育,其次为 *Mesophyllum*,这两种均为抗风浪能力较强的造礁藻类,在生物礁中较为发育;节片状珊瑚藻以 *Corallina* 和 *Jania* 最为发育,这两类在珊瑚礁周围及礁坪等环境中均较发育,据此推测该阶段为生物礁-礁坪环境。

阶段Ⅱ(1229.24~1180.75m)钙藻较前一阶段减少,但以节片状珊瑚藻占绝对优势,最发育的为 *Corallina*,该类钙藻抗风浪能力较弱,推测代表了礁坪-潟湖的环境。

阶段Ⅲ(1179.12~1033.06m)该阶段对应于白云岩井段,由于白云化作用影响,仅剩少量残留钙藻可鉴定属种,该阶段以壳状珊瑚藻占绝对优势,以 *Mesophyllum* 最为丰富,而节片状珊瑚藻不发育,据此推测该阶段为水动力较强的生物礁环境。

阶段Ⅳ(1032.76～741.23m)节片状珊瑚藻占优势,以 Corallina 和 Jania 最为发育,分布也较为连续;壳状珊瑚藻仅在 845.49～956.49m 井段较为发育,以 Lithothamnium, Archaeolithothamnium 和 Mesophyllum 最为丰富,据此推测该阶段以水动力较弱的礁坪-潟湖环境为主,但某些阶段发育有斑点礁。

阶段Ⅴ(738.29～568.50m)该阶段钙藻含量偏低,但以节片状珊瑚藻占优势,主要为 Corallina,其次为 Jania kuboiensis,据这些抗风浪能力较弱的钙藻占优势推测主要为礁坪-潟湖环境。

阶段Ⅵ(567.36～474.06m)该阶段钙藻含量同样较低,但与上一阶段不同的是以壳状珊瑚藻占绝对优势,主要为 Aethesolithon nanhaiensis,该藻类抗风浪能力较强,而抗风浪能力较弱的节片状珊瑚藻极少见,据此推测该阶段以生物礁环境为主。

阶段Ⅶ(468.59～380.42m)为西科1井钙藻最为发育的井段,部分层位钙藻含量占生物总量的比例大于50%,以壳状珊瑚藻占优势,可能代表了礁边缘相的"藻脊"环境,主要为 Archaeolithothamnium, Lithophyllum, Lithothamnium 和 Mesophyllum;节片状珊瑚藻常见 Jania kuboiensis,此外松藻类的 Halimeda 局部层段也有发育,但均不占优势,据此推测该阶段主要为生物礁环境。

阶段Ⅷ(372.25～309.16m)钙藻的含量较上、下井段均偏低,且以适应高能环境的壳状珊瑚藻占绝对优势,但属种单调,以 Mesophyllum 为主;节片状珊瑚藻较少,以 Amphiroa 为主,结合钙藻多以生物碎屑的形式分布于泥晶之中,推测可能为生物礁的礁前-礁前斜坡顶部的环境。

阶段Ⅸ(297.13～211.93m)钙藻含量较高,在西科1井仅次于 468.59～380.42m 井段,以壳状珊瑚藻占优势地位,主要为 Lithophyllum, Lithothamnium 和 Mesophyllum;节片状珊瑚藻常见 Amphiroa 和 Corallina。据此推测该阶段主要为生物礁-礁坪的环境,但可能更靠近生物礁。

204.35～126.55m 井段钙藻十分稀少,仅两个深度见 Amphiroa,无法推测生态环境。

阶段Ⅹ(126.22～0.03m)钙藻含量中等,壳状珊瑚藻含量高于有节珊瑚藻,其中壳状珊瑚藻以 Lithoporella 为主,节片状珊瑚藻以 Amphiroa 为主,但大部分出现破损,部分层位发育仙掌藻节片,据此推测为生物礁-礁坪的环境。

## 3.4 属种描述

红藻门 Rhodophycophyta Papenfuss,1946

红藻纲 Rhodophyceae Ruprecht,1851

隐线藻目 Cryptonemiales Schmitz in Engler,1892

珊瑚藻科 Corallinaceae (Lamouroux) Harvey,1894

쓰箕藻亚科 Melobesioideae Foslie,1898

古石枝藻属 *Archaeolithothamnium* Rothpletz,1891

叶状体壳状,发育3种类型:简单壳状型、具短分枝或结核状型和分枝型,由下叶状体和边叶状体组成。下叶状体细胞列开始水平状,后期弯曲向上。边叶状体的垂直细胞列通常比水平细胞列更发育。孢子囊以透镜状或层状分布与组织中,紧靠或分开。

**分布时代** 晚侏罗世—现代。

**斐济古石枝藻 *Archaeolithothamnium fijiensis* Johnson et Ferris,1950**

(图版54,图1,2)

1950 *Archaeolithothamnium fijiensis* Johnson et Ferris,p.10. pl.1,figs. B,C,E.

1957 *Archaeolithothamnium fijiensis* Johnson,p.209-246. pl.47,figs.4,5.

1977 *Archaeolithothamnium* cf. *fijiensis* Buchbinder,p.419,pl.1,fig.1.

叶状体壳状,下叶状体很薄,不明显。边叶状体由明显的、不规则的带状细胞层组成,细胞矩形,长 9～15μm,宽 8～12μm。孢子囊数目较多,卵形,成层排列,高 105～130μm,直径 60～80μm。

**产地层位** 西沙群岛西科 1 井,三亚组、梅山组、黄流组。

### 尔沃维克古石枝藻 Archaeolithothamnium lvovicum Maslov,1956
(图版 54,图 3)

1956 Archaeolithothamnium keenanii var. lvovicum Maslov,p. 151 - 152,pl. 53,fig. 2,pls. 54,55.
1962 Archaeolithothamnium keenanii var. lvovicum,Maslov,p. 46 - 47,text fig. 21.
1985 Archaeolithothamnium lvovicum Maslov,p. 100,pl. 17,figs. 1 - 4.
1989 Archaeolithothamnium lvovicum Pisera et Studencki,p. 193 - 194,pl. 5,figs. 1a - b.
1999 Archaeolithothamnium lvovicum Maslov,王玉净等,20 页,图版Ⅰ,图 5,6。

叶状体壳状。下叶状体由较小的细胞丝状体组成,比较薄。边叶状体由不规则的带状细胞层组成,与下叶状体之间的界线不明显,细胞层内细胞矩形或正方形,长 15～18μm,宽 8～10μm。孢子囊卵形,多,成层排列,高 80～100μm,宽 40～60μm。

**产地层位** 西沙群岛西科 1 井,三亚组、梅山组。

### 中叶藻属 Mesophyllum Lemoine,1928

下叶状体同轴状,具明显的、不规则的生长带,边叶状体细胞层发育较好,与 Lithophyllum 相似。生殖巢与 Lithothamnium 接近。具 3 种生长型:简单壳状、短枝或结核状以及强分枝状。

**分布时代** 始新世—现代,中新世最发育。

### 秩父中叶藻 Mesophyllum chichibuensis Ishijima,1954
(图版 54,图 4 - 6)

1954 Mesophyllum chichibuensis Ishijima,p. 36 - 37,pl. 10,figs. 1 - 5;pl. 11,figs. 1,2;pl. 14,figs. 1,2;pl. 15,figs. 1,3.
1999 Mesophyllum chichibuensis Ishijima,王玉净等,21 页,图版Ⅱ,图 8。

叶状体壳状,由下叶状体和边叶状体组成。下叶状体细胞层同心状排列,细胞长 15～20μm,宽 10～15μm。边叶状体较厚,由不规则的四边形细胞层组成,细胞近方形,边长 8～12μm。生殖巢位于边叶状体,高 210μm,直径 380μm。

**产地层位** 西沙群岛西科 1 井,梅山组、黄流组。

### 伊拉克中叶藻 Mesophyllum iraqense Johnson,1964
(图版 54,图 7,8)

1964 Mesophyllum iraqense Johnson,p. 480,pl. 1,figs. 5,6;pl. 2,fig. 7.
1975 Mesophyllum iraqense Edgell et Basson,p. 176,pl. 5,figs. 4 - 6.
1989 Mesophyllum iraqense Pisera et Studencki,p. 198 - 199,pl. 9,figs. 1 - 3.
1999 Mesophyllum iraqense Johnson,王玉净等,21 页,图版Ⅱ,图 4 - 6。

叶状体常分枝型,由髓部下叶状体和边叶状体组成。髓部下叶状体宽 12～16mm,具明显的拱形生长带,每个生长带由 5～7 层规则排列的细胞层组成,细胞长 10～28μm,宽 8～14μm。边叶状体较窄。未见生殖巢。

**产地层位** 西沙群岛西科 1 井,三亚组、梅山组。

### 日本中叶藻 *Mesophyllum japonicum* Ishijima,1954
(图版 54,图 9)

1954 *Mesophyllum japonicum* Ishijima,p. 32-33,pl. 12,figs. 1-5;pl. 13,fig. 1.
1999 *Mesophyllum japonicum* Ishijima,王玉净等,21页,图版Ⅱ,图8。

叶状体壳状,由髓部下叶状体和边叶状体组成。髓部下叶状体由排列规则的拱形细胞层组成,细胞长 $16\sim32\mu m$,宽 $6\sim14\mu m$。边叶状体细胞呈矩形,细胞长 $15\sim25\mu m$,宽 $8\sim12\mu m$。生殖巢椭圆形,位于边叶状体,高 $160\mu m$,直径 $320\mu m$。

**产地层位** 西沙群岛西科1井,梅山组。

### 油谷志摩中叶藻 *Mesophyllum yuyashimaensis* Ishijima,1954
(图版 54,图 10,11)

1954 *Mesophyllum yuyashimaensis* Ishijima,p. 31,pl. ⅩⅤ,figs. 2-5;pl. ⅩⅥ,figs. 1-5;pl. ⅩⅦ,figs. 1-5;pl. ⅩⅧ,figs. 1,2;pl. ⅩⅩ,fig. 1.

叶状体壳状,短分枝型,由下叶状体和边叶状体组成。下叶状体细胞层不规则排列,细胞长 $16\sim32\mu m$,宽 $10\sim15\mu m$。边叶状体不发育。生殖巢圆角长方形,高 $160\sim180\mu m$,直径 $190\sim260\mu m$。

**产地层位** 西沙群岛西科1井,三亚组、梅山组、黄流组。

### 石枝藻属 *Lithothamnium* Philippi,1837

叶状体壳状,发育简单壳状型、结核型或短分枝型以及长分枝型3种生长型,由下叶状体和边叶状体组成。下叶状体通常由弯曲的细胞丝状体组成,少数情况下为同轴状。边叶状体细胞层排列成方形。孢子囊聚集在大的生殖巢内,生殖巢顶端发育较多的孢子排泄孔。

**分布时代** 晚侏罗世—现代。

### 南海石枝藻 *Lithothamnium nanhaiensis* Wang,1981
(图版 54,图 12)

1981 *Lithothamnium nanhaiensis* Wang,p. 75,pl. 36,figs. 10,11.
1999 *Lithothamnium nanhaiensis* Wang,王玉净等,23页,图版Ⅳ,图9,10,图版Ⅶ,图8,9。

叶状体壳状,较薄,由基部下叶状体和边叶状体组成。基部下叶状体同轴状,直径 $150\sim200\mu m$,细胞长 $20\sim35\mu m$,宽 $8\sim16\mu m$。边叶状体薄,细胞长 $8\sim10\mu m$,宽 $6\sim8\mu m$。未见生殖巢。

**产地层位** 西沙群岛西科1井,三亚组、梅山组。

### 新井石枝藻 *Lithothamnium araii* Ishijima,1954
(图版 54,图 13)

1954 *Lithothamnium araii* Ishijima,p. 26,pl. Ⅷ,figs. 3,4;pl. Ⅸ,figs. 1-3.
1964 *Lithothamnium* cf. *araii* Johnson,p. 13,pl. 1,fig. 4;pl. 2,fig. 2.
1999 *Lithothamnium araii* Ishijima,王玉净等,22页,图版Ⅵ,图10,图版Ⅶ,图6。

叶状体壳状,由下叶状体和边叶状体组成。有时叶状体相互叠覆,很厚。下叶状体发育较差或缺失。边叶状体由规则的细胞层组成,细胞矩形,长 $15\sim20\mu m$,宽 $10\sim15\mu m$。生殖巢高 $105\sim160\mu m$,直径 $390\sim600\mu m$。

**产地层位** 西沙群岛西科1井,三亚组、梅山组、黄流组。

### 石叶藻属 *Lithophyllum* Philippi,1837

叶状体壳状,与石枝藻属相似,也发育简单壳状型、结核型或短分枝型以及长分枝型3种生长型,由基部下叶状体和边叶状体组成。基部下叶状体同轴型或由不规则的或拱形的细胞层组成。分枝型髓部下叶状体同轴型,边叶状体较薄。髓部下叶状体有时长细胞层与短细胞层相间。生殖巢顶端只有一个孢子排泄孔。

**分布时代** 白垩纪—现代。

### 不规则石叶藻 *Lithophyllum irregularis* Ishijima,1954
(图版 54,图 14)

1954 *Lithophyllum irregularis* Ishijima,p.41-42,pl.27,fig.2;pl.29,fig.1.
1999 *Lithophyllum irregularis* Ishijima,王玉净等,24页,图版Ⅲ,图4,5。

叶状体壳状,结核形。下叶状体不发育。边叶状体由不规则透镜状的带状细胞层组成,相邻细胞层以黑线为界,细胞近方形,长、宽为 $7\sim13\mu m$。生殖巢大,高 $100\sim500\mu m$,直径 $400\sim750\mu m$。

**产地层位** 西沙群岛西科1井,梅山组、黄流组。

### 假蟹手状石叶藻 *Lithophyllum pseudoamphiroa* Johnson,1964
(图版 54,图 15,图版 55,图 1-4)

1964a *Lithophyllum pseudoamphiroa* Johnson,p.482,pl.3,figs.2,3.
1964b *Lithophyllum pseudoamphiroa* Johnson,p.G22,pl.7,figs.1-4.
1965 *Lithophyllum pseudoamphiroa* Johnson,p.810,pl.99,figs.8,9.
1977 *Lithophyllum* cf. *pseudoamphiroa* Buchbinder,p.426,pl.6,fig.1.

叶状体壳状,长分枝型,由边叶状体和髓部下叶状体组成。边叶状体薄,细胞方形。髓部下叶状体细胞层同轴状,厚 $150\sim300\mu m$,细胞长 $28\sim44\mu m$,宽 $14\sim25\mu m$。分枝长 $600\sim950\mu m$,髓部下叶状体细胞层拱形,细胞长 $33\sim56\mu m$,宽 $14\sim22\mu m$。

**产地层位** 西沙群岛西科1井,三亚组、梅山组。

### 奇石藻属 *Aethesolithon* Johnson,1964

叶状体壳状或枝状,具有不规则的细胞层或细胞透镜体。细胞较大,圆形至多边形。生殖巢较小,强拱形。

**分布时代** 中新世。

### 危地马拉奇石藻 *Aethesolithon guatemalaensum* Johnson et Kaska,1965
(图版 55,图 5)

1965 *Aethesolithon guatemalaensum* Johnson et Kaska,p.49,50,pl.45,figs.1,2.
1999 *Aethesolithon guatemalaensum* Johnson et Kaska,王玉净等,27页,图版Ⅱ,图7;图版Ⅷ,图4;图版Ⅹ,图1-8。

叶状体为不规则的壳状体。下叶状体极薄,仅由一层垂直拉长的细胞层细成。边叶状体具不规则的透镜状或多边形层组成。细胞圆形至多边形,长 $12\sim25\mu m$,宽 $8\sim16\mu m$。生殖巢较小,高 $100\sim120\mu m$,直径 $150\sim250\mu m$。

**产地层位** 西沙群岛西科1井,梅山组。

### 南海奇石藻 *Aethesolithon nanhaiensis* Wang,1999
(图版 55,图 6-13)

1999 *Aethesolithon nanhaiensis* Wang,27页,图版5,图1-5。

叶状体长枝状,较大,长可达4mm以上。髓部下叶状体由规则和不甚规则的5~7层不等的多边形细胞列组成,每列细胞层的细胞长度自下而上,由中央向两边减小,细胞宽 $32\sim50\mu m$,长 $40\sim76\mu m$。相邻细胞列细胞层壁较厚,呈明显的带状构造,有时可见透镜状生长带。边叶状体细胞近方形,长、宽为 $20\sim25\mu m$。生殖巢小,高 $90\sim130\mu m$,直径 $120\sim160\mu m$。

**产地层位** 西沙群岛西科1井，梅山组、黄流组。

### 石孔藻属 *Lithoporella* Foslie,1904

叶状体由一层或几层细胞构成。细胞矩形，垂向拉长，栅栏状。叶状体常相互叠覆，或与其他藻类或壳状有孔虫相间生长。生殖巢大，具一个较大的单孔。

**分布时代** 始新世—现代。

### 箕状石孔藻 *Lithoporella melobesioides* Foslie,1904

（图版55，图14）

1904 *Mastophora(Lithoporella) melobesioides* Foslie,in Weber – van Bosse and Foslie,p. 73 – 77,text figs. 30 – 32.
1939 *Mastophora(Lithoporella) melobesioides* Lemoine,p. 108 – 110,text fig. 78.
1949 *Lithoporella(Melobesia)melobesioides* Johnson et Ferris,p. 196,pl. 37,figs. 4,5;pl. 39,fig. 2.
1950 *Lithoporella melobesioides* Johnson et Ferris,p. 18,pl. 8,fig. A.
1957 *Lithoporella melobesioides* Johnson,p. 234,pl. 37,fig. 5;pl. 43,figs. 1,2;pl. 49,fig. 4;pl. 56,fig. 6.
1965 *Lithoporella melobesioides* Johnson et Kaska,p. 50 – 51,pl. 44,fig. 3.
1977 *Lithoporella melobesioides* Buchbinder,p. 428,pl. 6,figs. 2,3,5.
1983 *Lithoporella melobesioides* Bosence,p. 156 – 165,pl. 18,fig. 2.
1988 *Lithoporella melobesioides* Studencki,p. 47,pl. 16,fig. 2.
1999 *Lithoporella melobesioides* Foslie,王玉净等,27、28页,图版Ⅷ,图1-3,5。

叶状体为大的矩形细胞组成的单层细胞层，细胞长 $20\sim40\mu m$，宽 $15\sim30\mu m$。叶状体相互叠覆，附着于其他藻类或珊瑚、壳体之上。未见生殖巢。

**产地层位** 西沙群岛西科1井，三亚组、梅山组、黄流组。

### 珊瑚藻亚科 Corallinae Aresch,1852
### 蟹手藻属 *Amphiroa* Lamouroux,1812

藻体直立，叶状体由规则相间的双分叉分枝或三分叉分枝的节片簇丛组成。节片圆柱形。髓部下叶状体厚，长细胞列和短细胞列相间。边缘叶状体中等到发育很好。生殖巢侧生。

**分布时代** 白垩纪—现代。

### 太平洋蟹手藻 *Amphiroa pacifica* Johnson et Ferris,1950

（图版55,图15;图版56,图1-4）

1950 *Amphiroa pacificas* Johnson and Ferris,Bernice P. Bishop Mus. Bull. 201,p. 20,pl. 8,fig. D.
1954 *Amphiroa pacifica* Ishijima,p. 54,pl. XXXⅦ,fig. 1.

节片细长圆柱形或圆锥形，保存不完整。髓部下叶状体由2层长细胞层与1层短细胞层相间排列，长细胞长 $65\sim90\mu m$，宽 $10\mu m$，短细胞长 $25\sim30\mu m$，宽 $10\sim13\mu m$。边叶状体由4～5层细胞层组成，细胞近矩形，长 $15\sim20\mu m$，宽 $10\sim15\mu m$，有时边叶状体缺失。未见生殖巢。

**产地层位** 西沙群岛西科1井，乐东组、莺歌海组。

### 疣状蟹手藻 *Amphiroa verrucosa* Kützing,1924

（图版56,图5-11）

1924 *Amphiroa verrucosa* Kützing,Pfender,Bull. Soc. Geol. France. Ser. 4. 24,p. 193,194.
1954 *Amphiroa verrucosa* Ishijima,p. 62,pl. XXXⅦ,figs. 12 – 16.

节片细长圆柱形，髓部下叶状体由一层长细胞层和一层短细胞层相间排列,长细胞长 $105\sim120\mu m$，宽 $10\sim12\mu m$，短细胞长 $30\sim40\mu m$，宽 $10\sim12\mu m$。未见生殖巢。

**产地层位** 西沙群岛西科1井，乐东组、莺歌海组。

### 蟹手藻(未定种)*Amphiroa* sp.
(图版56，图12)

节片细长圆锥形，末端分枝，保存不完整，中部可见5层长细胞层邻1层短细胞层，长细胞长150～180μm，宽30～35μm，短细胞长25～35μm，宽20～30μm。未见生殖巢。长细胞层与短细胞层的排列规律不明确。

**产地层位** 西沙群岛西科1井，黄流组、莺歌海组、乐东组。

### 珊瑚藻属 *Corallina* Tournefort, 1700, emend. Lamouroux, 1812

叶状体由节片组成的簇丛构成。节片圆柱形、棒形或圆锥形，由髓部下叶状体和边叶状体组成。髓部下叶状体较发育，由平行细胞层组成。边叶状体有时不发育，有时仅由一层近方形的细胞组成。生殖巢卵形，位于节片的侧部或末端。

**分布时代** 晚白垩世—现代。

### 椭圆珊瑚藻 *Corallina elliptica* Ishijima, 1932
(图版56，图13)

1932 *Corallina elliptica* Ishijima, p. 147, pl. Ⅶ(Ⅰ), figs. 1, 2; pl. Ⅷ(Ⅱ), figs. 3, 4.
1954 *Corallina elliptica* Ishijima, p. 70, pl. XLIV, figs. 5a-c.
1999 *Corallina elliptica* Ishijima, 王玉净等，28页，图版Ⅷ，图6-8。

节片细长圆柱形，长1.25mm，直径0.46mm，髓部下叶状体由10～11列细胞层组成，细胞长105～120μm，宽10～12μm，相邻细胞列之间以微拱的波折线分隔。边叶状体较薄，与髓部下叶状体之间过渡模糊。未见生殖巢。

**产地层位** 西沙群岛西科1井，三亚组、梅山组。

### 大月珊瑚藻 *Corallina ōtsukiensis* Ishijima, 1954
(图版56，图14,15)

1954 *Corallina ōtsukiensis* Ishijima, p. 71, pl. XL, fig. 10.

节片细长圆柱形，长0.73mm，宽0.2mm。髓部下叶状体由拱形细胞列组成，细胞长90～110μm，宽8～15μm，相邻细胞列之间分隔线曲折。边叶状体不发育。未见生殖巢。

**产地层位** 西沙群岛西科1井，梅山组。

### 让氏藻属 *Jania* Lamouroux, 1812

叶状体由双分叉分枝的细长节片构成的簇丛组成，髓部下叶状体较发育，边叶状体通常缺失。髓部下叶状体细胞比较宽，纵切面通常呈长楔形，相邻细胞线曲折。生殖巢一般位于节片末端。

**分布时代** 晚白垩世—现代。

### 久保让氏藻 *Jania kuboiensis* Ishijima, 1954
(图版57，图1-7)

1954 *Jania kuboiensis* Ishijima, p. 75, pl. XXⅧ, fig. 4; pl. XXIX, figs. 3-5; pl. XLIII, figs. 4a-b.
1999 *Jania kuboiensis* Ishijima, 王玉净等，29页，图版Ⅸ，图1-6。

节片细长圆柱形，长0.95mm，直径0.30mm，髓部下叶状体由拱形细胞列组成，细胞楔形—长方形，长37～48μm，宽20～30μm，相邻细胞列之间分隔线曲折。边叶状体由1～2层近方形细胞组成，细胞长、宽为 10～20μm。髓部下叶状体与边叶状体之间细胞过渡不明显。未见生殖巢。

**产地层位**　西沙群岛西科1井,三亚组、梅山组、黄流组。

### 绿藻门 Chlorophocophyta Papenfuss,1946
### 粗枝藻科 Dasycladaceae Kützing,1843 Orth. mut. Hauck,1884
### 伞轴藻属 *Cymopolia* Lamouroux,1816

叶状体由圆柱形节片组成,节片包括中央茎以及从中央茎分出的第一级分枝。每个第一级分枝产生第二级分枝的簇丛。第一级分枝大部分比较膨大,第二级分枝通常是4个,伸至外表。孢子囊近球形或梨形,位于第二级分枝的簇丛之中。

**分布时代**　白垩纪—现代。

### 伞轴藻(未定种)*Cymopolia* sp.
（图版57,图8,9）

节片外径 55.3～79.6μm,节片内径 32.5～43.4μm,钙质壁厚 11.4～18.1μm。由于标本保存较差,且只发现横切面,第一级分枝不清楚,定为未定种。

**产地层位**　西沙群岛西科1井,乐东组。

### 松藻科 Codiaceae (Trevisan) Zanardini,1843
### 仙掌藻属 *Halimeda* Lamouroux,1812

叶状体由圆柱形的节片簇丛构成。每个节片都是有髓部带丝状体和壳状带丝状体组成。髓部带丝状体粗,数目少,纵向排列。壳状带丝状体较细,分枝状,一般分为三级分枝,与外表相连。

**分布时代**　白垩纪—现代。

### 仙掌藻(未定种)*Halimeda* sp.
（图版57,图10-15）

叶状体由丝状体形成的细长圆柱形节片组成。丝状体在节片中部较粗,向节片外缘变细,常见二级分枝,最多可见三级分枝,第三级分枝与节片表面垂直。

**产地层位**　西沙群岛西科1井,黄流组、莺歌海组、乐东组。

# 4 珊瑚生物地层研究

生活在现代热带海洋中的珊瑚在生物学分类上属于腔肠动物门（Coelenterata）刺丝胞亚门（Cnidaria）珊瑚纲（Anthozoa）石珊瑚目（Scleractinia）。中生代和新生代的珊瑚大部分属于石珊瑚，又称为六射珊瑚（Hexacoralla），从中三叠世早期（Anisian）开始出现，一直延续到现代。

现代造礁珊瑚一般分布在35°N到32°S之间的热带及亚热带浅海中，沿着很少有陆源碎屑注入的海岸地带和岛屿生长。印度洋—太平洋珊瑚动物地理区造礁珊瑚的生长发育远比加勒比海区繁盛得多，数量可达80个属和500余种，而且年生长率为后者的几倍。更引人注目的是在印度洋—太平洋区，鹿角珊瑚科中的 *Acropora*，*Astreopora* 和 *Montipora* 等属已发现250余种，但在加勒比海区仅发现鹿角珊瑚3个种。如 *Porites*，*Goniopora* 和 *Alveopora* 在印度洋—太平洋区约有50个种，在加勒比海区仅发现滨珊瑚3个种。另外，在印度洋—太平洋区，排孔珊瑚科（Seriatoporidae）中的 *Pocillopora*，*Seriatopora* 和 *Stylophora* 共发现25个种，但在加勒比海区尚未发现（Wells，1956）。

青藏高原的最高海相地层是始新统，自始新世中期后，海水完全从青藏地区退出（Wen et al，1981）。由于受印度板块向北漂移直接向喜马拉雅山脉碰撞俯冲的结果，青藏高原开始急剧抬升（中国科学院西藏科学考察队，1974）。与此同时，南海海域开始下沉，从晚渐新世—早中新世开始发育形成珊瑚礁（中国科学院南沙综合科学考察队，1992，1997a，1997b）。南海海域的珊瑚礁大多数从中新世一直持续生长到现在，部分地区珊瑚礁的厚度超过千米。因此，我们可借助珊瑚礁钻井岩芯的研究，重建南海完整的地质发育史。

从中新世开始，全球形成两大现代造礁珊瑚动物地理区：印度洋—太平洋和加勒比海。前者的珊瑚群远比后者丰富，尤其是杯形珊瑚科（Pacillioporidae）、滨珊瑚科（Poritidae）和鹿角珊瑚科（Acroporidae）大量发育。上新世热带范围收缩，造礁珊瑚分布的北界向南压缩到35°N，珊瑚群组分也有少许变化。更新世的海洋环境对造礁珊瑚影响很小，只是珊瑚数量稍有减少，其中受影响较大的是具孔类型的滨珊瑚科和鹿角珊瑚科。总体来看，更新世珊瑚群面貌与上新世以及现代珊瑚群差别不大（Wells，1956）。

南海的珊瑚礁一般从中新世开始发育。虽然20世纪末聂宝符等（1991，1997）曾发表过有关西沙永乐环礁的 *Acropora*，*Echinophyllia*，*Leptoseris*，*Seriatopora*，*Stylophora*，*Symphyllia* 和 *Millepora*；金银岛的 *Pavona* 和 *Polyastrea*；华光礁的 *Pavona*；金富岛的 *Fungia*；羚羊礁的 *Coeloseris*；北岛的 *Pachyseris* 和中建岛的 *Porites* 等现代（即第四纪全新世）珊瑚文献，但此前尚未有人做过有关西沙群岛钻井岩芯新近纪及第四纪珊瑚化石的系统研究。

## 4.1 组合特征

本次以钻井岩芯为研究材料，对西沙群岛西科1井钻井地层中新生代珊瑚化石进行了系统研究，在0.03～1267.67m井段观察2191个薄片，在48个层位发现可鉴定属种的珊瑚化石；观察岩芯手标本，发现55层珊瑚化石。共鉴定8科19属及1个未定属，包括鹿角珊瑚科的 *Acropora*，*Montipora* 和 *Astreopora*；滨珊瑚科的 *Porites*；蜂房珊瑚科的 *Favia*，*Favites*，*Platygyra*，*Diplastrea*，*Cyphastrea*，*Goniastrea* 和 *Leptastrea*；丁香珊瑚科的 *Caryophyllia* 和 *Euphyllia*；木珊瑚科的 *Endopsammia*，*Enallopsammia* 和

*Turbinaria*;苍珊瑚科的 *Heliopora*;褶叶珊瑚科的叶状珊瑚 *Lobophyllia* 等。上述珊瑚化石都是新近纪和第四纪印度—太平洋海域中常见的属,在我国南海海域,包括海南岛、北部湾、雷州半岛、西沙、中沙和南沙等地均有发现。其中至少有 11 属是造礁珊瑚,另外 5 属为非造礁珊瑚。

## 4.2 地质时代讨论

在西科 1 井共发现 19 属珊瑚和一些由于骨骼保存不好而未鉴定到属的珊瑚。其中,六射珊瑚(石珊瑚)18 属,八射珊瑚 1 属(*Heliopora*)。

在这 19 个属中,有 4 属从中生代就已经开始出现并一直延续到第四纪,包括 *Astreopora*,*Favia*,*Diploastrea*,*Caryophyllia* 等;有 8 属从古近纪开始出现并延续到第四纪,如 *Acropora*,*Montipora*,*Porites*,*Favites*,*Platygyra*,*Cyphastrea*,*Euphyllia*,*Turbinaria* 等,而 *Cyathoceras* 和 *Enallopsammia* 则从新近纪才开始出现并延续到第四纪,仅有 *Endopsammia*,*Heliopora* 等属只限于生活在第四纪,因此,我们可根据标志性珊瑚化石属的存在,划分第四系与新近系的界线。

通过对西科 1 井珊瑚化石分布时代的研究,发现大部分珊瑚分布时代较长,如 *Caryophyllia* 分布时代为侏罗纪至现代;*Diplastrea*,*Favia*,*Astreopora* 分布时代为白垩纪至现代;*Euphyllia*,*Montipora* 等的分布时代为始新世至现代,其中分布时代较短的为 *Heliopora* 和 *Endopsammia*,主要分布于第四纪(表 4-1)。由于珊瑚分布不连续,因此根据珊瑚化石组合面貌,仅对西科 1 井的地质时代进行简要讨论。

**表 4-1 西科 1 井珊瑚化石属分布时代**

| 化石属 | 分布时代 | 化石属 | 分布时代 |
| --- | --- | --- | --- |
| *Caryophyllia* | 侏罗纪—现代 | *Platygyra* | 始新世—现代 |
| *Astreopora* | 白垩世—现代 | *Porites* | 始新世—现代 |
| *Diplastrea* | 白垩世—现代 | *Cyphastrea* | 渐新世—现代 |
| *Favia* | 白垩世—现代 | *Turbinaria* | 渐新世—现代 |
| *Acropora* | 始新世—现代 | *Leptastrea* | 渐新世—现代 |
| *Euphyllia* | 始新世—现代 | *Enallopsammia* | 中新世—现代 |
| *Favites* | 始新世—现代 | *Heliopora* | 主要为第四纪 |
| *Goniastrea* | 始新世—现代 | *Endopsammia* | 第四纪 |
| *Meandrina* | 始新世—现代 | *Lobophyllia* | 第四纪 |
| *Montipora* | 始新世—现代 | | |

### 1. 第四纪

西科 1 井第四系发现的珊瑚计有下列 8 科 13 属和 1 个未定属(Gen. indet.),分别是:鹿角珊瑚科的 *Acropora* 和 *Montipora*;滨珊瑚科的 *Porite*;蜂房珊瑚科的 *Favia*,*Favites*,*Platygyra*,*Diplastrea* 和 *Cyphastraea*;木珊瑚科的 *Endopsammia*,*Turbinaria*;苍珊瑚科的 *Heliopora*;丁香珊瑚科的 *Euphyllia* 等。其中八射珊瑚 1 属 *Heliopora*,其余 12 个属均属于六射珊瑚(石珊瑚),上述珊瑚属在第四纪的印度洋-太平洋区域都有分布,我国海南省沿海地区、雷州半岛沿岸、北部湾、西沙、中沙和南沙等地也有它们的踪迹。在井深 231.86m 以上岩芯中发现的珊瑚化石,除 *Favia* 和 *Diplastrea* 始现于中生代,其余绝大多数属从新生代的古近纪开始出现,一直延续到现代,其中 *Favites*,*Montipora*,*Platygyra*,*Montipora*,*Acropora*,*Euphyllia* 和 *Porites* 始现于始新世,而 *Cyphastraea* 和 *Turbinaria* 从渐新世开始出现。值得注意的是在 73.24m 和 161.69m 发现 *Endopsammia*,61.29m 存在 *Heliopora*,上述两属一般只见于第四纪(图 4-1),说明含 *Endopsammia* 和 *Heliopora* 化石属的地层应划归第四纪。

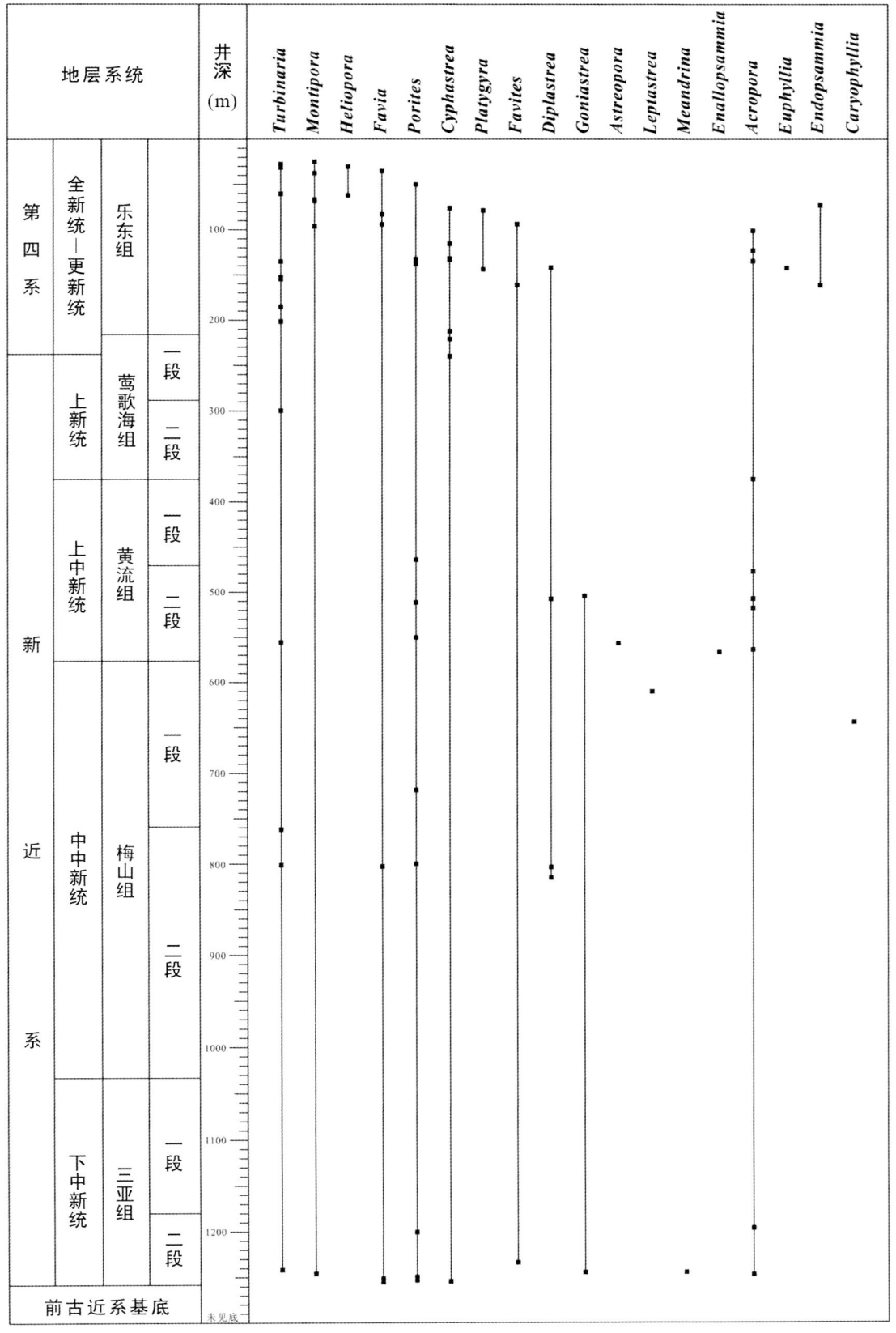

图 4-1 西科 1 井珊瑚地层分布图

## 2. 新近纪

在西科 1 井 231.86～1263.65m 井段共鉴定珊瑚 12 属，分别是蜂房珊瑚科的 *Cyphastraea*，*Favia*，*Leptastrea*，*Diplastrea* 和 *Goniastrea*；鹿角珊瑚科的 *Acropora* 和 *Astreopora*；滨珊瑚科的 *Porite*；木珊瑚科的 *Turbinaria* 和 *Enallopsammia*；丁香珊瑚科的 *Caryophyllia* 和纵合珊瑚科的 *Meandrina* 等。

在 558.6m 发现 *Astreopora*，568.64m 出现 *Enallopsammia*，643.42m 发现 *Caryophyllia*，上述 3 属在第四纪地层中均未曾出现。虽然上述 3 属珊瑚的时代分布较长，*Astreopora* 分布时代为白垩纪—现代，*Enallopsammia* 分布于中新世—现代，*Caryophyllia* 分布时代为侏罗纪—现代，但地层中含有不同珊瑚属种的信息，可以为地层时代划分提供参考。

值得注意的是通常只见于第四纪的 *Endopsammia* 在井深 161.69m 以下的岩芯中已全部绝迹。虽然西科 1 井目前发现的珊瑚化石绝大部分在地层中延续时间长，但是，珊瑚组合面貌的变化也可以为地层时代划分提供佐证。

## 4.3 古沉积环境

珊瑚可分成造礁和非造礁两大类，两者的生态有很大区别，造礁珊瑚一般最适宜生活在海水深度 20m 之内，而非造礁珊瑚可生活在 1～500m 深的海水之中。大多数造礁珊瑚生长在年平均温度 18℃ 之上的海水中，但最适宜的生长温度是 25～29℃；而非造礁珊瑚大都生活于 1～5℃ 或更低的海水中。最适宜于造礁珊瑚生长的含盐度是 36‰，充足的阳光是造礁珊瑚生长的基本条件。因此，现代造礁珊瑚主要分布于南、北纬 20° 之间的热带浅海区，而非造礁珊瑚则可生活在光线不充足或完全黑暗的深海中。此外，充足的食物（小浮游动物）、良好的海水流通和海底基质也是珊瑚生长的重要条件（Wells，1956）。

目前在西科 1 井发现的珊瑚绝大多数是群体珊瑚，如块状、多角状、融合状、脑纹状、树枝状、叶片状及皮壳状，仅少数是单体珊瑚。西科 1 井发现的珊瑚主要属于造礁珊瑚类，生活于低纬度热带温暖的浅海环境。珊瑚化石不同的外形，反映不同的生态特征（表 4-2），例如北部湾的涠洲岛是由新生代火山岩形成的岛屿，原火山口中央现在是一个避风港，生长着树枝状的鹿角珊瑚，很容易被风浪打碎，而在岛屿的外围风浪很大，每天都受到海浪的强烈冲刷，生长着块状的 *Favia* 和 *Favites*，抗风浪能力非常强。所以珊瑚骨骼的形态结构与其生活环境密切相关（邹仁林等，1975；聂宝符等，1991，1997）。

表 4-2 西科 1 井珊瑚的形态与生态环境

| 珊瑚属 | 形态 | 生态环境 |
| --- | --- | --- |
| *Turbinaria* | 块状群体，相邻个体紧密生长在一起 | 抗风浪能力非常强，生活在迎浪的礁前海坡 |
| *Favia* | | |
| *Cyphastrea* | | |
| *Montipora* | | |
| *Platygyra* | | |
| *Euphyllia* | 枝状或单体 | 生活在风浪小，水体相对平静的海洋环境 |
| *Endopsammia* | | |
| *Caryophyllia* | | |
| *Acropora* | | |
| *Enallopsammia* | | |

钻井岩芯中含造礁珊瑚化石的层段,并不能说明原来就是珊瑚礁的礁体,有的可能遭受了海浪的冲刷和搬运,这要根据珊瑚的保存状况,是否有破碎、排列是否有序等被搬运的痕迹来判断(廖卫华,1984,1997)。据我们观察,西科1井的部分岩芯中,珊瑚化石欠丰富,一些层段只见到双壳类、腹足类或底栖有孔虫化石,未发现珊瑚,说明这些层段处于海水很浅的位置,可能为潮上带(海水从未淹没的海岸线以上区域)及潮间带(涨潮时被海水淹没,而退潮时却裸露在空气中的地带),或者是潟湖及滨岸等。

礁体一般由礁骨架相、礁顶相、礁坪相、礁后砂相、潟湖相、斜坡相以及塌积相(含近侧和远侧塌积相)等构成(图4-2)。礁骨架相位于礁的前缘,为波浪和水流强烈扰动的环境,是各种珊瑚生长最为茂盛的地带,其中,骨架相靠近斜坡的地带,水体较深,普通风浪难以波及,多为抗风浪能力较弱的枝状珊瑚;而骨架相靠近礁顶相的地带,由于风浪较强,多为块状珊瑚。礁顶相为珊瑚礁中凸起最高的部位,由于水体比较浅,以抗扰动能力较强的块状珊瑚为主或者由于周期性暴露而珊瑚不发育,对于后一种情况,礁顶相多发育风暴从礁骨架上撕裂后搬运而来的漂砾,漂砾上常见生物的钻孔以及藻类、蠕虫、有孔虫和其他生物的结壳。礁坪相为生物礁中最宽的一个相带,地势平坦,各类生物碎片发育,由于水体循环受限以适应性较强的单体珊瑚为主,但局部水体循环较好的区域珊瑚相对丰富,可形成斑点礁。礁后砂相由于沉积物变细和不稳定,不利于珊瑚的生长,但可见细碎的珊瑚碎屑。潟湖相以灰泥沉积为主,整体不利于珊瑚的发育,仅局部有少量斑点礁。此外,斜坡相顶部也有一些珊瑚发育,但由于该处水体较深,阳光不太充裕,不利于石珊瑚的生长,而适合于快速生长的软珊瑚的发育,这些珊瑚为更多地获取阳光多采取平板形态生长。随着地球历史的演变,在某一固定地点,其相带在水平和垂直方向都会发生变化。例如,斜坡相会演变为骨架相或礁坪相甚至潟湖相。因此,可以根据岩芯中不同的生物组分、形态构造、保存完整程度即破碎状况等确定岩芯的相带或当时在生物礁中所处的位置。造礁珊瑚的分布受温度、盐度、光照、深度、底质和水动力等因素的影响,所以珊瑚是研究古生态的良好材料。

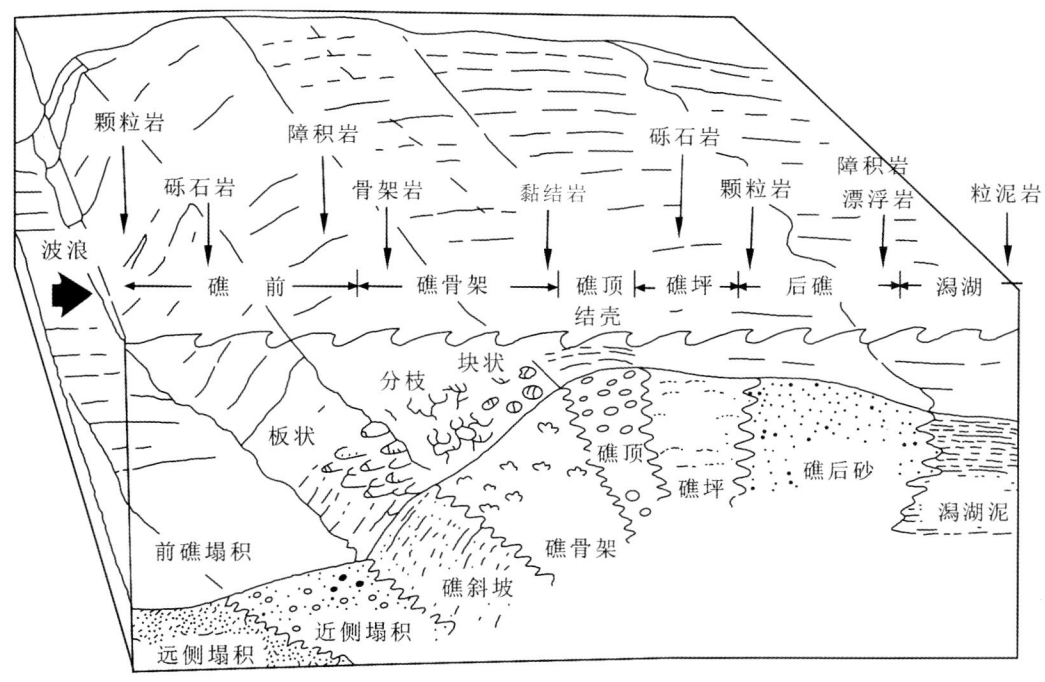

图4-2 礁复合体各相带示意图(修改自James,1979;何起祥,张明书,1986)

根据西科1井岩芯中产出的块状珊瑚、枝状珊瑚、单体珊瑚等不同形态珊瑚的分布特征,对西科1井早中新世—第四纪的生态环境进行研究,大致可分为8个阶段(不包括未见珊瑚化石的井段)(表4-3)。

表 4-3  西科 1 井珊瑚生态环境演化阶段划分表

| 演化阶段 | 井段(m) | 生态环境 | 珊瑚组合特征 |
|---|---|---|---|
| Ⅰ | 1255.88～1196.00 | 生物礁环境,以礁骨架上部-礁顶的环境为主 | 以 Turbinaria, Favia, Favites, Porites, Montipora 等块状珊瑚为主,偶见 Acropora 等枝状珊瑚 |
|  | 1195.8～814.94 |  | 未见珊瑚化石 |
| Ⅱ | 814.47～762.47 | 礁骨架上部-礁顶环境 | 以 Turbinari, Porites, Favia 和 Diplastrea 等抗浪能力较强的块状珊瑚为主 |
| Ⅲ | 747.43～643.50 | 礁坪-潟湖等礁后环境 | 完整珊瑚化石稀少,常见双壳类、腹足类等及其碎屑 |
| Ⅳ | 640.63～568.83 | 礁坪-潟湖等礁后环境,局部发育斑点礁 | 非造礁的 Caryophyllia 和 Endopsammia 等为主,偶见 Leptastrea 等块状珊瑚 |
| Ⅴ | 563.48～376.18 | 礁骨架环境为主 | 以抗浪性较强的 Turbinaria, Astreopora, Porites 等块状群体珊瑚占优势,同时可见大量在礁骨架下部靠近斜坡等水动力稍弱环境中大量繁盛的枝状 Acropora |
|  | 373.45～304.25 |  | 未见珊瑚化石 |
| Ⅵ | 302.65～297.03 | 礁骨架上部-礁顶环境 | 全部为抗风浪能力较强的 Turbinaria |
|  | 296.36～241.25 |  | 未见珊瑚化石 |
| Ⅶ | 241.88～100.1 | 礁骨架环境为主 | 抗浪能力强的 Turbinaria, Favites 和 Cyphastrea 等块状群体珊瑚与抗风浪能力稍弱的 Endopsammia, Euphyllia 等单体或枝状珊瑚大量繁盛 |
| Ⅷ | 98.70～25.30 | 礁骨架上部-礁顶环境 | 主要由抗浪能力较强的 Turbinaria, Favia 和 Montipora 等块状群体珊瑚组成 |
|  | 24.91～0.03 |  | 未见珊瑚化石 |

阶段Ⅰ(1255.88～1196.00m)以 Turbinaria, Favia, Favites, Porites 和 Montipora 等块状珊瑚为主,偶见 Acropora 等枝状珊瑚,在层位上表现为以上两个类型的珊瑚交替出现,据此推测该阶段主要为受波浪影响较强的礁骨架上部-礁顶的环境为主。

1195.8～814.94m 井段未见珊瑚化石,无法推测生态环境。

阶段Ⅱ(814.47～762.47m)全部为 Turbinaria, Porites, Favia 和 Diplastrea 等抗浪能力较强的块状珊瑚,推测为风浪较大的礁骨架上部-礁顶环境。

阶段Ⅲ(747.43～643.50m)完整且可鉴定属种的珊瑚化石极少,岩芯中珊瑚多以碎屑形式存在,结合常见软体动物,如腹足类和双壳类等及其碎屑,推测为礁坪-潟湖等珊瑚不发育的礁后环境。

阶段Ⅳ(640.63～568.83m)主要为非造礁的单体 Caryophyllia 和 Endopsammia 等,这类珊瑚虽然分布范围较广,但其占优势的一般为礁坪或潟湖等环境。此外,造礁珊瑚本井段较少,仅在 611.85m 见 Leptastrea,据此推测该阶段环境整体以礁坪-潟湖的环境为主,但局部可能发育有斑点礁。

阶段Ⅴ(563.48～376.18m)以抗浪性很强的 Turbinaria, Astreopora, Porites 等块状群体珊瑚占优势,同时可见大量在礁骨架下部靠近斜坡等水动力稍弱环境中大量繁盛的 Acropora,以上两类珊瑚在层位上交替出现,据此推测该阶段整体以礁骨架环境为主,但随着水深的变化,时而受风浪影响较大,发育块体珊瑚,时而风浪较弱发育枝状珊瑚。

373.45～304.25m 井段未见珊瑚化石,无法推测生态环境。

阶段Ⅵ(302.65～297.03m)厚度较薄,但珊瑚发育,全部为抗风浪能力较强的 *Turbinaria*,据此推测本阶段主要为礁骨架上部-礁顶等波浪作用较强的环境。

296.36～241.25m 井段未见珊瑚化石,无法推测生态环境。

阶段Ⅶ(241.88～100.1m)以 *Turbinaria*,*Favites*,*Cyphastrea*,*Porites* 和 *Diplastrea* 等抗风浪能力较强的珊瑚为主,尤以 *Turbinaria* 和 *Cyphastrea* 最为发育。同时,*Acropora*,*Endopsammia* 和 *Euphyllia* 等抗风浪能力稍弱的枝状珊瑚也较常见。据不同类型珊瑚大量繁盛的特征推测该阶段主要为礁骨架环境。

阶段Ⅷ(98.7～25.3m)主要由抗浪能力较强的 *Turbinaria*,*Favia*,*Montipora*,*Cyphastrea* 和 *Porites* 等块状群体珊瑚组成,尤以 *Turbinaria*,*Favia* 和 *Montipora* 最为发育,而抗风浪能力稍弱的枝状珊瑚基本未见。据此推测该阶段主要为风浪较大的礁骨架上部-礁顶环境。

0.03～24.91m 井段未见珊瑚化石,无法推测生态环境。

## 4.4 属种描述

腔肠动物门 Phylum Coelenterata Frey et Leuckart,1847
刺丝胞亚门 Subphylum Cnidaria Hatschek,1888
珊瑚纲 Class Anthozoa Ehrenberg,1834
多射珊瑚亚纲 Subclass Zoantharia de Blainville,1830
石珊瑚目 Order Scleractinia Bourne,1900
星通珊瑚亚目 Suborder Astrocoeniina Vaughan et Wells,1943
鹿角珊瑚科 Family Acroporidae Verrill,1902
鹿角珊瑚属 Genus *Acropora* Oken,1815
鹿角珊瑚(未定种)*Acropora* sp.

(图版58,图1;图版59,图4,9)

树枝状群体珊瑚。珊瑚个体比较小,分轴珊瑚个体和位于分枝上部的辐射珊瑚个体两种,这两种珊瑚个体的大小不甚相同。轴珊瑚个体的直径1～3mm,隔片有宽有窄。辐射珊瑚个体的唇瓣与分枝往往有一定的交角,辐射珊瑚个体一般有6条一级隔片或发育不全,二级隔片发育完全或不完全。

**分布时代** 始新世—第四纪。

### 星孔珊瑚属 Genus *Astreopora* Blainville,1830
### 星孔珊瑚(未定种)*Astreopora* sp.

(图版58,图5;图版59,图7;图版61,图1;图版62,图4)

块状群体珊瑚。珊瑚个体为圆形或椭圆形,直径1～2.5mm。一级隔片数计6条,上狭下宽,二级隔片更狭或仅有一点痕迹。共骨组织为不规则的多角形。

**分布时代** 晚白垩世—第四纪。

### 蔷薇珊瑚属 Genus *Montipora* Quoy et Gaimard in Blainv.,1830
### 蔷薇珊瑚(未定种)*Montipora* sp.

(图版60,图5;图版61,图2;图版62,图3;图版62,图5)

近块状、叶片状或皮壳状群体珊瑚。珊瑚个体的外壁多孔状。个体直径0.5～0.75mm,轴部构造微弱或缺失。共骨组织网状，垂直的晶榍粗壮而水平的连接构造很薄，表面的则布满小刺。无鳞板构造。

**分布时代** 始新世—第四纪。

### 石芝亚目 Suborder Fungiina Verrill, 1865
### 滨珊瑚科 Family Poritidae Gray, 1842
### 滨珊瑚属 Genus *Porites* Link, 1807
### 滨珊瑚(未定种)*Porites* sp.

（图版 60，图 2,8；图版 62，图 8）

块状、葡匐状或皮壳状群体珊瑚，珊瑚个体很小，1~1.5mm，多边形或亚圆形。隔片只有两级，由3~4个晶榍组成，隔片上长有棘突和颗粒。围栅棘突状，5~8个。轴柱棘突状、短柱状、结节状或扁平板状。本属是一种非常重要的造礁珊瑚。

**分布时代** 始新世—第四纪。

### 蜂房珊瑚亚目 Suborder Faviina Vaughan et Wells, 1943
### 蜂房珊瑚科 Family Faviidae Gregory, 1900
### 蜂房珊瑚属 Genus *Favia* Oken, 1815
### 蜂房珊瑚(未定种)*Favia* sp.

（图版 61，图 7）

块状、融合状、叶片状或皮壳状群体珊瑚，由单通道至三通道出芽繁殖而成。珊瑚个体都是单中心，个体圆形、椭圆形或略圆的多角形，略突出，直径8~16mm，萼深4~7mm。隔片 X 条，有的隔片与轴柱相连，隔片两侧有细的颗粒，边缘有刺。内墙和外墙鳞板泡沫状。轴柱晶榍状或海绵状。

**分布时代** 白垩纪—第四纪。

### 角蜂巢珊瑚属 Genus *Favites* Link, 1807
### 角蜂巢珊瑚(未定种)*Favites* sp.

（图版 58，图 4；图版 61，图 8）

块状群体珊瑚。珊瑚个体为多角形(4~6边形)，外壁厚0.5~1.5mm。隔片粗，数计24条，大多数的隔片均与轴柱相连，两侧有颗粒或刺，边缘也有齿。轴柱海绵状或由棍棒状的小梁组成。

**分布时代** 始新世—第四纪。

### 扁脑珊瑚属 Genus *Platygyra* Ehrenberg, 1834
### 扁脑珊瑚(未定种)*Platygyra* sp.

（图版 58，图 2）

脑纹状群体珊瑚，由线性触手内多通道出芽繁殖而成。具侧分枝和末端分叉。脊滕窄。隔片型外鞘。较长的隔片内端一般都具有围栅瓣。轴柱连续，呈晶榍状。

**分布时代** 始新世—第四纪。

### 双星珊瑚属 *Diploastrea* Matthai, 1914
### 双星珊瑚(未定种)*Diploastrea* sp.

（图版 59，图 3,6）

融合状群体珊瑚由萼间出芽繁殖而成。珊瑚个体横切面呈圆形或椭圆形，直径6~10mm。隔片型外鞘或合隔桁型外鞘。隔片由复晶榍组成，隔片数计21~36条，内缘具刺，两侧有颗粒。轴柱发育。

**分布时代** 白垩纪—第四纪。

### 刺星珊瑚属 *Cyphastrea* Milne-Edwards et Haime,1848
#### 刺星珊瑚(未定种)*Cyphastrea* sp.
(图版 60,图 1,4,7;图版 62,图 7)

融合状、块状、皮壳状或近叶状群体珊瑚,由触手外出芽繁殖而成。珊瑚个体圆形或椭圆形,直径大小不一,一般为 1~2mm,个体之间的距离较大。隔片型外鞘,鞘不突出或突出。隔片 4~12 条,厚薄不一,内缘齿状,两侧有颗粒或刺。隔片肋很少延伸至共骨组织,有的隐埋在共骨中,亦有突出的。共骨无孔有刺。有的一级和二级隔片轴柱相连。轴柱晶榍状或海绵状。

**分布时代** 渐新世—第四纪。

### 褶叶珊瑚科 Family Mussidae Ortmann,1890
#### 叶状珊瑚属 Genus *Lobophyllia* Blainville,1830
##### 叶状珊瑚(未定种)*Lobophyllia* sp.
(图版 62,图 6)

丛状—脑纹状群体珊瑚,由壁内多通道出芽繁殖而成。系列侧向不固定,长度 40~60mm,宽度 10~20mm。个体中心具层状连接。隔片由多个晶榍扇状系统组成,每个晶榍扇状系统形成一个规则的齿,突伸于萼部边缘之上。晶榍大而简单。轴柱发育,由晶榍组成。壁内鳞板十分发育。

**分布时代** 第四纪。

### 丁香珊瑚亚目 Suborder Caryophyllina Vaughan et Wells,1943
#### 丁香珊瑚科 Family Caryophyllidae Gray,1847
##### 丁香珊瑚属 Genus *Caryophyllia* Lamarck,1801
###### 丁香珊瑚(未定种)*Caryophyllia* sp.
(图版 58,图 6)

单体珊瑚,陀螺状—近圆柱状。固着生活或不固着生活。隔片型外鞘,隔片肋粗壮。内墙由鳞板组成。围栅瓣位于一级隔片、二级隔片和三级隔片的轴端并聚集成团,如果六对称不明显,只有一级和二级隔片的轴端发育围栅瓣。轴柱成束状,由晶榍条缠绕而成。本属是全球性分布的非造礁珊瑚属,生存空间比较宽,既可以生活在很浅的海水中,也可以生活在很深(如 2743m)的深海之中。

**分布时代** 晚侏罗世—第四纪。

### 角杯珊瑚属 Genus *Cyathoceras* Moseley,1881
#### 角杯珊瑚(未定种)*Cyathoceras* sp.
(图版 59,图 2,5,10)

单体珊瑚,陀螺状、近圆柱状。固着生活或不固着生活。隔片型外鞘,隔片肋粗壮。内墙由鳞板组成,3~4 级隔片。轴柱成束状,在表面上成卷曲状。本属与丁香珊瑚最主要的差别是缺少围栅瓣。本属一般生活在 300~1372m 深的海水中。

**分布时代** 中新世—第四纪。

### 真叶珊瑚属 Genus *Euphyllia* Dana,1846
#### 真叶珊瑚(未定种)*Euphyllia* sp.
(图版 62,图 1,2)

扇丛状群体非造礁珊瑚。由触手内、壁内 2 至多通道出芽繁殖而成。个体椭圆形或由 2~3 个个体聚集而成束。隔片型外鞘。隔片有三级或三级以上。无轴柱构造。

**分布时代** 始新世—第四纪。

木珊瑚亚目 Suborder Dendrophyllina Vaughan et Wells,1943
木珊瑚科 Family Dedrophyllidae Gray,1847
内脊沙珊瑚属 Genus *Endopsammia* Milne – Edwards et Haime,1848
内脊沙珊瑚(未定种)*Endopsammia* sp.
(图版 61,图 6)

单体珊瑚,近圆柱状,沿宽大的底固着生活。外壁薄,肋状。隔片薄,一级+二级+三级,隔片在个体发育早期阶段按普塔勒隔片排列方式排列,但在中、后期发育阶段却不明显。轴柱小,海绵状或微弱发育。

**分布时代** 第四纪。

变沙珊瑚属 Genus *Enallopsammia* Michelotti,1871
变沙珊瑚(未定种)*Enallopsammia* sp.
(图版 58,图 9)

树枝状群体珊瑚,由交替的触手外出芽繁殖而成。萼一般位于分枝的那边,而分枝又沿一个面趋向合并。珊瑚个体外表呈肋状,外壁薄。在个体发育的最早期阶段,隔片按普塔勒隔片排列方式排列。轴柱发育微弱。共骨组织不发育。

**分布时代** 中新世—第四纪。

陀螺珊瑚属 Genus *Turbinaria* Oken,1815
陀螺珊瑚(未定种)*Turbinaria* sp.
(图版 58,图 3,7,8,10;图版 59,图 1,11;图版 61,图 3,4)

块状群体珊瑚。珊瑚个体为圆形,直径 2~3cm。隔片 12~24 条,由 1~3 级隔片组成,隔片两侧和边缘具颗粒。轴柱脊突状或瘤状。个体之间的距离为 2~4cm,个体之间的共骨呈不规则的多角形网状。

**分布时代** 渐新世—第四纪。

八射珊瑚亚纲 Subclass Octocorallia Haeckel,1866
苍珊瑚属 Genus *Heliopora* de Blainville,1830
苍珊瑚(未定种)*Heliopora* sp.
(图版 60,图 3;图版 61,图 5)

珊瑚体呈蓝色。块状,垂直生长。珊瑚个体圆形或椭圆形,个体内有 10~16 条叶状假隔片,最常见的是 15 条。共骨组织呈多角形或椭圆形。本属在某些地区是一种很重要的造礁珊瑚。

**分布时代** 第四纪。

# 5 钙质超微化石生物地层研究

钙质超微化石是指个体特别微小、直径仅数微米至几十微米，需借助高倍显微镜或电子显微镜才能观察清楚的一类成分为钙质的化石(郝诒纯，1993)。在侏罗纪以来的海相地层中，钙质超微化石分布广泛，因其个体微小、数量极多、演化迅速，且分析样品需求量少，适用于钻井岩屑、壁芯等样品而在大洋钻探及海洋石油勘探中广泛应用，成为生物地层与年代地层格架确立最为重要的依据之一。

西科 1 井钙质超微化石丰度不高，属种也较单调。观察 831 个岩芯样品，仅在 50 个深度中发现钙质超微化石，共鉴定 9 属 17 种及 1 个未定种。具体化石种分别为：*Calcidiscus leptoporus*，*C. macintyrei*，*Coccolithus pelagicus*，*Cyclicargolithus floridanus*，*Dictyococcites productus*，*Gephyrocapsa caribbeanica*，*G. oceanica*，*Helicosphaera carteri*，*Helicosphaera euphratis*，*Helicosphaera hyaline*，*Pseudomiliania lacunose*，*Pontosphaera multipora*，*Pontosphaera* sp.，*Reticulofenestra minuta*，*R. minutula*，*Sphenolithus abies*，*S. moriformis* 和 *S. neoabies* 等。本次研究发现了第四纪常见的 *Gephyrocapsa caribbeanica* 和 *G. oceanica* 等，此外，在 330.97m 出现一层较丰富的钙质超微化石，发现了接近于上新统 Piacenzian(皮亚琴察阶)与 Zanclean(赞克勒阶)界线的典型化石类型 *Sphenolithus abies* 和 *S. neoabies*，上述两个种的末现面年龄为 3.54Ma(Gradstein et al,2012)，在南海北部大陆架新生代地层中广泛出现，可作为地层划分及对比的标志。在 599.53m 发现 *Cyclicargolithus floridanus*，该种的末现面年龄为 11.85Ma(Gradstein et al,2012)，接近于上中新统与中中新统的界线。在 1233.62m 出现 *Helicosphaera euphratis*，该种一般分布于 NP18—NN4 带，其末现面接近于下中新统与中中新统界线。

## 5.1 组合特征

西科 1 井钙质超微化石相对较少，且分布不连续，根据主要化石的地层分布特征(图 5-1)，可分为 18.3～31.5m、205.3～358.21m、599.53m 附近、912.2～1047m 及 1181～1233.62m 等 5 个井段，其余井段则未见钙质超微化石，在上述 5 个钙质超微化石发育的井段中，205.3～358.21m 和 1181～1233.62m 两个井段的化石相对富集。

### 1. 18.3～31.5m 井段

本段钙质超微化石丰度和分异度均低，仅发现 *Gephyrocapsa caribbeanica*，*G. oceanica*，*Reticulofenestra minuta* 2 属 3 种，其中 *Gephyrocapsa caribbeanica* 和 *G. oceanica* 较为丰富，且均为第四纪常见的钙质超微化石；*Reticulofenestra minuta* 分布于古近纪—第四纪。

### 2. 205.3～358.21m 井段

本段钙质超微化石丰度和分异度相对较高，发现 7 属 10 种及 1 个未定种，其中以 *Reticulofenestra minuta* 分布最为连续，在下部 330.97～355.27m 井段较常见的化石还有 *Sphenolithus abies* 和

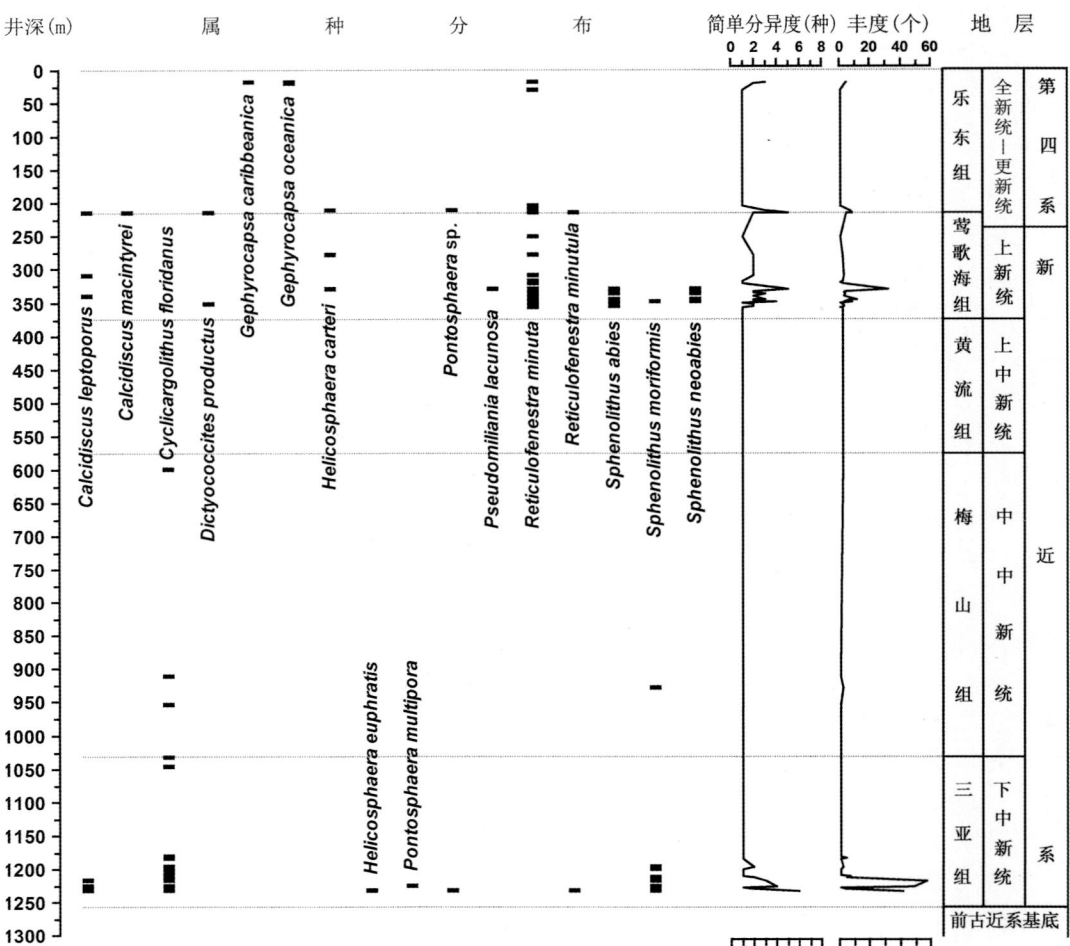

图 5-1 西科 1 井钙质超微化石地层分布图

S. neoabies,其余常见化石为 Calcidiscus leptoporus,C. macintyrei,Dictyococcites productus,Helicosphaera carteri,Pontosphaera sp.,Reticulofenestra minutula,Pseudomiliania lacunosa 等。其中 Calcidiscus leptoporus,Helicosphaera carteri 在新近纪和第四纪均有分布;Calcidiscus macintyrei 分布于中新世—更新世初期;Reticulofenestra minuta 分布于古近纪—第四纪;R. minutula 分布于上新世晚期—更新世初期;Sphenolithus abies 和 Sphenolithus neoabies 分布于中新世—上新世。

### 3. 599.53～910.39m 井段

西科 1 井 360.25～910.39m 钙质超微化石极为稀少,仅在 599.53m 发现 2 粒 Cyclicargolithus floridanus,该种在渐新世—中中新世均有分布。

### 4. 912.2～1047m 井段

该井段钙质超微化石丰度、分异度均较低,共发现 Cyclicargolithus floridanus 和 Sphenolithus moriformis 2 属 2 种,其中 Cyclicargolithus floridanus 相对较多,分布较为连续;Sphenolithus moriformis 仅在 928.42m 发现 2 粒,该种在始新世—晚中新世均有分布。

### 5. 1181~1233.62m 井段

该井段钙质超微化石丰度、分异度相对较高,共发现化石6属6种及1个未定种,其中以 *Cyclicargolithus floridanus* 和 *Sphenolithus moriformis* 分布较为连续,而下部 1217.6~1233.62m 井段超微化石尤为丰富,以 *Cyclicargolithus floridanus* 为主,还常见 *Coccolithus pelagicus*。本井段其余钙质超微化石还有 *Helicosphaera euphratis*,*Pontosphaera multipora*,*Pontosphaera* sp.,*Reticulofenestra minuta* 等,其中 *Pontosphaera multipora* 和 *Coccolithus pelagicus* 在古新世—第四纪均有发育,*Helicosphaera euphratis* 分布于始新世—早中新世。

王崇友(1979)简要报道了在我国西沙群岛的永兴岛首次发现钙质超微化石,但未对钙质超微化石进行深入研究;随后,王崇友(1985)对西沙群岛的永兴岛钙质超微化石进行了研究,共鉴定13属32种,化石组合中以 *Lucianorhabdus*,*Lucianorhabdites*,*Microrhabdulinus* 和 *Thoracosphaera* 4 属最为丰富,种型也最多,根据钙质超微化石的组合面貌,划分出4个钙质超微化石组合带。

许红等(1999)对西琛1井生物礁中的古生物化石进行了研究,认为不存在钙质超微化石。国外有学者(Martinus et al,2013)研究了地中海中新世生物礁中的钙质超微化石,分析了40个样品,仅在4个样品中发现少量钙质超微化石,属种较为单调,共发现7属8种2个未定种及1个相似种。

目前在西科1井生物礁中出现的钙质超微化石在南海北部大陆架钻井剖面中均有发现,但前者的属种明显比后者单调,丰度也低得多,而且化石带不连续。西科1井钙质超微化石组合面貌与王崇友(1985)在永兴岛上发现的钙质超微化石组合面貌有较大的差异。Martinus et al(2013)报道了地中海中新世碳酸盐岩中的钙质超微化石,该组合化石属种较为单调,分别为 *Braarudosphaera bigelowii*,*Coccolithus pelagicus*,*Helicosphaera carteri*,*Helicosphaera intermedia*,*Pontosphaera plana*,*Pontosphaera* sp.,*Reticulofenestra pseudoumbilicus*,*Sphenolithus* cf. *heteromorphus*,*S. moriformis*,*Sphenolithus* sp. 和 *Umbilicosphaera jafari* 等。该钙质超微化石组合与西科1井的钙质超微化石组合可进行较好的对比,均存在 *Coccolithus*,*Helicosphaera*,*Sphenolithus*,*Pontosphaera* 和 *Reticulofenestra* 等相同的属,其中 *Coccolithus pelagicus*,*Helicosphaera carteri* 和 *S. moriformis* 等种在组合中均有出现。由于西科1井钻遇的地层时代为早中新世—第四纪,因此,出现了一些第四纪常见的种,如 *Gephyrocapsa caribbeanica* 和 *G. oceanica*,与地中海中新世碳酸盐中的钙质超微化石相比,属种分异度相对要高。

## 5.2 化石带与地质时代讨论

钙质超微化石的分带研究最早是由 Bramlette & Martini(1964)在研究晚白垩世晚期地层时提出,其后广泛应用于侏罗纪以来的地层研究之中。新近纪及第四纪钙质超微化石分带方案最早由 Martini(1971)提出,根据标志化石的初现及末现,将新近纪划分为18个化石带,至下而上分别为 NN1—NN18 带,其中中新世13个、上新世5个;第四纪划分为3个化石带,自下而上分别为 NN19—NN21 带。其后,Okata & Bukry(1980)进一步对新近纪及第四纪的钙质超微分带方案进行了研究,将新近纪进一步划分为12个带及22个亚带,分别为 CN1—CN12 带,第四纪划分为3个带及5个亚带,分别为 CN13—CN15 带。南海北部莺琼盆地在油气勘探的过程中,在众多钻井古生物资料的基础上,也对该区渐新世以来地层中常见的钙质超微化石进行了总结,研究人员提出了一套在南海北部莺琼盆地较为可靠的年代地层分带方案(表5-1)。

本次以 Martini(1971)提出的钙质超微化石分带方案为基础,根据西科1井重要标志种的时代延限,结合化石组合面貌,在西科1井 0.10~1267.80m 井段识别出了5个钙质超微化石(联合)带,参照2016年国际地层表对其地质时代进行了探讨。

表 5-1 莺琼盆地与 Okata(1980)、Martini(1971)钙质超微化石分带对比表

| 时代 | Okata & Bukry(1980) | | 时代 | Martini(1971) | | 时代 | 莺歌海-琼东南盆地 | |
|---|---|---|---|---|---|---|---|---|
| 更新世 | CN15 | ←F *Emiliana huxleyi* | 晚更新世 | NN21 | ←F *Emiliana huxleyi* | 全新世 | NN21 | |
| | CN14b | ←L *Pseudomiliania lacunosa* | 中更新世 | NN20 | ←L *Pseudomiliania lacunosa* | 更新世 | NN20 | ←L *Pseudomiliania lacunosa* (0.46Ma) |
| | CN14a | ←F *Gephyrocapsa oceanica* | 早更新世 | NN19 | | | NN19 | ←L *Helicosphaera sellii* (1.47Ma) |
| | CN13b | | | | | | | ←L *Caloidiscus macintyrei* (1.59Ma) |
| | CN13a | ←F *Gephyrocapsa caribbeanica* | | | | | | ←L *Reticulofenestra minutula* (1.78Ma) |
| 上新世晚期 | CN12d | ←L *Discoaster brouweri* | 上新世晚期 | NN18 | ←L *Discoaster brouweri* | 上新世中晚期 | NN18 | ←L *Discoaster brouweri* (1.95Ma) |
| | | | | | | | | ←L *Discoaster pentaradiatus* (2.52Ma) (*Discoaster misconceptus*) |
| | CN12c | ←L *Discoaster pentaradiatus* | | NN17 | ←L *Discoaster pentaradiatus* | | NN17 | ←L *Discoaster surculus* (2.53Ma) |
| | CN12b | ←L *Discoaster surculus* | | | ←L *Discoaster surculus* | | | ←L *Discoaster variabilis* (2.7Ma) |
| | | ←L *Discoaster tamalis* | | NN16 | | | NN16 | ←L *Discoaster asymmetricus* (2.83Ma) |
| | CN12a | | | | | | | L *Discoaster tamalis* (2.83Ma) |
| | | ←L *Reticulofenestra pseudoumbilica* | | | ←L *Reticulofenestra pseudoumbilica* | | | L *Sphenolithus abies/neoabies* (3.66Ma) |
| 上新世早期 | CN11 | L *Sphenolithus neoabies* | 上新世早期 | NN15 | | 上新世早期 | NN15 | ←L *Reticulofenestra pseudoumbilica* (3.82Ma) |
| | | L *Amaurolithus tricorniculatus* | | | L *Ceratolithus tricorniculatus* | | | F *Pseudoemiliania lacunosa* (3.9Ma) |
| | | L *Amaurolithus primus* | | NN14 | | | NN14 | ←L *Amaurolithus triconiculatus* (4.0Ma) |
| | CN10c | | | | ←F *Discoaster asymmetricus* | | | ←F *Discoaster asymmetricus* (4.12Ma) |
| | | | | NN13 | | | NN13 | ←L *Ceratolithus acutus* (4.99Ma) |
| | CN10b | ←F *Ceratolithus rugosus* | | | ←F *Ceratolithus rugosus* | | | F *Ceratolithus rugosus* (5.1Ma) |
| | | L *Ceratolithus acutus* | | | | | | L *Ceratolithus armatus* (5.1Ma) |
| 中新世晚期 | CN10a | ←F *Ceratolithus acutus* | 中新世晚期 | NN12 | | 中新世晚期 | NN12 | F *Ceratolithus acutus* (5.37Ma) |
| | | L *Triquetrorhabdulus rugosus* | | | | | | L *Discoaster quinaqueramus* (5.54Ma) |
| | | ←L *Discoaster quinaqueramus* | | | ←L *Discoaster quinaqueramus* | | | L *Discoaster calcaris* (5.54Ma) |
| | CN9b | | | | | | | (*Discoaster neohamatus*) |
| | | ←F *Amaurolithus primus* | | NN11 | | | NN11 | L *Discoaster berggrenii* (7.2Ma) |
| | CN9a | F *Discoaster surculus* | | | | | | L *Discoaster neorectus* (7.39Ma) |
| | | F *Discoaster berggrenii* | | | | | | L *Discoaster challengeri* (7.64Ma) |
| | CN8b | F *Discoaster neorectus* | | NN10 | ←F *Discoaster quinaqueramus* | | NN10 | F *Discoaster quinaqueramus* (8.28Ma) |
| | CN8a | F *Discoaster loeblichii* | | | ←L *Discoaster hamatus* | | | L *Sphenolithus moriformis* (8.77Ma) |
| | CN7b | L *Discoaster hamatus* | | | | | | L *Discoaster bollii* (9.1Ma) |
| | | F *Catinaster calyculus* | | NN9 | | | NN9 | L *Discoaster hamatus* (9.41Ma) |
| | CN7a | ←F *Discoaster hamatus* | | | ←F *Discoaster hamatus* | | | L *Catinaster coalitus* (9.69Ma) |
| | | | | | | | | LC *Discoaster exillis* (10.42Ma) |
| | CN6 | | | NN8 | ←F *Catinaster coalitus* | | NN8 | ←F *Discoaster hamatus* (11.04Ma) |
| 中新世中期 | CN5b | ←F *Catinaster coalitus* | 中新世中期 | NN7 | ←F *Discoaster kugleri* | 中新世中期 | NN7 | F *Catinaster coalitus* (11.55Ma) |
| | | ←F *Discoaster kugleri* | | | | | | L *Discoaster deflandrei* (11.55Ma) |
| | CN5a | L *Cyclicargolithus floridanus* | | NN6 | ←L *Sphenolithus heteromorphus* | | | L *Discoaster kugleri* (11.55Ma) |
| | | | | | | | | LA *Cyclicargolithus floridanus* (11.85Ma) |
| | CN4 | ←L *Sphenolithus heteromorphus* | | NN5 | | | NN6 | LC *Discoaster kugleri* (12.01Ma) |
| | CN3 | ←L *Helicosphaera ampliaperta* | | | ←L *Helicosphaera ampliaperta* | | NN5 | LC *Cyclicargolithus floridanus* (13.28Ma) |
| | | | | NN4 | | | | L *Sphenolithus heteromorphus* (13.61Ma) |
| | CN2 | ←F *Sphenolithus heteromorphus* | | | ←L *Sphenolithus belemnos* | | NN4 | L *Helicosphaera ampliaperta* (15.16Ma) |
| 中新世早期 | | ←F *Sphenolithus belemnos* | 中新世早期 | NN3 | ←L *Triquetorhabdulus carinatus* | 中新世早期 | NN3 | L *Helicosphaera euphratis* (15.16Ma) |
| | CN1c | | | | | | | L *Sphenolithus belemnos* (18.06Ma) |
| | | ←F *Discoaster druggi* | | NN2 | | | | L *Sphenolithus disbelemnos* (18.06Ma) |
| | CN1b-a | L *Cyclicargolithus abisectus* | | | ←F *Discoaster druggi* | | | L *Discoaster druggii* (18.52Ma) |
| | | L *Sphenolithus ciperoensis* | | NN1 | L *Helicopontosphaero recta* | | NN2 | F *Sphenolithus belemnos* (19.72Ma) |
| | | | | | | | | L *Sphenolithus conicus* (21.08Ma) |
| 渐新世晚期 | CP19b | ←L *Sphenolithus distentus* | 渐新世晚期 | NP25 | ←L *Sphenolithus distentus* | 渐新世晚期 | NN1 | L *Cyclicargolithus abisectus* (22.56Ma) |
| | | | | | | | | L *Reticulofenestra bisecta* (23.03Ma) |
| | CP19a | | | | | | NP25 | L *Helicopontosphaero recta* (23.03Ma) |
| | | | | NP24 | ←F *Sphenolithus ciperoensis* | | | L *Zygrhablithus bijugatus* (23.38Ma) |
| | CP18 | ←F *Sphenolithus ciperoensis* | | | | | | L *Sphenolithus ciperoensis* (24.04Ma) |
| | | | | NP23 | | | NP24 | L *Sphenolithus distentus* (26.71Ma) |
| 渐新世早期 | CP17 | ←F *Sphenolithus distentus* | 渐新世中期 | | | 渐新世中期 | | L *Sphenolithus predistentus* (26.71Ma) |
| | | | | NP22 | ←L *Reticulofenestra umbilicus* | | | L *Helicosphaera compacta* (28.4Ma) |
| | CP16c | ←L *Reticulofenestra umbilicus* | | | ←L *Ericsonia formosa* | | NP23 | L *Sphenolithus pseudoradians* (28.72Ma) |
| | | | | | | | | F *Sphenolithus ciperoensis* (30.22Ma) |
| | CP16b | ←L *Ericsonia formosa* | 渐新世早期 | NP21 | | 渐新世早期 | | F *Sphenolithus distentus* (31.12Ma) |
| | | LA *Ericsonia subdisticha* | | | ←L *Discoaster saipanensis* | | NP22 | ←L *Reticulofenestra umbilicus* (33.2Ma) |
| | CP16a | L *Discoaster saipanensis* | | | | | NP21 | ←L *Ericsonia formosa* (33.27Ma) |
| | | L *Discoaster barbadiensis* | | | | | | |

注：F=初现面, L=末现面, LA=极致末现面, LC=通常末现面。"莺歌海-琼东南盆地化石带"据南海西部石油研究院内部资料。

### 1. NN21—NN19 带（第四系）

分布于西科 1 井 0.10～212.20m 井段。据 Martini(1971)分带方案，NN19 带的底界以 *Discoaster brouweri* 的末现为标志，在西科 1 井未发现 *Discoaster brouweri*，但在 214.29m 发现了 *Reticulofenestra minutula*，一般认为该化石分布于 NN15—NN18 带，在南海北部莺琼盆地该化石末现面地质年龄约为 1.78Ma，与乐东组底界极为接近。同时该化石带内其他化石均为 NN21—NN19 带内常见属种，如 *Gephyrocapsa caribbeanica* 和 *G. oceanica* 分布于第四纪 NN19—NN21 带，*Reticulofenestra minuta* 分布于古近纪—第四纪 NN21 带。据此将西科 1 井 0.1～212.20m 井段地层划分为钙质超微化石 NN19—NN21 带，地层时代为第四纪。

### 2. NN18 带—？（第四系杰拉阶—上上新统）

分布于西科 1 井 214.29～328.69m 井段。西科 1 井 214.29m 发现 *Reticulofenestra minutula* 表明已进入 NN18 带，地层时代不新于更新世杰拉期（Gelasian）。*Calcidiscus macintyrei* 同时在 214.29m 发现，据"The Geologic Time Scale 2012"(Gradstein et al,2012)（以下简称 GTS 2012），其末现面年龄约为 1.6Ma，其与 *Reticulofenestra minutula* 的共同消失表明该界面与更新统 Gelasian 阶顶界接近。根据 330.97m 出现末现于 NN15 带顶界附近的 *Sphenolithus abies* 和 *Sphenolithus neoabies*，推测本段地层属于第四系杰拉阶—上上新统。

### 3. NN15 带—？（下上新统—上中新统）

分布于西科 1 井 330.97～598.12m 井段。据 Martini(1971)建立的 NN15 带，其顶界以 *Recticulofenestra pseudoumbilica* 的末现为标志，界面年龄为 3.7Ma(Gradstein et al,2012)。Prech - Neilsen (1985)研究认为，在开阔大洋低纬度区 *Sphenolithus abies* 和 *Sphenolithus neoabies* 与 *Recticulofenestra pseudoumbilica* 同时消失，而在边缘海前者略晚于后者绝灭。在南海北部大陆架，通常认为 *Sphenolithus abies* 和 *Sphenolithus neoabies* 的末现面地质年龄约为 3.66Ma，而"GTS 2012"，其末现面地质年龄约为 3.54Ma，均与 NN15 带顶界极为接近。本井在 330.97m 发现 *Sphenolithus abies* 和 *Sphenolithus neoabies*，推测 330.97m 已进入上新统 NN15 带。根据 599.53m 发现末现于 NN6 带顶界附近的 *Cyclicargolithus floridanus*，推测本段地层属于下上新统—上中新统。

### 4. NN6 带—？（中中新统—？）

西科 1 井 NN6 带顶界以 *Cyclicargolithus floridanus* 的末现面为标志。据 Martini(1971)建立的 NN6 带，其顶界以 *Discoaster kugleri* 的初现面为标志，界面年龄约为 11.85Ma(Gradstein et al,2012)，与中中新世和晚中新世界面年龄 11.61Ma 极为接近。西科 1 井在 599.53m 发现 2 粒 *Cyclicargolithus floridanus*，研究表明该化石末现于中中新世晚期附近，但在不同地区其末现年龄存在一定差异，一般认为在大西洋和地中海地区该种末现年龄较早，而在太平洋区域，特别是南太平洋区域该种末现时间较晚。有研究者认为在地中海区域该种末现于 13.283Ma(Isabella Raffia et al,2006))，在大西洋区域（如 ODP138 航次）该种最高连续出现面地质年龄约为 13.294Ma，最高末现面年龄为 12.037Ma，且与 NN6 带顶界面接近。而据"GTS 2012"，该种常见末现面的地质年龄约为 13.28Ma，主要在南大西洋和地中海区域；最高末现面地质年龄约为 11.85Ma，出现于北太平洋区域，也于 NN6 带顶界面接近。西科 1 井所在的南海区域属太平洋的一个边缘海，因此在 599.53m 发现 *Cyclicargolithus floridanus* 标志着已进入钙质超微化石 NN6 带，且该层位与上中新统和中中新统的界线接近。

### 5. NN4 带—?（下中新统—?）

据 Martini(1971)建立的 NN4 带其顶界以 *Helicosphaera ampliaperta* 的末现为标志,界面年龄约为 14.91Ma (Gradstein et al,2012),与早中新世和中中新世界线年龄 15.97Ma 接近。西科 1 井未见 *Helicosphaera ampliaperta*,但在 1233.62m 发现了 *Helicosphaera euphratis*,该种一般分布于 NP18—NN4 带,在南海北部大陆架以上两种也基本同时绝灭。由于西科 1 井在 1233.62m 以下井段未见钙质超微化石,本次发现的 *Helicosphaera euphratis* 仅位于一个层位,且数量也较稀少,因此 1233.62m 并不一定是其真正的末现面,但该化石的出现无疑表明 1233.62m 已进入早中新世。

## 5.3 古沉积环境

钙质超微化石的现生代表为颗石藻类,现代颗石藻属海相浮游生物,主要生活在正常盐度的开放性海域,营远洋漂浮生活,是海洋环境生态链中最重要的初级生产力之一。钙质超微化石分异度和丰度的变化直接受环境的影响,因此,钙质超微化石在群落中的相对丰度是恢复古环境诸如水温、含盐度、水体营养等的重要依据。钙质超微浮游生物组合面貌的变化往往是海进海退或海平面升降的证据,此外,不同的地理环境有不同成分的钙质超微化石,如 *Helicosphaera carteri*,*Gephyrocapsa oceanic*,*Sphenolithus neoabies*,*Sphenolithus abies* 等为典型的暖水种,而 *Coccolithus pelagicus* 是偏向温凉的种类。钙质超微化石既有广盐度的属种也有窄盐性的种类,如 *Reticulofenestra* 是一个广盐属,该属在南海北部大陆架沉积盆地新生代地层中丰度高,是优势属之一,既可以生活在正常海水盐度的环境,也在黄骅坳陷沙河街组三段微咸—咸水环境中产出(徐钰林,孙镇城,1998);*Coccolithus pelagicus* 为广盐性种,在死海高达 25% 盐度的条件下亦见有该种的发育。据研究,绝大多数颗石藻群落生活于正常盐度的海水中,在近岸、潟湖、河口等非正常盐度的环境中种类明显减少,如地中海里现生的颗石藻有 75 种,但在相对封闭且淡化的黑海则仅有 23 种。

在西科 1 井 0.10~1267.68m 井段中,钙质超微化石分布于 18.3~31.5m、205.3~358.21m、599.53m 附近、912.2~1047m 及 1181~1233.62m 共 5 个井段,其余井段未见钙质超微化石,反映西科 1 井揭示的主要为生物礁-潟湖相等相对封闭或非正常盐度的环境。根据钙质超微化石丰度、分异度的变化以及特征环境指示种的分布,将含化石地层沉积时期的生态环境分析如下。

(1)1233.62~1183.00m 井段,钙质超微化石主要分子为 *Calcidiscus leptoporus*,*Coccolithus pelagicus*,*Cyclicargolithus floridanus* 和 *Sphenolithus moriformis* 等。根据化石丰度和分异度大致分为两段,其中 1209.60~1183.00m 井段,钙质超微化石丰度和分异度低,绝大部分样品统计 120 个视域,仅见 1~2 粒化石,可能指示了海水很浅的礁坪环境;1233.62~1211.00m 井段,钙质超微化石相对较丰富,统计 120 个视域,化石最高丰度为 58 粒,广盐性的远洋 *Coccolithus pelagicus* 发育,结合其他类型生物的特征,推测此阶段为海水有一定深度的潟湖环境。

(2)912.2~1047.0m 井段,钙质超微化石极为贫乏,断续发现少量 *Cyclicargolithus floridanus* 和 *Sphenolithus moriformis*,统计 120 个视域,仅见 1~2 粒化石,推测反映了海水很浅的礁坪环境。

(3)599.53m 附近,在一个样品发现了 *Cyclicargolithus floridanus*,统计 120 个视域,仅见 1~2 粒化石,由于该深度为该种的末现面,因此无法推断沉积环境。

(4)358.21~317.96m 井段,是西科 1 井钙质超微化石集中分布的井段,化石丰度和分异度均仅比第 1 阶段略低,广盐性的 *Reticulofenestra minuta* 分布较连续,最主要的特征是暖水种 *Sphenolithus neoabies* 和 *Sphenolithus abies* 数量较丰富,分布层位也多,反映此阶段水体较为温暖。值得注意的是本井段也是西科 1 井浮游有孔虫最为发育的井段,而整体生物面貌与正常浅海环境更为相似,据此认为该阶段主要为更接近正常浅海的礁前环境。

(5) 215.7～205.3 m 井段,本段钙质超微化石丰度较低,统计 120 个视域最高为 9 粒,最少为 1 粒,化石分子以广盐性的种类 *Reticulofenestra minuta* 为主,其他化石如 *Calcidiscus leptoporus*,*Dictyococcites productus*,*Reticulofenestra minutula* 等个别出现。抗溶蚀能力较强的 *Reticulofenestra minuta* 相对有一定数量,反映了礁坪-潟湖的生态环境。

(6) 18.3～31.5 m 井段,发现的化石主要为广盐性的 *Reticulofenestra minuta* 及暖水种 *Gephyrocapsa caribbeanica*,*G. oceanica*,整体丰度及分异度极低,鉴定 32 个样品,仅在 4 个样品中发现化石,发现化石的样品中统计 120 个视域最高为 5 粒,据此推测此段代表了海水很浅的礁坪环境。

## 5.4 属种描述

### 金藻门 Chrysophyta
#### 颗石藻纲 Coccolithophyceae Rothmeler, 1951
##### 颗石藻目 Coccolithales Rood, Hay et Barnard, 1971
###### 颗石藻科 Family Coccolithaceae Poche, 1913
###### 颗石藻属 Genus *Coccolithus* Schwarz, 1894

椭圆形扁盘石。近极盾比远极盾小,组成两个盾盘的方解石晶元均右旋叠瓦状排列,盾盘中央区一般具穿孔,有的孔内具横棒或十字棒构造。正交偏光下,近极盾产生十字消光图像,远极盾几乎全消光。

**分布时代** 古近纪—现代。

#### 远洋颗石藻 *Coccolithus pelagicus* (Wallich, 1877) Schiller, 1930
(图版 63,图 1,2)

1877 *Coccolithus pelagicus* Wallich, p. 348, pl. 17, figs. 1, 2, 8 – 11d.
1930 *Coccolithus pelagicus* (Wallich) Schiller, p. 246, fig. 123.
1956 *Crystallolithus hyalinus* Gaarder et Markali, p. 1 – 4, pl. 1.
1967 *Coccolithus pelagicus* Bramlette et Wilcoxon, pl. 3, figs. 13 – 15.
1977 *Coccolithus pelagicus* Takayama, pl. 1, figs. 1, 2.
1980 *Coccolithus pelagicus* Takyama, pl. 45, figs. 7, 8.
1980 *Coccolithus pelagicus* Backman, pl. 1, figs. 1, 2, 5 – 7; pl. 2, fig. 1.

椭圆形颗石粒,远极盾大于近极盾,远极盾微凸,近极盾微凹。组成盾盘的晶元数目 35～50 不等,本种大小变化较大,晶元板状,右旋叠瓦状排列。晶元间缝合线直,中央区较大,中央区直径占化石长轴直径的 1/2 以上,内具椭圆形穿孔,孔内无其他构造,正交偏光下,中央区显十字消光图像,边缘模糊,转动载物台,消光十字左旋。

**产地层位** 西沙群岛西科 1 井,三亚组。

##### 轭盘藻目 Zygodiscales Young et Bown, 1977
###### 卷球藻科 Family Helicosphaeraceae Black, 1971
###### 卷球藻属 Genus *Helicosphaera* Kamptner, 1954

卷石粒椭圆形,卵形,由远极盾、近极盾和中央桥组成。远极盾大于近极盾,构成远极盾的晶元旋卷式叠瓦状排列,旋卷末端往往膨大形成超越轮廓边缘线的凸缘。近极盾的晶元辐射状排列。中央穿孔长轴圆形或宽裂隙形,其内具有与椭圆短轴一致、斜交或近垂直的中央桥。从远极面观时,在正交偏光下近极盾双折射较强,消光线右旋弯曲,远极盾模糊。

**分布时代** 始新世—全新世。

### 卡氏卷球藻 *Helicosphaera carteri* (Wallich, 1877) Kamptner, 1954
(图版 63,图 3)

1877 *Coccosphaera carteri* Wallich, pl. 17, figs. 3, 5 – 7, 17.
1954 *Helicosphaera carteri* Kamptner, pl. 21, text figs. 17 – 19.
1967 *Helicosphaera carteri* Bramlette et Wilcoxon, p. 571, pl. 6, figs. 9, 10.
1981 *Helicosphaera carteri* Chi, pl. 1, fig. 20.
1986 *Helicosphaera carteri* Takayama et Sato, pl. 4, figs. 2a – b.
1996 *Helicosphaera carteri* Zhong et al, pl. 1, figs. 1 – 4.

轮廓椭圆形,远极盾凸缘不超越轮廓线,晶元顺时针旋卷,叠瓦状排列,晶元间缝合线逆时针旋转。近极盾小于远极盾,晶元辐射状排列。中央桥与椭圆短轴一致。

**大小**　长轴直径 $4\sim7\mu m$。
**产地层位**　西沙群岛西科 1 井,乐东组。

### 透明卷球藻 *Helicosphaera hyaline* Gaarder, 1970
(图版 63,图 4)

1970 *Helicosphaera hyaline* Gaarder, p. 113, figs. 1 – 3.
1989 *Helicosphaera hyaline* Wang et Huang, p. 226 – 227, pl. 102, figs. 5 – 7.

卷石粒长椭圆形,近极盾略小于远极盾。颗石中央区被一薄板充填,无中央桥。单偏光下,中央裂缝明显;正交偏光下,纵轴处于 0°时为十字消光。

**产地层位**　西沙群岛西科 1 井,乐东组。

### 幼发拉底卷球藻 *Helicosphaera euphratis* Haq, 1966
(图版 63,图 19, 20)

1966 *Helicosphaera euphratis* Haq, p. 33, pl. 2, figs. 1, 3.
1967 *Helicosphaera parallela* Bramlette et Wilcoxon, p. 106, pl. 5, figs. 9, 10.
1971 *Helicosphaera euphratis* Haq, p. 86, pl. 3, fig. 13.

卷石粒极面观呈长椭圆形。远极盾环旋卷状,凸缘明显,末端钝圆。远极盾和近极盾的方解石晶体倾斜状排列。中央孔几乎全被菱形或立方形方解石晶体充填,构成了与椭圆长轴斜交的中央桥。

**大小**　最大直径约 $7.5\mu m$,最小直径约 $4\mu m$。
**产地层位**　西沙群岛西科 1 井,三亚组。

## 共球藻目 Syracosphaerales Hay, 1977
### 普林斯藻科 Prinsiaceae Hay et Mohler, 1967
#### 圆顶石藻属 *Cyclicargolithus* Bukry, 1971

颗石粒圆形、亚圆形。远极盾大于近极盾,两者紧密层叠。中央区开口或封闭。在正交偏光下,两个盾不消光,消光十字清晰,并将颗石粒四等分。

**分布时代**　古近纪—新近纪。

### 佛罗里达圆顶石藻 *Cyclicargolithus floridanus* Roth et Hay, 1967
(图版 63,图 9 – 12)

1967 *Coccolithus floridanus* Roth et Hay, pl. 6, figs. 1 – 4.
1973 *Cyclicargolithus floridanus* Wise, pl. 9, fig. 5.
1977 *Cyclicargolithus floridanus* Takayama, pl. 1, figs. 5 – 8.
1986 *Cyclicargolithus floridanus* Takayama et Sato, pl. 3, figs. 2a – b.

颗石粒圆形,远极盾由 40 个晶元组成,晶元间缝合线略向顺时针方向弯曲。远极盾晶元数与近极盾相同,其间的缝合线辐射状排列,仅在中央孔附近逆时针旋转。中央孔小,亚圆形。正交偏光下,中央区与盾区消光线连续。

**产地层位** 西沙群岛西科 1 井,梅山组、三亚组。

### 网窗藻属 Reticulofenestra Hay, Mohler et Wade, 1966

椭圆形、亚圆形、圆形颗石粒,由远极盾、近极盾和重要网窗构造组成。远极盾较宽,与近极盾紧密重叠。远极盾位于中央区一边具一突出领环,其晶元数目明显少于盾盘晶元数目。中央区较大,椭圆形或圆形,其内具网窗构造。在正交偏光下两个盾双折射较强,十字消光线略微左旋弯曲。中央区常呈四边形全消光。

**分布时代** 中始新世—现代。

### 微小网窗藻 Reticulofenestra minuta Roth, 1970
(图版 63,图 5,6)

1970 Reticulofenestra minuta Roth, pl. 5, figs. 3, 4.
1980 Reticulofenestra minuta Backman, pl. 7, figs. 1-3.

颗石粒椭圆形,个体微小。远极盾由两层晶元组成,外层为 16～26 个左旋楔形晶元叠瓦状排列,晶元间的缝合线顺时针方向旋转。内层晶元的数目、排列方向及缝合线构造均与外层相同。远极盾和近极盾大小相近,缝合线逆时针方向旋转,中央区较大,内具网窗构造,形成 10～15 个长方形窗孔。

**比较** 本种以其个体<3μm 与其他种相区别。

**产地层位** 西沙群岛西科 1 井,乐东组。

### 小网窗藻 Reticulofenestra minutula (Gartner, 1967) Haq et Berggren, 1978
(图版 63,图 7)

1967 Coccolithus minutulus Gartner, p. 3, pl. 5, figs. 3, 4.
1971 Gephyrocapsa reticulata Nishida, p. 150, pl. 17, figs. 1-7.
1973 Crenalithus doronicoides (Black et Barnes) Roth, p. 73, pl. 3, fig. 3.
1980 Reticulofenestra japonica Nishida, p. 105, pl. 1, figs. 1, 5, 17.
1980 Reticulofenestra minutula (Gartner) Backman, p. 59, pl. 7, figs. 3-5, 11, 13.
1988 Reticulofenestra minutula (Gartner) Driever, p. 117, pl. 1, fig. 1; pl. 5, figs. 3-6.

颗石粒椭圆形,个体较小。近极盾和远极盾大小近似。中央区大,具网窗构造,正交偏光下中央区呈长方形。

**大小** 直径 3～5μm。

**产地层位** 西沙群岛西科 1 井,莺歌海组。

### 桥石藻属 Gephyrocapsa Kamptner, 1943

颗石粒椭圆形,晶元不叠覆,中央孔内具桥。盾盘与桥在单偏光下可见,在正交偏光下均产生干涉图。

**分布时代** 第四纪。

### 加勒比海桥石藻 Gephyrocapsa caribbeanica Boudreaux et Hay, 1967
(图版 63,图 18)

1967 Gephyrocapsa caribbeanica Boudreaux et Hay in Hay et al, p. 447, pls. 12, 13, figs. 1-4.
1978 Gephyrocapsa caribbeanica Boudreaux et Hay emend. Breheret, p. 448-449, pl. 2, fig. 5.
1978 Gephyrocapsa caribbeanica Boudreaux et Hay, p. 110, pl. 14, figs. 9-14.

颗石粒椭圆形,桥由两粒顶端互不叠覆的晶元构成,桥宽且几乎充满中央区,桥与盾长轴交角成 30°~50°。正交偏光下,桥与盾盘均具干涉色。

**产地层位** 西沙群岛西科1井,乐东组。

### 大洋桥石藻 *Gephyrocapsa oceanica* Kamptner, 1943
（图版63,图17）

1943 *Gephyrocapsa oceanica* Kamptner, p. 45, figs. 4, 5.
1977 *Gephyrocapsa oceanica* Kamptner, Okada et McIntyre, p. 10, pl. 3, figs. 3-9.

颗石粒椭圆形,中央穿孔大,具细放射状栅条,中央管在远极形成领环。在正交偏光下,桥与晶元均具干涉色。

**产地层位** 西沙群岛西科1井,乐东组。

### 盘星石藻目 Discoasterales Hay, 1977
### 楔石藻科 Sphenolithaceae Deflandre, 1952
### 楔石藻属 *Sphenolithus* Deflandre, 1952

侧面观轮廓锥形,由远极锥、侧环和近极柱三部分构成。近极柱截锥形,顶面平,底面凹,晶元辐射状排列;侧环构造变化较大,由一环或多环层叠而成;组成远极锥的晶元楔形,规则或不规则辐射排列,有些种类的椎体向远极延伸,并渐渐变尖或分叉,形成锥刺。正交偏光下,侧面观化石长短轴与偏光十字线交角成0°与45°时的特征形态是定种的重要依据。

**分布时代** 古近纪—新近纪。

### 冷杉楔石藻 *Sphenolithus abies* Deflandre, 1953
（图版63,图15）

1953 *Sphenolithus abies* Deflandre, p. 368, figs. 11-16.
1971 *Sphenolithus abies* Roth et al, pl. 5, figs. 7-9.
1974 *Sphenolithus abies* Jafar, pl. 7, figs. 17, 18.
1977 *Sphenolithus abies* Takayanagi et al, pl. 8, figs. 13, 14.
1985 *Sphenolithus abies* Deflandre, 段威武, pl. 3, figs. 5-7.
1986 *Sphenolithus abies* Takayama et Sato, pl. 5, figs. 1a-b.

侧面观锥形—亚锥形,锥刺不发育,由4~6条晶元平行中轴向上延伸。侧环与近极柱较宽,近极柱由10~15条晶元组成。正交偏光下,近极柱比远极锥稍高。

**产地层位** 西沙群岛西科1井,莺歌海组。

### 新冷杉楔石藻 *Sphenolithus neoabies* Bramlette et Bukry, 1969
（图版63,图16）

1969 *Sphenolithus neoabies* Bramlette et Bukry, pl. 3, figs. 9-11.
1979 *Sphenolithus neoabies* Ellis et Lohman, pl. 4, fig. 10.

个体很小,一般小于3μm,远极锥无明显顶刺,近极柱具放射状小刺。

**产地层位** 西沙群岛西科1井,上新统莺歌海组。

## 桑椹楔石藻 *Sphenolithus moriformis* (Brommimann et Stradner) Bramlette et Wilcoxon, 1967

（图版 63，图 13，14）

1960 *Sphenolithus moriformis* Brommimann et Stradner, p. 124 – 126, pl. 3, figs. 1 – 6.
1967 *Sphenolithus moriformis* Bramlette et Wilcoxon, pl. 3, figs. 1 – 6.
1971 *Sphenolithus moriformis* Roth et al, pl. 5, figs. 4 – 6.
1973 *Sphenolithus moriformis* Wise, pl. 5, figs. 4 – 6.

侧视呈锥形、半圆球形或球形，近极柱和远极锥形态差异大；远极锥不发育，且晶元排列不规则；近极柱底部圆盘形，由 20～50 条放射晶元构成，圆盘直径与化石个体高度大致相等；侧环晶元放射状排列，不规则；正交偏光下消光带将化石分成 4 部分，若化石球形，则 4 部分大致相同，若化石锥形，则上半部与下半部形态不一致。本种化石个体大小变化大。

**产地层位** 西沙群岛西科 1 井，三亚组。

# 6 其他门类化石生物地层研究

西科1井开展了多门类古生物化石的研究，其中有孔虫、钙藻、珊瑚及钙质超微化石4个门类开展了系统的分析及鉴定。腹足类和双壳类则未开展系统的研究，受化石保存因素的影响，绝大部分标本未鉴定到种，但腹足类和双壳类的发现对古沉积环境及造礁生物群落的分析具有重要意义。

## 6.1 腹足类

腹足类是软体动物门中物种最多的一个纲，其分布时代长，从寒武纪开始出现，一直延续到现代，其中新生代是腹足类最繁盛的时期。在碳酸盐岩生物礁中，腹足类作为一种重要的附礁生物，伴随着生物礁的兴衰其种类及含量等出现明显的变化，因此，开展腹足类的研究可以为生物礁生态环境、甚至海平面变化等的分析提供重要的信息。

### 6.1.1 组合特征

西科1井新生代地层中发现了少量腹足类化石，化石保存欠佳，种类较少，共鉴定11属，且只能鉴定到未定种或相似种（表6-1）。其中5.3m见1枚化石，无法鉴定具体属种；13.3m化石数量相对较多，发现了 *Iniforis* cf. *poecis*，*Sansonia* cf. *haligani*，*Liotropica* sp.，*Kurtziella* cf. *caribbeana* 和 *Obtusella* sp.；116.3m发现了 *Phasianella* cf. *solida*，740.94～846.12m井段腹足类较常见，其中 *Cerithium* 数量最丰富，*Parviturbo* sp.，*Actaeocina* sp.，*Liotia* sp.，*Eulimella* sp. 等个别出现。

王惠基（1981）研究了南海北部大陆架6个钻井中的腹足类化石，发现从始新统—上新统均有腹足类化石的存在，尤以上新统莺歌海组和望楼组中最丰富。潘华璋、蓝琇（1998）对西琛1井和西永1井的腹足类进行了研究，发现了25科41属53种腹足类化石。目前西科1井发现的腹足类在西琛1井及西永2井中都有发现，均为现生的暖水种，但化石丰度和分异度不如西琛1井及西永2井高。

当前在西科1井中发现的腹足类化石，由于受保存状况的影响，未能鉴定到具体种，因此，无法根据腹足类化石提供地层时代意见，但是该类化石的存在，对于生态环境的研究具有一定意义。

### 6.1.2 古沉积环境

腹足类地理分布广泛，在海洋、河流、湖泊甚至草原、森林等环境均有分布，同时在生活方式上多为底栖游移，同时还有埋栖和孔栖等方式。

在海洋中腹足类生活水深范围广泛，冯伟民等（1997，2000）对中沙和西沙海区表层沉积物的微型腹足进行了分析，研究认为腹足类在岛礁浅水区含量较高，在礁间深水区含量骤降。此外，腹足类在中沙群岛中央大环礁的分布有往大环礁中央深水区增加的趋势，同样，在南沙永暑礁的潟湖之中，腹足类也极其丰富，达到160余种。从水深分布来看，腹足类在水深25m以上及60～120m范围内丰度和分异度较高，在25～60m水深范围内丰度和分异度次之，在800m以深范围内丰度和分异度显著降低。从组合来看，0～60m水深范围内的优势腹足类有 Leptothyra, Rissoina, Bittium, Triphora, 常见 Tricolia (Hiloa) wriabilis, Cerithium (Thericithium) elegantullum, Dialastricta 等种。需要指出的是，Cerithium (Thericithium) elegantulum 是南沙群岛典型的礁栖腹足类，为仙宾礁、美济礁、半月礁、牛车轮礁、永暑礁浅水区的常见种（冯伟民，1996）。60～120m水深范围内的优势腹足类为 Cellana, Cerithiopsis, Eulima, Turbonilla, Ringicula, Acteocina 等，常见 Cyclostrema porcellarium, Plesiotrochus acutangulus, Bittium deutaceum, Argyropeza divina, Clathrofenella reticulate, Scaliola glareosa, Triphora magica, Rissoa beddomei 等种。800～1150m水深常见 Anatomia sp., Sansonia tuberculata, Pseudorissoina tasmahica 和 Inella gigas 等种。

表 6-1 西科 1 井腹足类化石分布表

| 序号 | 井深 (m) | 蟹守螺（未定种）Cerithium sp. | 蟹守螺（未定种1）Cerithium sp. 1 | 蟹守螺（未定种2）Cerithium sp. 2 | 小蜍螺（未定种）Parviturbo sp. | 捻螺（未定种）Actaeocina sp. | 缪椤螺（未定种）Liotia sp. | 致锉螺（未定种）Eulimella sp. | 杂色后口螺（相似种）Iniforis cf. poecis | 海丽桑氏螺（相似种）Sansonia cf. haligani | 光热带螺（未定种）Liotropica sp. | 加勒比柯氏螺（相似种）Kurtziella cf. caribbeana | 小钝螺（未定种）Obtusella sp. | 小河螺（相似种）Phasianella cf. solida | 属种未定 |
|---|---|---|---|---|---|---|---|---|---|---|---|---|---|---|---|
| 1 | 5.30 | | | | | | | | | | | | | | + |
| 2 | 13.30 | | | | | | | | + | + | + | + | | | |
| 3 | 116.30 | | | | | | | | | | | | | + | |
| 4 | 740.94 | + | | | | | | | | | | | | | |
| 5 | 744.75 | | + | | | | | | | | | | | | |
| 6 | 745.05 | | | | + | | | | | | | | | | |
| 7 | 750.30 | | | | | + | | | | | | | | | |
| 8 | 757.78 | | | | + | | | | | | | | | | |
| 9 | 780.08 | + | | | | | | | | | | | | | |
| 10 | 803.99 | + | | | | | | | | | | | | | |
| 11 | 804.52 | + | + | | | | | | | | | | | | |
| 12 | 805.27 | + | | | | | | | | | | | | | |
| 13 | 805.37 | + | + | | | | | | | | | | | | |
| 14 | 806.82 | + | | | | | | | | | | | | | |
| 15 | 806.97 | | | | | | + | | | | | | | | |
| 16 | 817.17 | | | | | | | + | | | | | | | |
| 17 | 846.12 | + | | | | | | | | | | | | | |

西科 1 井发现的腹足类为微型腹足类，但从属种类型来看与中沙和西沙海区现代表层沉积物中的微型腹足类有一定差异。从分布特征来看主要发育于井深 13.3m 附近及 740.94～846.12m 井段。从分异度来说 13.3m 处最高，由于该处井深较浅，结合现代岛礁所处的环境推测可能为水深小于 25m 的

潮间或礁坪等环境。740.94～846.12m井段腹足类分异度虽然不高,但分布较为连续,个别层位丰度极高,但属种单一,该井段最为繁盛的为 *Cerithium*。现代南沙和西沙现代岛礁的调查表明,该属在生物礁环境较为繁盛,特别是个别属种为典型的礁栖腹足类,虽然本次未能确定该属的具体种,但据该类生物的繁盛推测可能反映了相对浅水的生物礁环境。

## 6.2 双壳类

双壳类属于软体动物门双壳纲,最早出现于寒武纪,一直延续至现代。新生代为双壳类发展的稳定时期,也是最盛时期。双壳类虽然适应性强、生活环境多样,但从古生代开始即是一种重要的附礁生物,如在重庆开县上二叠统长兴组红花生物礁(王瑞等,2009)双壳类在礁基相和礁骨架相中均较为发育。

### 6.2.1 组合特征

通过对西科1井全井段岩芯的观察及取样分析,共在58个深度发现了双壳类化石标本,其中有43块双壳类化石保存较好,能鉴定具体属种。经鉴定主要化石有:*Arca novicularis*,*Cardium*,*Trachcardium* sp.,*Dosinia*(*Phacosoma*) sp.,*Chlamys* sp.,*Limopsis* sp.,*Meicardia moltkeana*,*Pinna* sp.,*Tellina* sp.,*Montacutona* sp.,*Carditella* sp. 和 *Cadella* sp. 等,此外还有一些无法鉴定具体属种的帘蛤科(Veneridae)、锉蛤科(Limidae)、鸟蛤科(Cardiidae)、樱蛤科(Tellinidae)和异齿类(Heterodonte)等。由于化石分布不连续、且属种相对单调,难以划分出具体的化石组合,根据其分布特征可分为以下几个井段(表6-2):①217.83～217.9m,发现两枚双壳类化石印模,难以鉴定属种;②479.42～529.67m井段,分布相对零散,主要化石有 Veneridae,Limidae,*Pinna* sp.,*Chlamys* sp.,*Tellina perna*;③641.45～654.56m井段,该段双壳类化石属种分异度略有升高,主要化石有 *Arca novicularis*,*Meicardia moltkeana*,*Dosinia*(*Phacosoma*) sp.,Cardiidae,Tellinidae,*Limopsis* sp.;④742.5～846.19m井段,双壳类化石分布最为连续,其中最为丰富的为 *Cardium*,*Cardita* sp.,其余常见化石有 *Trachcardium* sp.,*Chlamys* sp.,Heterodonte,*Tellina* sp.,*Montacutona* sp.,*Carditella* sp. 和 *Cadella* sp. 等;⑤1215.52m附近,该处也可见少量 *Cardita* sp. 等。

**表6-2 西科1井双壳类化石分布表**

| 序号 | 井深(m) | 舟蚶(未定种)Arca novicularis | 蚶类印模"Arca" sp. | 异侧鸟蛤Cardium latum | 多斑鸟蛤(相似种)Cardium cf. multipunctatum | 鸟蛤(未定种)Cardium sp. | 鸟蛤科Cardiidae | 糙鸟蛤(未定种)Trachcardium sp. | 镜文蛤(未定种)Dosinia sp. | 奎海扇(未定种)Chlamys sp. | 异齿类Heterodonte | 锉蚶科Limidae | 斜蚶(未定种)Limopsis sp. | 毛氏半心蛤Meicardia moltkeana | 江珧(未定种)Pinna sp. | 火腿樱蛤Tellina perna | 樱蛤科Tellinidae | 樱蛤(未定种)Tellina sp. | 帘蛤类Veneroida | 心蛤(未定种)Cardita sp. | 孟达蛤(未定种)Montacutona sp. | 微心蛤(未定种)Carditella sp. | 小瓷蛤(未定种)Cadella sp. | 须蚶(未定种)Barbatia sp. | 双壳类印模,属种未定 |
|---|---|---|---|---|---|---|---|---|---|---|---|---|---|---|---|---|---|---|---|---|---|---|---|---|---|
| 1 | 217.83 | | | | | | | | | | | | | | | | | | | | | | | | + |
| 2 | 217.90 | | | | | | | | | | | | | | | | | | | | | | | | + |
| 3 | 479.42 | | | | | | | | | | | | | | | | | | | | | | | | + |
| 4 | 482.21 | | | | | | | | | | | | | | | | + | | | | | | | | |

续表 6-2

| 序号 | 井深(m) | 舟蚶(未定种)Arca novicularis | 蚶类印模"Arca" sp. | 异侧鸟蛤Cardium latum | 多斑鸟蛤(相似种)Cardium cf. multipunctatum | 鸟蛤(未定种)Cardium sp. | 鸟蛤科Cardiidae | 糙鸟蛤(未定种)Trachcardium sp. | 镜文蛤(未定种)Dosinia sp. | 套海扇(未定种)Chlamys sp. | 异齿类Heterodonte | 锉蚶科Limidae | 斜蚶(未定种)Limopsis sp. | 毛氏羊心蛤Meicardia molkeana | 江珧(未定种)Pinna sp. | 火腿樱蛤Tellina perna | 樱蛤科Tellinidae | 樱蛤(未定种)Tellina sp. | 帘蛤类Veneroida | 心蛤(未定种)Cardita sp. | 孟达蛤(未定种)Montacutona sp. | 微心蛤(未定种)Cardinella sp. | 小瓮蛤(未定种)Cadella sp. | 须蚶(未定种)Barbatia sp. | 双壳类印模,属种未定 |
|---|---|---|---|---|---|---|---|---|---|---|---|---|---|---|---|---|---|---|---|---|---|---|---|---|---|
| 5 | 482.27 | | | | | | | | | | | | | | | | | | + | | | | | | |
| 6 | 482.63 | | | | | | | | + | | | | | | | | | | | | | | | | |
| 7 | 520.40~520.43 | | | | | | | | | | | | | | | | | | | | | | | | + |
| 8 | 520.60 | | | | | | | | | | | | | | | | | | | | | | | | + |
| 9 | 520.61 | | | | | | | | | | | | | | | | | | | | | | | | + |
| 10 | 522.83~522.88 | | | | | | | | + | | | | | + | | | | | | | | | | | |
| 11 | 529.67 | | | | | | | | | | | | + | | | | | | | | | | | | |
| 12 | 641.45 | + | | | | | | | | | | | | | | | | | | | | | | | |
| 13 | 642.01 | | | | | | | + | | | | | | + | | | | | | | | | | | |
| 14 | 653.47 | | | | + | | | | | | | | | | | | | + | | | | | | | |
| 15 | 653.83 | | | | | | | | | + | | | | | | | | | | | | | | | |
| 16 | 654.56 | | | | + | | | | | | | | | | | | | | | | | | | | |
| 17 | 742.50 | | | | | | | | | | | | | | | | | | | + | | | | | |
| 18 | 742.94 | | | | | | | | | | | | | | | | | | | + | | | | | |
| 19 | 743.05 | | | | | | | + | | | | | | | | | | | | + | | | | | |
| 20 | 743.32 | | | | | | | | | | | | | | | | | | | + | + | | | | + |
| 21 | 743.40 | | | | | | + | | | | | | | | | | | | | | | | | | + |
| 22 | 744.05 | | | | | | | | | | | | | | | | | | | + | | | | | |
| 23 | 744.79 | | | | | | | | | | | | | | | | | | | | | + | | | |
| 24 | 745.55 | | | | | | | | | + | | | | | | | | | | | | | | | |
| 25 | 750.20 | | | | | | | | | | | | | | | | | | | | | | + | | |
| 26 | 750.30 | | | | | | | | | | | | | | | | | + | | | | | | | |
| 27 | 757.78 | | | | | | | | | | | | | | | | | | | | | | | | + |
| 28 | 757.92 | | | | | | | | | | | | | | | | | | | | | | | | + |
| 29 | 758.00 | | + | | + | | | | | | | | | | | | | + | | | | | | | |

续表 6-2

| 序号 | 井深(m) | 舟蚶(未定种) Arca novicularis | 蚶类印模 "Arca" sp. | 异侧鸟蛤 Cardium latum | 多斑鸟蛤(相似种) Cardium cf. multipunctatum | 鸟蛤(未定种) Cardium sp. | 鸟蛤科 Cardiidae | 糙鸟蛤(未定种) Trachcardium sp. | 镜文蛤(未定种) Dosinia sp. | 奎海扇(未定种) Chlamys sp. | 异齿类 Heterodonte | 锉蛤科 Limidae | 斜蚶(未定种) Limopsis sp. | 毛氏半心蛤 Meicardia moltkeana | 江珧(未定种) Pinna sp. | 火腿樱蛤 Tellina perna | 樱蛤科 Tellimidae | 樱蛤(未定种) Tellina sp. | 帘蛤类 Veneroida | 心蛤(未定种) Cardita sp. | 孟达蛤(未定种) Montacutona sp. | 微心蛤(未定种) Carditella sp. | 小盒蛤(未定种) Cadella sp. | 须蚶(未定种) Barbatia sp. | 双壳类印模,属种未定 |
|---|---|---|---|---|---|---|---|---|---|---|---|---|---|---|---|---|---|---|---|---|---|---|---|---|---|
| 30 | 760.22 | | | | + | + | | | | | | | | | | | | | | | | | | | | |
| 31 | 763.92 | | | | | | | | | | | | | | | | | | | | | | + | | | |
| 32 | 773.01 | | | | | + | | | | | | | | | | | | | | | | + | | | | |
| 33 | 773.32 | | | | | | | | | + | | | | | | | | | | | | | | | | |
| 34 | 779.59 | | | | | | | | | | | | | | | | | | | | | + | | | | |
| 35 | 779.67 | | | | | | | | | | | | | | | | | | | | + | | | | | |
| 36 | 780.06 | | | | | | | | | | | | | | | | | | | | | | | | | + |
| 37 | 780.08 | | | + | | | | | | | | | | | | | | | | | | | | | | |
| 38 | 780.57 | | | | | | | | | | | | | | | | | | + | | | | | | | |
| 39 | 785.14 | | | | | | | | | | | | | | | | | | | | | | | | | + |
| 40 | 786.29 | | | | | + | | | | | | | | | | | | | | | | | | | | |
| 41 | 791.77 | | + | | | | | | | | | | | | | | | | | | | | | | | |
| 42 | 793.57 | | | | | + | | | | | | | | | | | | | | | | | | | | |
| 43 | 794.52 | | | | | | | | | | | | | | | | | | | | | | + | | | |
| 44 | 795.77 | | | | | | | | | | | | | | | | | | | | + | | | | | + |
| 45 | 797.97 | | | | | | | | | | | | | | | | | | | | | | | | | + |
| 46 | 798.52 | | | | | | | | | | | | | | | | | | | | | | | + | | |
| 47 | 802.27 | | | | | | | | | | | | | | | | | | | | | | | | + | |
| 48 | 805.27 | | | | | | | | | | | | | | | | | | | | | | | | + | |
| 49 | 805.37 | | | | | + | | | | | | | | | | | | | | | | | | + | | + |
| 50 | 806.47 | | | | | | | | | | | | | | | | | | | | | | | | | + |
| 51 | 813.57 | | | | | | | | | | | | | | | | | | | | | | | | | + |
| 52 | 813.77 | | | | | | | | | | | | | | | | | | | | | | | | | + |
| 53 | 817.17 | | | | | | | | | | | | | | | | | | | | + | | | | | |
| 54 | 824.37 | | | | | | | | | | | | | | | | | | | | | + | | | | |
| 55 | 845.32 | | | | | + | | | | | | | | | | | | | | | | | | | | |
| 56 | 846.19 | | | | | | | | | | | | | | | | | | | | | | | | | + |
| 57 | 1215.52 | | | | | | | | | | | | | | | | | | | | + | | | | | |

潘华璋、蓝琇(1998)对西琛 1 井和西永 1 井岩芯中的双壳类化石进行了研究,共鉴定 9 科 13 属 13 种,主要为 *Barbatia fusca*,*Barbatia decussata*,*Barbatia*(*Hawaiarca*) *yamamotoi*;Philobryidae 科的 *Philobrya*(*Neocardia*) sp.；Pectinidae 科的 *Chlamys*(*Comptopallium*) *radula*;孟达蛤科(Montacutidae)的 *Montacutona olivacea*;心蛤科(Carditidae)的 *Cardit leana*,*Carditella hanzawai*;鸟蛤科(Cardiidae)的 *Trachycardium flavum*;樱蛤科(Tellinidae)的 *Cadella semitorta*,*Cadella delta hainanensis*,*Tellina*(*Phylloda*) *foliacea* 等。西科 1 井双壳类的面貌与之相比仅部分化石属于相同的科,但具体属和种却有较大的差异,由于二者均为从岩芯样品中获取的化石标本,因此均难以反映本区中新世双壳类化石的整体面貌。

西科 1 井的双壳类化石标本虽然保存相对较好,但地质时代延续均较长(表 6 - 3),如帘蛤科(Veneridae)自奥陶纪就已开始出现,一直延续到现代；锉蛤科(Limidae)分布时代为石炭纪—现代；*Montacutona*,*Cardita* 和 *Barbatia* 的分布时代为古近纪—第四纪；*Limopsis* 分布时代为侏罗纪—现代。由于目前发现的双壳类化石地质时代分布较长,因此,不能根据现有的双壳类鉴定结果提出详细的地层划分意见,但双壳类化石的发现,对于生态环境的研究具有一定意义。

表 6 - 3  西科 1 井双壳类化石地层时代分布表

| 化石 | 分布时代 |
| --- | --- |
| Veneridae | 奥陶纪—现代 |
| Limidae | 石炭纪—现代 |
| *Limopsis* | 侏罗纪—现代 |
| Cardiidae | 三叠纪—现代 |
| *Chlamys* | 始新世—现代 |
| *Montacutona* | 古近纪—第四纪 |
| *Cardita* | 古近纪—第四纪 |
| *Barbatia* | 古近纪—第四纪 |

## 6.2.2 古沉积环境

双壳类为水生广适性动物,从潮间带到深海,从海水到淡水,由赤道到两极都有分布,但以海生为主。双壳的生活方式十分复杂多样,主要生活方式有固着、底栖、潜穴、浮游等。研究表明,底质环境对双壳的类别有明显的影响,这是因为双壳类中有的在平坦的区域营底栖生活,有的在岩礁等硬底区营附着或固着生活,有的营钻木、石穴居生活(徐凤山等,2011)。例如,在珊瑚礁环境中栖息的最著名双壳类为砗磲科,它是珊瑚礁中一个特有的科,仅分布于印度—西太平洋热带区的珊瑚礁中,共有 7 种,分别为 *Hippopus hippopus*, *H. porcellanus*, *Tridacna gigas*, *T. derasa*, *T. squamosal*, *T. maxima* 和 *T. crocea*。其中大砗磲壳长可达 1m 多,重可达 200kg,是双壳类中个体最大者之一(徐凤山等,2011)。由于本次研究样品来源于钻井岩芯,并未见及这类大型双壳,但在我国南海生物礁之中除 *Hippopus porcellanus* 尚未见及外,其他 6 种都有发育。

西科 1 井常见双壳类生活时代均比较长,大部分目前仍在繁衍,通过对现存属种生活环境的分析表明其主要为印度—太平洋地区常见的热带浅水环境类型。*Chlamys* sp. 在我国中沙、西沙地区目前多见于水深小于 60m 的中粗—粗粒珊瑚贝壳沙为底质的环境之中(冯伟民等,1997);*Lima* 则广泛分布于印度—西太平洋区域,该属中的 *Lima vulgaris* 等为典型的礁栖双壳类,主要栖息于低潮线至潮下 20m 以内的岩石或珊瑚礁间,以足丝固着生活(蔡华伟等,2003);鸟蛤科(Cardiidae)的 *Trachcardium sewelli*,*Trachcardium transcendens*,*Discors multipunctatum*,*Fragum bannoi* 等种为我国南沙地区美济礁、华阳礁、永暑礁等浅水岛礁附近常见双壳类(蔡英亚等,2004,蔡华伟等,2003)。*Fragum bannoi* 一般生活在潮间带到20m水深的砂质海底;*Cadella*,*Cadella semitorta*,*Cadella narutoensis* 在我国南海及泰国湾等地也较常见,其中 *Cadella semitorta* 在海南岛见于7m深的粗砂底质海底,在泰国湾见于2~60m深的泥砂质、砂质、贝壳滩、砾石及石质海底,在大洋洲见于水深4~20m的环境之中,*Cadella narutoensis* 生活环境也与之相似,常见于潮下带至20m水深的环境之中(蔡华伟等,2003)。此外,*Tellina*,*Pinna*,*Cardita*,*Limopsis* 等也为我国南沙珊瑚岛礁的常见类型(蔡英亚等,2004;冯伟民,2000),舟蚶 *Arca novicularis*,*Dosinia*(*Phacosoma*)等在我国北海等地也较常见。其中,*Tellina perna* 为分布于印度—西太平洋的热带种,主要分布于砂底潮间带,但一般不多见;*Pinna* 多半生活在我国南海潮间带至潮下带;*Limopsis* 目前在我国南海不常见,据冯伟民等(2000)研究,该属生活水深较大,如 *Limopsis niponica* 多生活于40~400m水深的细砂或泥质海底。*Arca novicularis* 为我国南海北部大陆架常见种(谢文海等,2013;唐以杰等,2015),在广西北海等地常见分布于砂质海底;*Dosinia*(*Phacosoma*)在广西北海等地常见于砂质和砂、泥质海底(谢文海等,2013)。以上分析表明西科1井常见双壳类以适应热带浅水礁、滩环境的类型为主,据此将西科1井5个可见双壳发育井段的生态环境分析如下:

(1)217.83~217.9m井段,由于所发现的双壳类化石为印模,难以判断环境。

(2)479.42~529.67m井段,据锉蛤科(Limidae)及 *Pinna* sp.,*Chlamys* sp.,*Tellina perna* 等属种的发育推测该井段主要为水深小于60m的环境,同时这类适合砂质海底及礁相环境的双壳类的繁盛也表明其距生物礁不远,推测为生物礁-礁坪的环境。

(3)641.45~654.56m井段,该井段双壳类属种与上一井段有明显差异,*Limopsis* sp.,*Arca novicularis*,*Meicardia moltkeana*,*Dosinia*(*Phacosoma*)sp. 等均为本段特有属种,而适应于较深水或偏软泥质海底的 *Dosinia*(*Phacosoma*)sp.,*Limopsis* sp. 的繁盛也表明该时期环境与上一时期存在一定差别,推测为礁坪-潟湖的环境。

(4)742.5~846.19m井段,该井段最为丰富的为 *Cardium* 和 *Cardita* sp. 等,其在我国南沙岛礁附近较为常见,此外 *Trachcardium* sp.,*Chlamys* sp.,*Cadella* sp.,*Tellina* sp. 等也均为水深小于60m的砂质海底环境中的常见属种,同时,该井段在属种上与479.42~529.67m井段也具有较大的相似性,据此推测二者环境较为相似,为生物礁-礁坪的沉积环境。

(5)1215.52m附近,仅见少量在我国南沙珊瑚礁环境较为常见的 *Cardita* sp.,由于属种单一,难以准确判断环境。

# 7 西沙岛礁生物地层划分及沉积环境演化

## 7.1 西科1井生物地层划分

根据已发现的珊瑚、钙藻、钙质超微及有孔虫等化石的时代延限,结合层序地层及磁性地层等研究结果,提出了西科1井研究井段的生物地层划分方案(图7-1)。

### 1. 第四系乐东组(0～214.89m)

根据古生物鉴定结果,西科1井18.3～21.6m,*Gephyrocapsa caribbeanica* 和 *G. oceanica* 较为丰富,且以上两种均为第四纪常见的钙质超微化石。26.74m可见有孔虫 *Globorotalia truncatulinoides*,该种分布于第四系N22带。在161.19m发现仅分布于第四纪的 *Endopsammia*。214.29m开始出现钙质超微化石 *Reticulofenestra minutula* 和 *Calcidiscus macintyrei*,以上两种均末现于NN18带顶面附近,其末现年龄分别为1.78Ma和1.6Ma,与更新统杰拉阶顶界接近。并且,在212.53m处还可见部分底栖钙藻在该界面之上灭绝,古地磁研究成果也表明196.5m不晚于1.95Ma;层序地层研究表明214.89m处存在明显的暴露标志,界面之下为红藻黏结礁灰岩,可见风化暴露特征,界面之上为泥晶生屑灰岩,具海侵的特征。据此认为西科1井0～214.89m可划归为第四系乐东组,推测其界面年龄约为2.0Ma,而 *Reticulofenestra minutula* 和 *Calcidiscus macintyrei* 在本井的分布上限虽与真正末现面界面有一定差距,但已极为接近。

### 2. 第四系—上新统莺歌海组(214.89～374.95m)

西科1井237.15m为有孔虫 *Globigerinoides obliquus* 的末现面,该种的末现年龄约为2.5Ma。而在该界面附近的231.86m即存在一个明显的岩性界面,界面之上发育灰白色生物礁灰岩、界面之下发育浅灰色生物碎屑灰岩,且底栖有孔虫 *Calcarina - Amphistegina* 组合底界也与该界面接近,同时,地球化学、环境磁学等多项参数在该界面处也存在明显突变,据此认为231.86m可作为第四系与新近系的界线。

西科1井327.59m为 *Globorotalia plesiotumida* 的末现面,该化石分布于N17—N19带,其末现面地质年龄约为3.77Ma(Gradstein et al,2012);330.39m为 *Pulleniatina primalis* 的末现面,该化石也分布于N17—N19带,其末现面地质年龄约为3.66Ma(Gradstein et al,2012)。330.97m发现钙质超微化石 *Sphenolithus abies* 和 *Sphenolithus neoabies*,上述2个化石种的末现面标志NN15带的顶界,年龄值为3.54Ma。由上可知,不论是浮游有孔虫还是钙质超微化石均表明327.59～330.97m十分接近于皮亚琴察阶(Piacenzian)与赞克勒阶(Zanclean)的界线。

有孔虫 *Sphaeroidinella dehiscens* 首现面年龄为5.53Ma,西科1井该种的最大分布深度为349.15m;*Globorotalia tumida* 的首现面年龄为5.57Ma,西科1井该种分布于327.59～347.45m,其最大分布深度与 *Sphaeroidinella dehiscens* 非常接近。虽然上述两个种的末现面地质年龄与国际年代地

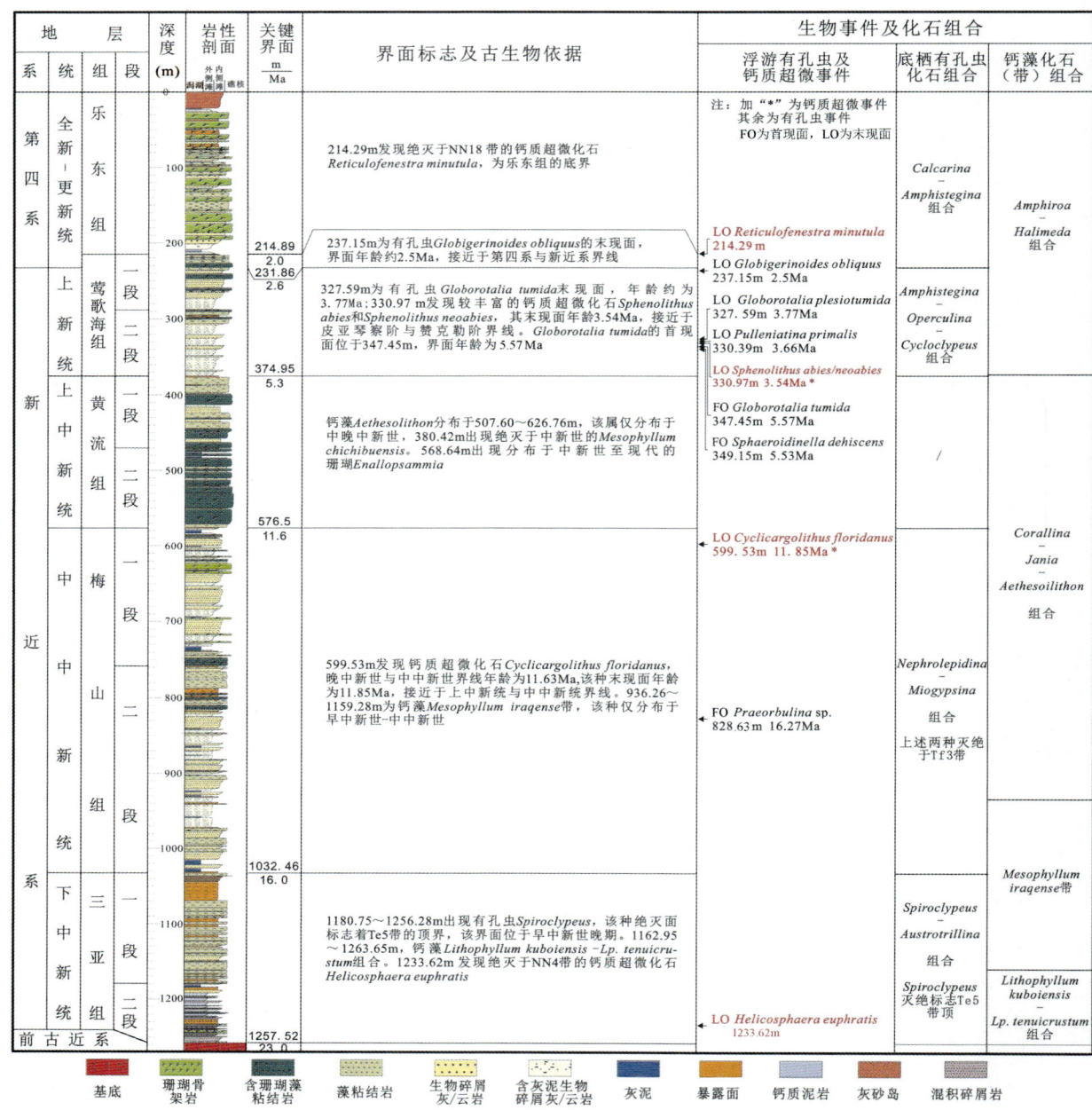

图 7-1 西科 1 井生物地层综合图

层表上新世和晚中新世界线年龄 5.333Ma 比较接近,但由于 *Sphaeroidinella dehiscens* 仅在一个样品中有发现,*Globorotalia tumida* 也仅在 3 个样品中有发现,因此,其在该井的初始出现位置并不能确定为该种的初现面。虽然如此,以上两个种的发现表明 349.15m 以上的地层时代应不早于 5.53Ma。

根据岩芯观察及薄片鉴定结果,349.15～374.15m 为一套相对稳定的生物碎屑灰岩,而 374.15m 以下为一套白云质生物礁灰岩,顶部可见风化侵蚀特征。同时,374.15m 附近钙藻面貌也发生明显的变化,最显著的特征为大量钙藻在该界面之上灭绝,特别是 *Lithophyllum kuboiensis*,*Mesophyllum chichibuensis*,*M. yuyashimaensis* 等末现于中新世末期的钙藻同时灭绝,表明该界面与中新统的顶界接近。此外,底栖有孔虫组合特征在该界面上、下也发生了显著的变化,其上底栖有孔虫丰富,浮游有孔虫发育;其下底栖与浮游有孔虫均不发育。据此认为 374.15m 为一个重要的生物及环境变化界面,可作为上新统和中新统的界面,推测界面年龄约为5.3Ma,而214.89~374.95m可划归为莺歌海组。

### 3. 上中新统黄流组(374.95~576.5m)

西科1井568.64m岩芯手标本中发现 *Enallopsammia*,该属的分布时代为中新世—现代,结合前面的分析至少表明568.64m处应为中新统。同时,有孔虫的分析表明577.08m处存在一个明显的生物界面,该界面之上浮游及底栖有孔虫均不发育,界面之下底栖有孔虫丰富,特别是繁盛于中中新世的 *Nephrolepidina* 和 *Miogypsina* 等在该界面之下连续出现,表明该界面与上中新统底界接近。此外,西科1井380.42~934.63m井段为钙藻 *Corallina - Jania - Aethesolithon* 组合带,但该带内680m附近为 *Lithophyllum pseudoamphiroa* 的末现位置,而该化石的分布时代为早-中中新世,因此680m应已进入中中新统。

根据岩芯观察及薄片鉴定成果,西科1井在576.5m处存在一个明显的不整合面,该界面之上以大套厚层珊瑚礁云岩为主,界面之下以含灰泥生物碎屑灰岩及泥灰岩为主,界面附近可见淡黄色氧化斑点或条带,镜下可见发育较多铸模孔。结合之下地层在599.53m发现末现于中中新统顶部的钙质超微化石 *Cyclicargolithus floridanus*,认为576.5m可作为上中新统的底界,推测其界面年龄约为11.6Ma,而374.95~576.5m可划归为上中新统黄流组。

### 4. 中中新统梅山组(576.5~1032.46m)

根据国际地层表,上中新统与中中新统界线年龄为11.63Ma,西科1井599.53m是钙质超微化石 *Cyclicargolithus floridanus* 的末现面,年龄为11.85Ma(Gradstein et al,2012),表明599.53m已进入中中新统NN6带。浮游有孔虫 *Praeorbulina* 在西科1井的最低分布位置为828.63m,而该有孔虫的首现面位于N8带底界(Boudagher - Fadel,1999),界面年龄为16.27Ma,与国际年代地层表(2016)中中新世的底界年龄(15.97Ma)比较接近,虽然828.63m不一定为 *Praeorbulina* 的真正初现面,但该种的发现表明该处地质时代不早于中中新世。底栖钙藻 *Mesophyllum iraqense* 带分布于西科1井936.26~1159.28m井段,如前所述,该化石带对应的地质时代为中中新世早期—早中新世晚期,据此认为1159.28m应已进入下中新统。

西科1井在1032.46m发育一个全井段最大的沉积间断面,在该界面之下为棕黄色生物礁云岩,岩芯上溶蚀孔洞发育,影响深度约50m,界面之上为海侵形成的含灰泥生物碎屑灰岩及泥灰岩。同时底栖有孔虫在1032.46m附近也存在明显的界面,其下底栖有孔虫不发育,之上底栖有孔虫数量丰富。据此认为1032.46m为重要的生物及环境突变界面,可作为上新统和中新统的界线,推测界面年龄约为16Ma,而576.5~1032.46m可划归为中中新统梅山组。

### 5. 下中新统三亚组(1032.46~1257.52m)

西科1井1016.10~1180.15m主要为白云岩,有孔虫化石缺乏,但1180.75~1256.28m发现大量 *Spiroclypeus*,该属为早中新世典型底栖有孔虫,绝灭于底栖有孔虫Te5带的顶界,该界面位于早中新世晚期,因此,1180.75~1256.28m的地层时代应不晚于早中新世。同时,该井1162.95~1263.65m井段为钙藻 *Lithophyllum kuboiensis - Lithophyllum tenuicrustum* 组合带,该组合带内常见的 *Lithophyllum kuboiensis*、*Corallina elliptica* 和 *Jania kuboiensis* 等也均为中新世常见属种,表明该段地层为中新统沉积。此外,西科1井1233.62m发现绝灭于NN4带的钙质超微化石 *Helicosphaera euphratis*,该种一般分布于NP18—NN4带,其末现面地质年龄约为15.16Ma,这也无疑表明该段地层至少已进入下中新统。

根据岩芯观察结果,西科1井1257.52m存在明显的不整合面,界面之上为肉红色生物礁云岩,界面之下为角闪斜长片麻岩及花岗岩,锆石U - Th测年表明其地质年龄大于85.1Ma。据此认为

1257.52m 为基底不整合面,其下为白垩系侵入岩及变质岩基底,其上为新近系生物礁、滩沉积,而 1032.46～1257.52m 可划归下中新统三亚组。

## 7.2 西沙岛礁地层对比

西沙海域位于永乐隆起之上,向北与琼东南盆地南部隆起相连。在西科 1 井钻探之前该海域已钻探了 4 口钻井(图 1-1),分别是西永 1 井、西琛 1 井、西永 2 井和西石 1 井。

西永 1 井位于西沙隆起宣德环礁的永兴岛上,为目前该海域钻探深度最大的钻井,完钻井深 1384.6m,揭示了 1251m 的生物礁地层,但获取岩芯有限,时代为中新世至今,基底为片麻花岗岩。西琛 1 井位于永乐环礁琛航岛,为该环礁唯一的钻井,采取全取芯方式钻进,完钻井深 802.17m,但未钻穿生物礁。西石 1 井和西永 2 井均位于宣德环礁,分别位于石岛和永兴岛,与西科 1 井距离较近,其中西石 1 井完钻井深 200.63m,西永 2 井完钻井深 600.02m,均未钻穿生物礁。近期完钻的西科 1 井为目前该海域取芯最全、获取资料最丰富的钻井,完钻井深为 1268.02m,钻遇了 1257.52m 的生物礁、滩地层,时代为中新世至今,揭示了 10.5m 的基底,为白垩纪—侏罗纪角闪斜长片麻岩和二长花岗岩。

### 7.2.1 地层特征与划分

西沙海域虽然先后钻探了 5 口钻井,但由于各钻井的钻探年代和目的不同,因此,在研究过程中不同学者采用了不同的地层划分方案,各方案之间地层对比较为困难。本次以近期钻探且研究相对成熟的西科 1 井为标准,采用邻区莺歌海盆地和琼东南盆地相对成熟的地层划分方案(图 7-2),对西沙海域各钻井进行了统一的地层划分与对比,从而为统一认识南海北部西区生物礁-碳酸盐岩台地的演化奠定基础。

**1. 西科 1 井**

西科 1 井生物礁发育于侏罗纪—白垩纪角闪斜长片麻岩与花岗岩基底之上,自上而下划分乐东组、莺歌海组、黄流组、梅山组与三亚组,各组、段特征如下(图 7-3)。

(1)乐东组(0～214.89m)主要为生物礁灰岩、珊瑚礁灰岩夹少量生物碎屑灰岩与生物碎屑砂。其中底部见一层生物碎屑灰岩及泥灰岩;中上部可见四层具明显暴露特征的黄褐色生物礁灰岩,顶部为浅黄色生物碎屑砂,整体为一个水体逐渐变浅,生物礁逐渐消亡和暴露的过程。

(2)莺歌海组(214.89～374.95m)以 288.43m 为界可分为两段,其中一段下部为生物碎屑灰岩,中上部为生物碎屑灰岩与生物礁灰岩互层,整体为一个由生物碎屑滩逐渐向生物礁演变的过程;二段中下部为厚层泥晶生物碎屑灰岩与生物碎屑灰岩,顶部为一层板状的生物礁云岩夹少量生物碎屑白云岩,整体也呈一个由生物碎屑滩向生物礁演变的过程。

(3)黄流组(374.95～576.5m)以 470.1m 为界可分为两段,其中一段主要为固结较好的厚层白云质生物礁灰岩、生物礁云岩夹少量生物碎屑白云岩及生物碎屑灰岩,顶部风化暴露标志明显,岩芯呈土黄色;二段主要为生物礁云岩、珊瑚礁云岩夹少量含生物碎屑白云岩。

(4)梅山组(576.5～1032.46m)以 758.4m 为界可分为两段,一段下部为厚层生物碎屑灰岩、泥晶生物碎屑灰岩、泥灰岩夹少量薄层生物礁灰岩,中部为厚层生物碎屑灰岩及泥晶生物碎屑灰岩,上部为由生物礁云岩逐渐向生物碎屑灰岩及泥灰岩演变的旋回;二段底部为泥灰岩与生物碎屑灰岩,其上为生物碎屑灰岩、白云质生物碎屑灰岩夹生物藻礁灰岩与生物藻礁云岩,上部为生物礁灰岩、生物礁云岩夹生物碎屑灰岩与生物碎屑白云岩,见多层浅土黄色风化暴露面。

(5)三亚组(1032.46～1257.5m)以 1179.69m 为界可分为两段:一段主要为大套的厚层生物礁云

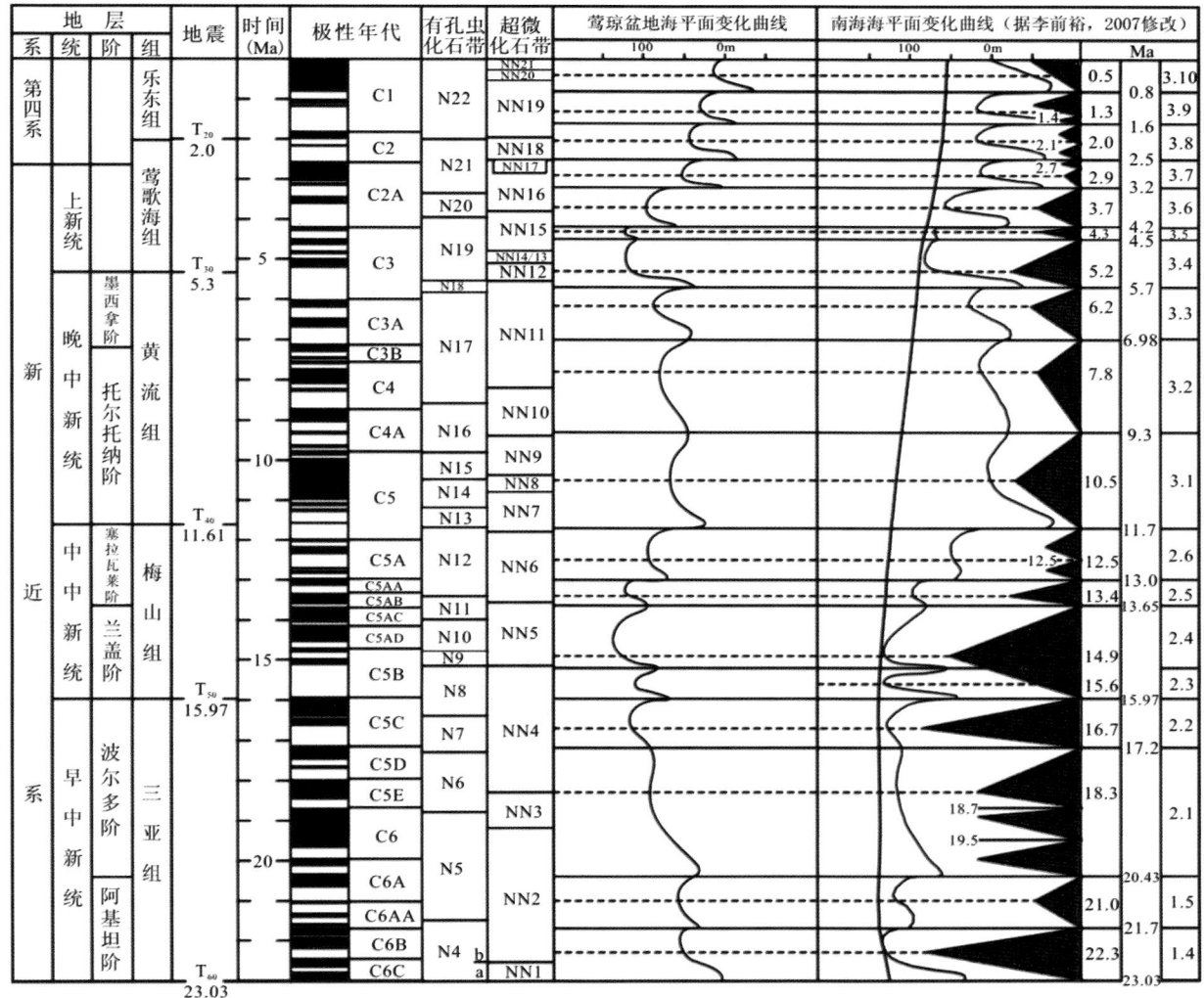

图 7-2 莺歌海盆地和琼东南盆地地层划分方案

岩,顶部为一个明显的风化壳,白云岩呈浅肉红色,影响厚度约 50m;二段上部为生物碎屑灰岩、泥灰岩、泥岩、泥质细砂岩等夹少量生物礁云岩与礁灰岩,泥岩呈灰绿色,下部主要为红褐色溶塌角砾灰岩与珊瑚礁灰岩,角砾状灰岩中可见珊瑚残块。

(6)基底(1257.5～1268.02m)西科 1 井基底可分为三层:上部为角闪斜长片麻岩,年龄为 152.5Ma;中部黑云母二长花岗岩,锆石为低铀类型,推测为花岗质岩浆混熔上部片麻岩基底形成,年龄为 108.8Ma;下部二长花岗岩,锆石为高铀类型,年龄为 85.1Ma。

## 2. 西永 1 井

西永 1 井由于在 352～363.45m 钻遇溶洞,泥浆返不出井口,岩屑录井仅有 352m 以上资料,其下岩性仅靠分段取芯和井壁芯控制,精度较低,但该井有全井段自然电位和电阻率测井曲线,从而为地层划分和对比提供了重要依据。王崇友等(1979)、秦国权(1987)、张明书等(1994)、张明书(1990a)、张锡南、梁名胜(1982)对该井的地层剖面及古生物进行了详细叙述,本次在此基础上结合最新的岩芯薄片鉴定成果对该井的地层进行划分(图 7-4)。

(1)乐东组(0～208m)主要为生物碎屑灰岩与生物礁灰岩,造礁生物以珊瑚为主。整体特征与西科

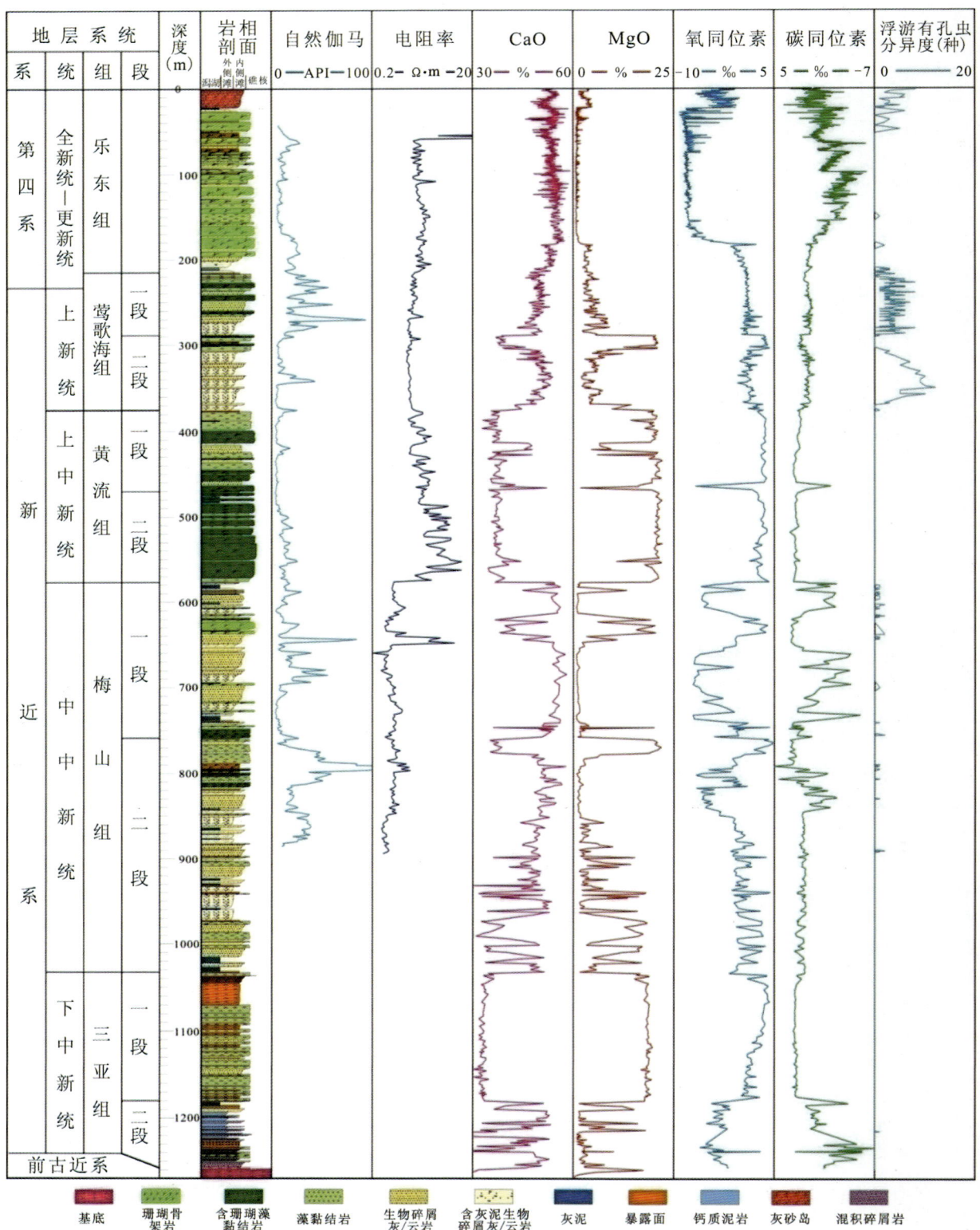

图 7-3 西科 1 井综合地层柱状图

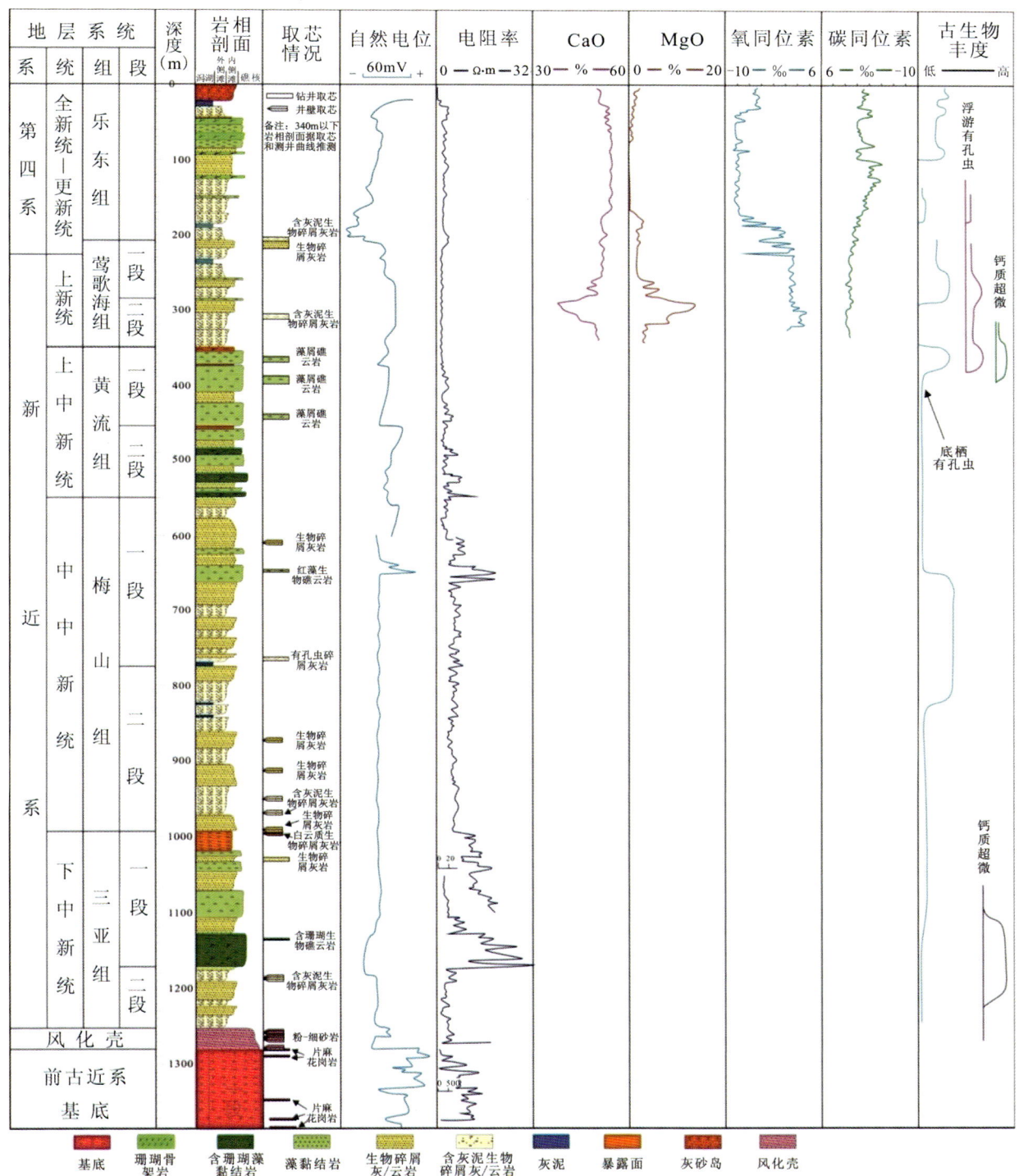

图7-4 西永1井综合地层柱状图

(自然电位、电阻率资料引自秦国权,1987;CaO、MgO及碳氧同位素资料引自张明书等,1994与赵强,2010;古生物资料引自王崇友等,1979)

1 井基本一致,底部为厚约 36m 的泥屑灰岩,其上珊瑚礁开始发育,至中上部达到鼎盛,顶部为松散生物碎屑,相对而言,西科 1 井揭示的生物礁更为发育,可能更靠近礁核部位。此外,西科 1 井乐东组以下开始出现轻微的白云岩化现象,而西永 1 井据王崇友等(1979)等描述在 208m 以下也开始出现白云岩化现象。

(2)莺歌海组(208～350m)根据钻井古生物和岩性特征可分为两段。其中,莺歌海组一段为井深 208～285m,岩性主要为含灰泥生物碎屑灰岩、生物碎屑灰岩、藻泥屑灰岩等。与西科 1 井相比西永 1 井该段生物礁灰岩不发育,但相似的是二者在一段之下均发育一层板状的白云岩化礁云岩。据王崇友等(1979)对西永 1 井进行的微体古生物研究,该井 *Globorotalia plesiotumida* 和 *Pulleniatina primalis* 的分布上限分别为 250m 和 260m,而西科 1 井以上两种的分布上限分别为 327.59m 和 330.39m,这表明在生物礁相地层中由于化石稀少,分布上限和末现虽较为接近,但可能还是会存在一定差异,但二者的上限均表明已进入了上新统。莺歌海组二段井深 285～350m,该段岩性特征与西科 1 井相似,下部为泥粒灰岩、粒泥灰岩及生物碎屑砂,顶部为一层藻屑礁云岩。西科 1 井该段浮游有孔虫最为丰富,西永 1 井也具有相同的特征,浮游有孔虫在该段也最为繁盛,并且钙质超微化石也较为发育(王崇友等,1979)。

(3)黄流组(350～550m)。西科 1 井黄流组以大套礁云岩为特征,白云岩顶部可见明显的风化暴露特征,西永 1 井该段同样为大套礁云岩。西永 1 井在 352m 钻遇溶洞,岩屑录井显示 340m 为泥粒灰岩,其下 363.5～370.2m 取芯为藻屑生物礁云岩,特征与西科 1 井黄流组顶部相似,均为藻类黏结形成的礁岩。据此认为西永 1 井 352m 钻遇溶洞应该为黄流组顶部风化暴露所形成的,并且其下 363.5～370.2m 和 370.2～370.7m 两次取芯均可见明显的溶蚀特征,推测 350m 左右已进入黄流组,并且该界面在电测曲线上也有明显响应,其下为一套高阻地层,其上地层电阻率较低,同时自然电位也有明显的突变。此外,根据 350～550m 井段在 455m 左右电阻率和自然电位还有一个明显的界面,认为可将 350～455m 井段划为黄流组一段,455～550m 划为黄流组二段。

(4)梅山组(550～994m)。西科 1 井梅山组以生物碎屑灰岩的发育为特征,夹少量礁云岩和礁灰岩。西永 1 井岩芯和井壁芯资料表明,439.9～446.6m 为藻屑生物礁云岩,特征与黄流组相似,而与之相隔最近的井壁芯位于 610m,岩性为生物碎屑灰岩,特征与梅山组相似,二者之间电阻率和自然电位在 550m 左右可见明显的界面,推测 550m 为梅山组与黄流组之间的界面。此外,在 645.51～647.84m 取芯为一套灰色白云质藻礁灰岩,且其下部电阻率和自然电位还存在一个显著的突变界面,推测该套白云质藻礁灰岩可能与西科 1 井梅山组一段 620～640m 的白云质礁灰岩对应。梅山组一段和二段界面在西永 1 井特征不明显,据电阻率曲线推测可置于约 775m。

(5)三亚组(994～1251m)。西科 1 井三亚组一段以厚层生物礁云岩为特征。西永 1 井 993.5m 井壁芯岩性为灰白色生物碎屑灰岩,994m 井壁芯为白云质生物碎屑灰岩,且电阻率曲线在该界面处发生明显突变,其下地层基值明显增高,据此推测 994m 为梅山组与三亚组的界面。西永 1 井 1251m 以下为以灰绿色为主,局部褐黄色的粉—细砂岩,推测为风化壳,其下为片麻花岗岩。据此认为 994～1251m 为三亚组,同时电测曲线表明 1170m 附近还存在一个明显的突变,其上地层以高电阻为特征,其下地层以低电阻为特征,1187m 和 1188m 两个井壁芯表明岩性主要为生物碎屑灰岩,与三亚组二段特征相似,因此 1170m 可作为三亚组一段和二段的界面。

(6)风化壳与基底(1251～1384.6m)。西永 1 井 1251～1279m 获取的 6 个井壁芯均为灰绿色局部黄褐色的粉—细砂岩,为覆盖于基底之上的风化壳层;其下为浅灰—深灰色片麻花岗岩,绝对年龄约为 68.9Ma(秦国权,1987)。

## 3. 西琛 1 井

西琛 1 井获取了较丰富的取芯及岩屑材料,张明书等(1997)、魏喜等(2007)、许红等(1999)对该井的岩芯录井剖面进行了详细的描述;孟祥营(1989)、王玉净等(1996)对该井的古生物化石进行了研究,此外,韩春瑞(1989)、何起祥、张明书(1990)、张明书等(1995,1997)、魏喜等(2008)还对该井的地球化学特征进行了分析,以上资料为本次地层划分奠定了坚实的基础(图7-5)。

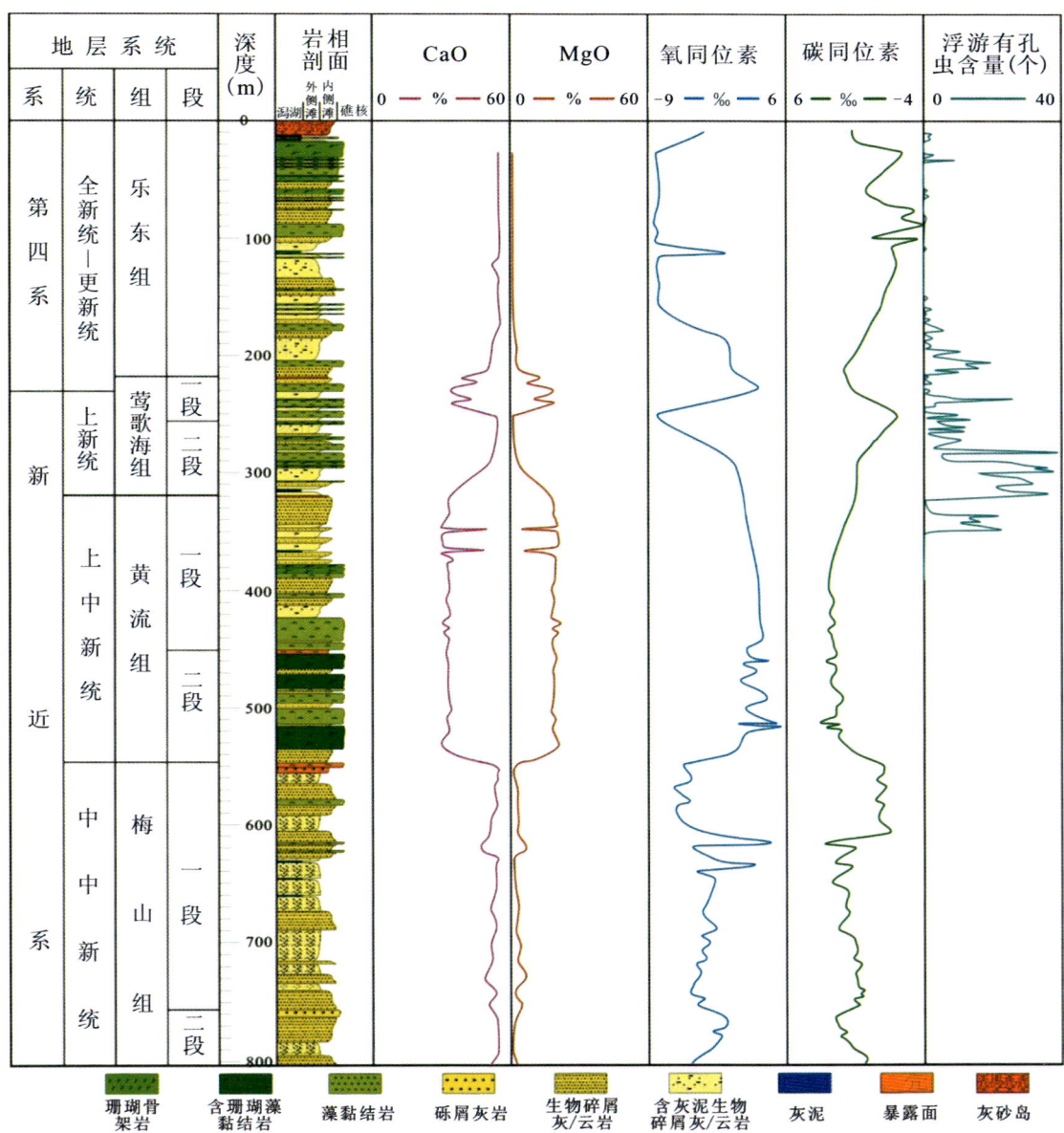

图7-5 西琛1井综合地层柱状图

(CaO、MgO及碳氧同位素资料引自赵强,2010;古生物资料引自孟祥营,1989)

(1)乐东组(0~218m)中、下部主要为藻泥粒灰岩、藻屑灰岩夹生物礁灰岩和核形石灰岩,上部主要为藻黏结灰岩与礁灰岩,顶部为生物碎屑砂,与西科1井相比该井乐东组生物礁发育程度较低,整体特征与西永1井更为相似,中下部以生物碎屑滩沉积为主。据孟祥营(1989)研究,西琛1井截锥圆辐虫(*Globorotalia truncatulinoides*)的分布下限约为213m,该种的首现年龄约为1.93Ma,与乐东组底界年龄接近;Bolli(1971)研究认为敏纳型圆辐虫由右旋占优势转变为左旋占优势发生在上新世顶部,西琛1井该转变也发生在213m附近,以上表明213m与乐东组底界接近。结合西琛1井218m以下出现了轻微的白云岩化现象,与西科1井莺歌海组顶部地层特征相似,据此认为0~218m为乐东组,该划分方案与张明书等(1995)对西琛1井第四系的认识一致,且与韩春瑞(1989)提出的第四系底界为213m的划分意见也接近。

（2）莺歌海组（218~319.05m）岩性特征与西科1井有一定差别，底部以粒泥灰岩、泥灰岩为主夹少量礁灰岩，中上部为礁灰岩、红藻灰岩与泥粒灰岩、生物碎屑灰岩互层，上部出现一定白云岩化现象。据孟祥营（1989）研究，西琛1井 Globoquadrina altispira 的分布上限为236.5m，Sphaeroidinellopsis seminulina 的分布上限约为290m，Globorotalia margaritae 的分布上限约为305.5m，据"The Geologic Time Scale 2012"（Gradstein et al, 2012），以上3个种的末现年龄分别为3.47Ma、3.59Ma和3.85Ma。西琛1井 Globigerinoides conglobatus 的分布下限约为350m，该种初现标志着N18带的底（Kennett et al, 1983），表明350m已进入上新统。结合西琛1井在319.05m为明显暴露面，其下发育大套白云岩，与西科1井黄流组特征相似，认为218~319.05m为莺歌海组地层。与西科1井相似，西琛1井该组也为浮游有孔虫最为丰富的井段，同样表现为下部较上部繁盛的特征。此外，根据浮游有孔虫丰度，结合258.25m以上出现明显白云岩化，据此为界可将莺歌海组分为两段。

（3）黄流组（319.05~547.62m）具明显的白云岩化现象，顶部可见锈黄色氧化特征及杂色粒泥灰岩等典型暴露风化标志。岩性下部主要为礁云岩夹少量生屑白云岩，礁云岩中可见大量缠绕的藻类发育；上部主要为生屑白云岩，中间夹几层生物碎屑灰岩与礁云岩。在450.45m，本组可见一个明显的风化面，其下部岩芯呈明显的土黄色—灰黄色，影响深度达30余米，据此认为319.05~450.45m可划为黄流组一段，450.45~547.62m为黄流组二段。王玉净等（1996）通过珊瑚藻、底栖有孔虫和介形虫等，对西琛1井346.92m以下井段的地层进行了研究，认为353.4~431m为中中新统宣德组；431~550m为下中新统西沙组上段；550m至井底为下中新统西沙组下段。但从西琛1井底栖有孔虫化石分布特征来看，353.4~550m底栖有孔虫稀少，仅发现7属13种，与西科1井黄流组更为相似；550m以下井段底栖有孔虫丰富，发现19属30种，其特征与西科1井梅山组更为相似。此外，从钙藻分布特征来看，西琛1井 Aethesolithon nanhaiensis 主要分布于432.5~550m井段，而该种在西科1井主要分布于黄流组二段，以上表明生物特征上西琛1井353.4~550m也与西科1井黄流组具有较好的可对比性。

（4）梅山组（547.62~802.17m，未见底）。该井段以弱固结的灰白色灰砂及生物碎屑灰岩为主，底部固结略好，上部夹少量礁灰岩与白云岩。从岩性特征看，与西科1井梅山组生物碎屑灰岩发育的特征基本一致，且其底栖有孔虫丰富的特征与西科1井梅山组的特征也极为相似，但该井段生物地层分带较为详细的介形虫在西科1井没有发现，因此无法与西科1井开展进一步的对比。据碳氧同位素变化特征推测757m可作为梅山组一段和二段的界面，该界面之下岩芯固结程度变好，且碳氧相对变重的特征与西科1井基本一致。

## 4. 西永 2 井

张明书等（1989）对西永2井上部390.2m的剖面特征进行了详细的描述，孟祥营（1989）对该井的浮游有孔虫分布特征进行了详细的研究。此外，赵强（2010）和张海洋等（2016）也分别对该井进行了研究。相对而言该井390m以上的研究程度较高，之下则资料较少（图7-6）。

（1）乐东组（0~221m）下部为生物碎屑灰岩、含灰泥生物碎屑灰岩及藻灰泥夹少量礁灰岩；上部为生物碎屑灰岩与藻屑灰岩、礁灰岩不等厚互层，顶部为生物碎屑砂。据孟祥营（1989）研究，西永2井 Globorotalia truncatulinoides 的分布下限为235m，该种的首现年龄约为1.93Ma，与乐东组底界年龄接近；Bolli（1971）研究认为敏纳型圆辐虫由右旋占优势转变为左旋占优势发生在上新世顶部，西石1井该转变也发生在235m附近，以上表明235m与乐东组底界接近。结合岩芯在221m可见一个明显的不整合面，界面之下为具有氧化暴露特征的黄灰色生物碎屑砂，其上为灰白色藻屑灰岩，据此认为0~221m为乐东组。

（2）莺歌海组（221~376m）底部为灰白色白云质泥粒灰岩，下部为泥粒灰岩与生物碎屑灰岩不等厚互层，夹几层白云质生物碎屑灰岩，上部为生物碎屑灰岩夹少量含灰泥生物碎屑灰岩。据孟祥营（1989）研究，西永2井 Globoquadrina altispira 的分布上限为284.5m，Sphaeroidinellopsis seminulina 的分

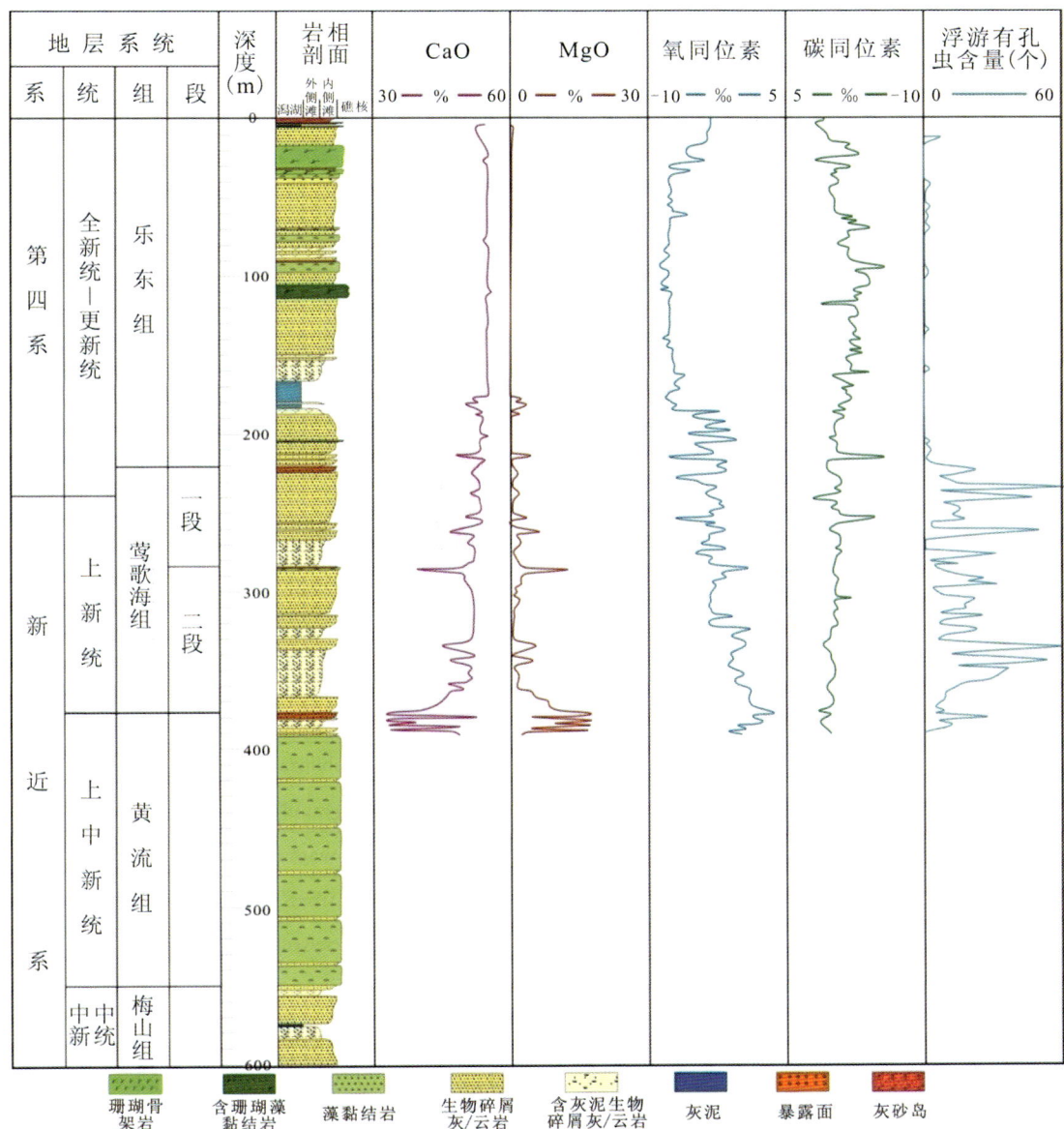

图 7-6 西永 2 井综合地层柱状图

(CaO、MgO 及碳氧同位素资料引自张明书等,1989 与赵强,2010;古生物资料引自孟祥营,1989)

布上限约为 310m,*Globorotalia margaritae* 的分布上限为 339.7m,以上 3 个种的末现年龄分别为 3.47Ma、3.59Ma 和 3.85Ma(Gradstein et al,2012),对比西科 1 井 327.59～330.97m 接近于皮亚琴察阶(Piacenzian)与赞克勒阶(Zanclean)的界线,西永 2 井与之相当,该界线大概位于 310～340m 之间。同时,西永 2 井与西科 1 井相似,在 376m 以下发育大套白云岩,据此认为 221～376m 为上新统莺歌海组,并且该井在 284.5m 以下发育一层白云质藻纹层灰岩,与西科 1 井莺歌海组二段顶部白云岩层具有较好的可对比性,认为以 284.5m 为界可将莺歌海组分为两段。

(3)黄流组(376～550m)。西永 2 井 376m 处为一个明显的风化暴露面,岩芯上可见厚约 10m 的棕红色含藻生物碎屑白云岩,特征与西科 1 井黄流组顶部相似。该井 390m 以下研究程度较低,未见相关岩芯描述资料,张海洋等(2016)认为主要为藻礁白云岩。

(4)梅山组(550～600.02m,未见底)岩性不清,推测为生物碎屑灰岩及含灰泥生物碎屑灰岩等,张海洋等(2016)认为约550m为梅山组顶界,界面位置与西永1井相当。

### 5. 西石1井

西石1井研究较为薄弱,且相关资料较为分散。张明书等(1989)详细地描述了西石1井的剖面特征,并进行了地层划分,认为24.68m以上为风成沉积,为上更新统石岛组上段地层;24.68~35.36m为白色礁格架灰岩,间夹灰白色黏结灰岩和砾屑灰岩,其底部为侵蚀不整合,属上更新统石岛组下段地层;35.56~98.26m为礁格架灰岩与砾屑灰岩互层,底部同样为侵蚀不整合面,属中更新统琛航组地层;98.25m以下属下更新统永兴组,岩性主要为灰白、灰黄色生物碎屑灰岩与散砂互层,钻井垮塌严重。

本次通过与邻近钻井西科1井和西永1井的对比分析,该井并未揭示莺歌海组顶部常见的具微弱白云岩化的生物礁灰岩或生物碎屑灰岩,钻遇地层全部为第四系乐东组(图7-7)。通过进一步与西科1井详细对比,西石1井揭示的两个侵蚀不整合面与西科1井的风化暴露面具有较好的可对比性,西科1井乐东组分别在37.3m、68.67m和98.38m揭示了3个非常明显的风化暴露面,在岩芯上均表现为明显的土黄色特征,其中37.3m的风化面与西石1井35.36m的不整合面可对比,而98.38m的暴露面可

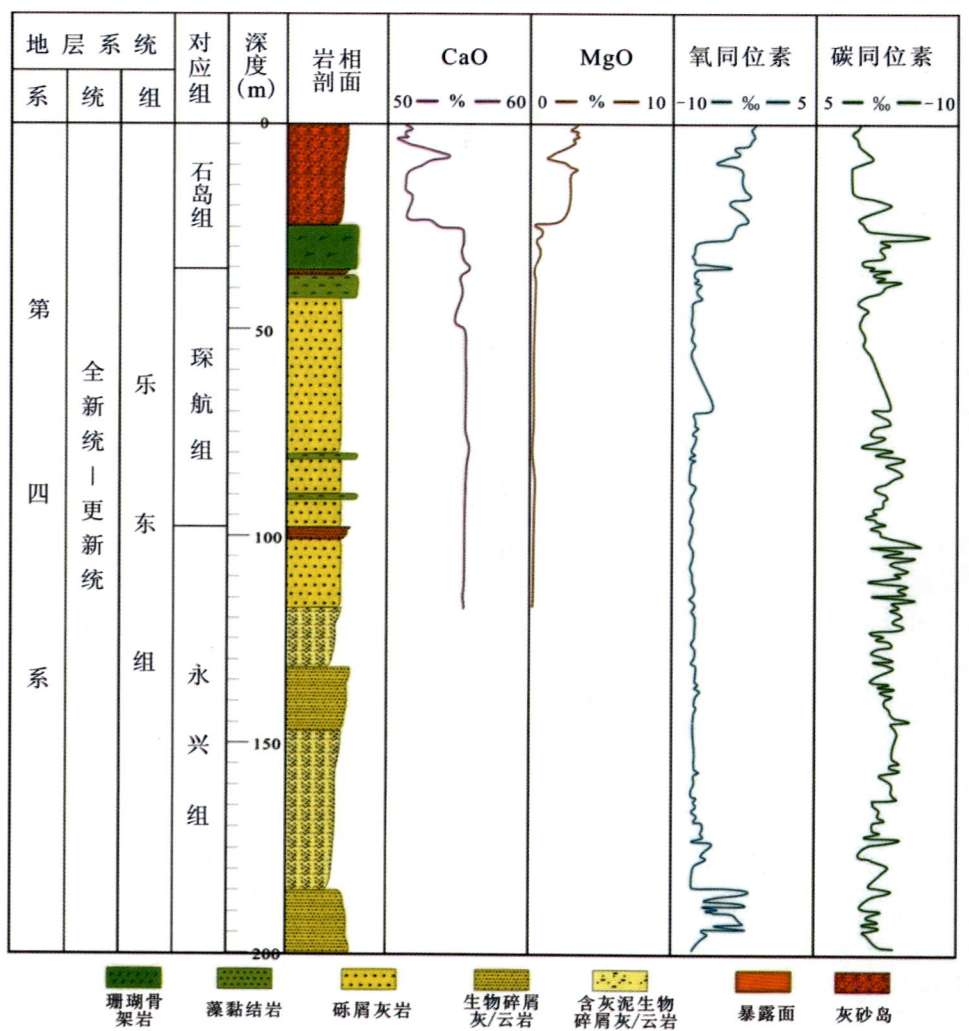

图7-7 西石1井综合地层柱状图

[对应组为张明书等(1989)地层划分方案;CaO、MgO及碳氧同位素资料引自张明书等,1989与赵强,2010]

与西石 1 井 98.25m 的不整合面对比。参考西科 1 井古地磁研究成果 65m 处约为 0.8Ma，80m 深度为 1.0Ma，据此认为西石 1 井 98.25m 以下应属早更新世地层。

## 7.2.2 地层对比

通过以上西沙岛礁共 5 口钻井岩性资料、地球化学资料及古生物资料的综合分析及地层划分，可建立西沙群岛中新世以来的生物礁的生长演化和综合地层格架。总体来看中新世以来西沙岛礁区各井地层横向厚度变化不大，但相变较快，这可能与生物礁受海平面变化影响较大，侧向迁移频繁有关（图 7-8）。

乐东组沉积时期，各井地层岩性特征横向变化明显，其中西科 1 井揭示了较多的生物礁礁核部分，其次为西琛 1 井和西永 1 井，而西石 1 井和西永 2 井主要为滩相沉积，其中西琛 1 井位于永乐环礁，与其他 4 口井相隔较远，为一个相对独立的礁体，其他 4 口井相隔较近，揭示的地层应为同一个礁体的不同相带，整体而言，该时期造礁生物主要为珊瑚，虽有少量钙藻，但不占优势。纵向来看，各井乐东组均以礁、滩沉积为主，但底部及下部潟湖相和滩相比上部更为发育，而在中上部生物礁逐渐达到鼎盛，在顶部则逐渐暴露、消亡。值得注意的是该组上部生物礁发生了多次暴露，这些暴露不整合面在宣德环礁范围内具有一定的可对比性。

莺歌海组沉积时期各井均开始出现白云岩化现象，其中西科 1 井所在的宣德环礁莺歌海组中期存在一个明显的白云岩化层，为重要的对比标志层，而西琛 1 井所在的永乐环礁白云岩化表现为上部较为强烈，下部较弱。从生物礁的发育程度而言，各井很不均衡，其中宣德环礁以西科 1 井生物礁最为发育，主要发育时期为莺歌海组一段沉积时期，但规模明显比乐东组小，西永 1 井和西永 2 井该时期生物礁不发育，以生屑滩环境为主；永乐环礁仅钻探了西琛 1 井，该井揭示的主要为生物礁靠近礁核的部分，表现为礁、滩的互层沉积，主要造礁生物为钙藻等。

黄流组沉积时期为西沙地区各井生物礁最为发育及白云岩化程度最强的时期。此外，该时期末期本地区发生了一次明显的暴露事件，从而在各井均形成了一个特征明显的不整合面，在岩芯上的标志为土黄色及棕褐色的白云质灰岩及白云岩；不整合面之下发育的大套白云岩，也为本区的典型对比标志层。从生物礁发育程度而言，西科 1 井、西永 1 井及西永 2 井基本全部为生物礁，仅见少量生屑滩夹层，表明该时期宣德环礁礁盘规模较大；西琛 1 井下部生物礁较为发育，向上部则逐渐演变为以生屑滩沉积为主，由于仅有一口钻井揭示该环礁地层，无法推测生物礁规模，但整体而言该时期为西沙地区生物礁最为繁盛的时期之一。

梅山组沉积时期在西沙地区与黄流组沉积时期的最大差异在于生物礁相对不发育，而生屑滩相对发育，这也是本区该时期地层重要的识别标志之一。纵向上从取芯资料较好的西科 1 井来看，该时期晚期生物礁较早期更为发育，这也与西永 1 井及西琛 1 井梅山组上部见少量薄层生物礁的特征基本一致。横向上各井均以生屑滩沉积为主，其中西科 1 井揭示的生物礁最多，西琛 1 井仅见少量薄层生物礁夹层，但大部分生物礁在生屑滩的背景下并不占优势，推测以斑点礁为主，因此规模有限。

三亚组仅位于宣德环礁的西科 1 井和西永 1 井揭示了该时期的地层，通过对比认为其与梅山组之间的最大不同为强烈的白云岩化作用，该白云岩化作用在三亚组一段表现得最为明显，其顶部还可见一个明显的暴露面，在西科 1 井该暴露面影响深度达 50m 左右。沉积特征上三亚组早期两井有一定差异，由于西科 1 井为基岩类硬基底，其上则直接发育生物礁，其后逐渐向潟湖过渡，西琛 1 井则为风化壳类软基底，其上主要为生屑滩；晚期两井沉积特征基本一致，均以生物礁沉积为主。

目前仅西科 1 井和西永 1 井揭示了西沙岛礁区的基底。岩性方面西科 1 井上部为片麻岩，下部为花岗岩；西永 1 井为片麻花岗岩，二者无论是岩性及地质年龄均有一定差异。此外，西永 1 井在基岩之上还发育了 28m 厚的风化壳，这表明在西沙隆起被海水淹没之前西科 1 井所在位置可能较西永 1 井略高，因此风化碎屑被搬运殆尽，而这种基底特征的差异也直接导致了中新世海侵初期二者在礁、滩体系

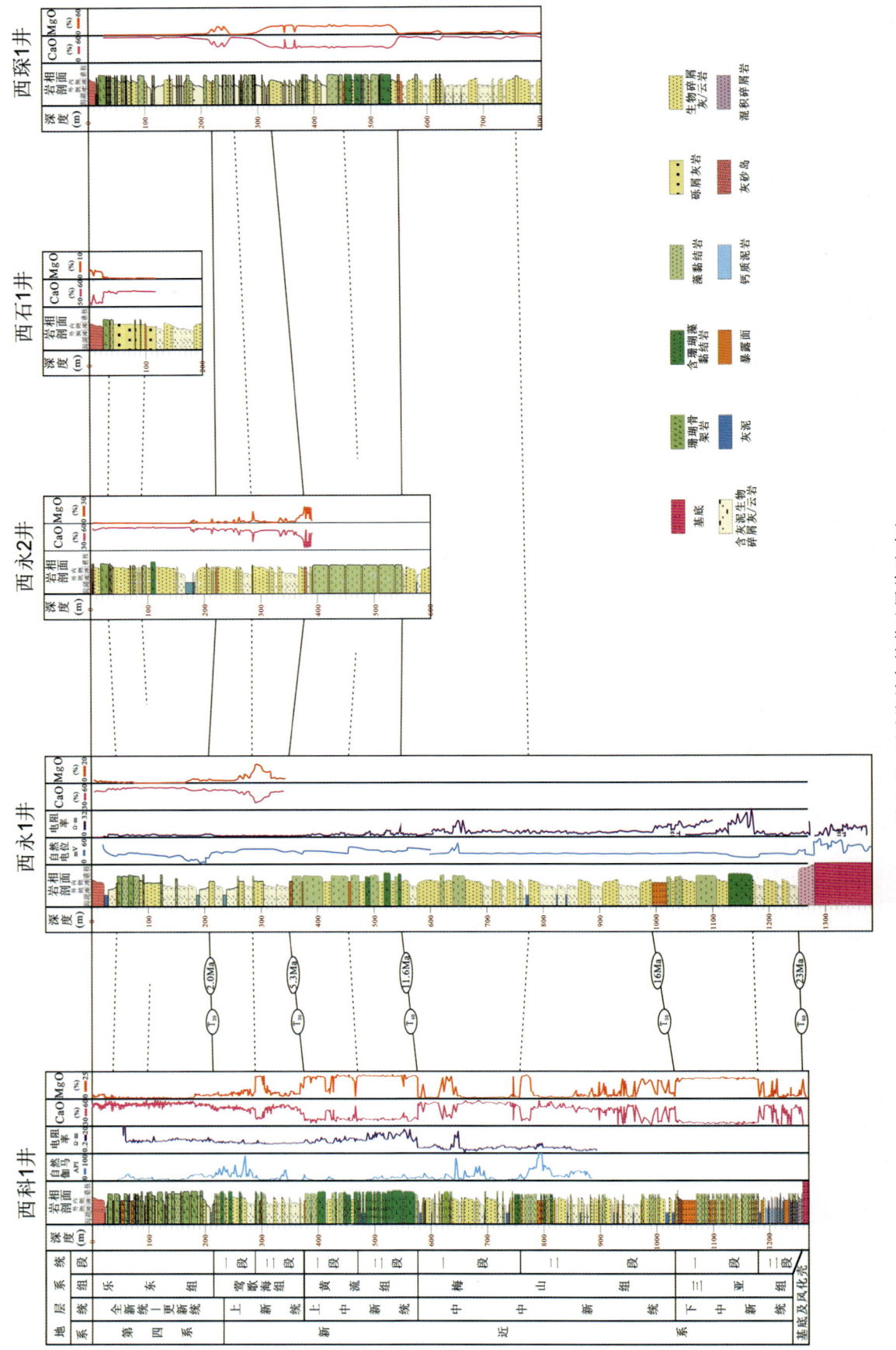

图 7-8 西沙海域各钻井地层单元对比

## 7.3 古生态学与沉积环境演化

一般而言,对礁、滩进行古生物学、古生态学和沉积学研究,首先要界定其三维形态边界以及空间展布的相变关系,这几个参数在地表露头上多能直观地体现出来,而对于钻井生物礁研究的工作流程却正好相反。目前,国际上根据生物相和沉积相组合来划分钻井礁、滩类型没有成熟的范例可循(张园园等,2009),但根据岩相和生物相纵向的变化,可以大致推断礁、滩沉积环境的演替。

生物礁、滩类型复杂,主流的划分多依据宏观外形,Henson(1950)提出礁复合体,后经不断完善(Tucker & Wright,1990;Playford,1980;James,1983;McIlreath & James,1984),得到了广泛的应用。礁复合体模型包括礁前、礁核和礁后三部分,在发育完整的礁复合体中,可细分为远侧塌积、近侧塌积、礁斜坡、礁骨架、礁顶、礁坪、礁后砂和潟湖等亚相。远侧塌积和近侧塌积以重力搬运和滑动沉积为主,常见浮游有孔虫、钙质超微等浮游类生物。礁前斜坡水深通常有几十米,为一个波浪能量相对较低、阳光不太充足的环境,上部可发育扁平状及板状珊瑚、海绵等,其沉积分选差,主要为来自生物礁及该相上部的粗、细碎屑的混合。礁骨架相水循环好,波浪能量强,发育丰富的珊瑚、钙藻、有孔虫、软体动物和棘皮类等,是造礁生物繁衍最旺盛的地方,既有枝状或柱状的分枝珊瑚及节片状钙藻,也有抗风浪能力强的块状珊瑚和壳状钙藻及苔藓虫等,由于风浪等的破坏造架生物在该相中必不可少,一般骨架类生物含量28%~80%。礁顶相水体较浅,波浪能量较生物礁低,但持续扰动,循环较好,因此只能发育抗扰动能力较强的块状珊瑚和壳状钙藻及苔藓虫等,生物分异度比较差,通常与礁骨架相一起构成生物礁的礁核部分,一般骨架类生物含量0~80%;此外,局部区域该相还容易发生周期性暴露,造礁生物不发育,而以异地搬运而来的漂砾、碎屑等为主。礁坪水浅,一般只有几米,沉积物成熟度低,分选差,由于水体循环受限,生物以适应性较强的单体珊瑚及广盐性的大型底栖有孔虫为主,此外分枝状和节片状红藻、绿藻等较为发育,骨架类生物占0~10%,可形成斑点礁。礁后砂相位于礁坪后侧,波浪越过礁坪后能量大为降低,间歇性风暴才能把礁骨架的碎屑物质搬运至此沉积,沉积物分选中等到较好,以适应低能环境的枝状珊瑚、广盐性及小型的底栖有孔虫、节片状的仙掌藻等生物为主,造架类生物基本不发育,值得注意的是由于水动力较低和碎屑物质的逐渐堆积,有时可在该相带形成小岛。潟湖水动能低,发育泥晶灰岩、粒泥灰岩和泥粒灰岩,常见生物有软体动物、棘皮类、浮游有孔虫、广盐性及小型的底栖有孔虫、仙掌藻等,造架生物不发育。

中国科学院南沙综合科学考察队(1989)在对南沙群岛永暑礁考察时,提出了环礁相带划分模式(图7-9)。该模式包括向海坡相、外礁坪相、礁坪凸起相、内礁坪相、潟湖坡相和潟湖盆相6个相带。其中向海坡相又分3个带,分别为水深小于30m的珊瑚礁缘陡坡带、水深40~400m的塌积带、水深大于

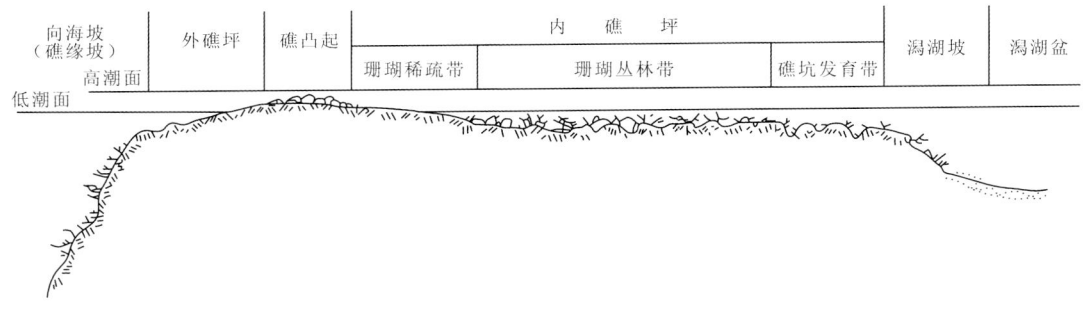

图7-9 环礁相带划分模式(中国科学院南沙综合科学考察队,1989,1997b)

400m 的向海坡带。外礁坪相从礁坪外缘坡折线起至礁坪凸起带，主要由块状珊瑚组成，常见蜂房珊瑚、滨珊瑚等；珊瑚藻发育，壳状珊瑚藻包覆礁面，呈瘤状。礁坪凸起相在不同礁中发育不同，有的凸起较高，发育珊瑚砾块，有的凸起不明显。内礁坪根据珊瑚生长状况又可分为 3 个亚带，分别为珊瑚稀疏带、珊瑚丛林带和礁坑发育带。潟湖坡可分为两类：一类为礁岩坡，多位于潟湖的西坡；一类为砂坡，多位于潟湖的东坡或东北坡，这是由于礁体东北部风浪较强。潟湖盆物质主要来自礁坪，由边缘向中心变细。由上可知我国南海珊瑚环礁生态特征虽然更为复杂，但整体相带及生物特征基本可以和礁复合体模型对应（表 7-1）。

**表 7-1 礁复合体与环礁沉积模式对比表**（据何起祥等，1986；中国科学院南沙综合科学考察队，1989，1997 有修改）

| 沉积环境 | 礁复合体生物组合 | 沉积环境 | | 环礁生物组合 |
|---|---|---|---|---|
| 远侧塌积 | 浮游有孔虫 | 礁缘坡 | 向海坡（水深＞400m） | 细—粉砂沉积、浮游有孔虫最多 |
| 近侧塌积 | 少量的生物 | | 塌积带（水深 40～400m） | 既有波浪从上部击落的造礁珊瑚块、珊瑚藻，也有从外礁坪飘落的生物砂屑 |
| 礁斜坡 | 软珊瑚，扁平状、板状珊瑚，珊瑚砾状堆积，海绵，骨架生物占 5%～40% | | 礁缘陡坡带（水深＜30m） | 水深 10m 之下造礁珊瑚非常丰富，含量可达 95%，10m 之上壳状珊瑚藻非常丰富 |
| 礁骨架 | 丰富的珊瑚、钙藻、有孔虫、软体动物和棘皮类等，骨架生物占 28%～80% | 外礁坪 | | 主要由块状珊瑚组成，壳状珊瑚藻包覆礁面 |
| 礁顶 | 抗风浪较强的块状珊瑚和壳状钙藻，骨架生物占 0～80% | 礁凸起 | | 发育珊瑚砾块，被壳状珊瑚藻包覆，可形成"海藻脊"，在不同礁中发育状况不同 |
| 礁坪 | 指状珊瑚、红藻、绿藻、大型底栖有孔虫，骨架生物占 0～10% | 内礁坪 | 珊瑚稀疏带 | 珊瑚零星生长，露出水面被壳状珊瑚藻包裹，基本无松散砂砾屑 |
| | | | 珊瑚丛林带 | 抗风浪较弱的细枝状珊瑚丰富，部分死亡珊瑚被壳状珊瑚藻包裹 |
| | | | 礁坑发育带 | 坑底沉积生物砂，含珊瑚砾石，滨珊瑚等团块状、枝状、叶片状珊瑚和礁栖生物茂盛，仙掌藻和海绵也生长很好 |
| 礁后砂 | 仙掌藻、小粟虫以及少量的红藻和指状珊瑚，骨架生物不发育 | 潟湖坡 | | 礁岩坡造礁和礁栖生物繁盛；砂坡含较多珊瑚碎枝，仙掌藻也较多 |
| 潟湖 | 软体动物、棘皮类、小粟虫、有孔虫和介形虫，骨架生物不发育 | 潟湖盆 | | 仙掌藻和软珊瑚骨针较多 |

西科 1 井揭示南海中新世以来的碳酸盐岩沉积，时代及沉积环境跨度均较大，虽然揭示了大量的生物礁，但局部时期生物碎屑滩也十分发育，因此本次以礁复合体与环礁沉积模式为基础，采用礁、滩复合体沉积模式对西科 1 井的沉积环境演化进行了分析（图 7-10）。首先根据不同的水动力及其内部的生物特征，划分出生物礁相、生屑滩相和潟湖相 3 种沉积环境。然后进一步将生物礁划分为礁骨架和礁顶，将生屑滩划分出礁后滩和礁前滩，二者的区别是礁前滩位于礁体外侧，向海方向过渡为开阔台地，礁后滩位于礁体内侧，向陆方向过渡为局限台地（金振奎等，2013）。其中，礁前滩位于礁骨架外侧浪基面以下至礁前斜坡坡折线一带，在堡礁及岸礁体系中较为发育，在环礁体系有时不发育；礁后滩又可分为礁后内侧滩和礁后外侧滩，对应于礁复合体模式，礁后内侧滩相当于礁坪相；礁后外侧滩大致相当于礁后砂相，二者的区别是礁后滩外侧生物不发育，而是以各类搬运来的生物碎屑为主。

由于礁体本身是一个开放系统，颗粒的互通或搬运使得各个亚相或生物群落之间并无截然的界线，

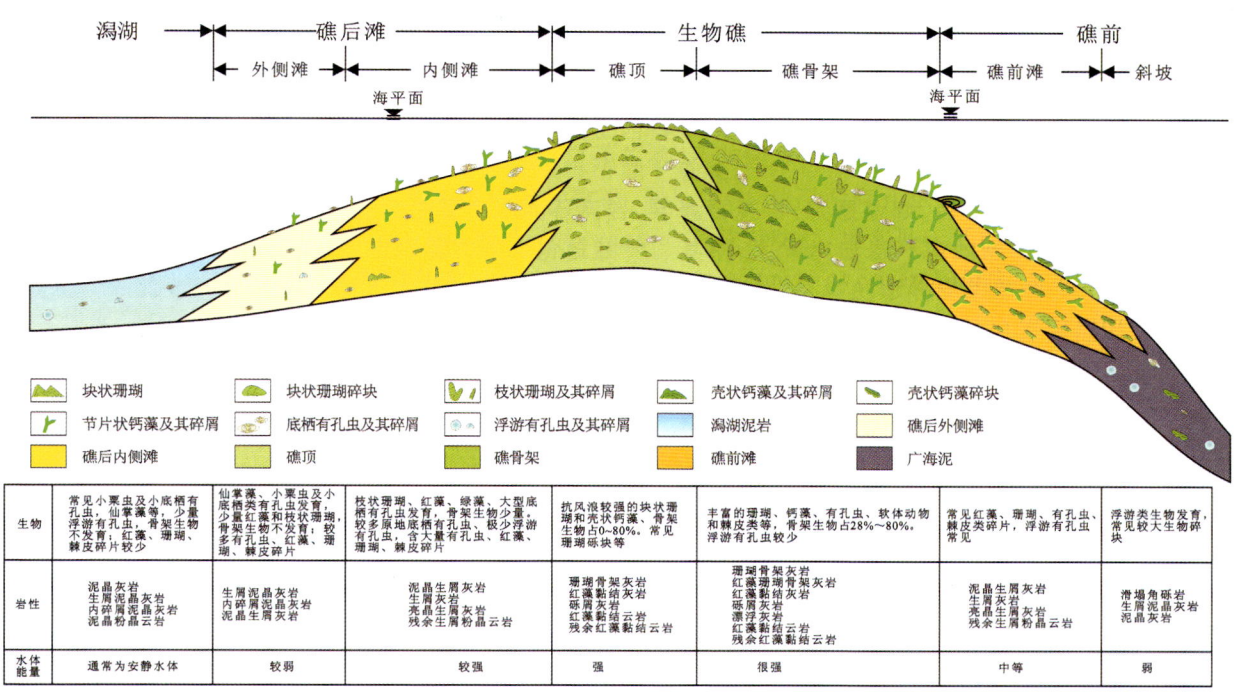

图 7-10 西科 1 井生态环境模式图

可以相互转变或过渡。同时,水深和水动能的差异控制着生物礁各亚相及生物群落的分布,但在生物礁生长过程中,由于环境的复杂性,局部小环境也可形成相似的水动力条件及生物特征,因此依据单一生物的生态特征对古环境进行分析具有多解性,而综合多门类古生物的面貌则结果更为可靠。本次依据造礁生物珊瑚和钙藻,附礁生物腹足类、双壳类、有孔虫以及钙质超微化石等多类生物的地层分布特征和组合面貌,结合化石保存状况与特征性生物的生态学意义,对西科 1 井开展了综合的古生态学与沉积演化的分析,将 1257.52m 以上井段的生态环境划分为 13 个演化阶段(图 7-11),依据年代地层格架,从老到新分述如下。

## 1. 早中新世(1257.52～1032.46m)

下中新统三亚组分为 3 个阶段:早期钙藻和珊瑚较发育,双壳类和腹足类未见,有孔虫有一定数量;中期钙藻、珊瑚含量明显降低,有孔虫丰度中等,钙质超微化石突然增加,双壳偶见;晚期珊瑚、有孔虫、双壳腹足和钙质超微等化石均几乎未见,仅钙藻少量出现。

(1)阶段 I(1257.52～1231.20m)生物礁。珊瑚较发育,主要为 *Turbinaria*,*Favia*,*Favites*,*Porites*,*Montipora* 等块状造礁珊瑚,偶见 *Acropora* 等枝状珊瑚;钙藻发育,既有壳状的 *Lithophyllum* 和 *Mesophyllum*,也见有节类的 *Corallina* 和 *Jania*;有孔虫有一定数量且几乎全为底栖类,以适应高能环境的 *Calcarina* 和 *Nephrolepidina* 最为发育,未见浮游类。据此认为该时期主要为水动力较强的生物礁环境,在生物礁生态体系中起造架作用的生物有块状珊瑚和壳状钙藻,起填充作用的有枝状珊瑚和有节类珊瑚藻,附礁生物主要为底栖有孔虫。

(2)阶段 II(1231.20～1179.69m)礁后外侧滩与潟湖。钙藻以节片状珊瑚藻占绝对优势,最发育的为抗风浪能力较弱的 *Corallina*。珊瑚偶见 *Porites* 和 *Acropora*。有孔虫常见 *Nephrolepidina*,*Spiroclypeus*,*Austrotrillina*,以及常生活于潟湖等异常盐度环境中的 *Ammonia* 和常生活于低能环境中的小底栖类,并且二者相对前期含量明显升高。钙质超微化石较为丰富,表明水体较深。双壳类见少量 *Cardita* 等。综合分析认为该时期主要为水动力较弱且具有一定水深的礁后外侧滩与潟湖环境。

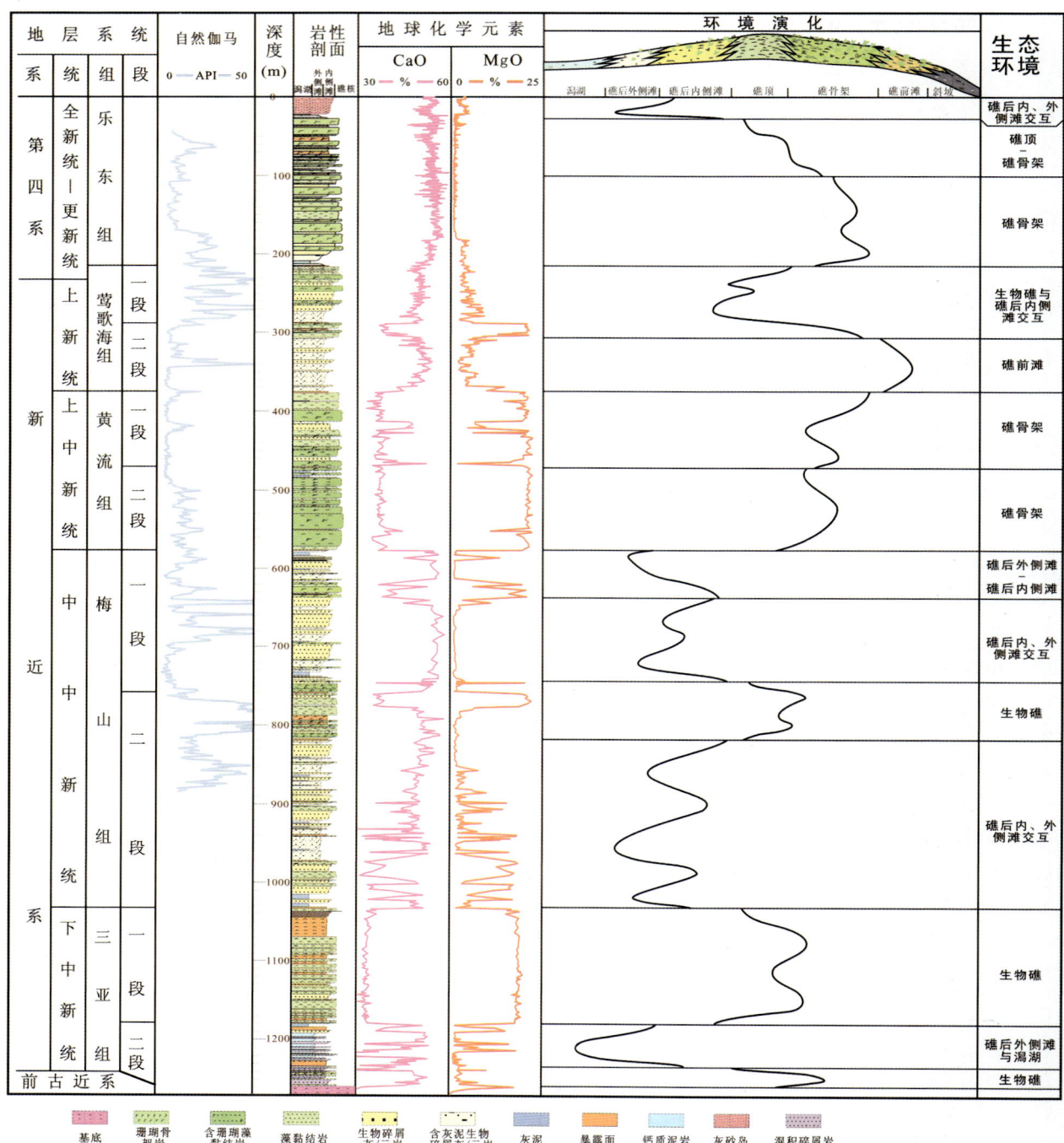

图 7-11 西科 1 井生物礁沉积环境分析图

（3）阶段Ⅲ（1179.69～1032.46m）生物礁。除少量的钙藻外，几乎未见其他生物化石，但这与强烈的白云岩化作用有关，镜下鉴定表明本井段主要为细—中晶白云岩，因此大部分生物化石被白云岩化破坏，难以鉴定。薄片之中残存最多的为钙藻化石，残存含量一般不足 20%，且基本全部为壳状珊瑚藻，以 *Mesophyllum* 最为丰富；此外还可见一些有孔虫轮廓，但难以鉴定属种。通过白云岩残余生物构造的类比认为其原岩主要为红藻黏结岩，据此认为该时期可能主要为水动力较强的生物礁环境，通过生物上仅壳状珊瑚藻发育分析，可能更接近于礁顶。

## 2. 中中新世(1032.46～576.50m)

中中新统梅山组珊瑚少量发育,主要位于中部;钙藻在中下部较为繁盛;有孔虫整个时期均比较繁盛,以底栖类为主,浮游类仅少量;钙质超微化石断续分布;腹足类、双壳类偶见,根据组合面貌可分为4个阶段。

(1) 阶段Ⅳ(1032.46～819.57)礁后内侧滩与外侧滩交互。钙藻丰富,节片状珊瑚藻占优势,以 *Corallina* 和 *Jania* 最为发育;壳状珊瑚藻仅在局部井段与节片状珊瑚藻数量相当,以 *Lithothamnium*, *Archaeolithothamnium* 和 *Mesophyllum* 最为丰富。造礁生物珊瑚不发育。底栖有孔虫丰富,适应于高能环境的 *Nephrolepidina*, *Miogypsina* 和 *Calcarina* 与适应于低能环境的小底栖类均有发育,且可在异常盐度环境生存的 *Austrotrillina*, *Quinqueloculina* 和 *Ammonia* 等大量繁盛。钙质超微化石与浮游有孔虫偶见,表明水体较浅。据此认为该时期主要为礁后内侧滩与礁后外侧滩交互出现的环境,钙藻和有孔虫表现了高能环境分子与低能环境分子均发育的特征,局部井段具生物礁造架能力的壳状钙藻大量繁盛,推测可能存在斑点礁。

(2) 阶段Ⅴ(819.57～742.06m)生物礁。珊瑚发育,主要为 *Turbinaria*, *Porites*, *Favia* 和 *Diplastrea* 等抗浪能力较强的块状珊瑚。钙藻以节片状珊瑚藻占优势,主要为 *Corallina* 和 *Jania*;壳状珊瑚藻断续分布,以 *Lithophyllum* 为主。底栖有孔虫丰富,且适应于较高能环境的 *Miogypsina*, *Nephrolepidina*, *Sphaerogypsina* 和 *Textularia* 等相对发育,而适应于低能环境的小底栖类不发育。浮游有孔虫偶见,钙质超微化石较少见。腹足类分布较为连续,但属种单一,主要为典型的礁栖类型。据此认为该时期以生物礁环境为主,其中主要的骨架生物为珊瑚,起填充作用的主要为钙藻,附礁生物主要为底栖有孔虫和腹足类。

(3) 阶段Ⅵ(742.06～636.96m)礁后内侧滩与外侧滩交互。珊瑚稀少,岩芯中未见,薄片中仅在2个层位见珊瑚化石,为 *Porites* 和 *Caryophyllia* 碎片。钙藻含量偏低,但以节片状珊瑚藻占优势,主要为 *Corallina* 和 *Jania kuboiensis* 等。底栖有孔虫丰度和分异度中等,*Amphistegina*, *Calcarina* 和 *Nephrolepidina* 出现较多,适应于较软基底、外形扁平的 *Discorbia* 与适应于低能环境的小底栖类繁盛。浮游有孔虫偶见,钙质超微化石不发育。双壳类较为发育,见适应于偏软泥质海底的 *Dosinia* (*Phacosoma*) 和 *Limopsis*。据此认为该时期为礁后内侧滩与外侧滩交互的环境,而适应于偏软泥基底的双壳及有孔虫发育,表明礁后外侧滩可能占优势。

(4) 阶段Ⅶ(636.96～576.50m)礁后内侧滩至外侧滩。珊瑚稀少,仅在一个层位的薄片中偶见 *Leptastrea*,钙藻稀少,主要为呈节片状的 *Corallina* 和 *Jania*。底栖有孔虫较为繁盛,常见 *Calcarina*, *Amphistegina*, *Miogypsina*, *Nephrolepidina*, *Cycloclypeus* 等,低能环境的小底栖类不发育,适应于砂质基底的 *Textularia* 与礁缘环境的 *Alveolinella*、*Marginopora* 繁盛。浮游有孔虫 *Globigerina* 在上部连续出现,钙质超微化石仅在顶部一个层位偶见。据此认为该时期早期水体较浅,以礁后内侧滩为主,晚期水体略有加深,以礁后外侧滩为主。

## 3. 晚中新世(576.50～374.95m)

上中新统黄流组珊瑚在下部较为丰富,上部不发育;钙藻在下部稀少,上部较为繁盛;双壳类偶见;有孔虫、腹足类等不发育,根据化石组合面貌可分为两个阶段。

(1) 阶段Ⅷ(576.5～470.10m)礁骨架。珊瑚繁盛,造礁类有 *Turbinaria*, *Astreopora*, *Diplastrea*, *Goniastrea* 和 *Porites*;非造礁类的以 *Acropora* 分布最为连续,*Enallopsammia* 偶见。钙藻稀少,以皮壳状的 *Aethesolithon nanhaiensis* 最为丰富,节片状珊瑚藻极少见。双壳类在上部较发育,以生活水深小于60m的 Limidae、*Pinna* 和 *Chlamys* 等为主;有孔虫、钙质超微化石、腹足类等不发育。根据抗风浪能力较强和较弱的珊瑚混合发育的特征,推测该时期主要为礁骨架的环境,其中,具有格架建造功能的块状珊瑚与枝状珊瑚、钙藻等共同构建了生物礁生态群落,双壳类等为重要的附礁生物。

(2)阶段Ⅸ(470.10～374.95m)礁骨架。珊瑚偶见,在岩芯和薄片中均只有1个层位发现,分别为 *Porites* 和 *Acropora* 等。钙藻极为繁盛,以壳状珊瑚藻占绝对优势,主要为 *Lithothamnium*, *Lithophyllum*, *Archaeolithothamnium* 和 *Mesophyllum*;节片状珊瑚藻 *Jania kuboiensis* 和松藻类的 *Halimeda* 亦较常见,揭示具有一定的水深。有孔虫、双壳、腹足等动物不发育。据此认为该时期主要为礁骨架的沉积环境,其中,具有格架建造功能的壳状珊瑚藻与节片状珊瑚藻、枝状珊瑚等共同构建了生物礁生态群落。

### 4. 上新世—第四纪(374.95～214.89m)

上新统—第四系莺歌海组珊瑚少量发育,主要位于上部;钙藻较为发育,但上部更为繁盛;有孔虫丰富、浮游和底栖均较发育,钙质超微化石下部较丰富、上部含量降低;双壳偶见,根据化石组合面貌可分为两个阶段。

(1)阶段Ⅹ(374.95～306.38m)礁前滩。钙藻较为发育,以适应于高能环境的壳状珊瑚藻碎屑为主,属种单调,主要为 *Mesophyllum*;节片状珊瑚藻较少,以 *Amphiroa* 为主。珊瑚不发育。底栖有孔虫丰富,以 *Amphistegina*, *Operculina*, *Heterostegina*, *Lenticulina* 最为发育,常见于高能环境的 *Calcarina*, *Nephrolepidina* 和 *Miogypsina* 及生活于异常盐度环境的 *Quinqueloculina* 等均不发育,揭示为正常盐度的低能环境。浮游有孔虫和钙质超微化石均较为丰富,连续分布,反映水体较深。双壳和腹足类等均未见。据此认为该时期主要为与广海联通且有一定水深的礁前滩沉积环境。

(2)阶段Ⅺ(306.38～214.89m)生物礁与礁后内侧滩交互。珊瑚在岩芯和薄片中均可见,但仅位于顶、底部,以造礁的 *Turbinaria* 和 *Cyphastrea* 为主。钙藻含量较高,以壳状珊瑚藻占优势地位,主要为 *Lithophyllum*, *Lithothamnium* 和 *Mesophyllum*;节片状珊瑚藻以 *Amphiroa* 和 *Corallina* 为主。底栖有孔虫丰富,既有适应于高能环境的 *Calcarina*, *Miogypsina*, *Nephrolepidina*,也有适应于礁后等砂质基底的 *Textularia*。浮游有孔虫断续分布,含量较前期降低;钙质超微化石仅顶部附近较为发育,反映水深变化频繁。双壳类仅在顶部偶见。据此认为该时期为生物礁与礁后内侧滩交互的环境,相对而言浮游有孔虫和钙质超微化石在生物礁环境含量较高,可能为从广海携带而来。

### 5. 第四纪(214.89～0.03m)

第四系乐东组为西科1井珊瑚最为繁盛的时期,相对而言钙藻欠发育,有孔虫较为丰富,钙质超微化石零星见到,腹足类偶见。依据化石属种分布和群落面貌可分为3个演化阶段。

(1)阶段Ⅻ(214.89～100.1m)礁骨架。珊瑚较为繁盛,在岩芯中及薄片中均大量可见,以抗风浪能力较强的 *Turbinaria*, *Favites*, *Cyphastrea*, *Porites* 和 *Diploastrea* 等为主,尤以 *Turbinaria* 和 *Cyphastrea* 最为发育,断续发育 *Acropora*, *Endopsammia*, *Euphyllia* 等抗风浪能力稍弱的枝状珊瑚。钙藻较少,偶见少量节片状 *Amphiroa*。有孔虫较少,底栖类以 *Amphistegina* 为主,浮游类及钙质超微化石偶见,双壳和腹足类不发育。综合分析认为该时期主要为礁骨架环境,其中主要造礁生物为珊瑚。

(2)阶段ⅩⅢ(100.1～25.11m)礁骨架-礁顶。珊瑚化石丰富,为全井段珊瑚最为繁盛的时期,基本全部为抗风浪能力较强类型,尤以 *Turbinaria*, *Favia* 和 *Montipora* 最为发育,其余常见 *Cyphastrea* 和 *Porites* 等。钙藻含量中等,壳状珊瑚藻含量高于有节珊瑚藻,壳状珊瑚藻以 *Lithoporella* 为主,节片状珊瑚藻以 *Amphiroa* 最为发育。底栖有孔虫以 *Amphistegina* 和 *Calcarina* 占优势,此外还发现 *Operculina*, *Eponides* 和 *Cibicidoides* 等,低能环境的小底栖类不发育。浮游有孔虫断续分布,钙质超微化石不发育。据此认为该时期主要为高能的礁骨架-礁顶环境。

(3)阶段ⅩⅣ(25.11～0m)礁后内侧滩与外侧滩交互。钙藻相对发育,以抗浪能力较弱的有节珊瑚藻类占绝对优势,下部以 *Halimeda* 为主;中部钙藻相对最为繁盛,以 *Amphiroa*, *Jania* 和 *Corallina* 为主;上部钙藻较少,以 *Amphiroa* 为主。珊瑚基本未见,表明水体水动力较前期变弱。底栖有孔虫丰富,适应于异常盐度环境的卷转虫、小粟虫类含量明显增加,此外常见 *Amphistegina*、*Calcarina*、*Operculina* 和 *Cibicidoides* 等,部分化石壳体破损。浮游有孔虫有一定数量,钙质超微化石偶见,反映水体具一定深度。据此推测该时期为礁后内侧滩与外侧滩交互的环境。

综上所述,西科1井从早中新世至第四纪,从生物礁的个体生态学和群落生态学分析,发现有位于生物礁礁核部分的礁骨架和礁顶环境、生物礁礁前的礁前滩环境、生物礁礁后的礁后内侧滩与外侧滩以及潟湖环境等完整的生物礁、滩沉积环境。其中,早中新世早期(阶段Ⅰ和阶段Ⅱ)矿物分析表明有陆源碎屑物质发育,推测海水刚刚淹没西沙台地,为岸礁体系发育阶段;至早中新世晚期开始,基本未见陆源碎屑物质,推测西沙台地全部被淹没,环礁体系开始形成。

# 主要参考文献

蔡华伟,蓝琇,冯伟民.南沙群岛永暑礁潟湖南永 3 井晚全新世微型双壳类[J].微体古生物学报,2003,20(4):389-406.
蔡英亚,刘桂茂.中国南沙群岛的双壳纲贝类[J].湛江海洋大学学报,2004,24(1):1-8.
陈史坚.南海气温、表层海温分布特点的初步研究[J].海洋通报,1983,2(4):9-17.
范嘉松,田树刚,吴亚生.东昆仑阿尔格山二叠纪生物礁的特征及其古地理古气候的意义[J].古地理学报,2004,6(3):329-338.
范嘉松,张维.生物礁的基本概念、分类及识别特征[J].岩石学报,1985,1(3):45-59,97.
方迎尧,周伏洪.南海中央海盆条带状磁异常特征与海底扩张[J].物探与化探,1998,22(4):272-278.
冯伟民,蓝琇,王金权.中沙、西沙群岛海区表层沉积物中微型腹足类、双壳类的分布[J].热带海洋,1997,16(4):1-10.
冯伟民,蓝琇.南海南部大陆架 14ka 来微型双壳类营养结构与海流活动[J].热带海洋,2000,19(3):50-58.
冯伟民.南沙群岛海区的微型腹足类[C]//中国科学院南沙综合科学考察队.南沙群岛及其邻近海区海洋生物分类区系与生物地理研究 II[M].北京:海洋出版社,1996:85-205.
郭晓然,赵明辉,黄海波,等.西沙地块地壳结构及其构造属性[J].地球物理学报,2016,59(4):1414-1425.
韩春瑞,孟祥营.西沙晚中新世以来礁相地层中有孔虫动物群的分布及其意义[J].海洋地质与第四纪地质,1990,10(2):65-81.
韩春瑞.西琛 1 井礁相沉积碳酸盐矿物及氧、碳稳定同位素特征[J].海洋地质与第四纪地质,1989,9(4):29-40.
郝诒纯,茅绍智.微体古生物学教程[M].武汉:中国地质大学出版社,1993.
郝诒纯.中国有孔虫[M].北京:中国科学出版社,1990.
何起祥,张明书,业治铮,等.西沙群岛石岛晚更新世碳酸盐沉积物的稳定同位素地层学[J].海洋地质与第四纪地质,1986,6(3):1-8.
何起祥,张明书.西沙群岛新第三纪白云岩的成因与意义[J].海洋地质与第四纪地质,1990,10(2):45-55.
何起祥,张明书.中国西沙礁相地质[M].北京:科学出版社,1986:1-182.
何炎,胡平忠.南海东沙隆起早中新世生物礁中的大有孔虫[J].古生物学报,1995,34(1):19-39.
蒋仲雄,曾麟,李明兴,等.中国油气区第三系(Ⅷ)南海北部大陆架油气区分册[M].北京:石油工业出版社,1994:30-48.
金振奎,石良,高白水,等.碳酸盐岩沉积相及相模式[J].沉积学报,2013,31(6):965-979.
李前裕,Lucas Lourens,汪品先.新近纪海相生物地层事件年龄新编[J].地层学杂志,2007,31(3):197-208
廖卫华.研究珊瑚化石和古珊瑚礁的意义[J].热带地貌,1984,5(1):48,49,74.
廖卫华.造礁珊瑚的地层意义[C]//朱袁智,沙庆安,郭丽芬,等.南沙群岛永暑礁新生代珊瑚礁地质[M].北京:科学出版社,1997:23-26.
刘新宇,谢金有,张伙兰,等.南海北部莺琼盆地浮游有孔虫年代地层研究[J].微体古生物学报,2009,26(2):181-192.
孟祥营.西沙群岛晚中新世以来有孔虫生物地层界限及古环境变化[J].微体古生物学报,1989,6(4):345-356.
聂宝符,陈特固,梁美桃,等.南沙群岛及其临近礁区造礁珊瑚与环境变化的关系[M].北京:科学出版社,1997:1-101.
聂宝符,梁美桃,朱袁智,等.南海礁区现代造礁珊瑚类骨骼细结构的研究[M].北京:科学技术出版社,1991:1-69.
潘华璋,蓝琇.西沙群岛软体动物[J].古生物学报,1998,37(1):121-132.
秦国权.西沙群岛"西永 1 井"有孔虫组合及该群岛珊瑚礁成因初探[J].热带海洋,1987,6(3):10-20.
唐以杰,陈康,刘金苓.湛江红树林保护区软体动物群落结构与生态位分析[J].广东第二师范学院学报,2015,35(3):65-70.
王崇友,何希贤,裘松余.西沙群岛西永 1 井碳酸盐岩地层与微体古生物的初步研究[J].石油实验地质,1979:23-38.

王崇友.我国西沙群岛、永兴岛首次发现白垩及超微化石[J].地质论评,1979(1):52.
王崇友.西沙群岛晚第三纪超微化石及其地质意义[J].中国地质科学院地质研究所所刊,1985,11:81-100.
王惠基.广东雷琼地区新生代地层的划分[J].地层学杂志,1981,5(3):221-225.
王瑞,焦养泉,吴立群,等.重庆开县上二叠统长兴组红花生物礁成礁模式[J].古地理学报,2009,11(2):157-166.
王玉净,勾韵娴,章炳高,等.西沙群岛西琛1井中新世地层、古生物群和古环境研究[J].微体古生物学报,1996,13(3):215-223.
王玉净.钙藻[C]//南海北部大陆架第三纪古生物图册[M].广州:广东科技出版社,1981:73-78.
卫平生,刘全新,张景廉,等.再论生物礁与大油气田的关系[J].石油学报,2006,27(2):38-42.
魏喜,邓晋福,谢文彦,等.南海盆地演化对生物礁的控制及礁油气藏勘探潜力分析[J].地学前缘,2005,12(3):245-252.
魏喜,贾承造,孟卫工,等.南海西沙海域西琛1井生物礁的性质及岩石学特征[J].地质通报,2008,27(11):1933-1938.
魏喜,贾承造,孟卫工,等.西琛1井碳酸盐岩的矿物成分、地球化学特征及地质意义[J].岩石学报,2007,23(11):2015-3025.
魏喜,贾承造,孟卫工.西沙群岛西琛1井碳酸盐岩白云石化特征及成因机制[J].吉林大学学报(地球科学版),2008,38(2):217-224.
魏喜.西沙海域晚新生代礁相碳酸盐岩形成条件及油气勘探前景[D].北京:中国地质大学(北京),2006.
吴时国,赵学燕,董冬冬,等.南沙海区礼乐盆地碳酸盐台地地震响应及发育演化[J].地球科学——中国地质大学学报,2011,36(5):807-814.
谢金有,祝幼华,麦文,等.南海北部莺琼盆地钙质超微化石年代地层研究[J].微体古生物学报,2010,27(4):289-298.
谢文海,谢积慧,阮桂文,等.广西北海不同生境海岸贝类群落调查[J].玉林师范学院学报(自然科学),2013,34(2):69-77.
徐凤山,张均龙.中国海典型生境双壳类软体动物多样性特点[J].生物多样性,2011,19(6):716-722.
徐钰林,孙镇城.中国西北地区第四纪盐湖沉积中钙质超微化石的发现及其古环境意义[J].现代地质,1998,12(1):49-53.
许红,蔡峰,王玉净,等.西沙中新世生物礁演化与藻类的造礁作用[J].科学通报,1999,44(13):1435-1439.
许红,孙萍,王玉净,等.西沙中新世生物地层和藻类的造礁作用与生物礁演变特征[M].北京:科学出版社,1999.
杨振,吴时国,吕福亮,等.西沙海区晚新生代碳酸盐台地的发育模式及控制因素[J].海洋地质与第四纪地质,2014,34(5):47-55.
张海洋,许红,赵新伟,等.西永2井中新世白云岩储层特征及成岩作用[J].海洋地质前沿,2016,32(3):41-47.
张明书,何起祥,李浩,等.西沙生物礁碳酸盐沉积地质学研究[M].北京:科学出版社,1989.
张明书.西沙西永1井礁相第四纪地层的划分[J].海洋地质与第四纪地质,1990a,10(2):57-64.
张明书.西沙事件旋回的发现及其意义[J].海洋地质与第四纪地质,1990b,10(2):83-90.
张明书,刘健,周墨清.西永1井礁序列的磁化率研究[J].科学通报,1994,39(4):340-343.
张明书,刘健,周墨清.西琛1井礁序列锶同位素组分变化[J].海洋地质与第四纪地质,1995,15(1):125-130.
张明书,刘健,李绍全.西沙群岛西琛1井礁序列成岩作用研究[J].地质学报,1997,71(3):223-244.
张锡南,梁名胜.西永1井介形类化石几个新种[J].海洋地质研究,1982,2(4):72-78.
张园园,王建坡,马俊业,等.礁滩分类以及在岩芯中的识别[J].古生物学报,2009,(1):89-101.
赵强.西沙群岛海域生物礁碳酸盐岩沉积学研究[D].北京:中国科学院研究生院,2010.
中国科学院南沙综合科学考察队.南沙群岛及其临近海区综合调查研究报告[M](一).北京:科学出版社,1989.
中国科学院南沙综合科学考察队.南沙群岛永暑礁第四纪珊瑚礁地质[M].北京:海洋出版社,1992:1-264.
中国科学院南沙综合科学考察队.南沙群岛及其临近海区地质地球物理及岛礁研究论文集[M](二).北京:科学出版社,1997a:1-239.
中国科学院南沙综合科学考察队.南沙群岛永暑礁新生代珊瑚礁地质[M].北京:科学出版社,1997b:1-134.
中国科学院西藏科学考察队.珠穆朗玛峰地区科学考察报告[M].1966—1968.北京:科学出版社,1974:1-299
邹仁林,宋善文,马江虎.海南岛浅水造礁石珊瑚[M].北京:科学出版社,1975:1-66.
Adams C G. Neogene larger foraminifera,evolutionary and geological events in the context of datum planes[C]//Ikebe I,Tsuchi R (eds.),Pacific Neogene Datum Planes[M]. Tokyo:University of Tokyo Press,1984:47-68.

Arthur H. Saller, Diagenesis in thick ice - house carbonates cycles: implications to reservoir development[J]. American association of petroleum geologists ,2007,122.

Alsharhan A S. Geology and reservoir characteristics of carbonate buildup in giant Bu Hasa oil fieid, Abu Dhabi, United Arab Emirates[J]. AAPG Bulletin, 1987, 71:1304 - 1318.

Bandy O L, Wade M E. Miocene - Pliocene - Pleistocene boundaries in deep - water environments[J]. Progress in oceanography,1965,4:51 - 66.

Banner F T, Blow W H. Progress in the planktonic foraminiferal biostratigraphy of the Neogene[J]. Nature,1965,208: 1164 - 1166.

Bassi D, Braga J C, Zakrevskaya E, Petrovna Radionova E. Redescription of the type collections of Maslov's species of Corallinales (Rhodophyta). II. Species included by Maslov in Archaeolithothamnium Rothpletz, 1891[J]. Revista Española de paleontologia. 2007, 22(2):115 - 125.

Bayliss D D. The distribution of Hyalinea balthica and Globorotalia truncatulinoides in the type Calabria[J]. Lethaia,1975, 2:133 - 143.

Beldean C, Bercea R, Filipescu S. Sedimentology and biostratigraphy of the Early - Middle Miocene transition in NW Transylvanian Basin[J]. Studia Universitatis Babes - Bolyai,Geologica,2013(1):57 - 70.

Berggren W A, Amdurer M. Late Paleogene (Oligocene) and Neogene planktonic foraminiferal biostratigraphy of the Atlantic Ocean:Lat. 30° N to Lat. 30° S[J]. Woods hole oceanographic institution,1973.

Berggren W A. Rates of evolution of some Cenozoic planktonic Foraminifera: Micropaleontology[J]. 1969,15:351 - 365.

Betzler C, Chaproniere G C H. Paleogene and Neogene larger foraminifers from the Queensland Plateau: Biostratigraphy and environmental significance[J]. In Proc. ODP, Sci. Results,1993,133:51 - 66.

Blow W H. Late Middle Eocene to Recent planktonic foraminiferal biostratigraphy [C]//Bronnimann P, Renz H H (Eds). Proceedings of the first international conference on planktonic microfossils, 1969, 1:199 - 422.

Bolli H M, Saunders J B, Perch - Nielsen K. Plankton Stratigraphy[M]. London:Cambridge Univ. Press,1985.

Bolli H M. The direction of coiling in planktonic foraminifera[C]//The micropaleontology of oceans[M]. Funnell B M et al(Eds.). London:Cambridge Univ. Press,1971:639 - 648.

Boudagher - Fadel M K, Banner F T. Revision of the stratigraphic significance of the Oligocene - Miocene "Letter - Stages" [J]. Rev. Micropaleontol,1999,42:93 - 97.

Boudagher - Fadel M K. The Cenozoic larger benthic foraminifera: The Palaeogene[C]//Boudagher - Fadel M K (Marcelle K). Evolution and geological significance of larger benthic foraminifera[J]. Developments in Palaeontology & Stratigraphy,2008,iii:297 - 488.

Boudagher - Fadel M K. The Cenozoic planktonic foraminifera:The Paleogene[C]//Boudagher - Fadel M K(Marcelle K). Biostratigraphic and geological significance of planktonic foraminifera[M]. Newnes,2013:141 - 202.

Boudagher - Fadel M K. The Cenozoic planktonic foraminifera: The Neogene[C]//Boudagher - Fadel M K (Marcelle K). Biostratigraphic and geological significance of planktonic foraminifera[M]. Newnes,2013:203 - 270.

Bramlette M N, Martini E. The great change in calcareous nannoplankton fossils between the Maestrichtian and Danian [J]. Microplaeoniololgy,1964,10(3):291 - 322.

Briskin M, Berggren W A. Pleistocene stratigraphy and quantitative paleo - oceanography of tropical north Atlantic: Micropaleontology[J]. Spec. Publ. ,1975,1:167 - 198.

Buchbinder B. Systematics and paleoenvironments of the calcareous algae from the Miocene (Tortonian) Tziqlag Formation, Israel[J]. Micropaleontology. 1977, 23(4):415 - 35.

Chaisson, W P, Pearson P N. Planktonic foraminifer biostratigraphy at site 925: Middle Miocene - Pleistocene[J]// Shackleton N J, Curry W B, Richter C, Bralower T J (Eds.). Proceedings of the Ocean Drilling Program, Scientific Results, 1997, 154:3 - 31.

Chaproniere G C H. Paleoecology of Oligo - Miocene larger Foraminiferida[J]. Australia: Alcheringa,1975,1:37 - 58.

Edgell H S, Basson P W. Calcareous algae from the Miocene of Lebanon[J]. Micropaleontology. 1975, 21(2):165 - 184.

Eberli G P, Ginsburg R N. Comment and Reply on "Segmentation and coalescence of Cenozoic carbonate platforms, northwestern Great Bahama Bank"[J]. Geology,1987,15(1):1082.

Fermont W J J. Discocyclinidae from Ein Avedat(Israel): Utrecht Micropal[J]. Bull. ,1982,27:1-173.

Fosil M. The lithothamnia[J]. Transactions of the Linnean Society of London (Ser. 2. Zool. ),1907,7:177-192.

Frost S H,Langenheim R L. Cenozoic Reef Biofacies[C]//Tertiary larger foraminifera and scleractinian corals from Chiapus[M]. Mexico:Dekalb,Northern Illinois Univ. Press,1974.

Gradstein F M,Ogg J G,Schmitz M D,et al. The Geologic Time Scale[J]. Elsevier,2012,1:1083-1127.

Grammer G M, Ginsburg R N, Harris P M. Timing of deposition, diagenesis, and failure of steep carbonate slopes in response to a high-amplitude/high-frequency fluctuation in sea level, Tongue of the Ocean, Bahamas[J]. 1993:107-131.

G M Grammer, P M Harris, G P Eberli. Integration of outcrop and modern analogs in reservoir modeling[J]. AAPG Memoir. ,2005,80(80):1-22.

Hallock P,Glenn C E. Larger Foraminifera: A tool for paleoenvironmental analysis of Cenozoic carbonate depositional facies[J]. Palaios,1986,1:55-64.

Hallock P. Production of carbonate sediments by selected foraminifera on two Pacific coral reefs[J]. Jour. Sed. Petrology, 1981,51:467-474.

Hamad M M, Gammal R E, Nouradini M. Coralline red algae from the Early Miocene Qom Formation, Bagh Section, Northern Isfahan, Iran[J]. Australian Journal of Basic and Applied Sciences,2015,9(33):467-480.

Hamad M M. Coralline red algae and foraminiferal biostratigraphy of the Early Miocene Sadat Formation, Sadat area, northwest Gulf of Suez, Egypt[J]. Egyptian Journal of Paleontology,2009,9:183-212.

Hays J D,Berggren W A. Quaternary boundaries and correlations[C]//The micropaleontology of the oceans[M]. Cambridge:Cambridge Univ. Press,1971:669.

Hays J D,Saito T,Opdyke N D,et al. Pliocene-Pleistocene sediments of the equatorial Pacific: Their paleomagnetic, biostratigraphic,and climatic record[J]. Geological Society of America Bulletin,1969,80:1481-1514.

Henson F R S. Cretaceous and Tertiary reef formations and associated sediments in Middle East[J]. Bulletin of the American Association of Petroleum Geologists,1950,34:215-238.

Hilgen F J,Lourens L J,Van Dam J A. The Neogene Period[C]//The Geologic Time Scale,2012,vol. 2[J]. Elsevier, 2012:923-987.

Ibaraki M. Distribution of planktonic foraminifers in ODP Hole 112-688A. In Supplement to:Ibaraki,Masako (1990): Eocene through Pleistocene planktonic foraminifers off Peru,Leg 112-biostratigraphy and paleoceanography[J]// Suess E,von Huene R,et al (eds.). Proceedings of the Ocean Drilling Program,Scientific Results,College Station, TX (Ocean Drilling Program),1990,112:239-262.

Ishijima Waaru. Cenozoic Coralline Algae from the Western Pacific[M]. Tokyo:Japan Private Publication,1954.

James N P. Reefs[C]//Scholle P A,Bebout D G,Moore C H. Carbonate Depositional Environments[J]. American Association of Petroleum Geologists Memoir,1983,33:345-462.

Johnson J H,Ferris B J. Tertiary and Pleistocene coralline algae from Lau,Fiji B P Bishop Mus. [J]. Bull. ,1950,(201):1-27, pls. 1-9,tables 1-4.

Johnson J H. Calcareous algae of Saipan[J]. U S Geol. Survey,Prof. Paper,1957,(280-E):209-246,pls. 37-60,tables 1-7.

Johnson J H. Coralline algae from the Cretaceous and early Tertiary of Greece[J]. Journal of Paleontology,1965:802-814.

Johnson J H. Fossil algae from Eniwetok,Funafuti and Kita-Daitō-Jima:Bikini and nearby atolls,Marshall Islands[J]. Geological Survey Professional,1961,260-Z:906-950,pl. 267-280.

Johnson J H. Fossil and recent calcareous algae from Guam[J]. Professional,1964a,403-G:G1-G40.

Johnson J H. Miocene coralline algae from northern Iraq[J]. Micropaleontology,1964b,10(4):477-485.

Kennett J P,Srinivasan M S. Neogene planktonic foraminifera[M]. Hutehinso Ross Publ. Company,1983.

Le Calvez Y. Proceedings of the Ocean Drilling Program, Part A: Initial Reports[R]// Proceedings of the Ocean Drilling Program, Part A: Initial Reports 1974,1: 609-627.

Malmgren B A, Kučera M, Ekman G. Evolutionary changes in supplementary apertural characteristics of the late Neogene Sphaeroidinella dehiscens lineage (planktonic foraminifera). Palaios[J], 1996,11:192 – 206.

Malmgren B A. Ranking of dissolution susceptibility of planktonic foraminifera at high latitudes of the south Atlantic Ocean[J]. Marine Micropaleontology,1983,8:183 – 191.

Maniscalco R,Brunner C A. Neogene and Quaternary planktonic foraminiferal biostratigraphy of the Canary island region [C]//Weaver P P E,Schmincke H U,Firth J V,et al. Proceedings of the Ocean Drilling Program. Scientific Results, 1998,157:115 – 124.

Martini E. Standard Tertiary and Quaternary calcareous nannoplankton zonation[C]//Farinacci A,Proceeding Ⅱ Plankton Conference[J]. Roma. ,1970,2: 739 – 785.

Martinus M,Fio K,Pikelj K,et al. Middle Miocene warm – temperate carbonates of central paratethys (Mt. Zrinska Gora, Croatia): Paleoenvironmental reconstruction based on bryozoans,coralline red algae,foraminifera,and calcareous nannoplankton[J]. Facies,2013,59:481 – 504.

Maslov V P. Algues calcaris fossile de l'. U. R. S. S. Acadm[J]. Science U. R. S. S. Moscow, 1956, 160: 1 – 130.

Maxwell W G H. Atlas of the great barrier reef[M]. Amsterdam:Elsevier Appliied Science, 1968.

Mcllreath I A,James N P. Carbonate slopes[C]//Walker R G. Facies Models[J]. Geoscience Canada,1984,12: 245 – 257.

Milliman J D. Role of calcareous algae in atlantic continental margin sedimentation:Fossil algae[J]. Springer Berlin Heidelberg,1977:232 – 247.

Majid A H, Veizer J. Deposition and chemical diagenesis of Tertiary carbonates, Kirkuk oil field, Iraq[J]. AAPG Bulletin, 1986, 70:898 – 913.

N Sadooni, A S Alsharhan. Stratigraphy, microfacies, and petroleum potential of the Mauddud Formation (Albian – Cenomanian) in the Arabian Gulf Basin[J]. AAPG Bulletin, October 2003, 87:1653 – 1680.

Okada H,Bukry. Supplementary modification and introduction of code numbers to the low – latitude coccolith biostratigraphic zonation[J]. Marine Micropaleontology,1980,5(3):321 – 325.

Pisera A, Studencki W I. Middle Miocene rhodoliths from the Korytnica Basin (Southern Poland): environmental significance and paleontology[J]. Acta Palaeontologica Polonica. 1989,34(3):179 – 209.

Playford P E. Devonian "Great Barrier Reef" of Canning Basin,Western Australia[J]. Bulletin of the American Association of Petroleum Geologists,1980,64: 814 – 840.

Prech – Neilsen K. Cenozoic calacareous nannofossils[C]//H M Bolli,J B Saunders,K Prech Neilsen. Plankton Strtigraphy. London:Cambridge University,1985:427 – 554.

Paola Ronchi, Andrea Ortenzi, Ornella Borromeo, et al. Depositional setting and diagenetic processes and their impact on the reservoir quality in the late Visean – Bashkirian Kashagan carbonate platform (Pre – Caspian Basin, Kazakhstan) [J]. AAPG Bulletin, September 2010, 94: 1313 – 1348.

Paola Ronchi, Andrea Ortenzi, Ornella Borromeo, et al. Diagenetic processes and their impact from the petrophysical properties in Kashagan carbonate platform reservoir (Carboniferous, Kazakhstan)[J]. AAPG Annual Convention and Exhibition, Denver, Colorado, USA, June 7 – 10, 2009.

Rio D,Cita M B,Iaccarino S,et al. Langhian,Serravallian and Tortonian historical stratotypes[C]//Montanari A,Odin G S and Coccioni R(eds.). Miocene stratigraphy:An integrated approach 57 – 87[J]. Amsterdam:Elsevier. Developments in Palaeontology and Stratigraphy,1997,15.

Saito T,Burckle L H,Hays J D. Late Miocene to Pleistocene biostratigraphy of equatorial Pacific sediments[C]//Saito T, Burckle L H. Late Neogene epoch boundaries[M]. New York: Amer. Mus. Nat. Hist. Micropaleontology Press, 1975:226 – 244.

Setiawan J R. Foraminifera and microfacies of the type Priabonian[J]. Utrecht Micropal. Bull. ,1983,29:1 – 173.

Simon J,Beavington – Penneya,Andrew Racey. Ecology of extant nummulitids and other larger benthic foraminifera:Applications in palaeoenvironmental analysis[J]. Earth – Science Reviews,2004,67:219 – 265.

Sprovieri R,D'agostino S,Di Stefano E. Deposits of the calabrian in the catanzaro region Italy[J]. Rivista Italiana di Paleontologiae Stratigrafia,1973,79(1):127 – 140.

Studencki W I. Red algae from the Pińczów Limestones (Middle Miocene;Świętokrzyskie Mountains, Central Poland)

[J]. Acta Palaeontologica Polonica, 1988, 33(1): 4-57.

Thunell R C. Mediterranean Neogene Planktonic Foraminiferal Biostratigraphy: Quantitative Results from DSDP Sites 125, 132 and 372[J]. Micropaleontology, 1979, 25 (4): 412-437.

Tucker M E, Wright V P. Carbonate Sedimentology[M]. Oxford: Blackwell Scientific Publications, 1990.

Turco E, Iaccarino S M, Foresi L M, et al. Revisiting the taxonomy of the intermediate stages in the Globigerinoides-Praeorbulina lineage[J]. Stratigraphy, 2011, 8(2-3): 163-187.

Van Couvering J A, Berggren W A. Biostratigraphical basis of the Neogene time scale[J]. Concepts and methods in biostratigraphy. 1977: 283-306.

Vest E L. Oil fields of Pennsylvanian-Permian horseshoe at oil, West Texas[A]. Halbouty M T. Geology of giant petroleum fields[M]. AAPG Memoir, 1970, 14: 185-203.

Wells J W. Scleractinia[C]//Treatise on Invertebrate Paleontology, Part F[M]. Geological Society of America and University of Kansas Press, 1956: 328-444.

Wen Shixuan, Zhang Binggao, Wang Yigang, et al. Sedimentary development and formation of stratigraphic region in Xizang[C]//Proc. Symp. Qinghai-Xizang Plateau(Beijing, China). Geological and ecological studies of Qinghai-Xizang Plateau[M]. Beijing: Science Press, 1981, 1: 119-130.

Wray J S. Paleocene calcareous algae from Libya[J]. Symposium Geological Libya University, 1969: 21-22.

Zempolich W, Alberti C. Appraisal of a supergiant: The Kashagan Field, North Caspian Basin, Kazakhstan[C]//Presentation at the 2005 AAPG International Conference and Exhibition, 2005.

# 图版说明及图版

## 图版 1

1-3. 高旋牙球虫 *Dentoglobigerina altispira* (Cushman et Jarvis)
  1. 腹视,×60,样品编号:347.45m-6-03,井深:347.45m,层位:莺歌海组;
  2. 背视,×80,样品编号:347.45m-6-04,井深:347.45m,层位:莺歌海组;
  3. 腹视,×80,样品编号:347.45m-6-05,井深:347.45m,层位:莺歌海组。
4. 粘连似抱球虫 *Globigerinita glutinata* (Egger)
  腹侧视,×150,样品编号:231.90m-7-21,井深:231.90m,层位:莺歌海组。
5-9. 共球拟抱球虫 *Globigerinoides conglobatus* (Brady)
  5. 腹视,×100,样品编号:231.90m-7-13,井深:231.90m,层位:莺歌海组;
  6. 腹视,×90,样品编号:231.90m-7-14,井深:231.90m,层位:莺歌海组;
  7. 腹视,×50,样品编号:231.90m-8-05,井深:231.90m,层位:莺歌海组;
  8. 腹视,×60,样品编号:347.45m-6-08,井深:347.45m,层位:莺歌海组;
  9. 腹侧视,×80,样品编号:347.45m-6-09,井深:347.45m,层位:莺歌海组。
10,11. 极斜拟抱球虫 *Globigerinoides extremus* Bolli et Bermudez
  10. 腹侧视,×80,样品编号:347.45m-6-06,井深:347.45m,层位:莺歌海组;
  11. 腹视,×70,样品编号:347.45m-6-07,井深:347.45m,层位:莺歌海组。
12-14. 红拟抱球虫 *Globigerinoides ruber* (d'Orbigny)
  12. 腹视,×110,样品编号:231.90m-7-11,井深:231.90m,层位:莺歌海组;
  13. 背视,×100,样品编号:231.90m-7-12,井深:231.90m,层位:莺歌海组;
  14. 腹视,×90,样品编号:231.90m-8-07,井深:231.90m,层位:莺歌海组。
15. 红拟抱球虫(广义种) *Globigerinoides ruber* s. l. (d'Orbigny)
  背视,×120,样品编号:11.13m-1-01,井深:231.90m,层位:莺歌海组。

## 图版 2

1. 红拟抱球虫(广义种) *Globigerinoides ruber* s. l. (d'Orbigny)
  腹视,×120,样品编号:11.13m-1-02,井深:231.90m,层位:莺歌海组。
2,3,6,7. 袋状拟抱球虫 *Globigerinoides sacculifer* (Brady)
  2. 腹视,×60,样品编号:347.45m-6-14,井深:347.45m,层位:莺歌海组;
  3. 背视,×120,样品编号:11.13m-1-03,井深:11.13m,层位:乐东组;
  6. 腹视,×30,样品编号:231.90m-6-02,井深:231.90m,层位:莺歌海组;
  7. 背视,×70,样品编号:231.90m-7-07,井深:231.90m,层位:莺歌海组。
4,5,9,10. 袋状拟抱球虫(广义种) *Globigerinoides sacculifer* s. l. (Brady)
  4. 背视,×70,样品编号:11.13m-1-04,井深:11.13m,层位:乐东组;
  5. 腹视,×30,样品编号:231.90m-6-01,井深:231.90m,层位:莺歌海组;
  9. 背视,×70,样品编号:231.90m-7-09,井深:231.90m,层位:莺歌海组;
  10. 腹视,×90,样品编号:231.90m-7-10,井深:231.90m,层位:莺歌海组。
8. 半缺类球形虫 *Sphaeroidinellopsis seminulina* (Schwager)

腹视,×70,样品编号:231.90m-7-08,井深:231.90m,层位:莺歌海组。

11-13. 团状方球虫 *Globoquadrina conglomerata* (Schwager)
    11. 侧视,×50,样品编号:11.13m-1-05,井深:11.13m,层位:乐东组;
    12. 腹视,×50,样品编号:11.13m-1-06,井深:11.13m,层位:乐东组;
    13. 腹视,×90,样品编号:231.90m-7-15,井深:231.90m,层位:莺歌海组。

14. 普通圆球虫 *Orbulina universa* d'Orbigny
    侧视,×50,样品编号:347.45m-4-08,井深:347.45m,层位:莺歌海组。

15. 果裂小球形虫 *Sphaeroidinella dehiscens* (Parker et Jones)
    侧视,×80,样品编号:231.90m-7-05,井深:231.90m,层位:莺歌海组。

## 图版 3

1,2. 果裂小球形虫 *Sphaeroidinella dehiscens* (Parker et Jones)
    1. 侧视,×80,样品编号:231.90m-7-06,井深:231.90m,层位:莺歌海组;
    2. 腹视,×60,样品编号:231.90m-8-06,井深:231.90m,层位:莺歌海组。

3. 厚圆辐虫 *Globorotalia crassaformis* (Galloway et Wissler)
    腹视,×100,样品编号:231.90m-7-16,井深:231.90m,层位:莺歌海组。

4. 中膨大圆辐虫(相似种) *Globorotalia* cf. *merotumida* Blow et Banner
    腹视,×60,样品编号:231.90m-7-17,井深:231.90m,层位:莺歌海组。

5,6. 多室圆辐虫(相似种) *Globorotalia* cf. *multicamerata* Cushman et Jarvi
    5. 腹视,×60,样品编号:347.45m-6-10,井深:347.45m,层位:莺歌海组;
    6. 背视,×80,样品编号:347.45m-6-11,井深:347.45m,层位:莺歌海组。

7. 膨胀圆辐虫 *Globorotalia inflata* (d'Orbigny)
    侧视,×100,样品编号:231.90m-7-20,井深:231.90m,层位:莺歌海组。

8. 珍珠圆辐虫 *Globorotalia margaritae* Bolli et Bermudez
    腹视,×90,样品编号:347.45m-6-12,井深:347.45m,层位:莺歌海组。

9. 敏纳圆辐虫 *Globorotalia menardii* (d'Orbigny)
    腹视,×60,样品编号:231.90m-7-18,井深:231.90m,层位:莺歌海组。

10. 近膨大圆辐虫 *Globorotalia plesiotumida* Blow et Banner
    腹视,×60,样品编号:231.90m-8-02,井深:231.90m,层位:莺歌海组。

11. 截锥圆辐虫 *Globorotalia truncatulinoides* (d'Orbigny)
    背侧视,×130,样品编号:231.90m-8-08,井深:231.90m,层位:莺歌海组。

12. 肿圆辐虫 *Globorotalia tumida* (Brady)
    背视,×50,样品编号:231.90m-8-01,井深:231.90m,层位:莺歌海组。

13,14. 肿圆辐虫弯曲亚种 *Globorotalia tumida flexuosa* (Koch)
    13. 腹视,×50,样品编号:231.90m-6-01,井深:231.90m,层位:莺歌海组;
    14. 背视,×50,样品编号:231.90m-6-02,井深:231.90m,层位:莺歌海组。

15. 杜氏新方球虫(相似种) *Neogloboquadrina* cf. *dutertrei* (d'Orbigny)
    腹视,×110,样品编号:231.90m-7-19,井深:231.90m,层位:莺歌海组。

## 图版 4

1,2. 杜氏新方球虫 *Neogloboquadrina dutertrei* (d'Orbigny)
    1. 背视,×50,样品编号:11.13m-1-08,井深:11.13m,层位:乐东组;
    2. 腹视,×50,样品编号:11.13m-1-09,井深:11.13m,层位:乐东组。

3-7. 小丘新方球虫 *Neogloboquadrina humerosa* (Takayanagi et Saito)
    3. 壳缘视,×40,样品编号:231.90m-6-03,井深:231.90m,层位:莺歌海组;
    4. 腹视,×40,样品编号:231.90m-6-04,井深:231.90m,层位:莺歌海组;
    5. 背视,×40,样品编号:231.90m-6-05,井深:231.90m,层位:莺歌海组;

6. 壳缘视,×70,样品编号:231.90m-8-03,井深:231.90m,层位:莺歌海组;
7. 腹视,×70,样品编号:231.90m-8-04,井深:231.90m,层位:莺歌海组。

8. 斜室普林虫 *Pulleniatina obliquiloculata* (Parker et Jones)
腹视,×40,样品编号:11.13m-1-07,井深:11.13m,层位:乐东组。

9-11. 初始普林虫 *Pulleniatina primalis* Banner et Blow
9. 腹视,×90,样品编号:231.90m-7-03,井深:231.90m,层位:莺歌海组;
10. 壳缘视,×90,样品编号:231.90m-7-04,井深:231.90m,层位:莺歌海组;
11. 腹视,×90,样品编号:347.45m-6-13,井深:347.45m,层位:莺歌海组。

12. 双珑虫(未定种)*Pyrgo* sp.
侧视,×40,样品编号:1213.00m-4-04,井深:1213.00m,层位:三亚组。

13. 拉马克五珑虫 *Quinqueloculina lamarckiana* d'Orbigny
侧视,×40,样品编号:11.13m-3-02,井深:11.13m,层位:乐东组。

14. 热带五珑虫 *Quinqueloculina tropicalis* Cushman
侧视,×20,样品编号:11.13m-3-03,井深:11.13m,层位:乐东组。

15. 五珑虫(未定种)*Quinqueloculina* sp.
侧视,×30,样品编号:1213.00m-4-05,井深:1213.00m,层位:三亚组。

## 图版 5

1-4. 五珑虫(未定多种)*Quinqueloculina* spp.
1. 侧视,×30,样品编号:1213.00m-4-06,井深:1213.00m,层位:三亚组;
2. 侧视,×20,样品编号:1213.00m-4-07,井深:1213.00m,层位:三亚组;
3. 侧视,×15,样品编号:1213.00m-4-08,井深:1213.00m,层位:三亚组;
4. 侧视,×15,样品编号:1213.00m-4-09,井深:1213.00m,层位:三亚组。

5. 类曲形虫(未定种)*Sigmoilopsis* sp.
侧视,×30,样品编号:11.13m-2-13,井深:11.13m,层位:乐东组。

6. 皱抱环虫 *Spiroloculina corrugate* Cushman et Todd
侧视,×20,样品编号:11.13m-3-01,井深:11.13m,层位:乐东组。

7. 三棱三珑虫 *Triloculina tricarinata* d'Orbigny
侧视,×50,样品编号:11.13m-2-12,井深:11.13m,层位:乐东组。

8. 凯茨比金字塔虫 *Pyramidulina catesbyi* (d'Orbigny)
侧视,×50,样品编号:347.45m-5-11,井深:347.45m,层位:莺歌海组。

9. 直箭头虫(未定种)*Rectobolivina* sp.
侧视,×70,样品编号:231.90m-6-13,井深:231.90m,层位:莺歌海组。

10. 箭头虫属(未定种)*Bolivina* sp.
侧视,×50,样品编号:828.00m-2-12,井深:828.00m,层位:梅山组。

11. 斜口虫(未定种)*Loxostomina* sp.
侧视,×60,样品编号:231.90m-6-12,井深:231.90m,层位:莺歌海组。

12,13. 日本冰岛虫 *Islandiella japonica* (Asano et Nakamura)
12. 腹侧视,×60,样品编号:231.90m-6-09,井深:231.90m,层位:莺歌海组;
13. 背侧视,×50,样品编号:231.90m-6-10,井深:231.90m,层位:莺歌海组。

14. 橡果虫(未定种)*Glandulina* sp.
侧视,×20,样品编号:828.00m-2-04,井深:828.00m,层位:梅山组。

15. 罗伊斯虫(未定种)*Reussella* sp.
侧视,×80,样品编号:231.90m-6-21,井深:231.90m,层位:莺歌海组。

## 图版 6

1,2. 罗伊斯虫(未定种)*Reussella* sp.

1. 侧视,×80,样品编号:347.45m-5-12,井深:347.45m,层位:莺歌海组;
2. 侧视,×70,样品编号:660.00m-1-01,井深:660.00m,层位:梅山组。

3. 小滴虫(未定种)*Guttulina* sp.
    侧视,×100,样品编号:231.90m-6-22,井深:231.90m,层位:莺歌海组。

4. 花室虫(未定种)*Cellanthus* sp.
    侧视,×30,样品编号:11.13m-2-10,井深:11.13m,层位:乐东组。

5-7. 编格花室虫 *Cellanthus craticulatum* (Fichtel et Moll)
    5. 壳缘视,×40,样品编号:11.13m-2-09,井深:11.13m,层位:乐东组;
    6. 侧视,×50,样品编号:231.90m-8-10,井深:231.90m,层位:莺歌海组;
    7. 侧视,×70,样品编号:231.90m-8-11,井深:231.90m,层位:莺歌海组。

8,9. 卷曲希望虫 *Elphidium crispum* (Linnaeus)
    8. 侧视,×40,样品编号:231.90m-6-06,井深:231.90m,层位:莺歌海组;
    9. 偏侧视,×40,样品编号:231.90m-6-07,井深:231.90m,层位:莺歌海组。

10-15. 扁豆虫(未定多种)*Lenticulina* spp.
    10. 侧视,×20,样品编号:231.90m-5-07,井深:231.90m,层位:莺歌海组;
    11. 侧视,×30,样品编号:231.90m-5-08,井深:231.90m,层位:莺歌海组;
    12. 壳缘视,×50,样品编号:231.90m-5-09,井深:231.90m,层位:莺歌海组;
    13. 侧视,×40,样品编号:231.90m-6-11,井深:231.90m,层位:莺歌海组;
    14. 侧视,×40,样品编号:231.90m-9-01,井深:231.90m,层位:莺歌海组;
    15. 侧视,×70,样品编号:231.90m-9-02,井深:231.90m,层位:莺歌海组。

## 图版 7

1-5. 扁豆虫(未定多种)*Lenticulina* spp.
    1. 侧视,×40,样品编号:347.45m-5-05,井深:347.45m,层位:莺歌海组;
    2. 侧视,×50,样品编号:347.45m-5-06,井深:347.45m,层位:莺歌海组;
    3. 侧视,×30,样品编号:347.45m-5-07,井深:347.45m,层位:莺歌海组;
    4. 侧视,×50,样品编号:347.45m-5-08,井深:347.45m,层位:莺歌海组;
    5. 侧视,×70,样品编号:347.45m-5-09,井深:347.45m,层位:莺歌海组。

6,7. 亚圆形扁豆虫 *Lenticulina suborbicularis* Parr
    6. 壳缘视,×40,样品编号:231.90m-9-03,井深:231.90m,层位:莺歌海组;
    7. 侧视,×40,样品编号:231.90m-9-04,井深:231.90m,层位:莺歌海组。

8,9. 小型球盔形虫 *Globocassidulina minima* (Saidova)
    8. 侧视,×75,样品编号:11.13m-1-10,井深:11.13m,层位:乐东组;
    9. 壳缘视,×70,样品编号:231.90m-6-08,井深:231.90m,层位:莺歌海组。

10-12. 裂瓣面包虫 *Cibicides lobatulus* (Cushman)
    10. 腹视,×40,样品编号:11.13m-1-11,井深:11.13m,层位:乐东组;
    11. 背视,×90,样品编号:231.90m-8-12,井深:231.90m,层位:莺歌海组;
    12. 腹视,×30,样品编号:828.00m-2-10,井深:828.00m,层位:梅山组。

13-15. 闪烁面包虫 *Cibicides refulgens* Montfort
    13. 壳缘视,×50,样品编号:11.13m-1-12,井深:11.13m,层位:乐东组;
    14. 腹视,×50,样品编号:11.13m-1-13,井深:11.13m,层位:乐东组;
    15. 腹视,×70,样品编号:231.90m-6-15,井深:231.90m,层位:莺歌海组。

## 图版 8

1-4. 闪烁面包虫 *Cibicides refulgens* Montfort
    1. 壳缘视,×70,样品编号:231.90m-6-16,井深:231.90m,层位:莺歌海组;
    2. 背视,×70,样品编号:231.90m-6-17,井深:231.90m,层位:莺歌海组;

3. 腹视,×70,样品编号:231.90m-6-18,井深:231.90m,层位:莺歌海组;
4. 背视,×90,样品编号:231.90m-8-13,井深:231.90m,层位:莺歌海组。

5. 双面包虫(未定种)*Dyocibicides* sp.
   腹视,×60,样品编号:231.90m-6-14,井深:231.90m,层位:莺歌海组。

6. 波萼上穹虫 *Eponides repandus* (Fichtel et Moll)
   腹视,×30,样品编号:11.13m-2-14,井深:11.13m,层位:乐东组。

7-11. 上穹虫(未定多种)*Eponides* spp.
   7. 腹视,×20,样品编号:231.90m-5-10,井深:231.90m,层位:莺歌海组;
   8. 腹视,×25,样品编号:231.90m-5-11,井深:231.90m,层位:莺歌海组;
   9. 腹视,×30,样品编号:660.00m-1-07,井深:660.00m,层位:梅山组;
   10. 腹视,×25,样品编号:828.00m-2-08,井深:828.00m,层位:梅山组;
   11. 壳缘视,×30,样品编号:997.00m-3-07,井深:997.00m,层位:梅山组。

12. 光滑虫(未定种)*Glabratellina* sp.
    腹视,×70,样品编号:828.00m-2-13,井深:828.00m,层位:梅山组。

13,14. 球拟异常虫 *Anomalinoides globulosus* (Chapman et Parr)
    13. 腹视,×90,样品编号:231.90m-6-19,井深:231.90m,层位:莺歌海组;
    14. 背视,×70,样品编号:231.90m-8-09,井深:231.90m,层位:莺歌海组。

15. 假恩格拟面包虫 *Cibicidoides pseudoungerianus* (Cushman)
    腹视,×50,样品编号:11.13m-2-11,井深:11.13m,层位:乐东组。

## 图版 9

1. 假恩格拟面包虫 *Cibicidoides pseudoungerianus* (Cushman)
   腹视,×80,样品编号:231.90m-6-20,井深:231.90m,层位:莺歌海组。

2,3. 圆盘虫(未定种)*Discorbis* sp.
   2. 腹视,×100,样品编号:231.90m-8-14,井深:231.90m,层位:莺歌海组;
   3. 腹视,×40,样品编号:828.00m-2-09,井深:828.00m,层位:梅山组。

4. 小真碟虫(未定种)*Eupatellinella* sp.
   壳缘侧视,×90,样品编号:231.90m-7-01,井深:231.90m,层位:莺歌海组。

5,6. 优美耳蜗虫 *Facetocochlea pulchra* (Cushman)
   5. 背视,×40,样品编号:11.13m-2-07,井深:11.13m,层位:乐东组;
   6. 腹视,×50,样品编号:11.13m-2-08,井深:11.13m,层位:乐东组。

7. 玫瑰虫(未定种)*Rosalina* sp.
   腹视,×100,样品编号:231.90m-7-02,井深:231.90m,层位:莺歌海组。

8. 仿轮虫(未定种)*Pararotalia* sp.
   背视,×50,样品编号:828.00m-2-11,井深:828.00m,层位:梅山组。

9-12. 毕克卷转虫 *Ammonia beccarii* (Linné)
   9. 壳缘视,×50,样品编号:11.13m-2-03,井深:11.13m,层位:乐东组;
   10. 腹视,×50,样品编号:11.13m-2-04,井深:11.13m,层位:乐东组;
   11. 背视,×50,样品编号:11.13m-2-05,井深:11.13m,层位:乐东组;
   12. 腹视,×50,样品编号:11.13m-2-06,井深:11.13m,层位:乐东组。

13-15. 球形沃德尔虫 *Wadella globiformis* Chapman
   13. 侧视,×15,样品编号:347.45m-4-04,井深:347.45m,层位:莺歌海组;
   14. 侧视,×25,样品编号:347.45m-4-05,井深:347.45m,层位:莺歌海组;
   15. 侧视,×50,样品编号:347.45m-4-06,井深:347.45m,层位:莺歌海组。

## 图版 10

1-3. 球形球垩虫 *Sphaerogypsina globula* (Reuss)

1. 侧视,×50,样品编号:231.90m-10-05,井深:231.90m,层位:莺歌海组;
2. 侧视,×25,样品编号:11.13m-3-09,井深:11.13m,层位:乐东组;
3. 侧视,×60,样品编号:347.45m-4-09,井深:347.45m,层位:莺歌海组。

4,5. 矮小北方虫 *Borelis pygmaeus* (Hanzawa)
    4. 侧视,×40,样品编号:1213.00m-4-02,井深:1213.00m,层位:三亚组;
    5. 缘面视,×40,样品编号:1213.00m-4-03,井深:1213.00m,层位:三亚组。

6,7. 勒松双盖虫 *Amphistegina lessonii* d'Orbigny
    6. 侧视,×25,样品编号:11.13m-3-05,井深:11.13m,层位:乐东组;
    7. 侧视,×25,样品编号:11.13m-3-06,井深:11.13m,层位:乐东组。

8. 马达加斯加双盖虫 *Amphistegina madagascariensis* (d'Orbigny)
    侧视,×20,样品编号:11.13m-3-04,井深:11.13m,层位:乐东组。

9-15. 放射双盖虫 *Amphistegina radiata* (Fichtel et Moll)
    9. 侧视,×25,样品编号:11.13m-3-07,井深:11.13m,层位:乐东组;
    10. 侧视,×20,样品编号:11.13m-3-08,井深:11.13m,层位:乐东组;
    11. 侧视,×15,样品编号:231.90m-5-03a,井深:231.90m,层位:莺歌海组;
    12. 缘口视,×15,样品编号:231.90m-5-03b,井深:231.90m,层位:莺歌海组;
    13. 侧视,×30,样品编号:231.90m-5-04,井深:231.90m,层位:莺歌海组;
    14. 侧视,×40,样品编号:347.45m-5-01,井深:347.45m,层位:莺歌海组;
    15. 侧视,×40,样品编号:347.45m-5-02,井深:347.45m,层位:莺歌海组。

## 图版 11

1. 放射双盖虫 *Amphistegina radiata* (Fichtel et Moll)
    侧视,×40,样品编号:347.45m-5-04,井深:347.45m,层位:莺歌海组。

2. 乳突双盖虫 *Amphistegina papillosa* Said
    侧视,×50,样品编号:347.45m-5-03,井深:347.45m,层位:莺歌海组。

3-5. 刺状马刺虫 *Calcarina calcar* d'Orbigny
    3. 腹视,×40,样品编号:660.00m-1-02,井深:660.00m,层位:梅山组;
    4. 背视,×30,样品编号:660.00m-1-03,井深:660.00m,层位:梅山组;
    5. 壳缘侧视,×40,样品编号:660.00m-1-04,井深:660.00m,层位:梅山组。

6-14. 茸刺马刺虫 *Calcarina hispida* Brady
    6. 切面,×25,样品编号:11.13m-2-15,井深:11.13m,层位:乐东组;
    7. 背视,×20,样品编号:11.13m-3-10,井深:11.13m,层位:乐东组;
    8. 背视,×30,样品编号:11.13m-3-11,井深:11.13m,层位:乐东组;
    9. 腹视,×20,样品编号:231.90m-5-05,井深:231.90m,层位:莺歌海组;
    10. 背视,×20,样品编号:231.90m-5-06,井深:231.90m,层位:莺歌海组;
    11. 背视,×70,样品编号:347.45m-10-01,井深:347.45m,层位:莺歌海组;
    12. 腹视,×40,样品编号:347.45m-10-02,井深:347.45m,层位:莺歌海组;
    13. 背视,×40,样品编号:347.45m-10-03,井深:347.45m,层位:莺歌海组;
    14. 腹视,磨圆标本,×40,样品编号:660.00m-1-08,井深:660.00m,层位:梅山组。

15. 双凸异鳞虫 *Heterolepa subhaidingeri* (Parr)
    背视,×50,样品编号:11.13m-2-01,井深:11.13m,层位:乐东组。

## 图版 12

1-5. 双凸异鳞虫 *Heterolepa subhaidingeri* (Parr)
    1. 背视,×40,样品编号:11.13m-2-02,井深:11.13m,层位:乐东组;
    2. 腹视,×70,样品编号:347.45m-5-13,井深:347.45m,层位:莺歌海组;
    3. 腹视,×20,样品编号:828.00m-2-05,井深:828.00m,层位:梅山组;

4. 腹视,×30,样品编号:828.00m-2-06,井深:828.00m,层位:梅山组;
5. 壳缘视,×30,样品编号:828.00m-2-07,井深:828.00m,层位:梅山组。

6,7. 红匀孔虫 *Homotrema rubrum* (Lamarck)
6. 顶断面,×30,样品编号:231.90m-9-06,井深:231.90m,层位:莺歌海组;
7. 侧视,×60,样品编号:231.90m-9-07,井深:231.90m,层位:莺歌海组。

8,9,11. 苏门答腊肾鳞虫 *Nephrolepidina sumatrensis* (Brady)
8. 侧视,×15,样品编号:347.45m-4-07,井深:347.45m,层位:莺歌海组;
9. 侧视,×20,样品编号:660.00m-1-05,井深:660.00m,层位:梅山组;
11. 侧视,×15,样品编号:828.00m-2-03,井深:828.00m,层位:梅山组。

10. 肾鳞虫(未定种)*Nephrolepidina* sp.
    侧视,×10,样品编号:828.00m-2-02,井深:828.00m,层位:梅山组。

12. 费贝克肾鳞虫 *Nephrolepidina verbeeki* (Newton et Holland)
    侧视,×10,样品编号:997.00m-3-01,井深:997.00m,层位:梅山组。

14. 婆罗中玺虫 *Miogypsina borneensis* Tan
    壳缘视,×15,样品编号:997.00m-3-02,井深:997.00m,层位:梅山组。

13,15. 鞘状中玺虫 *Miogypsina thecideaeformis* (Rutten)
13. 侧视,×10,样品编号:828.00m-2-01,井深:828.00m,层位:梅山组;
15. 侧视,×12,样品编号:997.00m-3-03,井深:997.00m,层位:梅山组。

## 图版 13

1,2. 鞘状中玺虫 *Miogypsina thecideaeformis* (Rutten)
1. 侧视,×15,样品编号:997.00m-3-04,井深:997.00m,层位:梅山组;
2. 侧视,×20,样品编号:997.00m-3-05,井深:997.00m,层位:梅山组。

3-7. 圆盾虫(未定多种)*Cycloclypeus* spp.
3. 横切面,×15,样品编号:231.90m-5-01,井深:231.90m,层位:莺歌海组;
4. 侧视,×8,样品编号:231.90m-5-02,井深:231.90m,层位:莺歌海组;
5. 侧视,×20,样品编号:1213.00m-4-01,井深:1213.00m,层位:三亚组;
6. 侧视,×12,样品编号:1213.00m-4-10,井深:1213.00m,层位:三亚组;
7. 残缺标本断面,×10,样品编号:1213.00m-4-11,井深:1213.00m,层位:三亚组。

8,9. 盖虫(未定种)*Operculina* sp.
8. 侧视,×15,样品编号:11.13m-3-12,井深:11.13m,层位:乐东组;
9. 侧视,×10,样品编号:997.00m-3-06,井深:997.00m,层位:梅山组。

10-12. 拟日盖虫 *Operculina ammonoides* (Gronovius)
10. 侧视,×30,样品编号:231.90m-9-05,井深:231.90m,层位:莺歌海组;
11. 侧视,×15,样品编号:347.45m-4-01,井深:347.45m,层位:莺歌海组;
12. 侧视,×30,样品编号:347.45m-4-02,井深:347.45m,层位:莺歌海组。

13,14. 面具小扁卷虫 *Planorbulinella larvata* (Parker et Jones)
13. 侧视,×50,样品编号:231.90m-10-04,井深:231.90m,层位:莺歌海组;
14. 侧视,×15,样品编号:347.45m-4-03,井深:347.45m,层位:莺歌海组。

15. 小扁卷虫(未定种)*Planorbulinella* sp.
    侧视,×15,样品编号:660.00m-1-06,井深:660.00m,层位:梅山组。

## 图版 14

(图版 14-53,比例尺=200μm)

1-11. 球形与高旋齿抱球虫复合体 *Dentoglobigerina globosa - D. altispira* complex
1. 薄片编号:XK1-575,照片编号:XK1-575-19,井深:226.02m,层位:莺歌海组;
2. 薄片编号:XK1-743,照片编号:XK1-743-12,井深:284.09m,层位:莺歌海组;

3. 薄片编号:XK1-825,照片编号:XK1-825-17,井深:320.52m,层位:莺歌海组;
4. 薄片编号:XK1-826,照片编号:XK1-826-29,井深:320.82m,层位:莺歌海组;
5. 薄片编号:XK1-852,照片编号:XK1-852-17,井深:329.49m,层位:莺歌海组;
6. 薄片编号:XK1-853,照片编号:XK1-853-25,井深:329.79m,层位:莺歌海组;
7. 薄片编号:XK1-856,照片编号:XK1-856-17,井深:330.69m,层位:莺歌海组;
8. 薄片编号:XK1-870,照片编号:XK1-870-16,井深:335.84m,层位:莺歌海组;
9. 薄片编号:XK1-950,照片编号:XK1-950-43,井深:363.18m,层位:莺歌海组;
10. 薄片编号:XK1-821,照片编号:XK1-821-21,井深:318.80m,层位:莺歌海组;
11. 薄片编号:XK1-823,照片编号:XK1-823-27,井深:319.40m,层位:莺歌海组。

12-15. 斜室拟抱球虫 *Globigerinoides obliquus* Bolli
12. 薄片编号:XK1-743,照片编号:XK1-743-12,井深:284.09m,层位:莺歌海组;
13. 薄片编号:XK1-579,照片编号:XK1-579-17,井深:227.51m,层位:莺歌海组;
14. 薄片编号:XK1-651,照片编号:XK1-651-15,井深:252.53m,层位:莺歌海组;
15. 薄片编号:XK1-691,照片编号:XK1-691-11,井深:265.87m,层位:莺歌海组。

## 图版 15

1,4,9,10. 斜室拟抱球虫 *Globigerinoides obliquus* Bolli
1. 薄片编号:XK1-693,照片编号:XK1-693-10,井深:266.47m,层位:莺歌海组;
4. 薄片编号:XK1-816,照片编号:XK1-816-12,井深:317.30m,层位:莺歌海组;
9. 薄片编号:XK1-900,照片编号:XK1-900-12,井深:347.05m,层位:莺歌海组;
10. 薄片编号:XK1-901,照片编号:XK1-901-25,井深:347.35m,层位:莺歌海组。

2,3,5-8,11-15. 高旋齿抱球虫 *Dentoglobigerina altispira* (Cushman et Jarvis)
2. 薄片编号:XK1-749,照片编号:XK1-749-08,井深:286.27m,层位:莺歌海组;
3. 薄片编号:XK1-813,照片编号:XK1-813-12,井深:316.40m,层位:莺歌海组;
5. 薄片编号:XK1-827,照片编号:XK1-827-19,井深:321.12m,层位:莺歌海组;
6. 薄片编号:XK1-841,照片编号:XK1-841-11,井深:325.66m,层位:莺歌海组;
7. 薄片编号:XK1-849,照片编号:XK1-849-15,井深:328.06m,层位:莺歌海组;
8. 薄片编号:XK1-860,照片编号:XK1-860-31,井深:331.89m,层位:莺歌海组;
11. 薄片编号:XK1-743,照片编号:XK1-743-07,井深:284.09m,层位:莺歌海组;
12. 薄片编号:XK1-823,照片编号:XK1-823-26,井深:319.40m,层位:莺歌海组;
13. 薄片编号:XK1-824,照片编号:XK1-824-30,井深:320.22m,层位:莺歌海组;
14. 薄片编号:XK1-830,照片编号:XK1-830-17,井深:322.02m,层位:莺歌海组;
15. 薄片编号:XK1-839,照片编号:XK1-839-14,井深:325.06m,层位:莺歌海组。

## 图版 16

1-3. 高旋齿抱球虫 *Dentoglobigerina altispira* (Cushman et Jarvis)
1. 薄片编号:XK1-845,照片编号:XK1-845-24,井深:326.86m,层位:莺歌海组;
2. 薄片编号:XK1-910,照片编号:XK1-910-16,井深:350.46m,层位:莺歌海组;
3. 薄片编号:XK1-945,照片编号:XK1-945-20,井深:361.82m,层位:莺歌海组。

4,5. 球形齿抱球虫 *Dentoglobigerina globosa* (Bolli)
4. 薄片编号:XK1-905,照片编号:XK1-905-29,井深:348.55m,层位:莺歌海组;
5. 薄片编号:XK1-905,照片编号:XK1-905-33,井深:348.55m,层位:莺歌海组。

6-10. 抱球虫(未定种)*Globigerina* sp.
6. 薄片编号:XK1-786,照片编号:XK1-786-12,井深:306.66m,层位:莺歌海组;
7. 薄片编号:XK1-792,照片编号:XK1-792-11,井深:308.56m,层位:莺歌海组;
8. 薄片编号:XK1-798,照片编号:XK1-798-13,井深:310.85m,层位:莺歌海组;
9. 薄片编号:XK1-815,照片编号:XK1-815-18,井深:317.00m,层位:莺歌海组;

10. 薄片编号:XK1-825,照片编号:XK1-825-11,井深:320.52m,层位:莺歌海组。

11,12. 泡状抱球虫 *Globigerina bulloides* d'Orbigny
    11. 薄片编号:XK1-119,照片编号:XK1-119-06,井深:43.75m,层位:乐东组;
    12. 薄片编号:XK1-165,照片编号:XK1-165-04,井深:61.64m,层位:乐东组。

13. 小抱球虫(未定种) *Globigerinella* sp.
    薄片编号:XK1-173,照片编号:XK1-173-09,井深:65.11m,层位:乐东组。

14,15. 拟抱球虫属(未定种) *Globigerinoides* sp.
    14. 薄片编号:XK1-659,照片编号:XK1-659-23,井深:255.31m,层位:莺歌海组;
    15. 薄片编号:XK1-815,照片编号:XK1-815-20,井深:317.00m,层位:莺歌海组。

## 图版 17

1-13. 极斜拟抱球虫 *Globigerinoides extremus* Bolli et Bermudez
    1. 薄片编号:XK1-657,照片编号:XK1-657-13,井深:254.61m,层位:莺歌海组;
    2. 薄片编号:XK1-657,照片编号:XK1-657-20,井深:254.61m,层位:莺歌海组;
    3. 薄片编号:XK1-673,照片编号:XK1-673-18,井深:259.79m,层位:莺歌海组;
    4. 薄片编号:XK1-681,照片编号:XK1-681-05,井深:262.36m,层位:莺歌海组;
    5. 薄片编号:XK1-725,照片编号:XK1-725-11,井深:277.55m,层位:莺歌海组;
    6. 薄片编号:XK1-729,照片编号:XK1-729-02,井深:279.04m,层位:莺歌海组;
    7. 薄片编号:XK1-753,照片编号:XK1-753-13,井深:287.47m,层位:莺歌海组;
    8. 薄片编号:XK1-794,照片编号:XK1-794-25,井深:309.16m,层位:莺歌海组;
    9. 薄片编号:XK1-833,照片编号:XK1-833-20,井深:322.92m,层位:莺歌海组;
    10. 薄片编号:XK1-835,照片编号:XK1-835-17,井深:323.52m,层位:莺歌海组;
    11. 薄片编号:XK1-839,照片编号:XK1-839-14,井深:325.06m,层位:莺歌海组;
    12. 薄片编号:XK1-856,照片编号:XK1-856-21,井深:330.69m,层位:莺歌海组;
    13. 薄片编号:XK1-830,照片编号:XK1-830-31,井深:322.02m,层位:莺歌海组。

14,15. 斜室拟抱球虫 *Globigerinoides obliquus* Bolli
    14. 薄片编号:XK1-579,照片编号:XK1-579-12,井深:227.51m,层位:莺歌海组;
    15. 薄片编号:XK1-557,照片编号:XK1-557-13,井深:219.79m,层位:莺歌海组。

## 图版 18

1,2,5-15. 斜室拟抱球虫 *Globigerinoides obliquus* Bolli
    1. 薄片编号:XK1-583,照片编号:XK1-583-13,井深:229.26m,层位:莺歌海组;
    2. 薄片编号:XK1-595,照片编号:XK1-595-08,井深:233.65m,层位:莺歌海组;
    5. 薄片编号:XK1-607,照片编号:XK1-607-10,井深:237.75m,层位:莺歌海组;
    6. 薄片编号:XK1-641,照片编号:XK1-641-27,井深:249.11m,层位:莺歌海组;
    7. 薄片编号:XK1-659,照片编号:XK1-659-10,井深:255.31m,层位:莺歌海组;
    8. 薄片编号:XK1-667,照片编号:XK1-667-05,井深:257.93m,层位:莺歌海组;
    9. 薄片编号:XK1-679,照片编号:XK1-679-15,井深:261.76m,层位:莺歌海组;
    10. 薄片编号:XK1-683,照片编号:XK1-683-13,井深:263.27m,层位:莺歌海组;
    11. 薄片编号:XK1-697,照片编号:XK1-697-16,井深:267.84m,层位:莺歌海组;
    12. 薄片编号:XK1-725,照片编号:XK1-725-15,井深:277.55m,层位:莺歌海组;
    13. 薄片编号:XK1-791,照片编号:XK1-791-13,井深:308.26m,层位:莺歌海组;
    14. 薄片编号:XK1-857,照片编号:XK1-857-36,井深:330.99m,层位:莺歌海组;
    15. 薄片编号:XK1-890,照片编号:XK1-890-11,井深:343.02m,层位:莺歌海组。

3,4. 球转轮虫(未定种) *Globoturborotalita* sp.
    3. 薄片编号:XK1-597,照片编号:XK1-597-13,井深:234.25m,层位:莺歌海组;
    4. 薄片编号:XK1-597,照片编号:XK1-597-06,井深:234.25m,层位:莺歌海组。

## 图版 19

1,2. 红色拟抱球虫 *Globigerinoides ruber* d'Orbigny
    1. 薄片编号:XK1-505,照片编号:XK1-505-02,井深:201.03m,层位:乐东组;
    2. 薄片编号:XK1-557,照片编号:XK1-557-19,井深:219.79m,层位:莺歌海组。

3-10,12-15. 袋状拟抱球虫 *Globigerinoides sacculifer* (Brady)
    3. 薄片编号:XK1-525,照片编号:XK1-525-03,井深:208.44m,层位:乐东组;
    4. 薄片编号:XK1-545,照片编号:XK1-545-13,井深:215.39m,层位:莺歌海组;
    5. 薄片编号:XK1-549,照片编号:XK1-549-13,井深:216.75m,层位:莺歌海组;
    6. 薄片编号:XK1-553,照片编号:XK1-553-16,井深:218.36m,层位:莺歌海组;
    7. 薄片编号:XK1-563,照片编号:XK1-563-09,井深:221.61m,层位:莺歌海组;
    8. 薄片编号:XK1-585,照片编号:XK1-585-17,井深:229.84m,层位:莺歌海组;
    9. 薄片编号:XK1-597,照片编号:XK1-597-05,井深:234.25m,层位:莺歌海组;
    10. 薄片编号:XK1-586,照片编号:XK1-586-01,井深:230.41m,层位:莺歌海组;
    12. 薄片编号:XK1-611,照片编号:XK1-611-09,井深:239.04m,层位:莺歌海组;
    13. 薄片编号:XK1-613,照片编号:XK1-613-11,井深:239.83m,层位:莺歌海组;
    14. 薄片编号:XK1-635,照片编号:XK1-635-07,井深:247.16m,层位:莺歌海组;
    15. 薄片编号:XK1-651,照片编号:XK1-651-05,井深:252.53m,层位:莺歌海组。

11. 极斜拟抱球虫 *Globigerinoides extremus* Bolli et Bermudez
    薄片编号:XK1-611,照片编号:XK1-611-08,井深:239.04m,层位:莺歌海组。

## 图版 20

1-15. 袋状拟抱球虫 *Globigerinoides sacculifer* (Brady)
    1. 薄片编号:XK1-663,照片编号:XK1-663-18,井深:256.59m,层位:莺歌海组;
    2. 薄片编号:XK1-669,照片编号:XK1-669-06,井深:258.53m,层位:莺歌海组;
    3. 薄片编号:XK1-679,照片编号:XK1-679-17,井深:261.76m,层位:莺歌海组;
    4. 薄片编号:XK1-683,照片编号:XK1-683-07,井深:263.27m,层位:莺歌海组;
    5. 薄片编号:XK1-687,照片编号:XK1-687-05,井深:264.47m,层位:莺歌海组;
    6. 薄片编号:XK1-695,照片编号:XK1-695-04,井深:267.24m,层位:莺歌海组;
    7. 薄片编号:XK1-695,照片编号:XK1-695-05,井深:267.24m,层位:莺歌海组;
    8. 薄片编号:XK1-695,照片编号:XK1-695-06,井深:267.24m,层位:莺歌海组;
    9. 薄片编号:XK1-729,照片编号:XK1-729-02,井深:279.04m,层位:莺歌海组;
    10. 薄片编号:XK1-740,照片编号:XK1-740-17,井深:282.94m,层位:莺歌海组;
    11. 薄片编号:XK1-793,照片编号:XK1-793-15,井深:308.86m,层位:莺歌海组;
    12. 幼体,薄片编号:XK1-828,照片编号:XK1-828-10,井深:321.42m,层位:莺歌海组;
    13. 薄片编号:XK1-845,照片编号:XK1-845-14,井深:326.86m,层位:莺歌海组;
    14. 薄片编号:XK1-851,照片编号:XK1-851-19,井深:328.76m,层位:莺歌海组;
    15. 薄片编号:XK1-857,照片编号:XK1-857-23,井深:330.99m,层位:莺歌海组。

## 图版 21

1,2. 袋状拟抱球虫 *Globigerinoides sacculifer* (Brady)
    1. 薄片编号:XK1-857,照片编号:XK1-857-33,井深:330.99m,层位:莺歌海组;
    2. 薄片编号:XK1-870,照片编号:XK1-870-16,井深:335.84m,层位:莺歌海组。

3-7,11. 三叶拟抱球虫 *Globigerinoides trilobus* (Reuss)
    3. 薄片编号:XK1-006,照片编号:XK1-006-05,井深:1.86m,层位:乐东组;
    4. 薄片编号:XK1-512,照片编号:XK1-512-04,井深:203.73m,层位:乐东组;
    5. 薄片编号:XK1-719,照片编号:XK1-719-08,井深:275.31m,层位:莺歌海组;

6. 薄片编号：XK1-719，照片编号：XK1-719-12，井深：275.31m，层位：莺歌海组；
　　7. 薄片编号：XK1-860，照片编号：XK1-860-15，井深：331.89m，层位：莺歌海组；
　　11. 薄片编号：XK1-717，照片编号：XK1-717-07，井深：274.71m，层位：莺歌海组。
8-10. 球转轮虫（未定种）*Globoturborotalita* sp.
　　8. 薄片编号：XK1-609，照片编号：XK1-609-09，井深：238.46m，层位：莺歌海组；
　　9. 薄片编号：XK1-681，照片编号：XK1-681-10，井深：262.36m，层位：莺歌海组；
　　10. 薄片编号：XK1-802，照片编号：XK1-802-38，井深：312.05m，层位：莺歌海组。
12,13. 线缝圆球虫 *Orbulina suturalis* Brönnimann
　　12. 薄片编号：XK1-858，照片编号：XK1-858-19，井深：331.29m，层位：莺歌海组；
　　13. 薄片编号：XK1-147，照片编号：XK1-147-08，井深：54.62m，层位：乐东组。
14,15. 普通圆球虫 *Orbulina universa* d'Orbigny
　　14. 薄片编号：XK1-261，照片编号：XK1-261-21，井深：99.73m，层位：乐东组；
　　15. 薄片编号：XK1-557，照片编号：XK1-557-19，井深：219.79m，层位：莺歌海组。

## 图版 22

1-5. 普通圆球虫 *Orbulina universa* d'Orbigny
　　1. 薄片编号：XK1-641，照片编号：XK1-641-24，井深：249.11m，层位：莺歌海组；
　　2. 薄片编号：XK1-681，照片编号：XK1-681-13，井深：262.36m，层位：莺歌海组；
　　3. 薄片编号：XK1-741，照片编号：XK1-741-05，井深：283.23m，层位：莺歌海组；
　　4. 薄片编号：XK1-749，照片编号：XK1-749-20，井深：286.27m，层位：莺歌海组；
　　5. 薄片编号：XK1-830，照片编号：XK1-830-23，井深：322.02m，层位：莺歌海组。
6-8. 果裂小球形虫 *Sphaeroidinella dehiscens* (Parker et Jones)
　　6. 薄片编号：XK1-609，照片编号：XK1-609-09，井深：238.46m，层位：莺歌海组；
　　7. 薄片编号：XK1-857，照片编号：XK1-657-10，井深：254.61m，层位：莺歌海组；
　　8. 薄片编号：XK1-669，照片编号：XK1-669-07，井深：258.53m，层位：莺歌海组。
9,10. 类球形虫（未定种）*Sphaeroidinellopsis* sp.
　　9. 薄片编号：XK1-821，照片编号：XK1-821-21，井深：318.80m，层位：莺歌海组；
　　10. 薄片编号：XK1-827，照片编号：XK1-827-18，井深：321.12m，层位：莺歌海组。
11-15. 半缺类球形虫 *Sphaeroidinellopsis seminulina* (Schwager)
　　11. 薄片编号：XK1-649，照片编号：XK1-649-14，井深：251.93m，层位：莺歌海组；
　　12. 薄片编号：XK1-741，照片编号：XK1-741-08，井深：283.23m，层位：莺歌海组；
　　13. 薄片编号：XK1-741，照片编号：XK1-741-13，井深：283.23m，层位：莺歌海组；
　　14. 薄片编号：XK1-745，照片编号：XK1-745-02，井深：284.69m，层位：莺歌海组；
　　15. 薄片编号：XK1-749，照片编号：XK1-749-21，井深：286.27m，层位：莺歌海组。

## 图版 23

1,4. 果裂小球形虫 *Sphaeroidinella dehiscens* (Parker et Jones)
　　1. 薄片编号：XK1-792，照片编号：XK1-792-21，井深：308.56m，层位：莺歌海组；
　　4. 薄片编号：XK1-905，照片编号：XK1-905-35，井深：348.55m，层位：莺歌海组。
2,3. 半缺类球形虫 *Sphaeroidinellopsis seminulina* (Schwager)
　　2. 薄片编号：XK1-817，照片编号：XK1-817-21，井深：317.60m，层位：莺歌海组；
　　3. 薄片编号：XK1-855，照片编号：XK1-855-26，井深：330.39m，层位：莺歌海组。
5,6. 美观圆辐虫（相似种）*Globorotalia* cf. *scitula* (Brady)
　　5. 薄片编号：XK1-597，照片编号：XK1-597-16，井深：234.25m，层位：莺歌海组；
　　6. 薄片编号：XK1-663，照片编号：XK1-663-17，井深：256.59m，层位：莺歌海组。
7-9,13,14. 中膨大圆辐虫（相似种）*Globorotalia* cf. *merotumida* Blow et Banner
　　7. 薄片编号：XK1-687，照片编号：XK1-687-05，井深：264.47m，层位：莺歌海组；

8. 薄片编号:XK1-689,照片编号:XK1-689-06,井深:265.27m,层位:莺歌海组;
9. 薄片编号:XK1-693,照片编号:XK1-693-10,井深:266.47m,层位:莺歌海组;
13. 薄片编号:XK1-821,照片编号:XK1-821-21,井深:318.80m,层位:莺歌海组;
14. 薄片编号:XK1-823,照片编号:XK1-823-27,井深:319.40m,层位:莺歌海组。

10. 敏纳圆辐虫 *Globorotalia menardii* (d'Orbigny)
薄片编号:XK1-741,照片编号:XK1-741-07,井深:283.23m,层位:莺歌海组。

11,12,15. 圆辐虫(未定多种)*Globorotalia* spp.
11. 薄片编号:XK1-791,照片编号:XK1-791-10,井深:308.26m,层位:莺歌海组;
12. 薄片编号:XK1-801,照片编号:XK1-801-18,井深:311.75m,层位:莺歌海组;
15. 薄片编号:XK1-844,照片编号:XK1-844-25,井深:326.56m,层位:莺歌海组。

## 图版 24

1-3,6. 圆辐虫(未定多种)*Globorotalia* spp.
1. 薄片编号:XK1-852,照片编号:XK1-852-31,井深:329.49m,层位:莺歌海组;
2. 薄片编号:XK1-855,照片编号:XK1-855-23,井深:330.39m,层位:莺歌海组;
3. 薄片编号:XK1-862,照片编号:XK1-862-25,井深:332.49m,层位:莺歌海组;
6. 薄片编号:XK1-981,照片编号:XK1-981-13,井深:373.45m,层位:莺歌海组。

4,5. 肿圆辐虫 *Globorotalia tumida* (Brady)
4. 薄片编号:XK1-885,照片编号:XK1-885-20,井深:341.52m,层位:莺歌海组;
5. 薄片编号:XK1-895,照片编号:XK1-895-16,井深:345.00m,层位:莺歌海组。

7,8. 厚圆辐虫 *Globorotalia crassaformis* (Galloway et Wissler)
7. 薄片编号:XK1-860,照片编号:XK1-860-31,井深:331.89m,层位:莺歌海组;
8. 薄片编号:XK1-703,照片编号:XK1-703-06,井深:270.08m,层位:莺歌海组。

9. 多毛圆辐虫(相似种)*Globorotalia* cf. *hirsuta* (d'Orbigny)
薄片编号:XK1-861,照片编号:XK1-861-18,井深:332.19m,层位:莺歌海组。

10-15. 敏纳圆辐虫 *Globorotalia menardii* (d'Orbigny)
10. 薄片编号:XK1-145,照片编号:XK1-145-03,井深:53.64m,层位:乐东组;
11. 薄片编号:XK1-683,照片编号:XK1-683-09,井深:263.27m,层位:莺歌海组;
12. 薄片编号:XK1-683,照片编号:XK1-683-13,井深:263.27m,层位:莺歌海组;
13. 薄片编号:XK1-695,照片编号:XK1-695-09,井深:267.24m,层位:莺歌海组;
14. 薄片编号:XK1-721,照片编号:XK1-721-14,井深:276.20m,层位:莺歌海组;
15. 薄片编号:XK1-849,照片编号:XK1-849-22,井深:328.06m,层位:莺歌海组。

## 图版 25

1,2. 敏纳圆辐虫 *Globorotalia menardii* (d'Orbigny)
1. 薄片编号:XK1-890,照片编号:XK1-890-22,井深:343.02m,层位:莺歌海组;
2. 薄片编号:XK1-850,照片编号:XK1-850-13,井深:328.36m,层位:莺歌海组。

3,4. 多室圆辐虫(相似种)*Globorotalia* cf. *multicamerata* Cushman et Jarvis
3. 薄片编号:XK1-827,照片编号:XK1-827-15,井深:321.12m,层位:莺歌海组;
4. 薄片编号:XK1-827,照片编号:XK1-827-16,井深:321.12m,层位:莺歌海组。

5. 美观圆辐虫 *Globorotalia scitula* Brady
薄片编号:XK1-691,照片编号:XK1-691-18,井深:265.87m,层位:莺歌海组。

6-8. 截锥圆辐虫 *Globorotalia truncatulinoides* (d'Orbigny)
6. 薄片编号:XK1-603,照片编号:XK1-603-10,井深:236.40m,层位:莺歌海组;
7. 薄片编号:XK1-555,照片编号:XK1-555-11,井深:218.96m,层位:莺歌海组;
8. 薄片编号:XK1-553,照片编号:XK1-553-15,井深:218.36m,层位:莺歌海组。

9. 截锥圆辐虫(相似种)*Globorotalia* cf. *truncatulinoides* (d'Orbigny)

幼体,薄片编号:XK1-827,照片编号:XK1-827-26,井深:321.12m,层位:莺歌海组。

10. 肿圆辐虫(相似种)*Globorotalia* cf. *tumida* (Brady)

    薄片编号:XK1-870,照片编号:XK1-870-23,井深:335.84m,层位:莺歌海组。

11,12. 蹄形圆辐虫 *Globorotalia ungulata* Bermudez

    11. 薄片编号:XK1-613,照片编号:XK1-613-07,井深:239.83m,层位:莺歌海组;

    12. 薄片编号:XK1-729,照片编号:XK1-729-01,井深:279.04m,层位:莺歌海组。

13-15. 杜氏新方球虫(相似种)*Neogloboquadrina* cf. *dutertrei* (d'Orbigny)

    13. 薄片编号:XK1-007,照片编号:XK1-007-06,井深:2.76m,层位:乐东组;

    14. 薄片编号:XK1-148,照片编号:XK1-148-03,井深:54.94m,层位:乐东组;

    15. 薄片编号:XK1-659,照片编号:XK1-659-23,井深:255.31m,层位:莺歌海组。

## 图版 26

1-6. 小丘新方球虫 *Neogloboquadrina humerosa* (Takayanagi et Saito)

    1. 薄片编号:XK1-689,照片编号:XK1-689-10,井深:265.27m,层位:莺歌海组;

    2. 薄片编号:XK1-741,照片编号:XK1-741-11,井深:283.23m,层位:莺歌海组;

    3. 薄片编号:XK1-811,照片编号:XK1-811-24,井深:315.80m,层位:莺歌海组;

    4. 薄片编号:XK1-860,照片编号:XK1-860-15,井深:331.89m,层位:莺歌海组;

    5. 薄片编号:XK1-651,照片编号:XK1-651-12,井深:252.53m,层位:莺歌海组;

    6. 薄片编号:XK1-851,照片编号:XK1-851-19,井深:328.76m,层位:莺歌海组。

7-9. 普林虫(未定种)*Pulleniatina* sp.

    7. 薄片编号:XK1-611,照片编号:XK1-611-10,井深:239.04m,层位:莺歌海组;

    8. 薄片编号:XK1-845,照片编号:XK1-845-19,井深:326.86m,层位:莺歌海组;

    9. 薄片编号:XK1-852,照片编号:XK1-852-17,井深:329.49m,层位:莺歌海组。

10,11. 砂盘虫(未定种)*Ammodiscus* sp.

    10. 薄片编号:XK1-214,照片编号:XK1-214-19,井深:82.28m,层位:乐东组;

    11. 薄片编号:XK1-503,照片编号:XK1-503-16,井深:200.41m,层位:乐东组。

12-15. 串珠虫(未定多种)*Textularia* spp.

    12. 薄片编号:XK1-330,照片编号:XK1-330-03,井深:126.85m,层位:乐东组;

    13. 薄片编号:XK1-345,照片编号:XK1-345-04,井深:132.95m,层位:乐东组;

    14. 薄片编号:XK1-372,照片编号:XK1-372-04,井深:148.02m,层位:乐东组;

    15. 薄片编号:XK1-375,照片编号:XK1-375-04,井深:149.22m,层位:乐东组。

## 图版 27

1-15. 串珠虫(未定多种)*Textularia* spp.

    1. 薄片编号:XK1-448,照片编号:XK1-448-04,井深:179.13m,层位:乐东组;

    2. 薄片编号:XK1-494,照片编号:XK1-494-07,井深:196.83m,层位:乐东组;

    3. 薄片编号:XK1-505,照片编号:XK1-505-08,井深:201.03m,层位:乐东组;

    4. 薄片编号:XK1-508,照片编号:XK1-508-17,井深:202.36m,层位:乐东组;

    5. 薄片编号:XK1-1648,照片编号:XK1-1648-01,井深:688.53m,层位:梅山组;

    6. 薄片编号:XK1A-002,照片编号:XK1A-002-16,井深:740.42m,层位:梅山组;

    7. 薄片编号:XK1A-003,照片编号:XK1A-003-05,井深:740.71m,层位:梅山组;

    8. 薄片编号:XK1A-013,照片编号:XK1A-013-13,井深:744.67m,层位:梅山组;

    9. 薄片编号:XK1A-022,照片编号:XK1A-022-19,井深:748.52m,层位:梅山组;

    10. 薄片编号:XK1A-022,照片编号:XK1A-022-27,井深:748.52m,层位:梅山组;

    11. 薄片编号:XK1A-030,照片编号:XK1A-030-28,井深:751.52m,层位:梅山组;

    12. 薄片编号:XK1A-159,照片编号:XK1A-159-27,井深:797.63m,层位:梅山组;

    13. 薄片编号:XK1A-162,照片编号:XK1A-162-15,井深:798.79m,层位:梅山组;

14. 薄片编号:XK1A-162,照片编号:XK1A-162-22,井深:798.79m,层位:梅山组;
15. 薄片编号:XK1A-163,照片编号:XK1A-163-12,井深:799.06m,层位:梅山组。

## 图版 28

1-9. 串珠虫(未定多种)*Textularia* spp.
 1. 薄片编号:XK1A-165,照片编号:XK1A-165-26,井深:799.84m,层位:梅山组;
 2. 薄片编号:XK1A-168,照片编号:XK1A-168-39,井深:800.98m,层位:梅山组;
 3. 薄片编号:XK1A-171,照片编号:XK1A-171-19,井深:802.22m,层位:梅山组;
 4. 薄片编号:XK1A-183,照片编号:XK1A-183-13,井深:806.27m,层位:梅山组;
 5. 薄片编号:XK1A-183,照片编号:XK1A-183-17,井深:806.27m,层位:梅山组;
 6. 薄片编号:XK1A-183,照片编号:XK1A-183-19,井深:806.27m,层位:梅山组;
 7. 薄片编号:XK1A-201,照片编号:XK1A-201-39,井深:812.64m,层位:梅山组;
 8. 薄片编号:XK1A-213,照片编号:XK1A-213-11,井深:816.70m,层位:梅山组;
 9. 薄片编号:XK1A-235,照片编号:XK1A-235-22,井深:824.12m,层位:梅山组。

11. 双串虫(未定种)*Bigenerina* sp.
 薄片编号:XK1A-010,照片编号:XK1A-010-08,井深:743.46m,层位:梅山组。

10,12-15. 佛林提管串珠虫 *Siphotextularia flintii* (Cushman)
 10. 薄片编号:XK1A-246,照片编号:XK1A-246-33,井深:827.68m,层位:梅山组;
 12. 薄片编号:XK1A-009,照片编号:XK1A-009-11,井深:743.08m,层位:梅山组;
 13. 薄片编号:XK1A-016,照片编号:XK1A-016-12,井深:746.46m,层位:梅山组;
 14. 薄片编号:XK1A-016,照片编号:XK1A-016-13,井深:746.46m,层位:梅山组;
 15. 薄片编号:XK1A-162,照片编号:XK1A-162-15,井深:798.79m,层位:梅山组。

## 图版 29

1,2. 佛林提管串珠虫 *Siphotextularia flintii* (Cushman)
 1. 薄片编号:XK1A-163,照片编号:XK1A-163-12,井深:799.06m,层位:梅山组;
 2. 薄片编号:XK1A-168,照片编号:XK1A-168-36,井深:800.98m,层位:梅山组。

3. 旋织虫(未定种)*Spiroplectammina* sp.
 薄片编号:XK1-087,照片编号:XK1-087-02,井深:30.79m,层位:乐东组。

4. 高锥虫(未定种)*Gaudryina* sp.
 薄片编号:XK1-214,照片编号:XK1-214-15,井深:82.28m,层位:乐东组。

5. 三棱虫(未定种)*Trifarina* sp.
 薄片编号:XK1-337,照片编号:XK1-337-05,井深:129.39m,层位:乐东组。

6-14. 抱环虫(未定多种)*Spiroloculina* spp.
 6. 薄片编号:XK1-104,照片编号:XK1-104-02,井深:37.84m,层位:乐东组;
 7. 薄片编号:XK1-202,照片编号:XK1-202-02,井深:76.45m,层位:乐东组;
 8. 薄片编号:XK1-214,照片编号:XK1-214-23,井深:82.28m,层位:乐东组;
 9. 薄片编号:XK1-218,照片编号:XK1-218-23,井深:83.85m,层位:乐东组;
 10. 薄片编号:XK1-345,照片编号:XK1-345-05,井深:132.95m,层位:乐东组;
 11. 薄片编号:XK1-361,照片编号:XK1-361-05,井深:140.63m,层位:乐东组;
 12. 薄片编号:XK1-367,照片编号:XK1-367-01,井深:146.22m,层位:乐东组;
 13. 薄片编号:XK1-427,照片编号:XK1-427-02,井深:170.15m,层位:乐东组;
 14. 薄片编号:XK1-1620,照片编号:XK1-1620-01,井深:657.58m,层位:梅山组。

15. 微粟虫(未定种)*Miliolinella* sp.
 薄片编号:XK1A-007,照片编号:XK1A-007-25,井深:742.26m,层位:梅山组。

## 图版 30

1-11. 双珱虫(未定多种)*Pyrgo* spp.

1. 薄片编号:XK1A-030,照片编号:XK1A-030-14,井深:751.52m,层位:梅山组;
2. 薄片编号:XK1A-039,照片编号:XK1A-039-17,井深:754.79m,层位:梅山组;
3. 薄片编号:XK1A-151,照片编号:XK1A-151-25,井深:794.57m,层位:梅山组;
4. 薄片编号:XK1A-155,照片编号:XK1A-155-21,井深:796.22m,层位:梅山组;
5. 薄片编号:XK1A-159,照片编号:XK1A-159-19,井深:797.63m,层位:梅山组;
6. 薄片编号:XK1A-167,照片编号:XK1A-167-17,井深:800.57m,层位:梅山组;
7. 薄片编号:XK1A-196,照片编号:XK1A-196-15,井深:810.92m,层位:梅山组;
8. 薄片编号:XK1A-197,照片编号:XK1A-197-17,井深:811.22m,层位:梅山组;
9. 薄片编号:XK1A-201,照片编号:XK1A-201-36,井深:812.64m,层位:梅山组;
10. 薄片编号:XK1A-220,照片编号:XK1A-220-16,井深:819.36m,层位:梅山组;
11. 薄片编号:XK1A-220,照片编号:XK1A-220-37,井深:819.36m,层位:梅山组。

12-15. 五玦虫(未定多种)*Quinqueloculina* spp.
12. 薄片编号:XK1-196,照片编号:XK1-196-13,井深:74.12m,层位:乐东组;
13. 薄片编号:XK1A-011,照片编号:XK1A-011-14,井深:744.04m,层位:梅山组;
14. 薄片编号:XK1A-030,照片编号:XK1A-030-22,井深:751.52m,层位:梅山组;
15. 薄片编号:XK1A-038,照片编号:XK1A-038-22,井深:754.20m,层位:梅山组。

## 图版 31

1-4. 五玦虫(未定多种)*Quinqueloculina* spp.
1. 薄片编号:XK1A-115,照片编号:XK1A-115-10,井深:780.85m,层位:梅山组;
2. 薄片编号:XK1A-197,照片编号:XK1A-197-24,井深:811.22m,层位:梅山组;
3. 薄片编号:XK1A-201,照片编号:XK1A-201-30,井深:812.64m,层位:梅山组;
4. 薄片编号:XK1A-225,照片编号:XK1A-225-15,井深:820.96m,层位:梅山组。

5,6. 微纹五玦虫(相似种)*Quinqueloculina* cf. *cuvieriana* d'Orbigny
5. 薄片编号:XK1-014,照片编号:XK1-014-03,井深:4.91m,层位:乐东组;
6. 薄片编号:XK1-214,照片编号:XK1-214-21,井深:82.28m,层位:乐东组。

7-15. 三玦虫(未定多种)*Triloculina* spp.
7. 薄片编号:XK1-218,照片编号:XK1-218-05,井深:83.85m,层位:乐东组;
8. 薄片编号:XK1A-039,照片编号:XK1A-039-25,井深:754.79m,层位:梅山组;
9. 薄片编号:XK1A-039,照片编号:XK1A-039-26,井深:754.79m,层位:梅山组;
10. 薄片编号:XK1A-127,照片编号:XK1A-127-06,井深:785.09m,层位:梅山组;
11. 薄片编号:XK1A-166,照片编号:XK1A-166-18,井深:800.17m,层位:梅山组;
12. 薄片编号:XK1A-167,照片编号:XK1A-167-21,井深:800.57m,层位:梅山组;
13. 薄片编号:XK1A-187,照片编号:XK1A-187-15,井深:807.67m,层位:梅山组;
14. 薄片编号:XK1A-196,照片编号:XK1A-196-11,井深:810.92m,层位:梅山组;
15. 薄片编号:XK1A-197,照片编号:XK1A-197-30,井深:811.22m,层位:梅山组。

## 图版 32

1,2. 三棱三玦虫 *Triloculina tricarinata* d'Orbigny
1. 薄片编号:XK1A-002,照片编号:XK1A-002-10,井深:740.42m,层位:梅山组;
2. 薄片编号:XK1A-226,照片编号:XK1A-226-32,井深:821.26m,层位:梅山组。

3-9. 三角三玦虫 *Triloculina trigonula* (Lamarck)
3. 薄片编号:XK1-167,照片编号:XK1-167-02,井深:62.85m,层位:乐东组;
4. 薄片编号:XK1A-007,照片编号:XK1A-007-21,井深:742.26m,层位:梅山组;
5. 薄片编号:XK1A-127,照片编号:XK1A-127-09,井深:785.09m,层位:梅山组;
6. 薄片编号:XK1A-201,照片编号:XK1A-201-24,井深:812.64m,层位:梅山组;
7. 薄片编号:XK1A-201,照片编号:XK1A-201-32,井深:812.64m,层位:梅山组;

8. 薄片编号:XK1A-202,照片编号:XK1A-202-35,井深:813.22m,层位:梅山组;

9. 薄片编号:XK1A-235,照片编号:XK1A-235-16,井深:824.12m,层位:梅山组。

10. 类曲形虫(未定种)*Sigmoilopsis* sp.

薄片编号:XK1-494,照片编号:XK1-494-10,井深:196.83m,层位:乐东组。

11,12. 圆卷虫(未定种)*Spirolina* sp.

11. 薄片编号:XK1A-151,照片编号:XK1A-151-27,井深:794.57m,层位:梅山组;

12. 薄片编号:XK1A-211,照片编号:XK1A-211-12,井深:816.20m,层位:梅山组。

13,14. 枝口虫(未定种)*Dendritina* sp.

13. 薄片编号:XK1-177,照片编号:XK1-177-07,井深:66.69m,层位:乐东组;

14. 薄片编号:XK1A-183,照片编号:XK1A-183-12,井深:806.27m,层位:梅山组。

15. 兰吉枝口虫 *Dendritina rangi* d'Orbigny

薄片编号:XK1A-163,照片编号:XK1A-163-10,井深:799.06m,层位:梅山组。

## 图版 33

1. 兰吉枝口虫 *Dendritina rangi* d'Orbigny

薄片编号:XK1A-197,照片编号:XK1A-197-12,井深:811.22m,层位:梅山组。

2,3. 节房虫(未定种) *Nodosaria* sp.

2. 薄片编号:XK1-844,照片编号:XK1-844-22,井深:326.56m,层位:莺歌海组;

3. 薄片编号:XK1-865,照片编号:XK1-865-36,井深:334.28m,层位:莺歌海组。

4. 双型虫(未定种) *Amphimorphina* sp.

薄片编号:XK1-903,照片编号:XK1-903-25,井深:347.95m,层位:莺歌海组。

5,6. 齿形虫(未定种) *Dentalina* sp.

5. 薄片编号:XK1-694,照片编号:XK1-694-01,井深:266.94m,层位:莺歌海组;

6. 薄片编号:XK1-826,照片编号:XK1-826-26,井深:320.82m,层位:莺歌海组。

7,8,10. 箭头虫(未定多种) *Bolivina* spp.

7. 薄片编号:XK1-523,照片编号:XK1-523-06,井深:207.64m,层位:乐东组;

8. 薄片编号:XK1-843,照片编号:XK1-843-33,井深:326.26m,层位:莺歌海组;

10. 薄片编号:XK1-852,照片编号:XK1-852-19,井深:329.49m,层位:莺歌海组。

9. 似箭头虫(未定种)*Bolivinita* sp.

薄片编号:XK1-559,照片编号:XK1-559-19,井深:220.37m,层位:莺歌海组。

11. 直箭头虫(未定种) *Rectobolivina* sp.

薄片编号:XK1-895,照片编号:XK1-895-17,井深:345.00m,层位:莺歌海组。

12. 管列虫(未定种) *Siphogenerina* sp.

薄片编号:XK1-689,照片编号:XK1-689-08,井深:265.27m,层位:莺歌海组。

13. 小蛹形虫(未定种)*Chrysalidinella* sp.

薄片编号:XK1-945,照片编号:XK1-945-20,井深:361.82m,层位:莺歌海组。

14. 罗伊斯虫(未定种) *Reussella* sp.

薄片编号:XK1A-583,照片编号:XK1A-583-08,井深:945.10m,层位:梅山组。

15. 葡萄虫(未定种)*Uvigerina* sp.

薄片编号:XK1A-139,照片编号:XK1A-139-10,井深:790.26m,层位:梅山组。

## 图版 34

1-5. 假棒形虫(未定种)*Pseudoclavulina* sp.

1. 薄片编号:XK1A-161,照片编号:XK1A-161-25,井深:798.47m,层位:梅山组;

2. 薄片编号:XK1A-165,照片编号:XK1A-165-24,井深:799.84m,层位:梅山组;

3. 薄片编号:XK1A-172,照片编号:XK1A-172-27,井深:802.56m,层位:梅山组;

4. 薄片编号:XK1A-187,照片编号:XK1A-187-12,井深:807.67m,层位:梅山组;

5. 薄片编号：XK1A-187，照片编号：XK1A-187-15，井深：807.67m，层位：梅山组。

6,7,9-13. 花室虫（未定种）*Cellanthus* sp.

    6. 薄片编号：XK1-308，照片编号：XK1-308-01，井深：117.24m，层位：乐东组；

    7. 薄片编号：XK1A-010，照片编号：XK1A-010-09，井深：743.46m，层位：梅山组；

    9. 薄片编号：XK1A-026，照片编号：XK1A-026-10，井深：749.69m，层位：梅山组；

    10. 薄片编号：XK1A-119，照片编号：XK1A-119-11，井深：782.50m，层位：梅山组；

    11. 薄片编号：XK1A-123，照片编号：XK1A-123-16，井深：783.59m，层位：梅山组；

    12. 薄片编号：XK1A-143，照片编号：XK1A-143-13，井深：791.60m，层位：梅山组；

    13. 薄片编号：XK1A-159，照片编号：XK1A-159-28，井深：797.63m，层位：梅山组。

8. 希望虫（未定种）*Elphidium* sp.

    薄片编号：XK1A-018，照片编号：XK1A-018-12，井深：747.51m，层位：梅山组。

14. 双凸异鳞虫（相似种）*Heterolepa* cf. *subhaidingeri* (Parr)

    薄片编号：XK1-420，照片编号：XK1-420-01，井深：167.59m，层位：乐东组。

15. 轮虫（未定种）*Rotalia* sp.

    薄片编号：XK1-555，照片编号：XK1-555-16，井深：218.96m，层位：莺歌海组。

## 图版 35

1. 波义花朵虫 *Florilus boueanus* (d'Orbigny)

    薄片编号：XK1-204，照片编号：XK1-204-01，井深：78.48m，层位：乐东组。

2. 双环圈虫（未定种）*Amphisorus* sp.

    薄片编号：XK1-142，照片编号：XK1-142-10，井深：52.49m，层位：乐东组。

3. 饼双环圈虫 *Amphisorus hemprichii* Ehrenberg

    薄片编号：XK1-218，照片编号：XK1-218-01，井深：83.85m，层位：乐东组。

4,5. 古虫（未定种）*Archaias* sp.

    4. 薄片编号：XK1A-016，照片编号：XK1A-016-17，井深：746.46m，层位：梅山组；

    5. 薄片编号：XK1A-151，照片编号：XK1A-151-17，井深：794.57m，层位：梅山组。

6-8. 边缘堆虫（相似种）*Sorites* cf. *marginalis* (Lamarck)

    6. 薄片编号：XK1-201，照片编号：XK1-201-07，井深：76.12m，层位：乐东组；

    7. 薄片编号：XK1-213，照片编号：XK1-213-09，井深：82.00m，层位：乐东组；

    8. 薄片编号：XK1-266，照片编号：XK1-266-23，井深：100.99m，层位：乐东组。

9. 柱型缘孔虫 *Marginopora vertebralis* Quoy et Gaimard

    薄片编号：XK1-012，照片编号：XK1-012-03，井深：3.90m，层位：乐东组。

10. 龙虾虫（未定种）*Astacolus* sp.

    薄片编号：XK1-532，照片编号：XK1-532-14，井深：210.92m，层位：乐东组。

11,12. 扁豆虫（未定多种）*Lenticulina* spp.

    11. 薄片编号：XK1-487，照片编号：XK1-487-11，井深：194.45m，层位：乐东组；

    12. 薄片编号：XK1-880，照片编号：XK1-880-23，井深：339.44m，层位：莺歌海组。

13. 缘口虫（未定种）*Marginulina* sp.

    薄片编号：XK1-167，照片编号：XK1-167-08，井深：62.85m，层位：乐东组。

14. 袋形虫（未定种）*Baggina* sp.

    薄片编号：XK1-575，照片编号：XK1-575-13，井深：226.02m，层位：莺歌海组。

15. 面包虫（未定种 A）*Cibicides* sp. A

    薄片编号：XK1-199，照片编号：XK1-199-06，井深：76.12m，层位：乐东组。

## 图版 36

1,4. 面包虫（未定种 A）*Cibicides* sp. A

    1. 薄片编号：XK1-411，照片编号：XK1-411-03，井深：164.16m，层位：乐东组；

4. 薄片编号:XK1-663,照片编号:XK1-663-18,井深:256.59m,层位:莺歌海组。

2,3. 面包虫(未定种B)*Cibicides* sp. B
    2. 薄片编号:XK1-508,照片编号:XK1-508-06,井深:202.36m,层位:乐东组;
    3. 薄片编号:XK1-509,照片编号:XK1-509-02,井深:202.68m,层位:乐东组。

5,6. 小面包虫(未定种)*Cibicidina* sp.
    5. 薄片编号:XK1-508,照片编号:XK1-508-05,井深:202.36m,层位:乐东组;
    6. 薄片编号:XK1-534,照片编号:XK1-534-01,井深:211.54m,层位:乐东组。

7-11. 似梅花孔虫(未定种)*Cymbaloporetta* sp.
    7. 薄片编号:XK1A-154,照片编号:XK1A-154-12,井深:795.94m,层位:梅山组;
    8. 薄片编号:XK1A-158,照片编号:XK1A-158-25,井深:797.37m,层位:梅山组;
    9. 薄片编号:XK1A-159,照片编号:XK1A-159-29,井深:797.63m,层位:梅山组;
    10. 薄片编号:XK1A-205,照片编号:XK1A-205-27,井深:814.08m,层位:梅山组;
    11. 薄片编号:XK1A-236,照片编号:XK1A-236-30,井深:824.45m,层位:梅山组。

12,13. 蔷薇似梅花孔虫 *Cymbaloporetta bradyi* Cushman
    12. 薄片编号:XK1-480,照片编号:XK1-480-02,井深:191.22m,层位:乐东组;
    13. 薄片编号:XK1-509,照片编号:XK1-509-09,井深:202.68m,层位:乐东组。

14. 新上穹虫(未定种)*Neoeponides* sp.
    薄片编号:XK1-641,照片编号:XK1-641-07,井深:249.11m,层位:莺歌海组。

15. 雅致缘缝虫 *Hoeglundina elegans* (d'Orbigny)
    薄片编号:XK1-794,照片编号:XK1-794-38,井深:309.16m,层位:莺歌海组。

## 图版 37

1-3,5. 上穹虫(未定多种)*Eponides* spp.
    1. 薄片编号:XK1-045,照片编号:XK1-045-01,井深:15.81m,层位:乐东组;
    2. 薄片编号:XK1-057,照片编号:XK1-057-02,井深:20.01m,层位:乐东组;
    3. 薄片编号:XK1-130,照片编号:XK1-130-03,井深:47.82m,层位:乐东组;
    5. 薄片编号:XK1-864,照片编号:XK1-864-10,井深:333.96m,层位:莺歌海组。

4. 小面包虫(未定种)*Cibicidina* sp.
    薄片编号:XK1-659,照片编号:XK1-659-28,井深:255.31m,层位:莺歌海组。

6. 扁豆虫(未定种)*Lenticulina* sp.
    薄片编号:XK1-955,照片编号:XK1-955-44,井深:364.68m,层位:莺歌海组。

7. 假恩格拟面包虫 *Cibicidoides pseudoungerianus* (Cushman)
    薄片编号:XK1-893,照片编号:XK1-893-30,井深:657.58m,层位:梅山组。

8,9. 碟虫(未定种)*Patellina* sp.
    8. 薄片编号:XK1-386,照片编号:XK1-386-06,井深:153.51m,层位:乐东组;
    9. 薄片编号:XK1-905,照片编号:XK1-905-21,井深:348.55m,层位:莺歌海组。

10. 玦心虫(未定种)*Massilina* sp.
    薄片编号:XK1-221,照片编号:XK1-221-06,井深:85.05m,层位:乐东组。

11-14. 新圆锥虫(未定种)*Neoconorbina* sp.
    11. 薄片编号:XK1-510,照片编号:XK1-510-05,井深:203.00m,层位:乐东组;
    12. 薄片编号:XK1-521,照片编号:XK1-521-01,井深:206.80m,层位:乐东组;
    13. 薄片编号:XK1-525,照片编号:XK1-525-04,井深:208.44m,层位:乐东组;
    14. 薄片编号:XK1-575,照片编号:XK1-575-11,井深:226.02m,层位:莺歌海组。

15. 玫瑰虫(未定种)*Rosalina* sp.
    薄片编号:XK1-494,照片编号:XK1-494-11,井深:196.83m,层位:乐东组。

## 图版 38

1,2. 玫瑰虫(未定种)*Rosalina* sp.

1. 薄片编号：XK1-510，照片编号：XK1-510-06，井深：203.00m，层位：乐东组；
2. 薄片编号：XK1-880，照片编号：XK1-880-10，井深：339.44m，层位：莺歌海组。

3-5. 星轮虫（未定种）*Asterorotalia* sp.
    3. 薄片编号：XK1-398，照片编号：XK1-398-01，井深：158.38m，层位：乐东组；
    4. 薄片编号：XK1-398，照片编号：XK1-398-06，井深：158.38m，层位：乐东组；
    5. 薄片编号：XK1-478，照片编号：XK1-478-05，井深：190.12m，层位：乐东组。

6. 仿轮虫（未定种）*Pararotalia* sp.
    薄片编号：XK1-535，照片编号：XK1-535-09，井深：211.93m，层位：乐东组。

7-9. 假轮虫（未定种）*Pseudorotalia* sp.
    7. 薄片编号：XK1-271，照片编号：XK1-271-01，井深：103.00m，层位：乐东组；
    8. 薄片编号：XK1-336，照片编号：XK1-336-01，井深：128.80m，层位：乐东组；
    9. 薄片编号：XK1-534，照片编号：XK1-534-09，井深：211.54m，层位：乐东组。

10,11. 具管拟吸管虫 *Siphoninoides siphoniferus*（Brady）
    10. 薄片编号：XK1-167，照片编号：XK1-167-04，井深：62.85m，层位：乐东组；
    11. 薄片编号：XK1-527，照片编号：XK1-527-09，井深：209.07m，层位：乐东组。

12-14. 小施氏虫（未定种）*Schlumbergerella* sp.
    12. 薄片编号：XK1-076，照片编号：XK1-076-03，井深：26.78m，层位：乐东组；
    13. 薄片编号：XK1-524，照片编号：XK1-524-33，井深：208.14m，层位：乐东组；
    14. 薄片编号：XK1-530，照片编号：XK1-530-05，井深：210.14m，层位：乐东组。

15. 球形球亚虫 *Sphaerogypsina globula*（Reuss）
    薄片编号：XK1A-020，照片编号：XK1A-020-11，井深：747.99m，层位：梅山组。

## 图版 39

1-4. 球形球亚虫 *Sphaerogypsina globula*（Reuss）
    1. 薄片编号：XK1A-022，照片编号：XK1A-022-22，井深：748.52m，层位：梅山组；
    2. 薄片编号：XK1A-175，照片编号：XK1A-175-10，井深：803.42m，层位：梅山组；
    3. 薄片编号：XK1A-250，照片编号：XK1A-250-12，井深：828.97m，层位：梅山组；
    4. 薄片编号：XK1A-693，照片编号：XK1A-693-02，井深：1028.31m，层位：梅山组。

5-8. 小蜂巢虫（未定种）*Alveolinella* sp.
    5. 薄片编号：XK1A-022，照片编号：XK1A-022-13，井深：748.52m，层位：梅山组；
    6. 薄片编号：XK1A-101，照片编号：XK1A-101-12，井深：776.18m，层位：梅山组；
    7. 薄片编号：XK1A-167，照片编号：XK1A-167-23，井深：800.57m，层位：梅山组；
    8. 薄片编号：XK1A-188，照片编号：XK1A-188-13，井深：807.90m，层位：梅山组。

9-11. 矮小北方虫 *Borelis pygmaeus*（Hanzawa）
    9. 薄片编号：XK1A-009，照片编号：XK1A-009-10，井深：743.08m，层位：梅山组；
    10. 薄片编号：XK1A-1242，照片编号：XK1A-1242-10，井深：1254.43m，层位：三亚组；
    11. 薄片编号：XK1A-1242，照片编号：XK1A-1242-13，井深：1254.43m，层位：三亚组。

12-15. 博唐小花虫 *Flosculinella botangensis*（Rutten）
    12. 薄片编号：XK1A-022，照片编号：XK1A-022-20，井深：748.52m，层位：梅山组；
    13. 薄片编号：XK1A-127，照片编号：XK1A-127-14，井深：785.09m，层位：梅山组；
    14. 薄片编号：XK1A-131，照片编号：XK1A-131-11，井深：786.84m，层位：梅山组；
    15. 薄片编号：XK1A-147，照片编号：XK1A-147-13，井深：793.11m，层位：梅山组。

## 图版 40

1-4. 博唐小花虫 *Flosculinella botangensis*（Rutten）
    1. 薄片编号：XK1A-151，照片编号：XK1A-151-23，井深：794.57m，层位：梅山组；
    2. 薄片编号：XK1A-167，照片编号：XK1A-167-14，井深：800.57m，层位：梅山组；

3. 薄片编号:XK1A-185,照片编号:XK1A-185-10,井深:807.07m,层位:梅山组;
4. 薄片编号:XK1A-233,照片编号:XK1A-233-22,井深:823.59m,层位:梅山组。

5-12. 勒松双盖虫 *Amphistegina lessonii* d'Orbigny
5. 薄片编号:XK1-512,照片编号:XK1-512-04,井深:203.73m,层位:乐东组;
6. 薄片编号:XK1-697,照片编号:XK1-697-16,井深:267.84m,层位:莺歌海组;
7. 薄片编号:XK1-827,照片编号:XK1-827-26,井深:321.12m,层位:莺歌海组;
8. 薄片编号:XK1-843,照片编号:XK1-843-33,井深:326.26m,层位:莺歌海组;
9. 薄片编号:XK1-844,照片编号:XK1-844-22,井深:326.56m,层位:莺歌海组;
10. 薄片编号:XK1-844,照片编号:XK1-844-25,井深:326.56m,层位:莺歌海组;
11. 薄片编号:XK1-852,照片编号:XK1-852-17,井深:329.49m,层位:莺歌海组;
12. 薄片编号:XK1A-227,照片编号:XK1A-227-27,井深:821.57m,层位:梅山组。

13-15. 博丹威奇双盖虫 *Amphistegina bohdanowiczi* Bieda
13. 薄片编号:XK1A-002,照片编号:XK1A-002-11,井深:740.42m,层位:梅山组;
14. 薄片编号:XK1A-006,照片编号:XK1A-006-10,井深:741.85m,层位:梅山组;
15. 薄片编号:XK1A-010,照片编号:XK1A-010-10,井深:743.46m,层位:梅山组。

## 图版 41

1,3-5. 博丹威奇双盖虫 *Amphistegina bohdanowiczi* Bieda
1. 薄片编号:XK1A-010,照片编号:XK1A-010-12,井深:743.46m,层位:梅山组;
3. 薄片编号:XK1A-038,照片编号:XK1A-038-21,井深:754.20m,层位:梅山组;
4. 薄片编号:XK1A-154,照片编号:XK1A-154-18,井深:795.94m,层位:梅山组;
5. 薄片编号:XK1A-1147,照片编号:XK1A-694-06,井深:1028.61m,层位:梅山组。

2. 五玦虫(未定种)*Quinqueloculina* sp.
薄片编号:XK1-1720,照片编号:XK1-1720-02,井深:745.21m,层位:梅山组。

6-11. 勒松双盖虫 *Amphistegina lessonii* d'Orbigny
6. 薄片编号:XK1-557,照片编号:XK1-557-13,井深:219.79m,层位:莺歌海组;
7. 薄片编号:XK1-579,照片编号:XK1-579-17,井深:227.51m,层位:莺歌海组;
8. 薄片编号:XK1A-006,照片编号:XK1A-006-12,井深:741.85m,层位:梅山组;
9. 薄片编号:XK1A-018,照片编号:XK1A-018-16,井深:747.51m,层位:梅山组;
10. 薄片编号:XK1A-022,照片编号:XK1A-022-21×50,井深:748.52m,层位:梅山组;
11. 薄片编号:XK1A-183,照片编号:XK1A-183-26,井深:806.27m,层位:梅山组。

12. 马达加斯加双盖虫 *Amphistegina madagascariensis* d'Obigny
薄片编号:XK1-698,照片编号:XK1-698-02,井深:268.14m,层位:莺歌海组。

13. 乳突双盖虫 *Amphistegina papillosa* Said
薄片编号:XK1-555,照片编号:XK1-555-14,井深:218.96m,层位:莺歌海组。

14,15. 放射双盖虫 *Amphistegina radiata* (Fichtel et Moll)
14. 薄片编号:XK1-487,照片编号:XK1-487-11,井深:194.45m,层位:乐东组;
15. 薄片编号:XK1-700,照片编号:XK1-700-03,井深:268.92m,层位:莺歌海组。

## 图版 42

1-6. 放射双盖虫 *Amphistegina radiata* (Fichtel et Moll)
1. 薄片编号:XK1-981,照片编号:XK1-981-13,井深:373.45m,层位:莺歌海组;
2. 薄片编号:XK1A-022,照片编号:XK1A-022-14,井深:748.52m,层位:梅山组;
3. 薄片编号:XK1A-030,照片编号:XK1A-030-24,井深:751.52m,层位:梅山组;
4. 薄片编号:XK1A-042,照片编号:XK1A-042-18,井深:756.16m,层位:梅山组;
5. 薄片编号:XK1A-101,照片编号:XK1A-101-17,井深:776.18m,层位:梅山组;
6. 薄片编号:XK1A-225,照片编号:XK1A-225-16,井深:820.96m,层位:梅山组。

8-10. 典型南三房虫 *Austrotrillina howchini* (Schlumberger)
　　　8. 薄片编号：XK1A-206,照片编号：XK1A-206-30,井深：814.67m,层位：梅山组；
　　　9. 薄片编号：XK1A-221,照片编号：XK1A-221-21,井深：819.56m,层位：梅山组；
　　　10. 薄片编号：XK1A-224,照片编号：XK1A-224-10,井深：820.57m,层位：梅山组。
7,11-15. 布汝尼南三房虫 *Austrotrillina brunni* Marie
　　　7. 薄片编号：XK1A-191,照片编号：XK1A-191-11,井深：809.26m,层位：梅山组；
　　　11. 薄片编号：XK1A-153,照片编号：XK1A-153-19,井深：795.44m,层位：梅山组；
　　　12. 薄片编号：XK1A-156,照片编号：XK1A-156-26,井深：796.57m,层位：梅山组；
　　　13. 薄片编号：XK1A-157,照片编号：XK1A-157-15,井深：797.07m,层位：梅山组；
　　　14. 薄片编号：XK1A-158,照片编号：XK1A-158-11,井深：797.37m,层位：梅山组；
　　　15. 薄片编号：XK1A-166,照片编号：XK1A-166-31,井深：800.17m,层位：梅山组。

## 图版 43

1-5. 布汝尼南三房虫 *Austrotrillina brunni* Marie
　　　1. 薄片编号：XK1A-166,照片编号：XK1A-166-32,井深：800.17m,层位：梅山组；
　　　2. 薄片编号：XK1A-167,照片编号：XK1A-167-11,井深：800.57m,层位：梅山组；
　　　3. 薄片编号：XK1A-175,照片编号：XK1A-175-20,井深：803.42m,层位：梅山组；
　　　4. 薄片编号：XK1A-226,照片编号：XK1A-226-33,井深：821.26m,层位：梅山组；
　　　5. 薄片编号：XK1A-1021,照片编号：XK1A-1021-02,井深：1180.75m,层位：三亚组。
6-15. 典型南三房虫 *Austrotrillina howchini* (Schlumberger)
　　　6. 薄片编号：XK1A-147,照片编号：XK1A-147-11,井深：793.11m,层位：梅山组；
　　　7. 薄片编号：XK1A-147,照片编号：XK1A-147-14,井深：793.11m,层位：梅山组；
　　　8. 薄片编号：XK1A-151,照片编号：XK1A-151-21,井深：794.57m,层位：梅山组；
　　　9. 薄片编号：XK1A-157,照片编号：XK1A-157-19,井深：797.07m,层位：梅山组；
　　　10. 薄片编号：XK1A-158,照片编号：XK1A-158-13,井深：797.37m,层位：梅山组；
　　　11. 薄片编号：XK1A-158,照片编号：XK1A-158-14,井深：797.37m,层位：梅山组；
　　　12. 薄片编号：XK1A-158,照片编号：XK1A-158-15,井深：797.37m,层位：梅山组；
　　　13. 薄片编号：XK1A-158,照片编号：XK1A-158-27,井深：797.37m,层位：梅山组；
　　　14. 薄片编号：XK1A-159,照片编号：XK1A-159-14,井深：797.63m,层位：梅山组；
　　　15. 薄片编号：XK1A-160,照片编号：XK1A-160-15,井深：798.17m,层位：梅山组。

## 图版 44

1-5. 典型南三房虫 *Austrotrillina howchini* (Schlumberger)
　　　1. 薄片编号：XK1A-163,照片编号：XK1A-163-20,井深：799.06m,层位：梅山组；
　　　2. 薄片编号：XK1A-165,照片编号：XK1A-165-22,井深：799.06m,层位：梅山组；
　　　3. 薄片编号：XK1A-167,照片编号：XK1A-167-22,井深：800.57m,层位：梅山组；
　　　4. 薄片编号：XK1A-168,照片编号：XK1A-168-12,井深：800.98m,层位：梅山组；
　　　5. 薄片编号：XK1A-168,照片编号：XK1A-168-19,井深：800.98m,层位：梅山组。
　6. 棒丘虫(未定种) *Baculogypsina* sp.
　　　薄片编号：XK1-643,照片编号：XK1-643-23,井深：249.85m,层位：莺歌海组。
　7. 拟棒丘虫(未定种) *Baculogypsinoides* sp.
　　　薄片编号：XK1-087,照片编号：XK1-087-05,井深：30.79m,层位：乐东组。
8-15. 刺状马刺虫 *Calcarina calcar* d'Orbigny
　　　8. 薄片编号：XK1-005,照片编号：XK1-005-04,井深：1.44m,层位：乐东组；
　　　9. 薄片编号：XK1-016,照片编号：XK1-016-16,井深：5.66m,层位：乐东组；
　　　10. 薄片编号：XK1-023,照片编号：XK1-023-03,井深：8.33m,层位：乐东组；
　　　11. 薄片编号：XK1-056,照片编号：XK1-056-01,井深：19.71m,层位：乐东组；

12. 薄片编号:XK1-076,照片编号:XK1-076-07,井深:26.78m,层位:乐东组;
13. 薄片编号:XK1-080,照片编号:XK1-080-05,井深:28.14m,层位:乐东组;
14. 薄片编号:XK1-097,照片编号:XK1-097-03,井深:34.88m,层位:乐东组;
15. 薄片编号:XK1-130,照片编号:XK1-130-01,井深:47.82m,层位:乐东组。

## 图版 45

1,2,5,7,8-14. 刺状马刺虫 *Calcarina calcar* d'Orbigny
   1. 薄片编号:XK1-138,照片编号:XK1-138-04,井深:50.68m,层位:乐东组;
   2. 薄片编号:XK1-150,照片编号:XK1-150-07,井深:55.82m,层位:乐东组;
   5. 薄片编号:XK1-232,照片编号:XK1-232-05,井深:89.99m,层位:乐东组;
   7. 薄片编号:XK1-337,照片编号:XK1-337-02,井深:129.39m,层位:乐东组;
   8. 薄片编号:XK1-505,照片编号:XK1-505-02,井深:201.03m,层位:乐东组;
   9. 薄片编号:XK1-524,照片编号:XK1-524-12,井深:208.14m,层位:乐东组;
   10. 薄片编号:XK1-655,照片编号:XK1-655-15,井深:253.88m,层位:莺歌海组;
   11. 薄片编号:XK1-657,照片编号:XK1-657-13,井深:254.61m,层位:莺歌海组;
   12. 薄片编号:XK1-675,照片编号:XK1-675-08,井深:260.56m,层位:莺歌海组;
   13. 薄片编号:XK1-828,照片编号:XK1-828-10,井深:321.42m,层位:莺歌海组;
   14. 薄片编号:XK1-857,照片编号:XK1-857-36,井深:330.99m,层位:莺歌海组。

3,4,6. 茸刺马刺虫 *Calcarina hispida* Brady
   3. 薄片编号:XK1-196,照片编号:XK1-196-11,井深:74.12m,层位:乐东组;
   4. 薄片编号:XK1-198,照片编号:XK1-198-21,井深:74.83m,层位:乐东组;
   6. 薄片编号:XK1-250,照片编号:XK1-250-06,井深:95.68m,层位:乐东组。

15. 双凸异鳞虫 *Heterolepa subhaidingeri* (Parr)
   薄片编号:XK1-155,照片编号:XK1-155-01,井深:57.77m,层位:乐东组。

## 图版 46

1-5. 双凸异鳞虫 *Heterolepa subhaidingeri* (Parr)
   1. 重结晶个体,薄片编号:XK1-478,照片编号:XK1-478-11,井深:190.12m,层位:乐东组;
   2. 薄片编号:XK1-590,照片编号:XK1-590-01,井深:231.76m,层位:莺歌海组;
   3. 薄片编号:XK1-655,照片编号:XK1-655-16,井深:253.88m,层位:莺歌海组;
   4. 薄片编号:XK1-693,照片编号:XK1-693-11,井深:266.47m,层位:莺歌海组;
   5. 薄片编号:XK1-854,照片编号:XK1-854-17,井深:330.09m,层位:莺歌海组。

6. 圆盾虫(未定种)*Cycloclypeus*(*Cycloclypeus*) sp.
   薄片编号:XK1-568,照片编号:XK1-568-02,井深:223.44m,层位:莺歌海组。

7-9. 费贝克肾鳞虫 *Nephrolepidina verbeeki* (Newton et Holland)
   7. 薄片编号:XK1-1492,照片编号:XK1-1492-01,井深:609.83m,层位:梅山组;
   8. 薄片编号:XK1A-106,照片编号:XK1A-106-20,井深:777.68m,层位:梅山组;
   9. 薄片编号:XK1A-677,照片编号:XK1A-677-18,井深:1018.21m,层位:梅山组。

10-12,15. 肾鳞虫(未定种)*Nephrolepidina* sp.
   10. 薄片编号:XK1-1508,照片编号:XK1-1508-01,井深:614.64m,层位:梅山组;
   11. 薄片编号:XK1-1512,照片编号:XK1-1512-04,井深:616.00m,层位:梅山组;
   12. 薄片编号:XK1-1514,照片编号:XK1-1514-01,井深:616.60m,层位:梅山组;
   15. 薄片编号:XK1A-018,照片编号:XK1A-018-13,井深:747.51m,层位:梅山组。

13,14. 苏门答腊肾鳞虫 *Nephrolepidina sumatrensis* (Brady)
   13. 薄片编号:XK1-1516,照片编号:XK1-1516-01,井深:617.34m,层位:梅山组;
   14. 薄片编号:XK1-1724,照片编号:XK1-1724-07,井深:746.44m,层位:梅山组。

# 图版 47

1,3. 吕滕肾鳞虫 *Nephrolepidina rutteni* van der Vlerk
    1. 薄片编号:XK1A-020,照片编号:XK1A-020-09,井深:747.99m,层位:梅山组;
    3. 薄片编号:XK1A-155,照片编号:XK1A-155-25,井深:796.22m,层位:梅山组。

2,4,5,7. 肾鳞虫（未定种）*Nephrolepidina* sp.
    2. 薄片编号:XK1A-026,照片编号:XK1A-026-20,井深:749.69m,层位:梅山组;
    4. 薄片编号:XK1A-224,照片编号:XK1A-224-08,井深:820.57m,层位:梅山组;
    5. 薄片编号:XK1A-229,照片编号:XK1A-229-21,井深:822.27m,层位:梅山组;
    7. 薄片编号:XK1-1514,照片编号:XK1-1514-11,井深:616.60m,层位:梅山组。

6,8-13. 角肾鳞虫 *Nephrolepidina angulosa*（Provale）
    6. 薄片编号:XK1A-238,照片编号:XK1A-238-31,井深:825.05m,层位:梅山组;
    8. 薄片编号:XK1A-022,照片编号:XK1A-022-23,井深:748.52m,层位:梅山组;
    9. 薄片编号:XK1A-026,照片编号:XK1A-026-13,井深:749.69m,层位:梅山组;
    10. 薄片编号:XK1A-026,照片编号:XK1A-026-14,井深:749.69m,层位:梅山组;
    11. 薄片编号:XK1A-107,照片编号:XK1A-107-12,井深:778.00m,层位:梅山组;
    12. 薄片编号:XK1A-213,照片编号:XK1A-213-07,井深:816.70m,层位:梅山组;
    13. 薄片编号:XK1A-250,照片编号:XK1A-250-19,井深:828.97m,层位:梅山组。

14,15. 比基尼肾鳞虫 *Nephrolepidina bikiniensis* Cole
    14. 薄片编号:XK1A-209,照片编号:XK1A-209-10,井深:815.48m,层位:梅山组;
    15. 薄片编号:XK1A-232,照片编号:XK1A-232-24,井深:823.29m,层位:梅山组。

# 图版 48

1. 比基尼肾鳞虫 *Nephrolepidina bikiniensis* Cole
    薄片编号:XK1A-239,照片编号:XK1A-239-16,井深:825.35m,层位:梅山组。

2,3. 马丁肾鳞虫 *Nephrolepidina martini*（Schlumberger）
    2. 薄片编号:XK1A-042,照片编号:XK1A-042-12,井深:756.16m,层位:梅山组;
    3. 薄片编号:XK1A-151,照片编号:XK1A-151-12,井深:794.57m,层位:梅山组。

4-7. 吕滕肾鳞虫 *Nephrolepidina rutteni* van der Vlerk
    4. 薄片编号:XK1A-175,照片编号:XK1A-175-21,井深:803.42m,层位:梅山组;
    5. 薄片编号:XK1A-175,照片编号:XK1A-175-25,井深:803.42m,层位:梅山组;
    6. 薄片编号:XK1A-205,照片编号:XK1A-205-18,井深:814.08m,层位:梅山组;
    7. 薄片编号:XK1A-205,照片编号:XK1A-205-26,井深:814.08m,层位:梅山组。

8-13. 苏门答腊肾鳞虫 *Nephrolepidina sumatrensis*（Brady）
    8. 薄片编号:XK1-1724,照片编号:XK1-1724-11,井深:746.44m,层位:梅山组;
    9. 薄片编号:XK1-1724,照片编号:XK1-1724-09,井深:746.44m,层位:梅山组;
    10. 薄片编号:XK1A-022,照片编号:XK1A-022-25,井深:748.52m,层位:梅山组;
    11. 薄片编号:XK1A-212,照片编号:XK1A-212-40,井深:816.46m,层位:梅山组;
    12. 薄片编号:XK1A-230,照片编号:XK1A-230-22,井深:822.57m,层位:梅山组;
    13. 薄片编号:XK1A-238,照片编号:XK1A-238-32,井深:825.05m,层位:梅山组。

14,15. 费贝克肾鳞虫 *Nephrolepidina verbeeki*（Newton et Holland）
    14. 薄片编号:XK1A-305,照片编号:XK1A-305-07,井深:851.32m,层位:梅山组;
    15. 薄片编号:XK1A-591,照片编号:XK1A-591-06,井深:947.79m,层位:梅山组。

# 图版 49

1. 费贝克肾鳞虫 *Nephrolepidina verbeeki*（Newton et Holland）
    薄片编号:XK1A-599,照片编号:XK1A-599-07,井深:950.68m,层位:梅山组。

2-6,8-12,15. 婆罗中坚虫 *Miogypsina borneensis* Tan
    2. 薄片编号:XK1A-153,照片编号:XK1A-153-27,井深:795.44m,层位:梅山组;
    3. 薄片编号:XK1A-159,照片编号:XK1A-159-25,井深:797.63m,层位:梅山组;
    4. 薄片编号:XK1A-159,照片编号:XK1A-159-32,井深:797.63m,层位:梅山组;
    5. 薄片编号:XK1A-171,照片编号:XK1A-171-21,井深:802.22m,层位:梅山组;
    6. 薄片编号:XK1A-191,照片编号:XK1A-191-21,井深:809.26m,层位:梅山组;
    8. 薄片编号:XK1A-197,照片编号:XK1A-197-27,井深:811.22m,层位:梅山组;
    9. 薄片编号:XK1A-197,照片编号:XK1A-197-29,井深:811.22m,层位:梅山组;
    10. 薄片编号:XK1A-201,照片编号:XK1A-201-40,井深:812.64m,层位:梅山组;
    11. 薄片编号:XK1A-205,照片编号:XK1A-205-10,井深:814.08m,层位:梅山组;
    12. 薄片编号:XK1A-206,照片编号:XK1A-206-17,井深:814.67m,层位:梅山组;
    15. 薄片编号:XK1A-233,照片编号:XK1A-233-14,井深:823.59m,层位:梅山组。

7,13,14. 鞘状中坚虫 *Miogypsina thecideaeformis* (Rutten)
    7. 薄片编号:XK1A-196,照片编号:XK1A-196-17,井深:810.92m,层位:梅山组;
    13. 薄片编号:XK1A-209,照片编号:XK1A-209-11,井深:815.48m,层位:梅山组;
    14. 薄片编号:XK1A-232,照片编号:XK1A-232-17,井深:823.29m,层位:梅山组。

## 图版 50

1,2. 鞘状中坚虫 *Miogypsina thecideaeformis* (Rutten)
    1. 薄片编号:XK1A-635,照片编号:XK1A-635-22,井深:965.56m,层位:梅山组;
    2. 薄片编号:XK1A-694,照片编号:XK1A-694-07,井深:1028.61m,层位:梅山组。

3-9. 印尼中坚虫 *Miogypsina indonesiensis* Tan
    3. 薄片编号:XK1A-001,照片编号:XK1A-001-16,井深:740.08m,层位:梅山组;
    4. 薄片编号:XK1A-159,照片编号:XK1A-159-35,井深:797.63m,层位:梅山组;
    5. 薄片编号:XK1A-205,照片编号:XK1A-205-16,井深:814.08m,层位:梅山组;
    6. 薄片编号:XK1A-205,照片编号:XK1A-205-19,井深:814.08m,层位:梅山组;
    7. 薄片编号:XK1A-225,照片编号:XK1A-225-13,井深:820.96m,层位:梅山组;
    8. 薄片编号:XK1A-232,照片编号:XK1A-232-10,井深:823.29m,层位:梅山组;
    9. 薄片编号:XK1A-631,照片编号:XK1A-631-17,井深:963.46m,层位:梅山组。

10. 中阶中坚虫 *Miogypsina intermedia* Drooger
    薄片编号:XK1A-205,照片编号:XK1A-205-35,井深:814.08m,层位:梅山组。

11,12. 戴哈突拟中坚虫 *Miogypsinoides dehaarti* (van der Vlerk)
    11. 薄片编号:XK1A-042,照片编号:XK1A-042-22,井深:756.16m,层位:梅山组;
    12. 薄片编号:XK1A-151,照片编号:XK1A-151-14,井深:794.57m,层位:梅山组。

13-15. 中鳞环虫(未定种) *Miolepidocyclina* sp.
    13. 薄片编号:XK1A-026,照片编号:XK1A-026-12,井深:749.69m,层位:梅山组;
    14. 薄片编号:XK1A-042,照片编号:XK1A-042-19,井深:756.16m,层位:梅山组;
    15. 薄片编号:XK1A-159,照片编号:XK1A-159-30,井深:797.63m,层位:梅山组。

## 图版 51

1,2. 中鳞环虫(未定种) *Miolepidocyclina* sp.
    1. 薄片编号:XK1A-702,照片编号:XK1A-702-10,井深:809.26m,层位:梅山组;
    2. 薄片编号:XK1A-195,照片编号:XK1A-195-12,井深:810.63m,层位:梅山组。

3-5. 圆盾虫(未定种) *Cycloclypeus*(*Cycloclypeus*) sp.
    3. 薄片编号:XK1-633,照片编号:XK1-633-09,井深:246.41m,层位:莺歌海组;
    4. 薄片编号:XK1-661,照片编号:XK1-661-19,井深:255.99m,层位:莺歌海组;
    5. 薄片编号:XK1-681,照片编号:XK1-681-12,井深:262.36m,层位:莺歌海组。

6-11. 印太圆盾虫 *Cycloclypeus* (*Cycloclypeus*) *indopacificus* Tan
  6. 薄片编号:XK1-794,照片编号:XK1-794-20,井深:309.16m,层位:莺歌海组;
  7. 薄片编号:XK1-859,照片编号:XK1-859-30,井深:331.59m,层位:莺歌海组;
  8. 薄片编号:XK1-899,照片编号:XK1-899-25,井深:346.20m,层位:莺歌海组;
  9. 薄片编号:XK1-743,照片编号:XK1-743-17,井深:284.09m,层位:莺歌海组;
  10. 薄片编号:XK1-785,照片编号:XK1-785-27,井深:306.38m,层位:莺歌海组;
  11. 薄片编号:XK1-786,照片编号:XK1-786-18,井深:306.66m,层位:莺歌海组。
12,13. 小柱圆盾虫 *Cycloclypeus* (*Cycloclypeus*) *pillaria* Boudagher-Fadel
  12. 薄片编号:XK1-1048,照片编号:XK1-1048-01,井深:407.49m,层位:黄流组;
  13. 薄片编号:XK1-1103,照片编号:XK1-1103-03,井深:426.74m,层位:黄流组。
14,15. 亚圆异盖虫 *Heterostegina suborbicularis* d'Orbigny
  14. 薄片编号:XK1-221,照片编号:XK1-221-03,井深:85.05m,层位:乐东组;
  15. 薄片编号:XK1-294,照片编号:XK1-294-12,井深:111.82m,层位:乐东组。

## 图版 52

1. 弯曲异盖虫 *Heterostegina curva* Moebius
  薄片编号:XK1-616,照片编号:XK1-616-05,井深:240.95m,层位:莺歌海组。
2-4. 亚圆异盖虫 *Heterostegina suborbicularis* d'Orbigny
  2. 薄片编号:XK1-287,照片编号:XK1-287-39,井深:109.47m,层位:乐东组;
  3. 薄片编号:XK1-293,照片编号:XK1-293-11,井深:111.52m,层位:乐东组;
  4. 薄片编号:XK1-398,照片编号:XK1-398-09,井深:158.38m,层位:乐东组。
5. 异盖虫(未定种) *Heterostegina* sp.
  薄片编号:XK1-288,照片编号:XK1-288-14,井深:109.77m,层位:乐东组。
6-8. 网状盖虫 *Operculina rectilata* Cole
  6. 薄片编号:XK1A-022,照片编号:XK1A-022-10,井深:748.52m,层位:梅山组;
  7. 薄片编号:XK1A-207,照片编号:XK1A-207-10,井深:814.94m,层位:梅山组;
  8. 薄片编号:XK1A-212,照片编号:XK1A-212-34,井深:816.46m,层位:梅山组。
9-12. 具脉盖虫 *Operculina venosa* (Fichtel et Moll)
  9. 薄片编号:XK1A-007,照片编号:XK1A-007-23,井深:742.26m,层位:梅山组;
  10. 薄片编号:XK1A-018,照片编号:XK1A-018-01,井深:747.51m,层位:梅山组;
  11. 薄片编号:XK1A-018,照片编号:XK1A-018-09,井深:747.51m,层位:梅山组;
  12. 薄片编号:XK1A-020,照片编号:XK1A-020-19,井深:747.99m,层位:梅山组。
13-15. 具脉盖虫(相似种) *Operculina* cf. *venosa* (Fichtel et Moll)
  13. 薄片编号:XK1-627,照片编号:XK1-627-16,井深:244.57m,层位:莺歌海组;
  14. 薄片编号:XK1-665,照片编号:XK1-665-07,井深:257.25m,层位:莺歌海组;
  15. 薄片编号:XK1-674,照片编号:XK1-674-03,井深:260.09m,层位:莺歌海组。

## 图版 53

1. 具脉盖虫(相似种) *Operculina* cf. *venosa* (Fichtel et Moll)
  薄片编号:XK1-977,照片编号:XK1-977-09,井深:372.25m,层位:莺歌海组。
2-6. 希金斯旋盾虫 *Spiroclypeus higginsi* Cole
  2. 薄片编号:XK1A-1021,照片编号:XK1A-1021-08,井深:1180.75m,层位:三亚组;
  3. 薄片编号:XK1A-1071,照片编号:XK1A-1071-02,井深:1201.52m,层位:三亚组;
  4. 薄片编号:XK1A-1075,照片编号:XK1A-1075-08,井深:1202.62m,层位:三亚组;
  5. 薄片编号:XK1A-1147,照片编号:XK1A-1147-04,井深:1225.94m,层位:三亚组;
  6. 薄片编号:XK1A-1249,照片编号:XK1A-1249-08,井深:1256.28m,层位:三亚组。
7-10,12-14. 面具小扁卷虫 *Planorbulinella larvata* (Parker et Jones)

7. 薄片编号：XK1-518，照片编号：XK1-518-04，井深：205.93m，层位：乐东组；
8. 薄片编号：XK1-529，照片编号：XK1-529-08，井深：209.83m，层位：乐东组；
9. 薄片编号：XK1-565，照片编号：XK1-565-08，井深：222.21m，层位：莺歌海组；
10. 薄片编号：XK1-1699，照片编号：XK1-1699-09，井深：731.63m，层位：梅山组；
12. 薄片编号：XK1A-034，照片编号：XK1A-034-13，井深：752.55m，层位：梅山组；
13. 薄片编号：XK1A-232，照片编号：XK1A-232-23，井深：823.29m，层位：梅山组；
14. 薄片编号：XK1A-250，照片编号：XK1A-250-14，井深：828.97m，层位：梅山组。

11. 小蛹形虫（未定种）*Chrysalidinella* sp.
    薄片编号：XK1A-006，照片编号：XK1A-006-11，井深：741.85m，层位：梅山组。
15. 柱形散孔虫 *Sporadotrema cyclindricum* (Carter)
    薄片编号：XK1-752，照片编号：XK1-752-01，井深：287.17m，层位：莺歌海组。

## 图版 54

(图版 54-57，比例尺＝200μm)

1,2. 斐济古石枝藻 *Archaeolithothamnium fijiensis* Johnson et Ferris
    1. 样品编号：XK1A-611-02，井深：955.09m，层位：梅山组；
    2. 样品编号：XK1A-611-02，井深：955.09m，层位：梅山组。
3. 尔沃维克古石枝藻 *Archaeolithothamnium lvovicum* Maslov
    样品编号：XK1A-971-02，井深：1162.95m，层位：三亚组。
4-6. 秩父中叶藻 *Mesophyllum chichibuensis* Ishijima
    4. 样品编号：XK1-1114-13，井深：430.75m，层位：黄流组；
    5. 样品编号：XK1A-535-03，井深：929.65m，层位：梅山组；
    6. 样品编号：XK1A-671-02，井深：1016.16m，层位：梅山组。
7,8. 伊拉克中叶藻 *Mesophyllum iraqense* Johnson
    7. 样品编号：XK1A-643-02，井深：974.26m，层位：梅山组；
    8. 样品编号：XK1A-771-02，井深：1100.84m，层位：三亚组。
9. 日本中叶藻 *Mesophyllum japonicum* Ishijima
    样品编号：XK1A-639-02，井深：972.34m，层位：梅山组。
10,11. 油谷志摩中叶藻 *Mesophyllum yuyashimaensis* Ishijima
    10. 样品编号：XK1A-595-08，井深：949.41m，层位：梅山组；
    11. 样品编号：XK1A-595-11，井深：949.41m，层位：梅山组。
12. 南海石枝藻 *Lithothamnion nanhaiensis* Wang
    样品编号：XK1A-699-10，井深：1031.10m，层位：梅山组。
13. 新井石枝藻 *Lithothamnion araii* Ishijima
    样品编号：XK1A-619-02，井深：958.06m，层位：梅山组。
14. 不规则石叶藻 *Lithophyllum irregularis* Ishijima
    样品编号：XK1A-059-03，井深：762.09m，层位：梅山组。
15. 假蟹手状石叶藻 *Lithophyllum pseudoamphiroa* Johnson
    样品编号：XK1A-153-10，井深：795.44m，层位：梅山组。

## 图版 55

1-4. 假蟹手状石叶藻 *Lithophyllum pseudoamphiroa* Johnson
    1. 样品编号：XK1A-153-11，井深：795.44m，层位：梅山组；
    2. 样品编号：XK1A-153-12，井深：795.44m，层位：梅山组；
    3. 样品编号：XK1A-158-30，井深：797.37m，层位：梅山组；
    4. 样品编号：XK1A-1191-08，井深：1239.97m，层位：三亚组。
5. 危地马拉奇石藻 *Aethesolithon guetemalaensum* Johnson et Kaska

样品编号：XK1A-539-18,井深：930.86m,层位：梅山组。
6-13. 南海奇石藻 *Aethesolithon nanhaiensis* Wang
  6. 样品编号：XK1-1296-01,井深：522.11m,层位：黄流组；
  7. 样品编号：XK1-1296-02,井深：522.11m,层位：黄流组；
  8. 样品编号：XK1-1312-01,井深：528.82m,层位：黄流组；
  9. 样品编号：XK1-1330-02,井深：535.16m,层位：黄流组；
  10. 样品编号：XK1-1336-01,井深：537.47m,层位：黄流组；
  11. 样品编号：XK1-1340-01,井深：538.77m,层位：黄流组；
  12. 样品编号：XK1-1380-01,井深：560.59m,层位：黄流组；
  13. 样品编号：XK1-1542-01,井深：626.76m,层位：梅山组。
14. 箕状石孔藻 *Lithoporella melobesioides* Foslie
  样品编号：XK1A-001-19,井深：740.08m,层位：梅山组。
15. 太平洋蟹手藻 *Amphiroa pacifica* Johnson et Ferris
  样品编号：XK1-C21-24,井深：13.16m,层位：乐东组。

## 图版 56

1-4. 太平洋蟹手藻 *Amphiroa pacifica* Johnson et Ferris
  1. 样品编号：XK1-07-01,井深：2.16m,层位：乐东组；
  2. 样品编号：XK1-15-02,井深：5.27m,层位：乐东组；
  3. 样品编号：XK1-679-21,井深：261.76m,层位：莺歌海组；
  4. 样品编号：XK1-775-10,井深：296.06m,层位：莺歌海组。
5-11. 疣状蟹手藻 *Amphiroa verrucosa* Kützing
  5. 样品编号：XK1-C21-17,井深：13.16m,层位：乐东组；
  6. 样品编号：XK1-1-04,井深：0.03m,层位：乐东组；
  7. 样品编号：XK1-13-01,井深：4.56m,层位：乐东组；
  8. 样品编号：XK1-23-02,井深：8.33m,层位：乐东组；
  9. 样品编号：XK1-10-02,井深：3.22m,层位：乐东组；
  10. 样品编号：XK1-47-01,井深：16.53m,层位：乐东组；
  11. 样品编号：XK1-679-16,井深：261.76m,层位：莺歌海组。
12. 蟹手藻（未定种）*Amphiroa* sp.
  样品编号：XK1-119-07,井深：43.75m,层位：乐东组。
13. 椭圆珊瑚藻 *Corallina elliptica* Ishijima
  样品编号：XK1A-1191-11,井深：1239.97m,层位：三亚组。
14,15. 大月珊瑚藻 *Corallina ōtsukiensis* Ishijima
  14. 样品编号：XK1A-571-03,井深：941.29m,层位：梅山组；
  15. 样品编号：XK1A-690-02,井深：1026.74m,层位：梅山组。

## 图版 57

1-7. 久保让氏藻 *Jania kuboiensis* Ishijima
  1. 样品编号：XK1A-029-19,井深：751.20m,层位：梅山组；
  2. 样品编号：XK1A-171-16,井深：802.22m,层位：梅山组；
  3. 样品编号：XK1A-212-12,井深：816.46m,层位：梅山组；
  4. 样品编号：XK1A-220-42,井深：819.36m,层位：梅山组；
  5. 样品编号：XK1A-231-26,井深：822.94m,层位：梅山组；
  6. 样品编号：XK1A-543-05,井深：932.06m,层位：梅山组；
  7. 样品编号：XK1A-1167-03,井深：1232.55m,层位：三亚组。
8,9. 伞轴藻（未定种）*Cymopolia* sp.

8. 样品编号:XK1-C17-03,井深:9.07m,层位:乐东组;
9. 样品编号:XK1-C17-04,井深:9.07m,层位:乐东组。

10-15. 仙掌藻(未定种)*Halimeda* sp.
   10. 样品编号:XK1-C34-03,井深:23.32m,层位:乐东组;
   11. 样品编号:XK1-C35-21,井深:23.62m,层位:乐东组;
   12. 样品编号:XK1-63-02,井深:21.78m,层位:乐东组;
   13. 样品编号:XK1-280-03,井深:106.28m,层位:乐东组;
   14. 样品编号:XK1-1130-01,井深:436.04m,层位:黄流组;
   15. 样品编号:XK1-1168-03,井深:458.87m,层位:黄流组。

## 图版 58

(比例尺=25mm)

1. 鹿角珊瑚(未定种)*Acropora* sp.
   样品编号:XK1-A33,照片编号:8608,井深:508.66m,层位:黄流组。
2. 扁脑珊瑚(未定种)*Platygyra* sp.
   样品编号:XK1-A14,照片编号:8536,井深:78.92m,层位:乐东组。
3,7,8,10. 陀螺珊瑚(未定种)*Tubinaria* sp.
   3. 样品编号:XK1-A33,照片编号:8624,井深:557.63m,层位:黄流组;
   7. 样品编号:XK1-A19,照片编号:8557,井深:155.43~155.79m,层位:乐东组;
   8. 样品编号:XK1-A11,照片编号:8527,井深:61.17m,层位:乐东组;
   10. 样品编号:XK1-A1,照片编号:8488,井深:25.11m,层位:乐东组。
4. 角蜂巢珊瑚(未定种)*Favites* sp.
   样品编号:XK1-A21,照片编号:8566,井深:161.52m,层位:乐东组。
5. 星孔珊瑚(未定种)*Astreopora* sp.
   样品编号:XK1-A32,照片编号:8620,井深:554.33m,层位:黄流组。
6. 丁香珊瑚(未定种)*Caryophyllia* sp.
   样品编号:XK1-A37,照片编号:8641,井深:643.42 m,层位:梅山组。
9. 变沙珊瑚(未定种)*Enallopsammia* sp.
   样品编号:XK1-A36,照片编号:8638,井深:568.64m,层位:黄流组。

## 图版 59

(比例尺=10mm)

1,11. 陀螺珊瑚(未定种)*Turbinaria* sp.
   1. 照片编号:IMG5397,井深:762.47m,层位:梅山组;
   11. 样品编号:XK1-A18,照片编号:8552,井深:144.39m,层位:乐东组。
2,10. 角杯珊瑚(未定种)*Cyathoceras* sp.
   2. 照片编号:IMG5455,井深:802.42m,层位:梅山组;
   10. 照片编号:IMG5457,井深:802.42m,层位:梅山组。
3. 双星珊瑚(未定种)*Diploastrea* sp.
   照片编号:IMG5458,井深:803.37m,层位:梅山组。
4. 鹿角珊瑚(未定种)*Acropora* sp.
   样品编号:XK1-A26,照片编号:8589,井深:376.18m,层位:黄流组。
5. 角杯珊瑚(未定种)*Cyathoceras* sp.
   照片编号:1218-20,井深:1249.30m,层位:三亚组。
6. 双星珊瑚(未定种)*Diploastrea* sp.
   照片编号:IMG5489,井深:814.47m,层位:梅山组。
7,8. 星孔珊瑚(未定种)*Astreopora* sp.

7. 样品编号:XK1-A34,照片编号:8625,井深:558.60m,层位:黄流组;

　　8. 样品编号:XK1-A2,照片编号:8489,井深:25.97m,层位:乐东组。

9. 鹿角珊瑚(未定种)*Acropora* sp.

　　照片编号:1219-01,井深:1196.00m,层位:三亚组。

## 图版 60

(比例尺=2mm)

1,4. 刺星珊瑚(未定种)*Cyphastrea* sp.

　　1. 薄片编号:XK1-541,照片编号:XK1-541-22,井深:213.95m,层位:乐东组;

　　4. 薄片编号:XK1-304,照片编号:XK1-304-3,井深:115.79m,层位:乐东组。

2,6,8. 滨珊瑚(未定种)*Porites* sp.

　　2. 薄片编号:XK1-178,照片编号:XK1-178-1,井深:67.23m,层位:乐东组;

　　6. 薄片编号:XK1-1498,照片编号:XK1-1498-3,井深:611.85m,层位:梅山组;

　　8. 薄片编号:XK1-171,照片编号:XK1-171-14,井深:64.51m,层位:乐东组。

3. 苍珊瑚(未定种)*Heliopora* sp.

　　薄片编号:XK1-164,照片编号:XK1-164-9,井深:61.29m,层位:乐东组。

5. 蔷薇珊瑚(未定种)*Montipora* sp.

　　薄片编号:XK1-362,照片编号:XK1-362-1,井深:140.93m,层位:乐东组。

7. 刺星珊瑚(未定种)*Cyphastrea* sp.

　　薄片编号:XK1-405,照片编号:XK1-405-1,井深:161.69m,层位:乐东组。

## 图版 61

(图1-6,比例尺=2mm;图7-8,比例尺=1mm)

1. 星孔珊瑚(未定种)*Astreopora* sp.

　　薄片编号:XK1-541,照片编号:XK1-541-23,井深:213.95m,层位:乐东组。

2. 蔷薇珊瑚(未定种)*Montipora* sp.

　　薄片编号:XK1-134,照片编号:XK1-134-2,井深:49.19m,层位:乐东组。

3,4. 陀螺珊瑚(未定种)*Turbinaria* sp.

　　3. 薄片编号:XK1-88,照片编号:XK1-88-4,井深:31.35m,层位:乐东组;

　　4. 薄片编号:XK1-86,照片编号:XK1-86-5,井深:30.49m,层位:乐东组。

5. 苍珊瑚(未定种)*Heliopora* sp.

　　薄片编号:XK1-84,照片编号:XK1-84-3,井深:29.61m,层位:乐东组。

6. 内脊沙珊瑚(未定种)*Endopsammia* sp.

　　薄片编号:XK1-194,照片编号:XK1-194-1,井深:73.24m,层位:乐东组。

7. 蜂房珊瑚(未定种)*Favia* sp.

　　薄片编号:XK1-213,照片编号:XK1-213-1,井深:82.00m,层位:乐东组。

8. 角蜂巢珊瑚(未定种)*Favites* sp.

　　薄片编号:XK1-242,照片编号:XK1-242-1,井深:93.44m,层位:乐东组。

## 图版 62

(比例尺=1mm)

1,2. 真叶珊瑚(未定种)*Euphyllia* sp.

　　1. 薄片编号:XK1-364,照片编号:XK1-364-01,井深:141.93m,层位:乐东组;

　　2. 薄片编号:XK1-364,照片编号:XK1-364-01,井深:141.93m,层位:乐东组。

3. 蔷薇珊瑚(未定种)*Montipora* sp.

　　薄片编号:121-432-1-0.27,照片编号:1498-03,井深:611.85m,层位:梅山组。

4. 星孔珊瑚(未定种)*Astreopora* sp.

薄片编号:27-123-1-0.05,照片编号:355-02,井深:137.57m,层位:乐东组。
5. 蔷薇珊瑚(未定种)*Montipora* sp.
   薄片编号:XK1-338,照片编号:XK1-338-01,井深:129.69m,层位:乐东组。
6. 叶状珊瑚(未定种)*Lobophyllia* sp.
   薄片编号:XK1-352,照片编号:XK1-352-02,井深:136.10m,层位:乐东组。
7. 刺星珊瑚(未定种)*Cyphastrea* sp.
   薄片编号:XK1-421,照片编号:XK1-421-01,井深:167.90m,层位:乐东组。
8. 滨珊瑚(未定种)*Porites* sp.
   薄片编号:XK1A-164,照片编号:164-10,井深:779.54m,层位:梅山组。

# 图版 63

(比例尺=5μm)

1,2. 远洋颗石藻 *Coccolithus pelagicus* (Wallich) Schiller
   1. 照片编号:5657,井深:1217.6m,层位:三亚组;
   2. 照片编号:5656,井深:1217.6m,层位:三亚组。
3. 卡氏卷球藻 *Helicosphaera carteri* (Wallich) Kamptner
   照片编号:5508,井深:212.20m,层位:乐东组。
4. 透明卷球藻 *Helicosphaera hyaline* Gaarder
   照片编号:5519,井深:13.80m,层位:乐东组。
5,6. 微小网窗藻 *Reticulofenestra minuta* Roth
   5. 照片编号:5485,井深:212.20m,层位:乐东组;
   6. 照片编号:5481,井深:18.3m,层位:乐东组。
7. 小网窗藻 *Reticulofenestra minutula* (Gartner) Haq et Berggren
   照片编号:5478,井深:214.29m,层位:乐东组。
8. 舟球藻(未定种)*Pontosphaera* sp.
   照片编号:5506,井深:212.20m,层位:乐东组。
9-12. 弗罗里达圆顶石藻 *Cyclicargolithus floridanus* Roth et Hay
   9. 照片编号:5666,井深:1217.6m,层位:三亚组;
   10. 照片编号:5672,井深:1217.6m,层位:三亚组;
   11. 照片编号:5680,井深:1217.6m,层位:三亚组;
   12. 照片编号:5682,井深1233.60m,层位:三亚组。
13,14. 桑椹楔石藻 *Sphenolithus moriformis* (Brammimann et Stradner) Bramlette et Wilcoxon
   13. 照片编号:5659,井深:1217.6m,层位:三亚组;
   14. 照片编号:5687,井深:1233.62m,层位:三亚组。
15. 冷杉楔石藻 *Sphenolithus abies* Deflandre
   照片编号:5515,井深:330.97m,层位:莺歌海组。
16. 新冷杉楔石藻 *Sphenolithus neoabies* Bramlette et Bukry
   照片编号:5517,井深:330.97m,层位:莺歌海组。
17. 大洋桥石藻 *Gephyrocapsa oceanica* Kamptner
   照片编号:5502,井深:21.30m,层位:乐东组。
18. 加勒比海桥石藻 *Gephyrocapsa caribbeanica* Boudreaux et Hay
   照片编号:5483,井深:18.30m,层位:乐东组。
19,20. 幼发拉底卷球藻 *Helicosphaera euphratis* Haq
   照片编号:5696、5697,井深1233.62m,层位:三亚组。

## 图版 64

(比例尺＝5mm)

1. 锉蛤科碎片 Limidae
    照片编号：DSC2589,井深：482.63m,层位：黄流组。
2. 帘蛤科 Veneridae
    照片编号：DSC2577,井深：482.27m,层位：黄流组。
3. 江珧（未定种）*Pinna* sp.
    照片编号：DSC2580,井深：522.83～522.88m,层位：黄流组。
4. 帘蛤类 Veneroida
    照片编号：DSC2518,井深：482.21m,层位：黄流组。
5. 鸟蛤科 Cardiidae
    照片编号：DSC2535,井深：653.47m,层位：梅山组。
6. 套海扇（未定种）*Chlamys* sp.
    照片编号：DSC2582,井深：522.83～522.88m,层位：黄流组。
7. 火腿樱蛤 *Tellina perna* Spengler
    照片编号：DSC2527,井深：529.67m,层位：黄流组。

## 图版 65

(比例尺＝5mm)

1. 毛氏半心蛤 *Meicardia moltkeana* Spengler
    照片编号：DSC2533,井深：642.01m,层位：梅山组。
2. 毛氏半心蛤 *Meicardia moltkeana* Spengler
    照片编号：DSC2535,井深：642.01m,层位：梅山组。
3. 斜蚶（未定种）*Limopsis* sp.
    照片编号：DSC2564,井深：653.83m,层位：梅山组。
4. 舟蚶 *Arca(Arca) novicularis* Bruguire
    照片编号：DSC2595,井深：641.45m,层位：梅山组。
5. 毛氏半心蛤 *Meicardia moltkeana* Spengler
    照片编号：DSC2541,井深：642.01m,层位：梅山组。
6. 异齿类 Heterodonte
    照片编号：DSC2557,井深：745.55m,层位：梅山组。
7. 鸟蛤科 Cardiidae
    照片编号：DSC2591,井深：653.47m,层位：梅山组。
8. 异齿类 Heterodonte
    照片编号：DSC2559,井深：745.55m,层位：梅山组。
9. 斜蚶（未定种）*Limopsis* sp.
    照片编号：DSC2563,井深：653.83m,层位：梅山组。

## 图版 66

(比例尺＝5mm)

1-4. 心蛤（未定种）*Cardita* sp.
　　1. 照片编号：IMG5367,井深：742.94m,层位：梅山组；
　　2. 照片编号：IMG5368,井深：743.05m,层位：梅山组；
　　3. 照片编号：IMG5399,井深：773.01m,层位：梅山组；
　　4. 照片编号：IMG5400,井深：773.01m,层位：梅山组。
5,6. 套海扇（未定种）*Chlamys* sp.

5. 照片编号:IMG5369,井深:743.05m,层位:梅山组;
6. 照片编号:IMG5401,井深:773.32m,层位:梅山组。
7. 糙鸟蛤(未定种)*Trachcardium* sp.
照片编号:IMG5372,井深:743.40m,层位:梅山组。
8. 微心蛤(未定种)*Carditella* sp.
照片编号:IMG5398,井深:763.92m,层位:梅山组。
9. 异侧鸟蛤 *Cardium latum* Born
照片编号:IMG5393,井深:758.00m,层位:梅山组。
10-12. 孟达蛤(未定种)*Montacutona* sp.
10. 照片编号:IMG5378,井深:744.79m,层位:梅山组;
11. 照片编号:IMG5404,井深:779.59m,层位:梅山组;
12. 照片编号:IMG5494,井深:824.37m,层位:梅山组。
13-15. 小瓮蛤(未定种)*Cadella* sp.
13. 照片编号:IMG5384,井深:750.20m,层位:梅山组;
14. 照片编号:IMG5422,井深:794.52m,层位:梅山组;
15. 照片编号:IMG5427,井深:798.52m,层位:梅山组。
16. 多斑鸟蛤(相似种)*Cardium* cf. *multipunctatum* Sowerby
照片编号:IMG5394,井深:760.22m,层位:梅山组。
17. 樱蛤(未定种)*Tellina* sp.
照片编号:IMG5386,井深:750.30m,层位:梅山组。
18. 须蚶(未定种)*Barbatia* sp.
照片编号:IMG5452,井深:802.27m,层位:梅山组。
19. 鸟蛤(未定种)*Cardium* sp.
照片编号:IMG5475,井深:760.22m,层位:梅山组。

## 图版 67

(比例尺=100μm)

1. 小钝螺(未定种)*Obtusella* sp.
照片编号:405016,井深:13.30m,层位:乐东组。
2. 杂色后口螺(相似种)*Iniforis* cf. *poecis* (Hervier)
照片编号:405017,井深:13.30m,层位:乐东组。
3. 海丽桑氏螺(相似种)*Sansonia* cf. *haligani* (Hedley)
照片编号:405007,井深:13.30m,层位:乐东组。
4,8-9,11-12. 杂色后口螺(相似种)*Iniforis* cf. *poecis* (Hervier)
照片编号:4.405009,8.405003,9.405025,11.405005,12.405027,井深:13.30m,层位:乐东组。
5. 光热带螺(未定种)*Liotropica* sp.
照片编号:405019,井深:13.30m,层位:乐东组。
6,7. 加勒比柯氏螺(相似种)*Kurtziella* cf. *caribbeana* Weisbord
照片编号:405029,405011;井深:13.30m,层位:乐东组。
10. 小河螺(相似种)*Phasianella* cf. *solida* (Bom)
照片编号:405031,井深:116.30m,层位:乐东组。

## 图版 68

(比例尺=10mm)

1,5,6,8,11. 蟹守螺(未定种)*Cerithium* sp.
1. 照片编号:IMG5362,井深:740.94m,层位:梅山组;
5. 照片编号:IMG5461,井深:803.99m,层位:梅山组;

6. 照片编号:IMG5468,井深:805.27m,层位:梅山组;
7. 照片编号:IMG5389,井深:757.78m,层位:梅山组;
11. 照片编号:IMG5480,井深:806.82m,层位:梅山组。

2-4. 蟹守螺(相似种1)*Cerithium* sp.1
    2. 照片编号:IMG5377,井深:744.75m,层位:梅山组;
    3. 照片编号:IMG5463,井深:804.52m,层位:梅山组;
    4. 照片编号:IMG5470,井深:805.37m,层位:梅山组。

7. 蟹守螺(相似种2)*Cerithium* sp.2
    照片编号:IMG5389,井深:757.78m,层位:梅山组。

9. 缪梯螺(未定种)*Liotia* sp.
    照片编号:IMG5481,井深:806.97m,层位:梅山组。

10. 小蝶螺(未定种)*Parviturbo* sp.
    照片编号:IMG5380,井深:745.05m,层位:梅山组。

图版 1

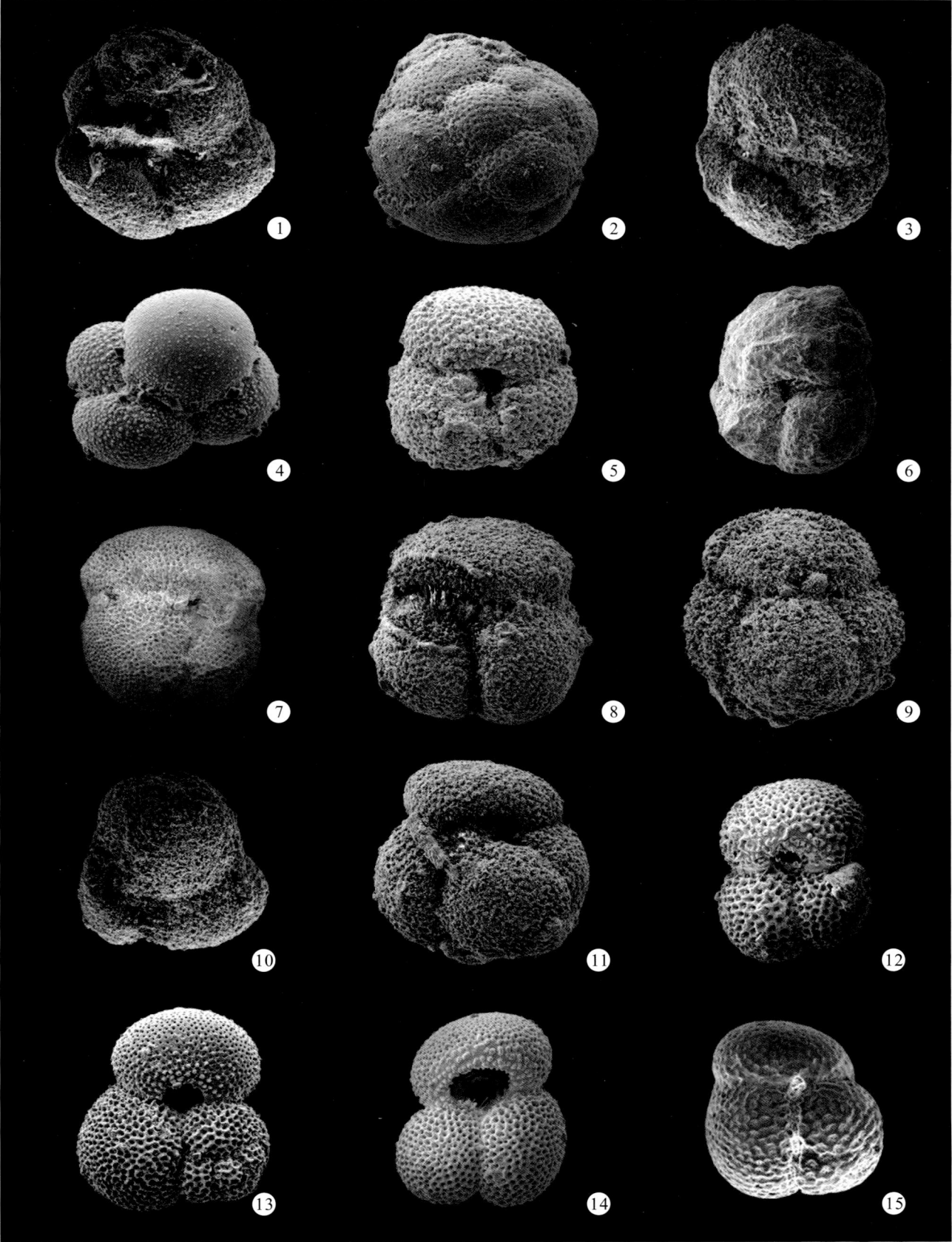

图版 2

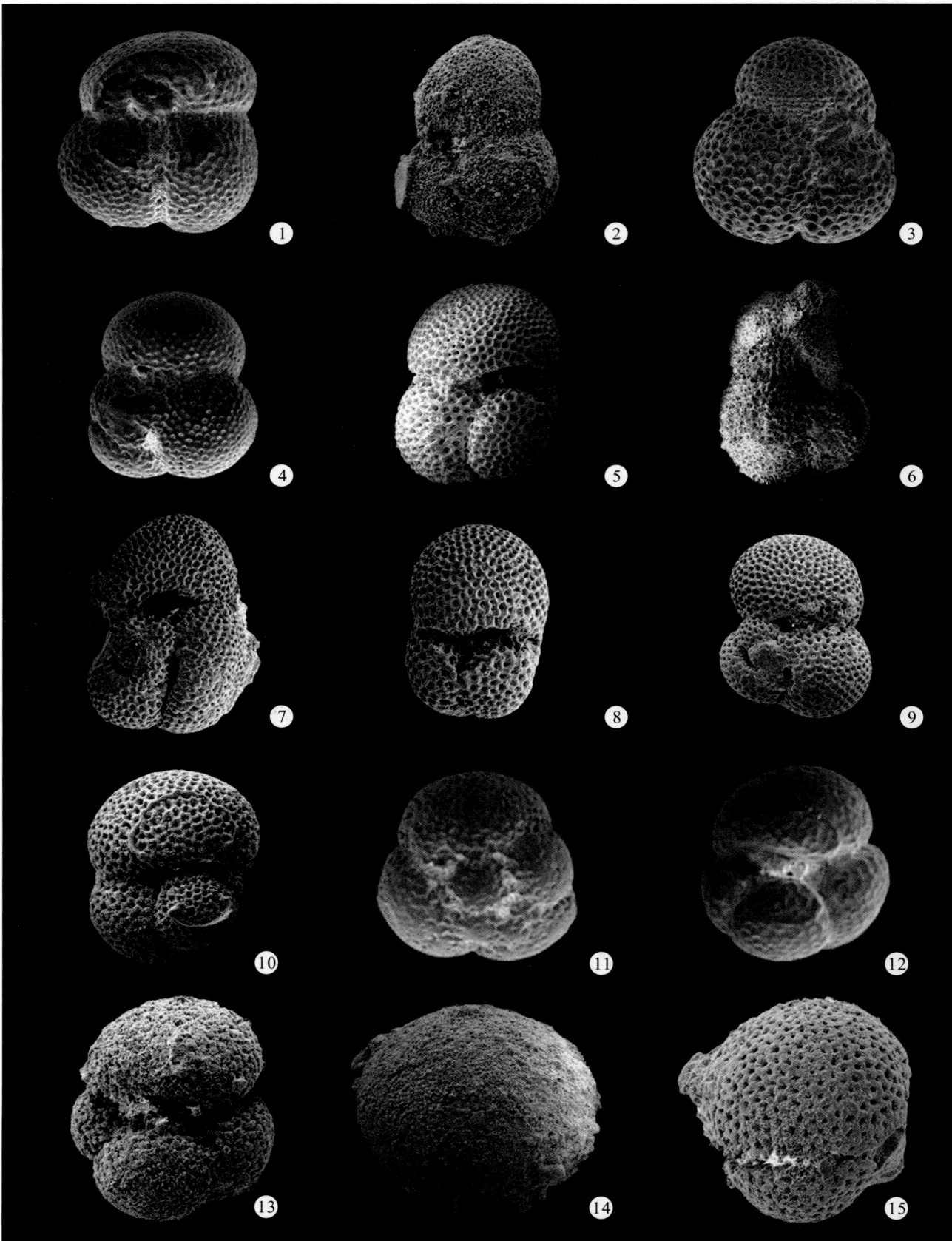

图版 3

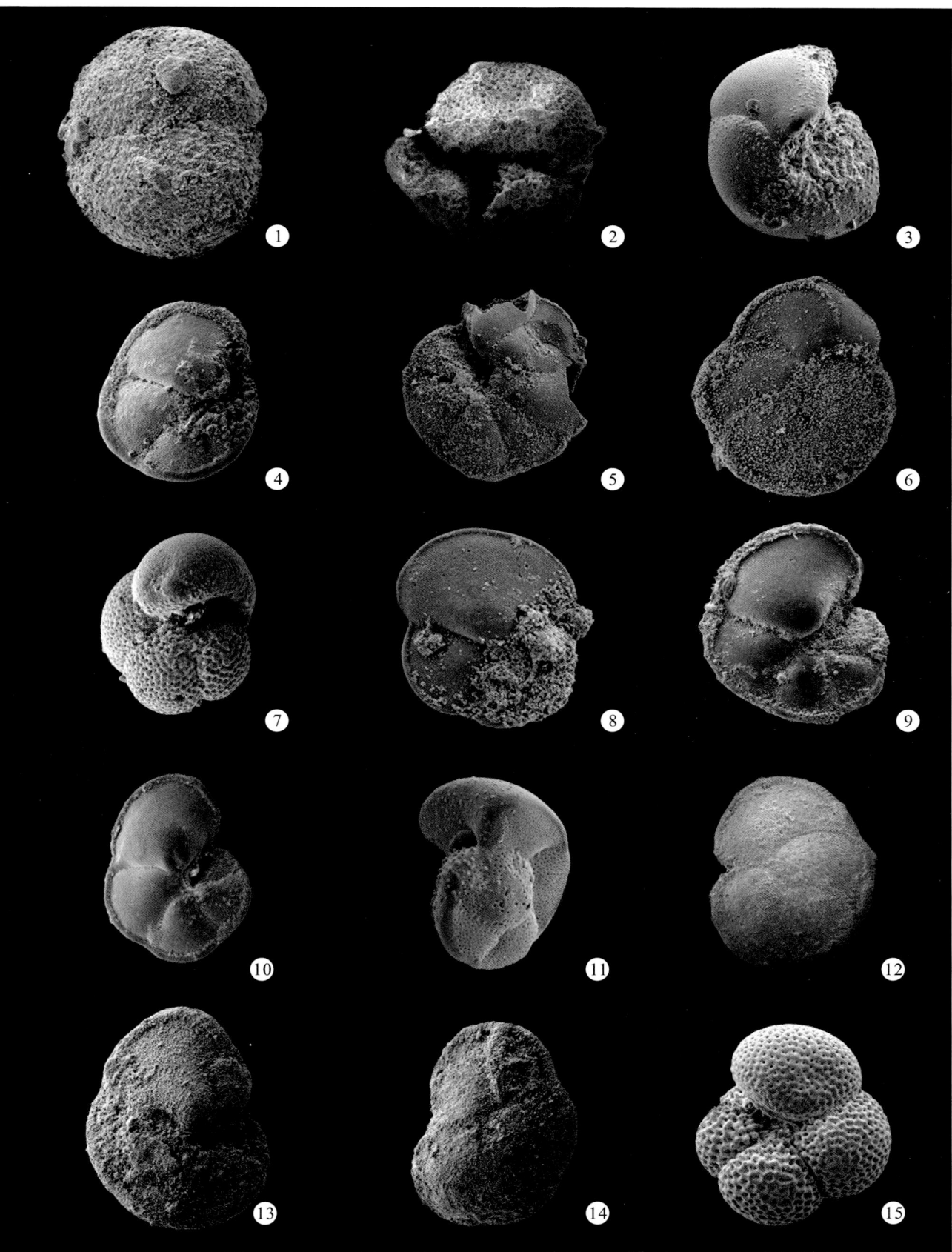

图版 4

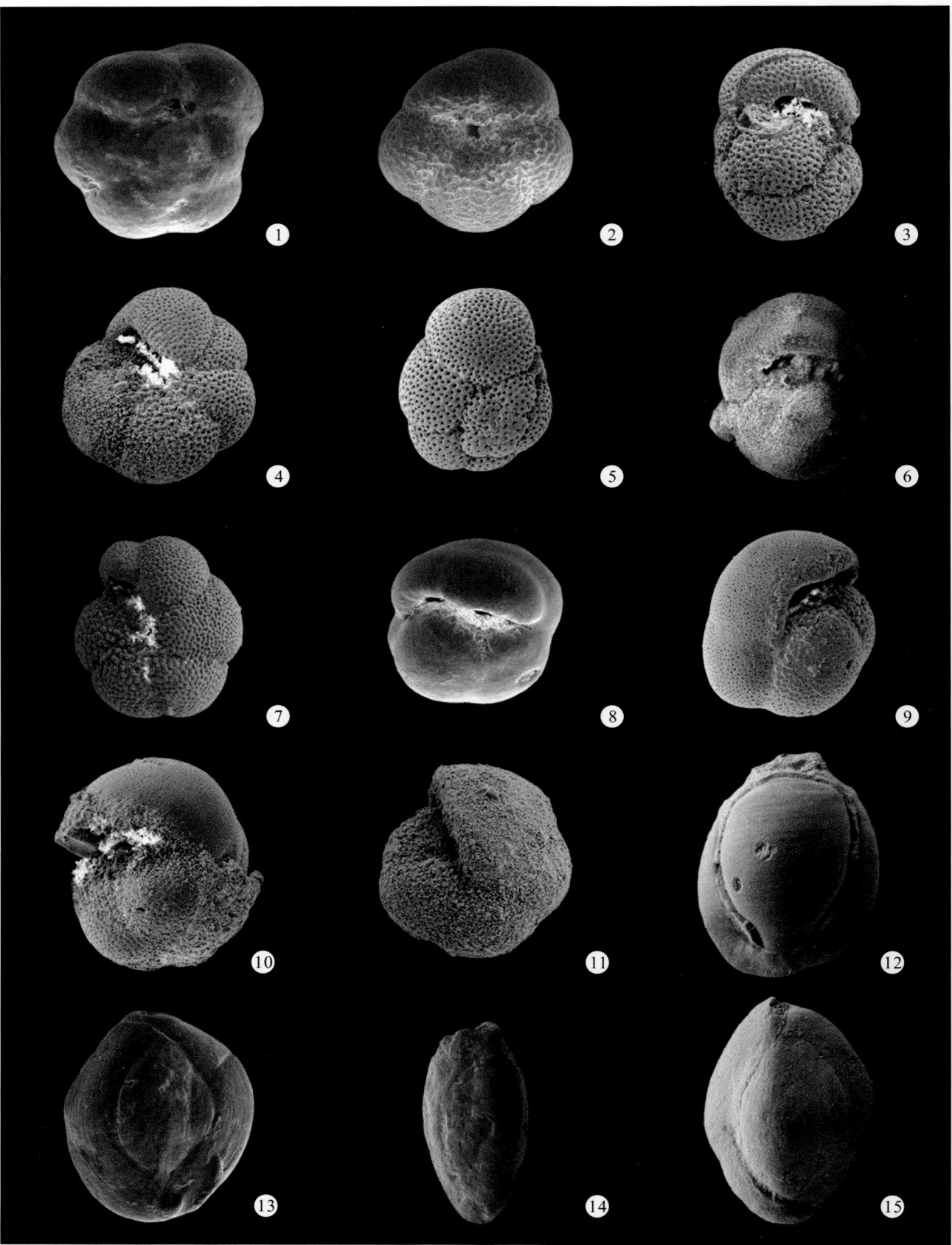

图版 5

图版 6

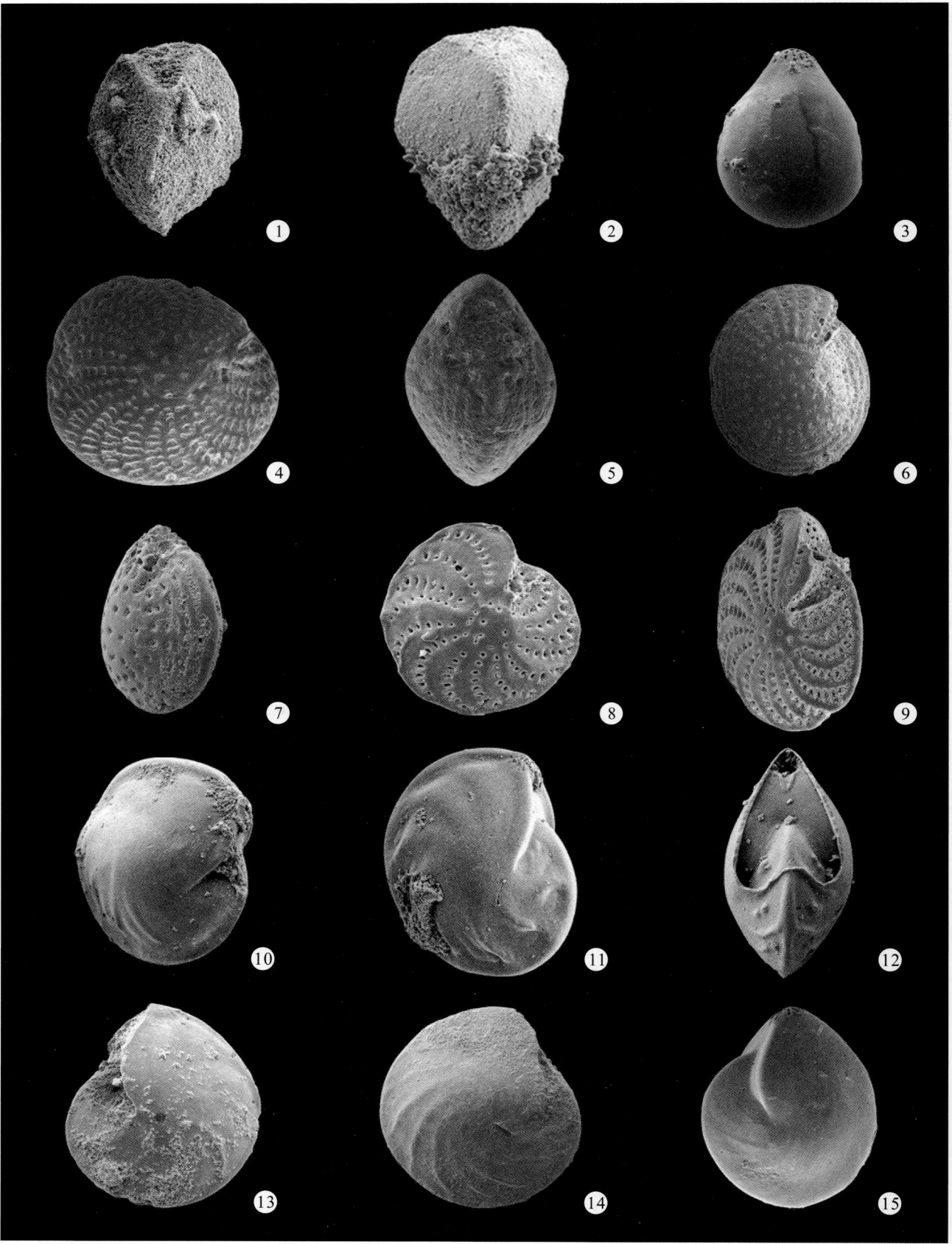

图版 7

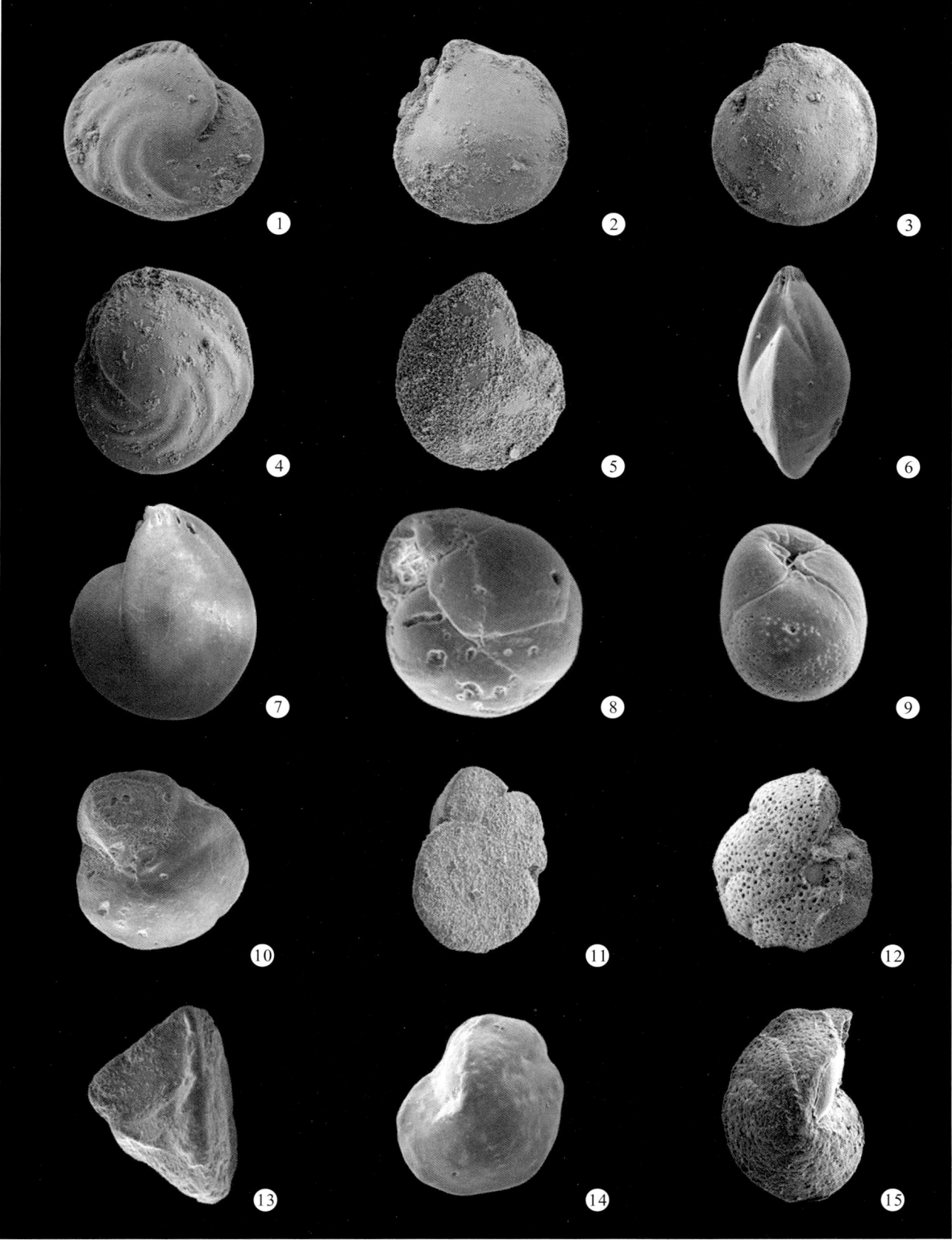

图版 8

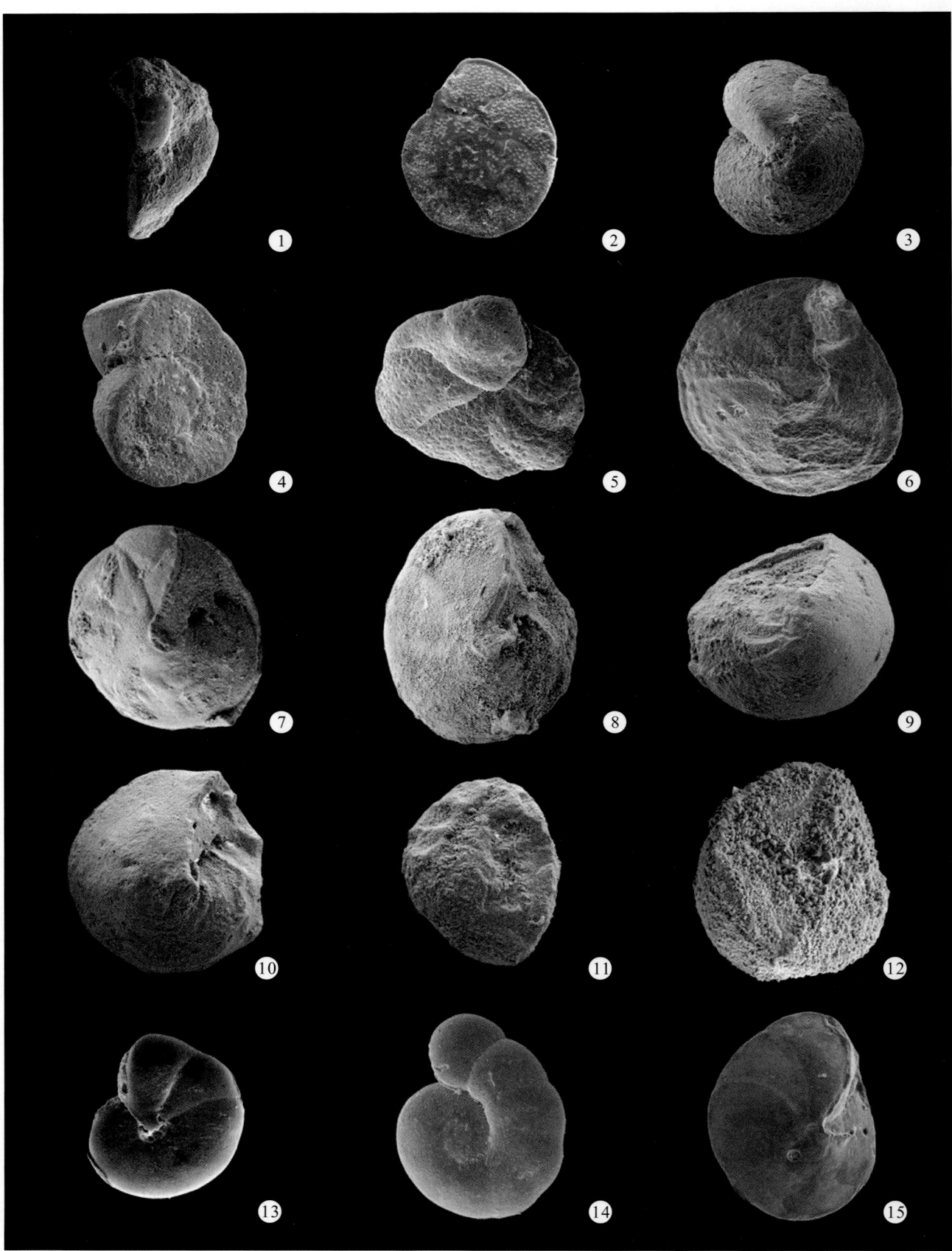

图版 9

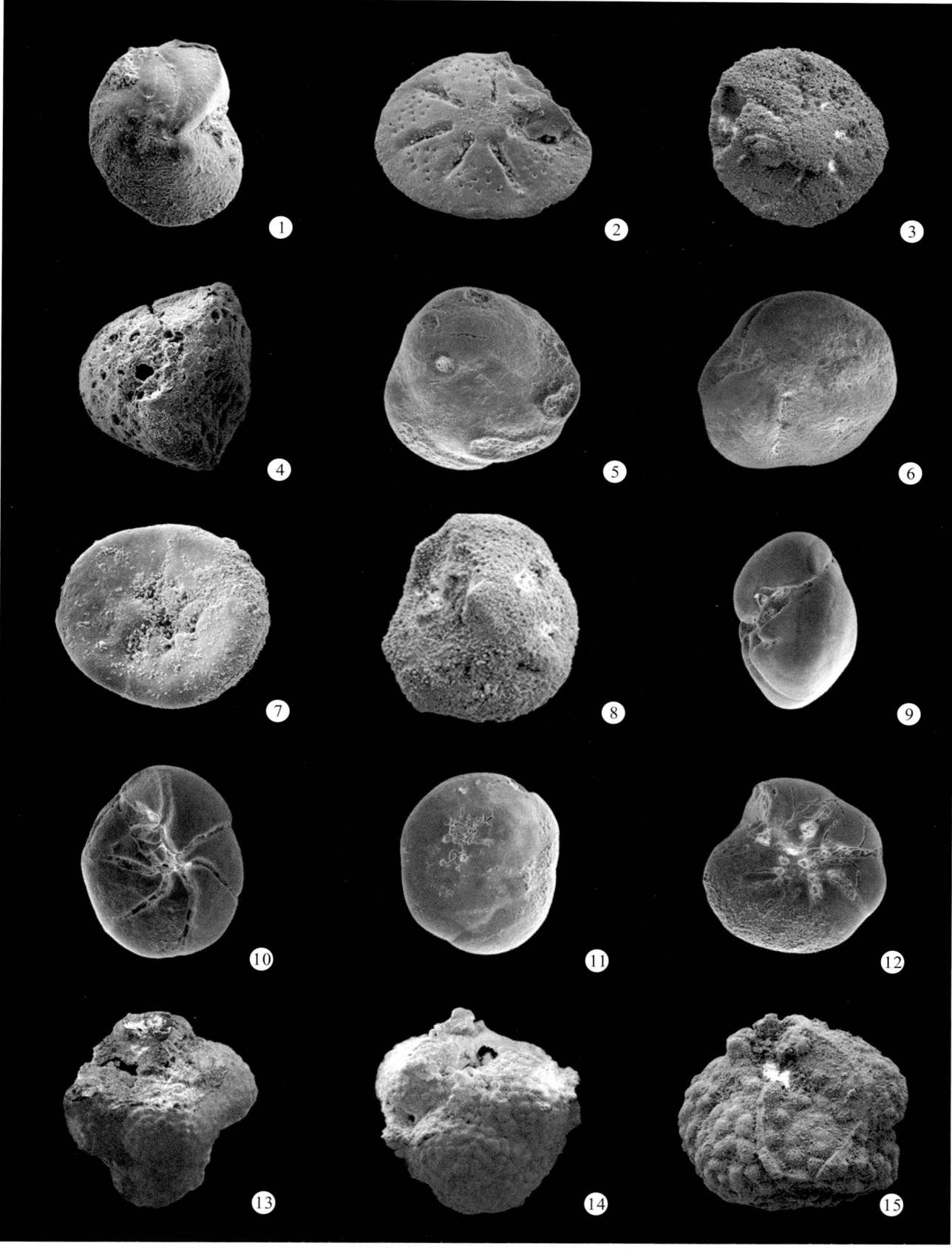

图版 10

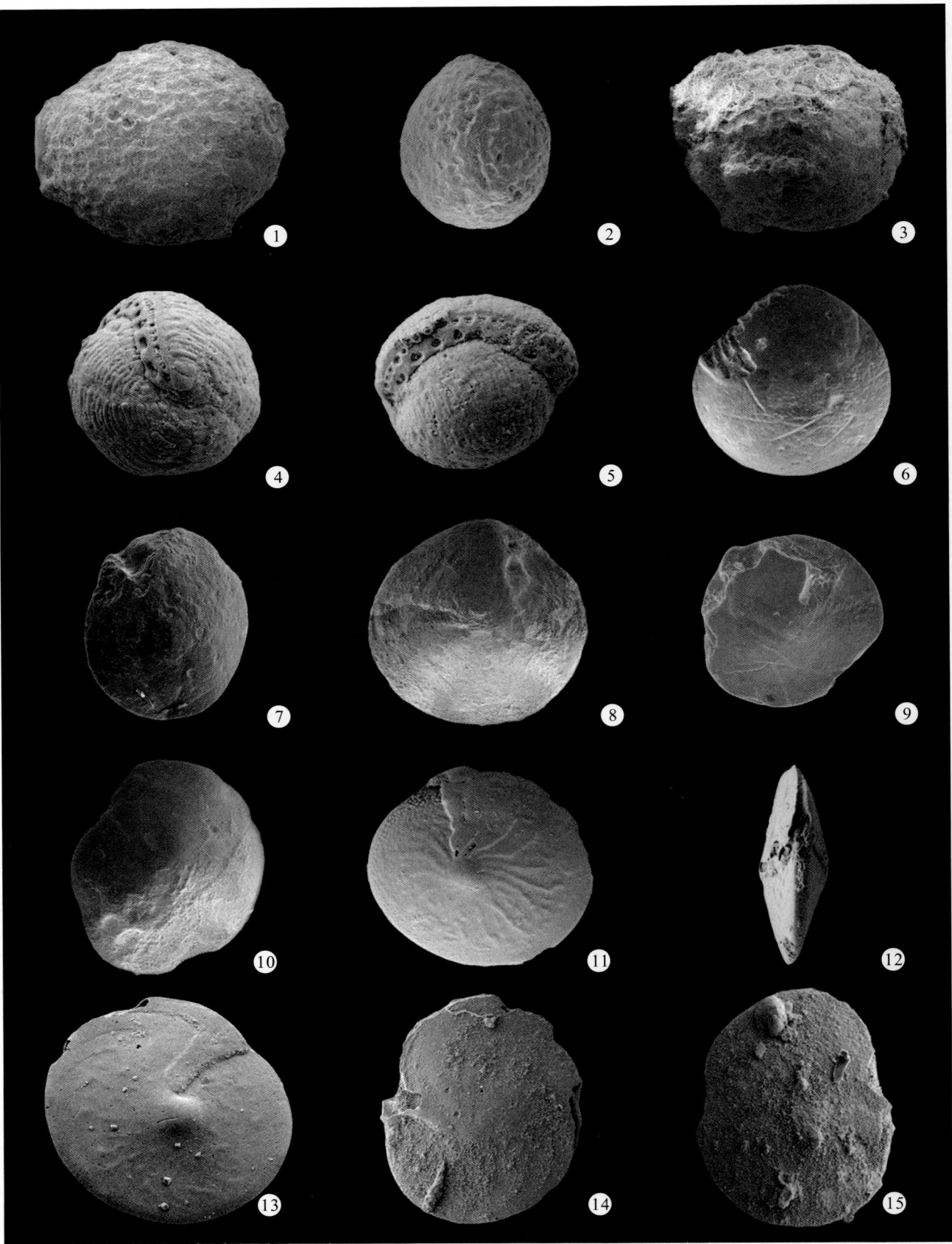

图版 11

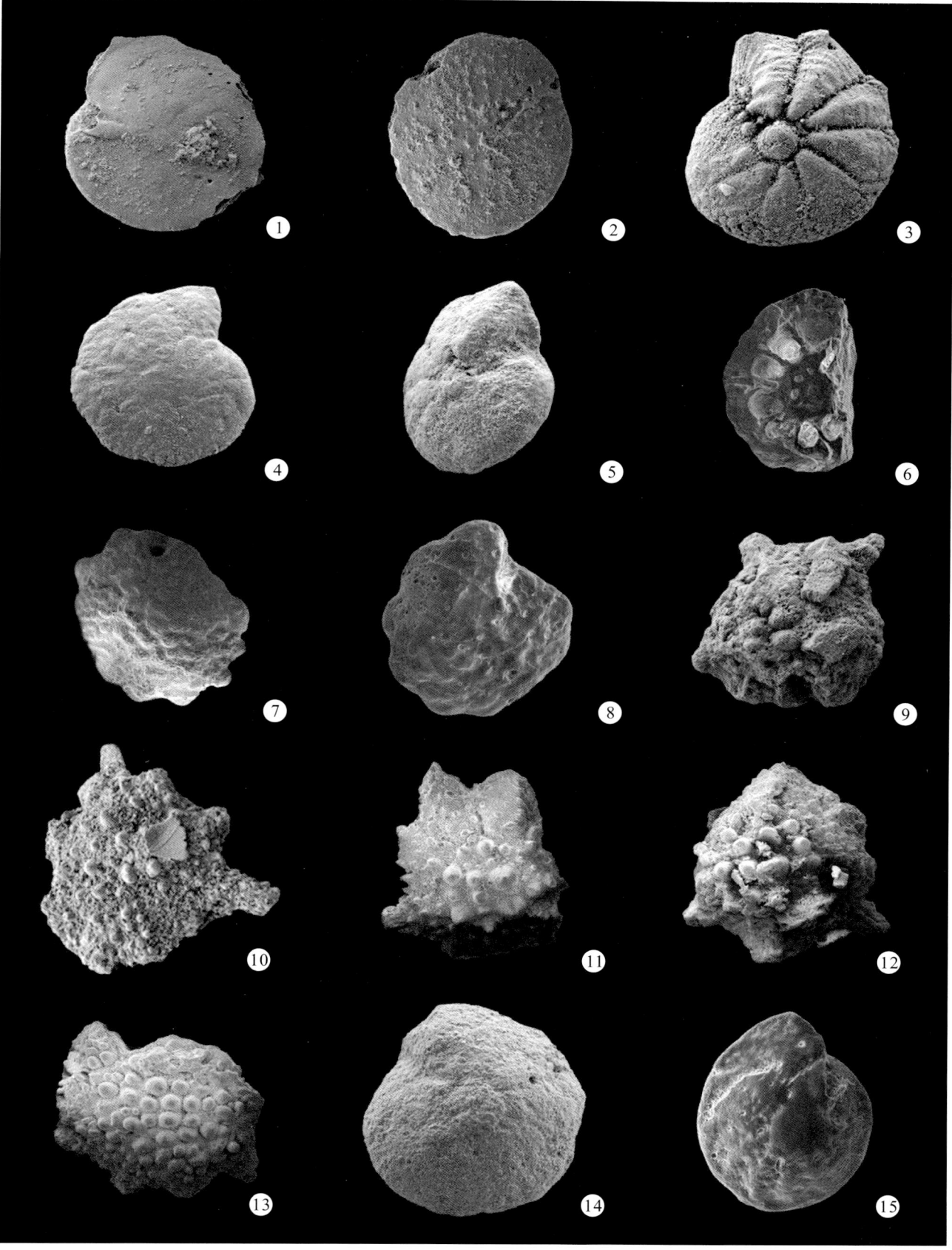

图版 12

图版 13

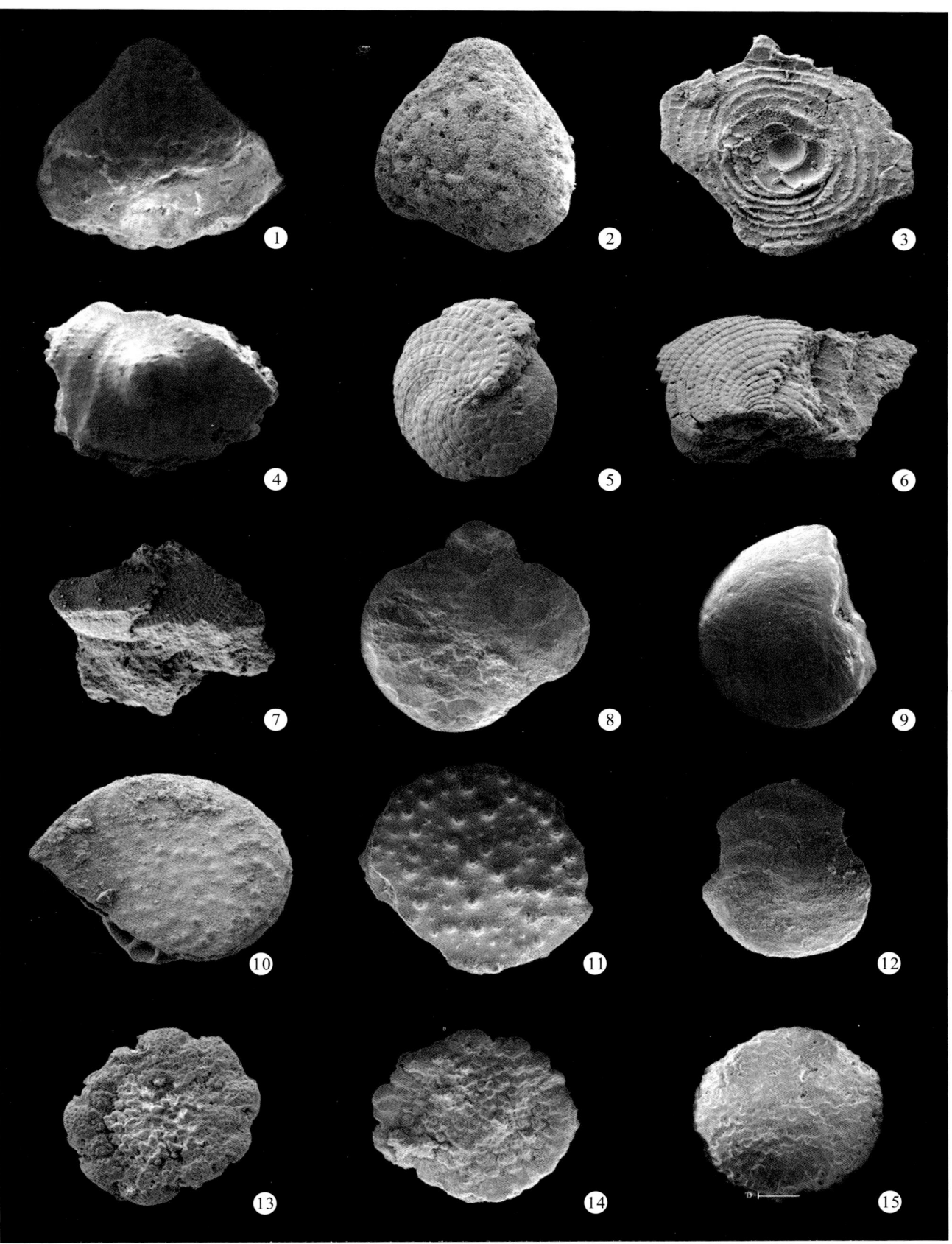

图版 14

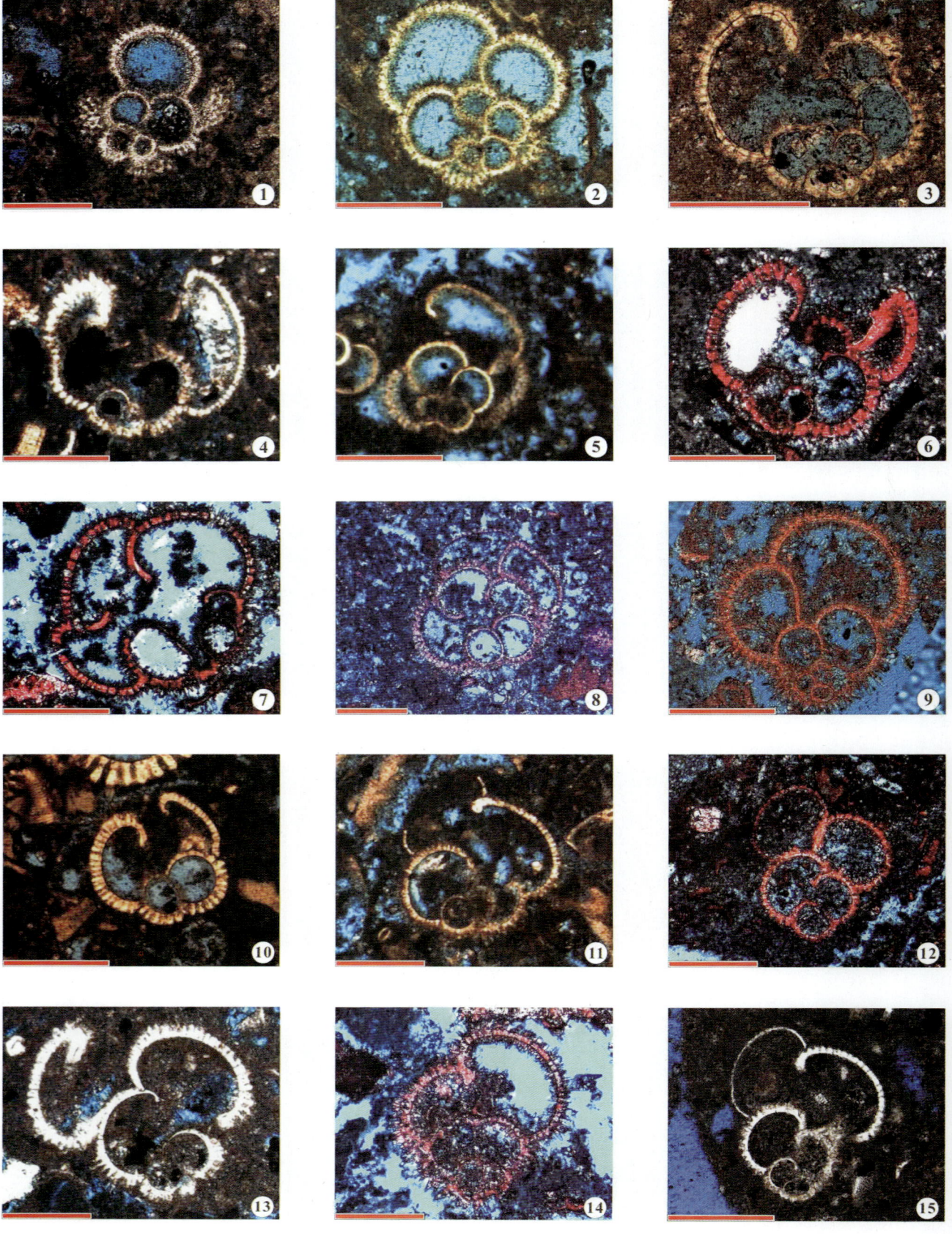

图版 15

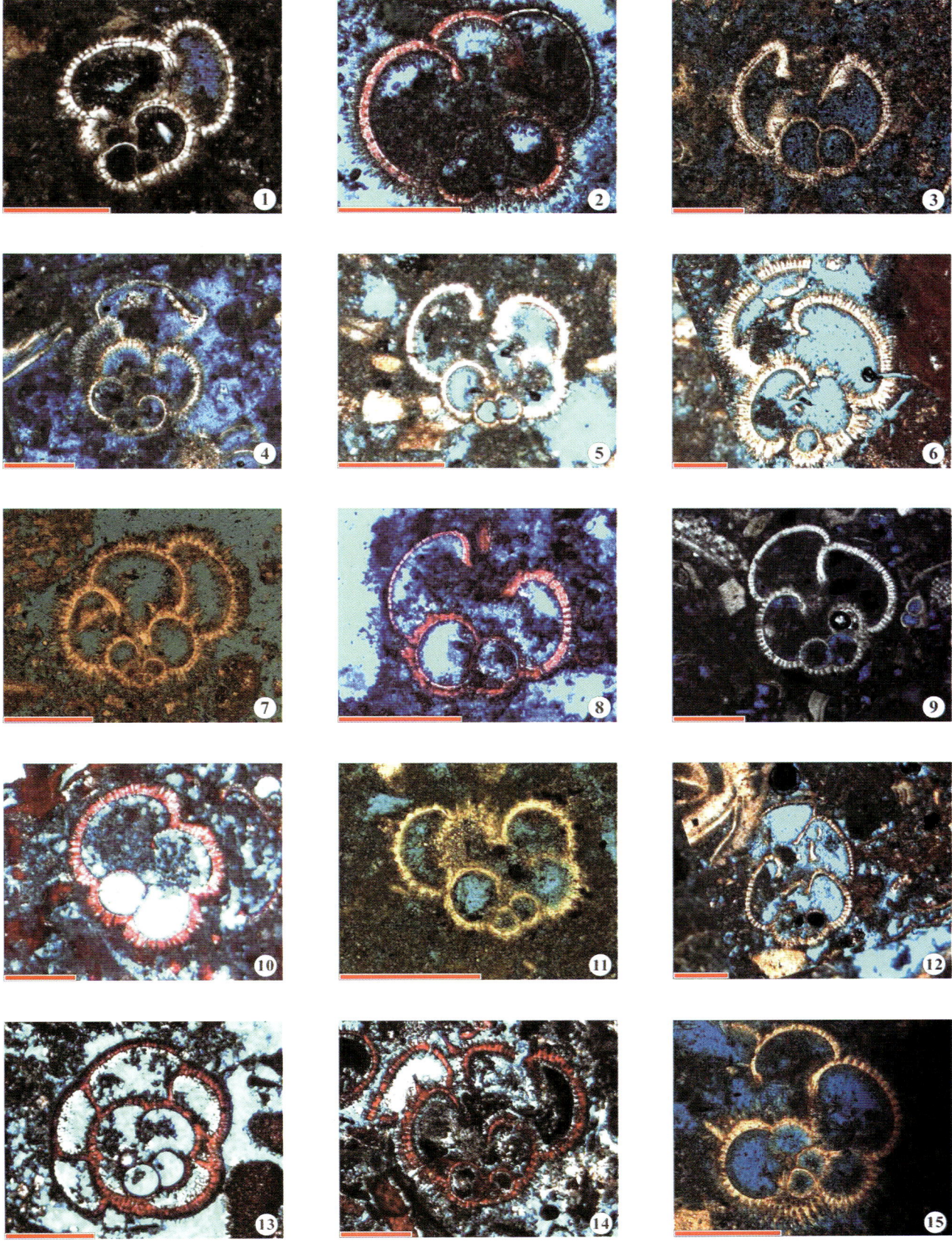

图版 16

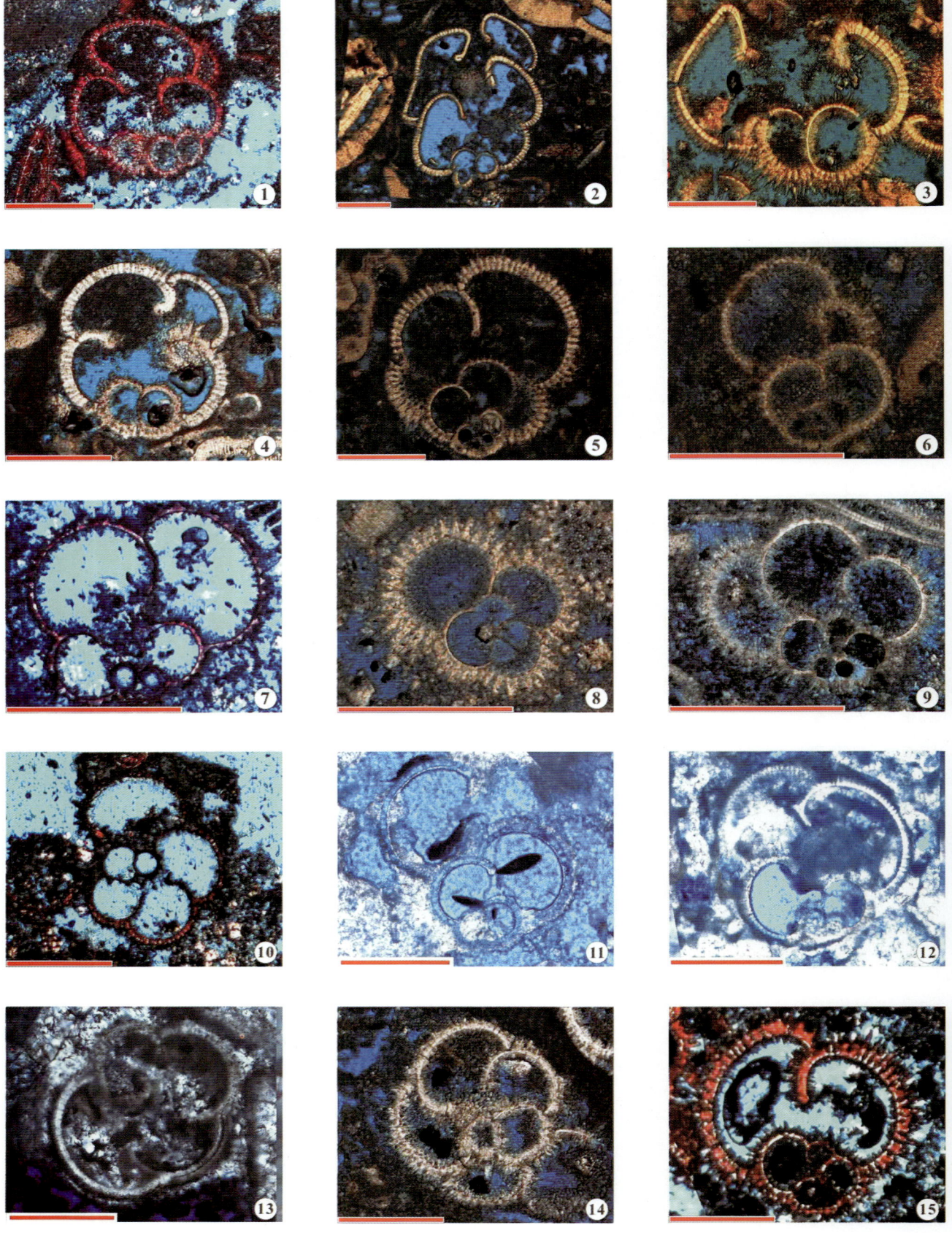

图版 17

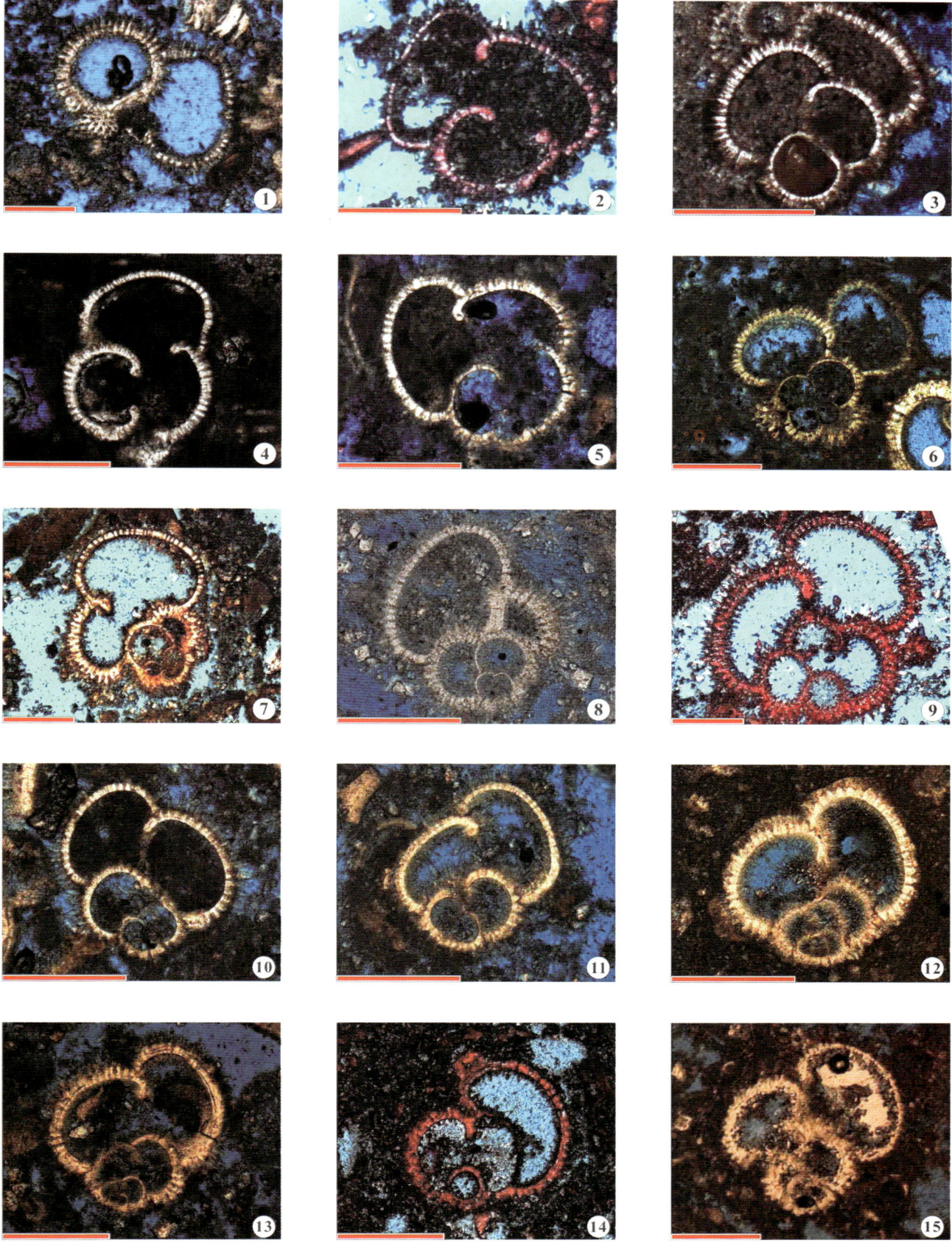

图版 18

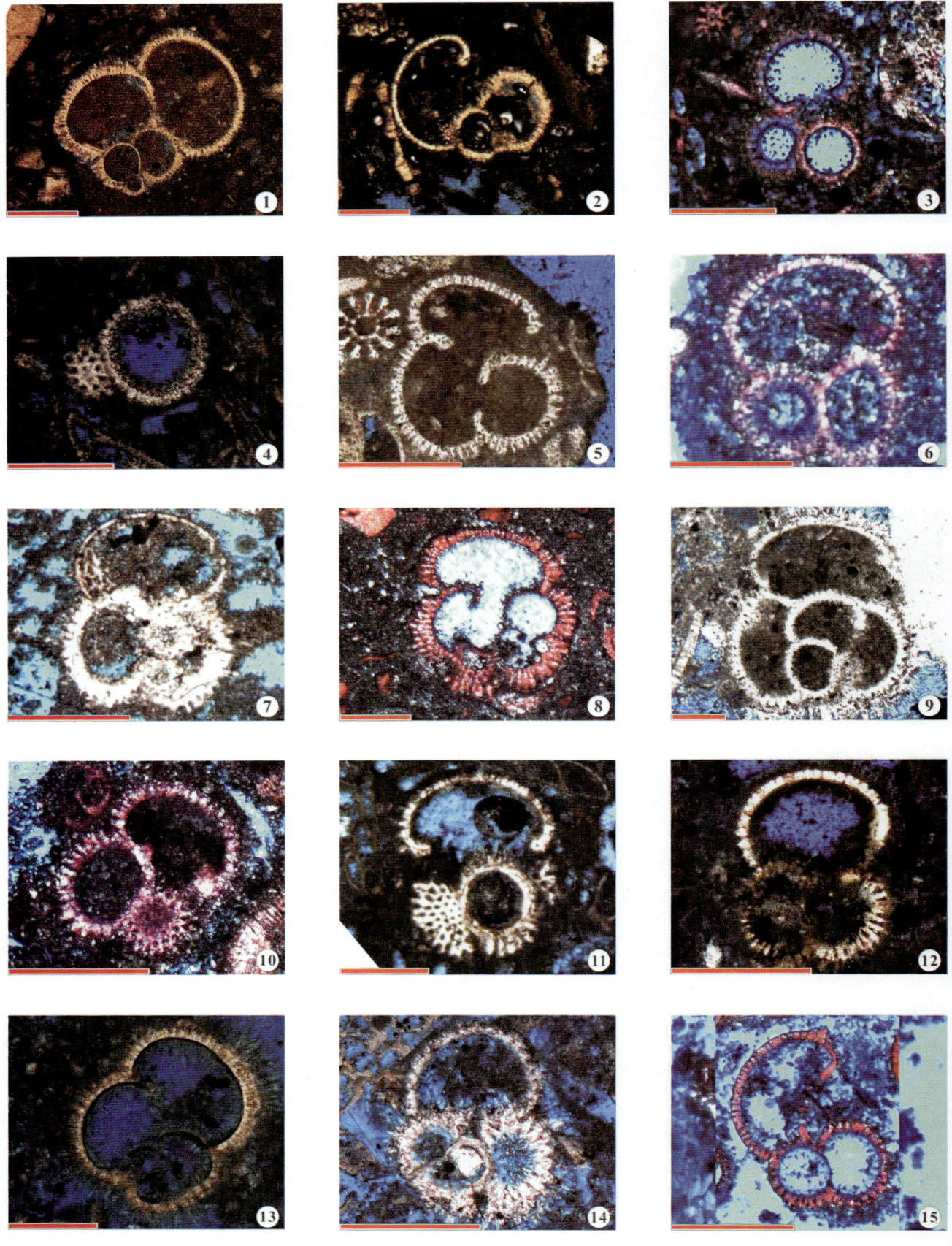

图版 19

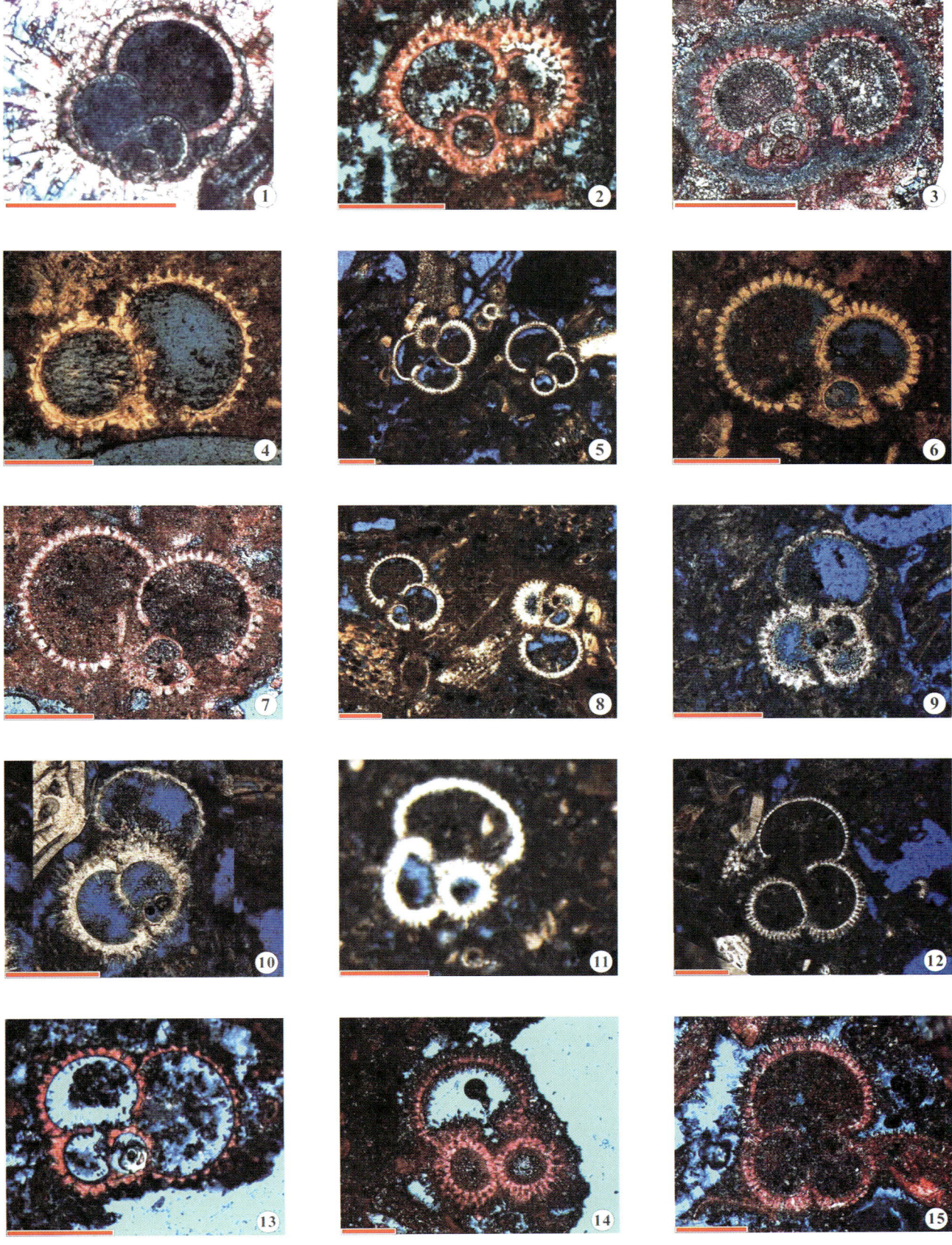

图版 20

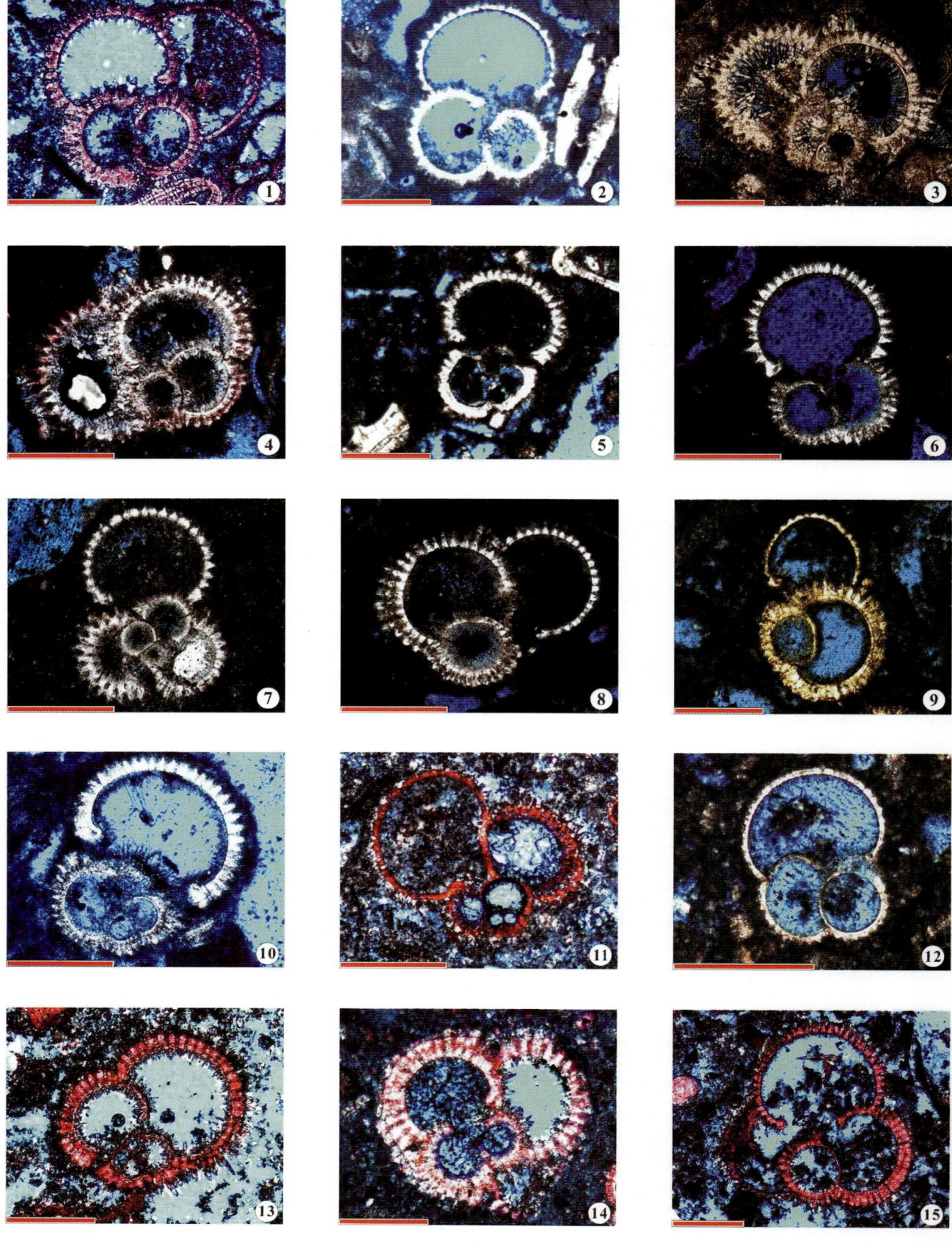

图版 21

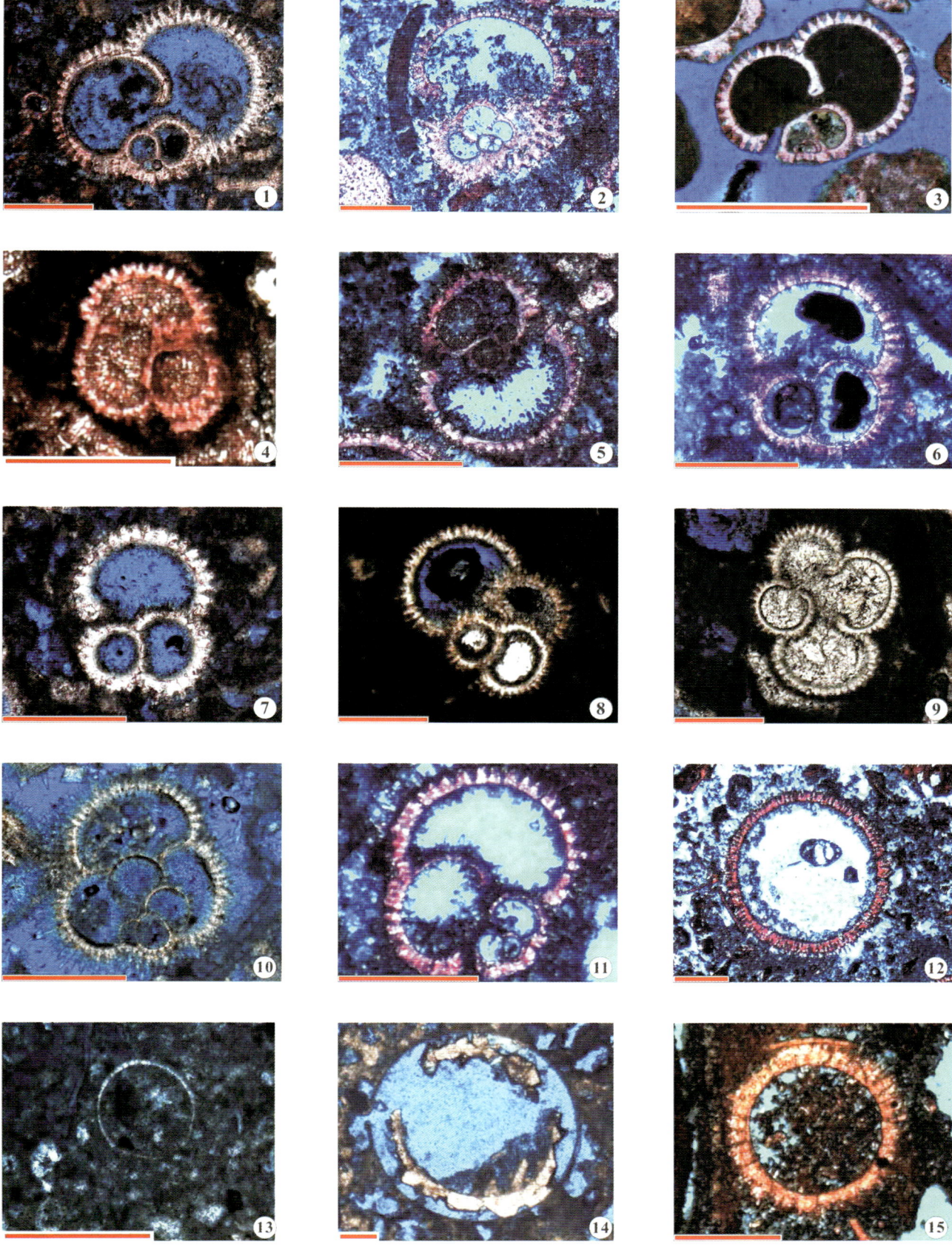

图版 22

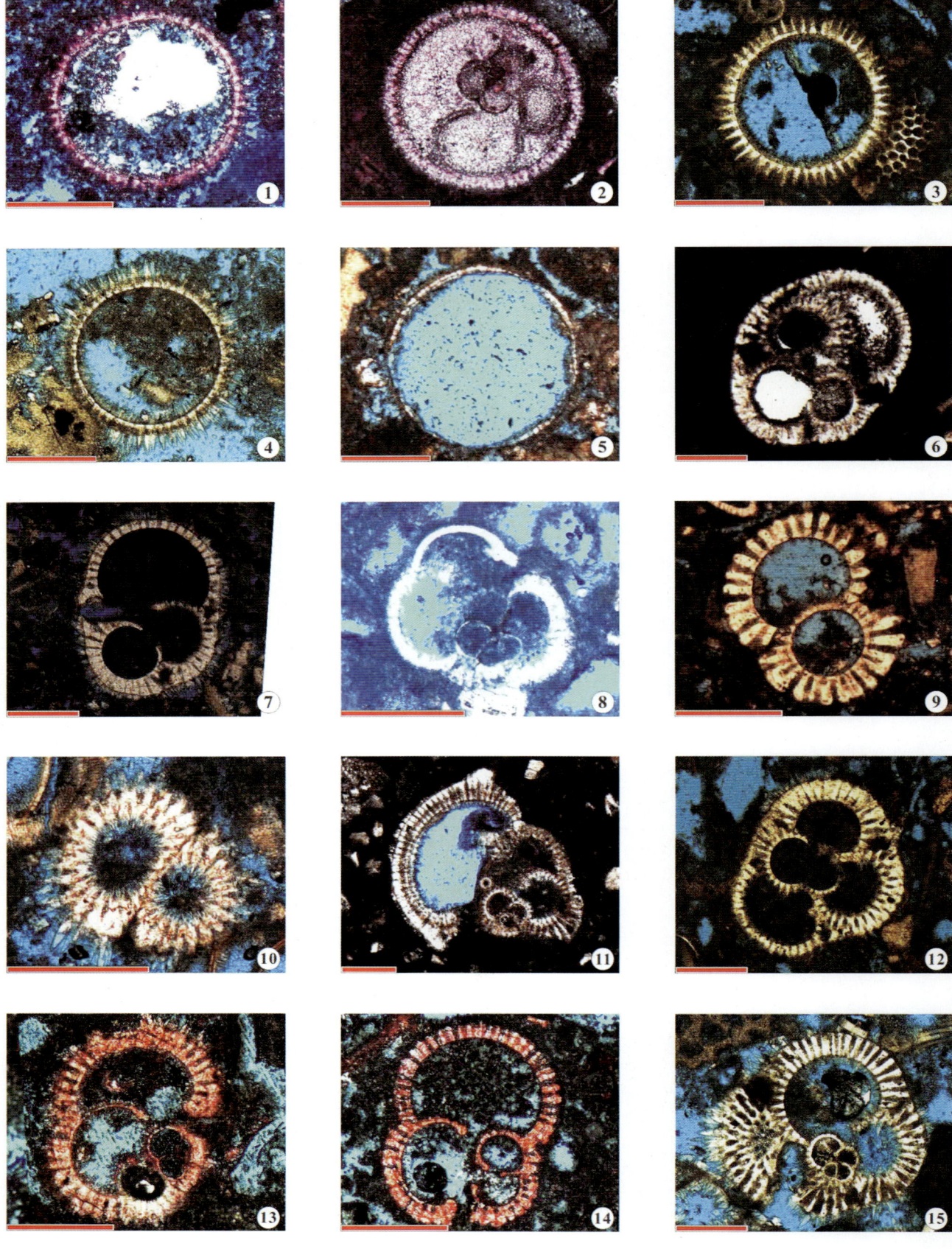

图版 23

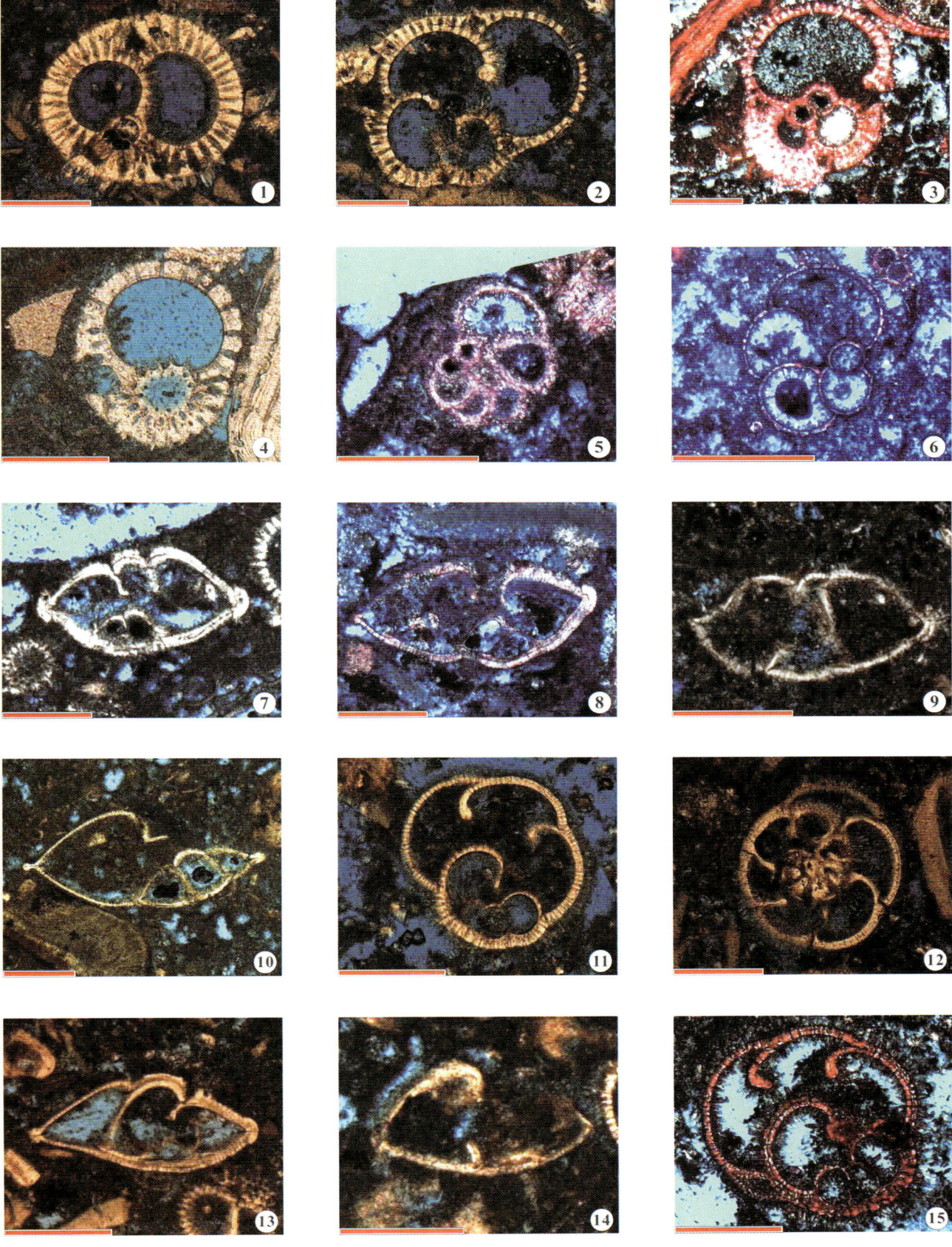

图版 24

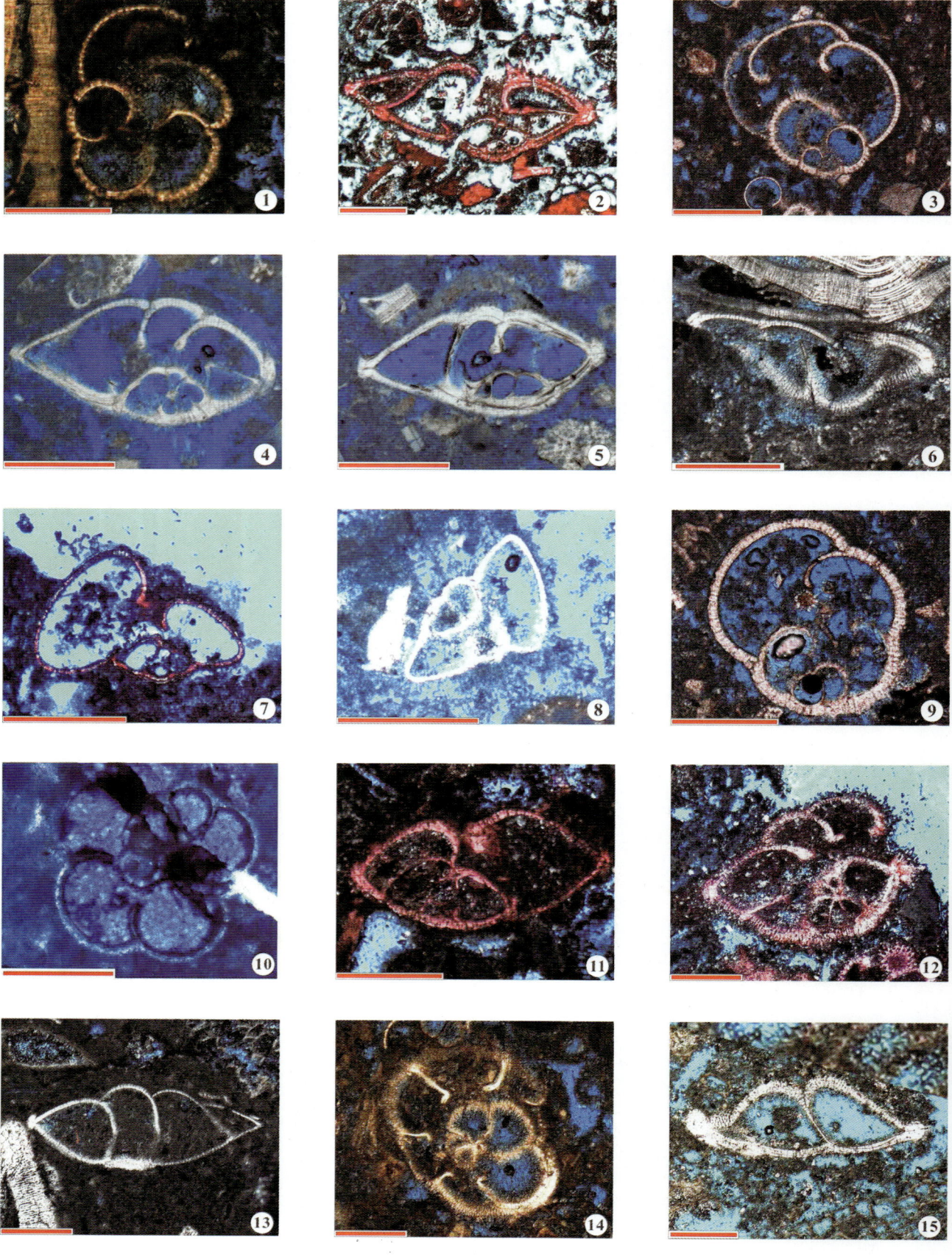

图版 25

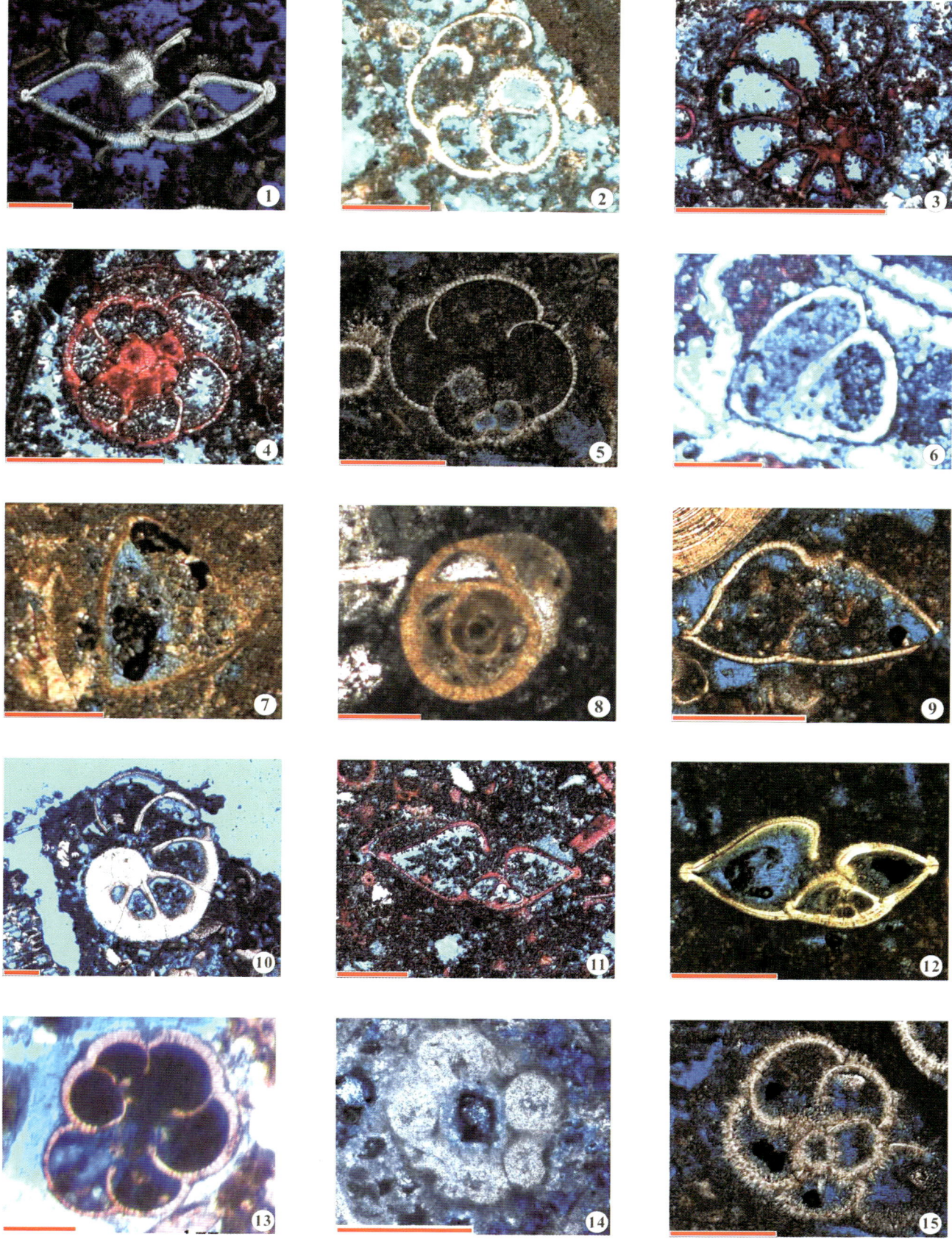

图版 26

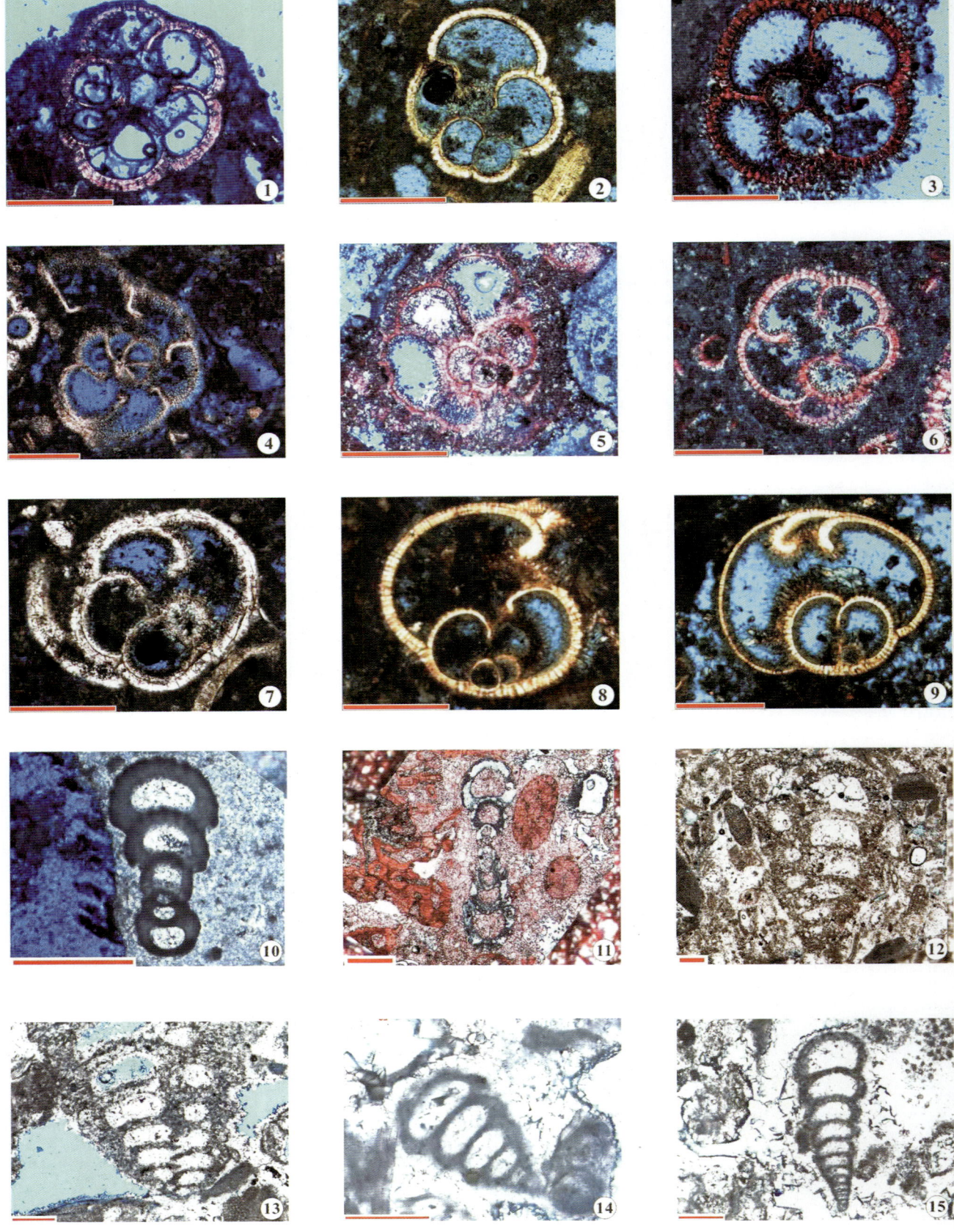

图版 27

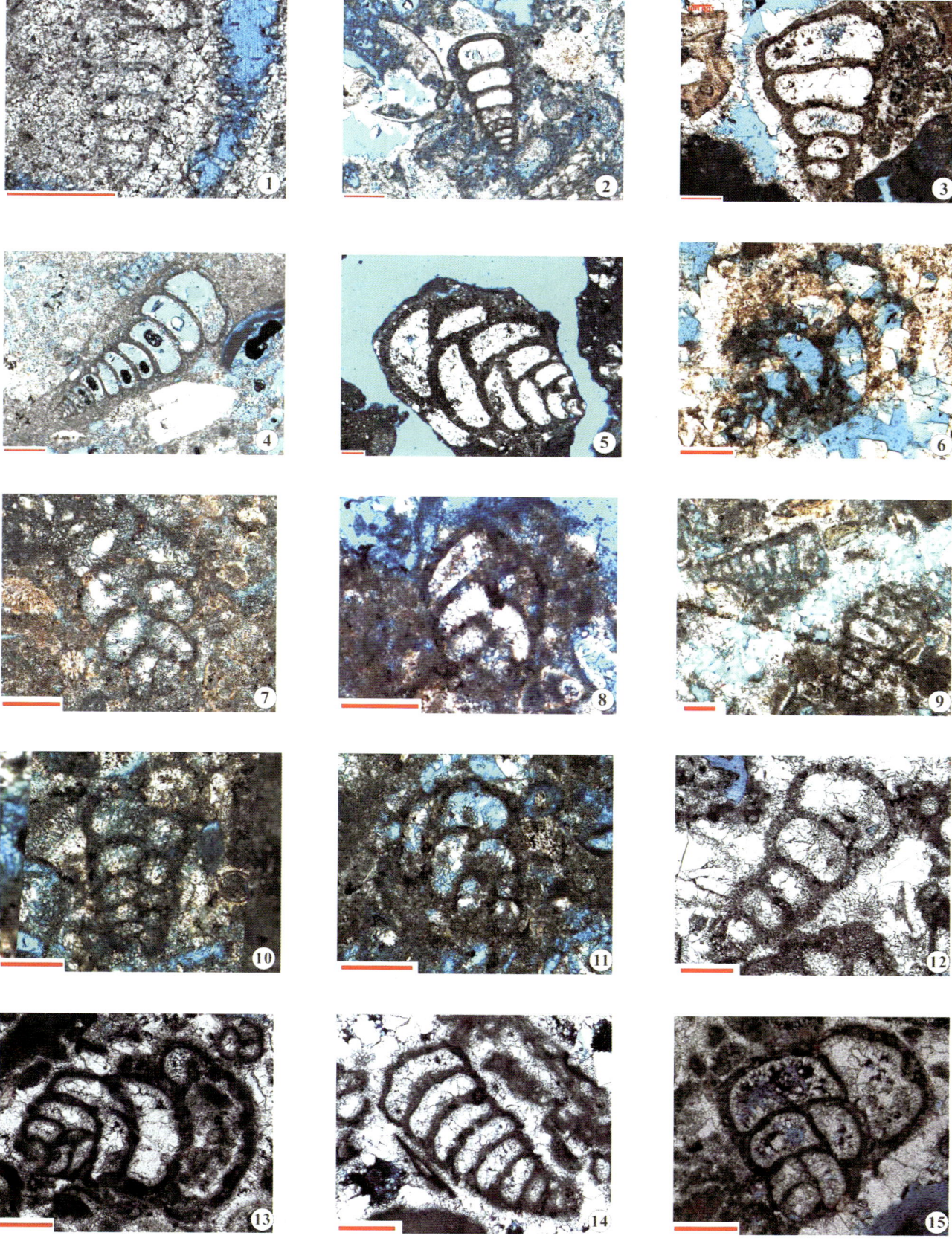

图版 28

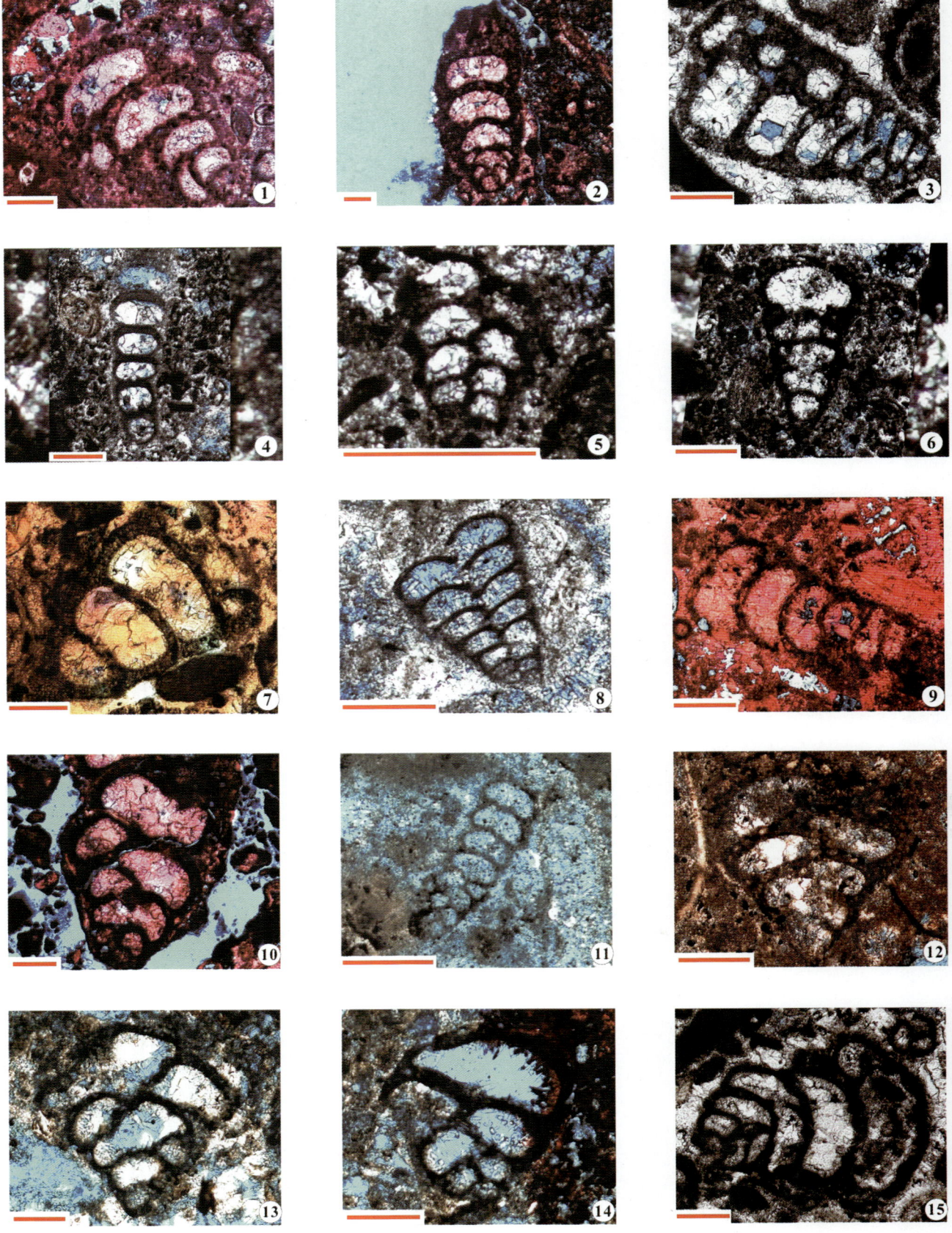

图版 29

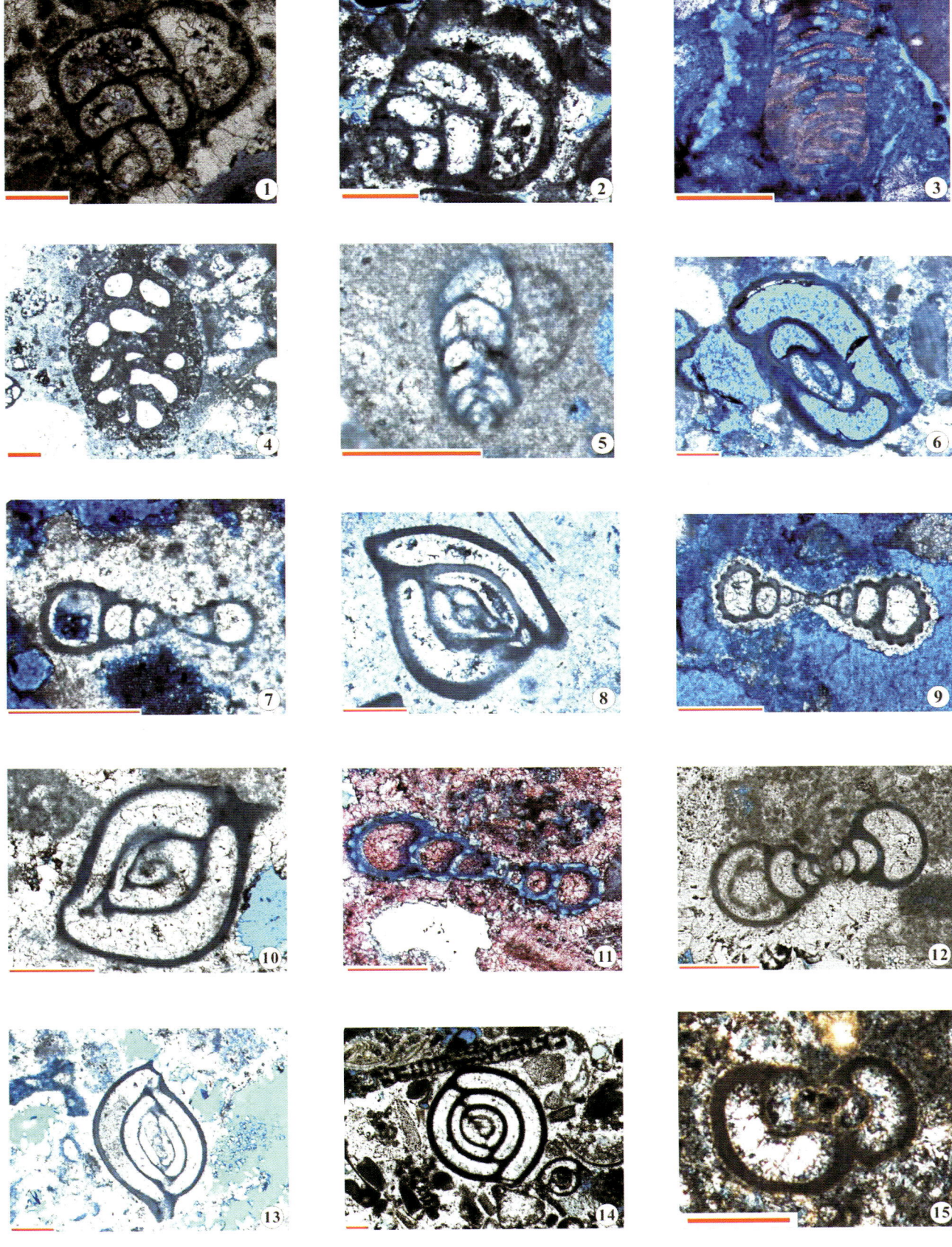

图版 30

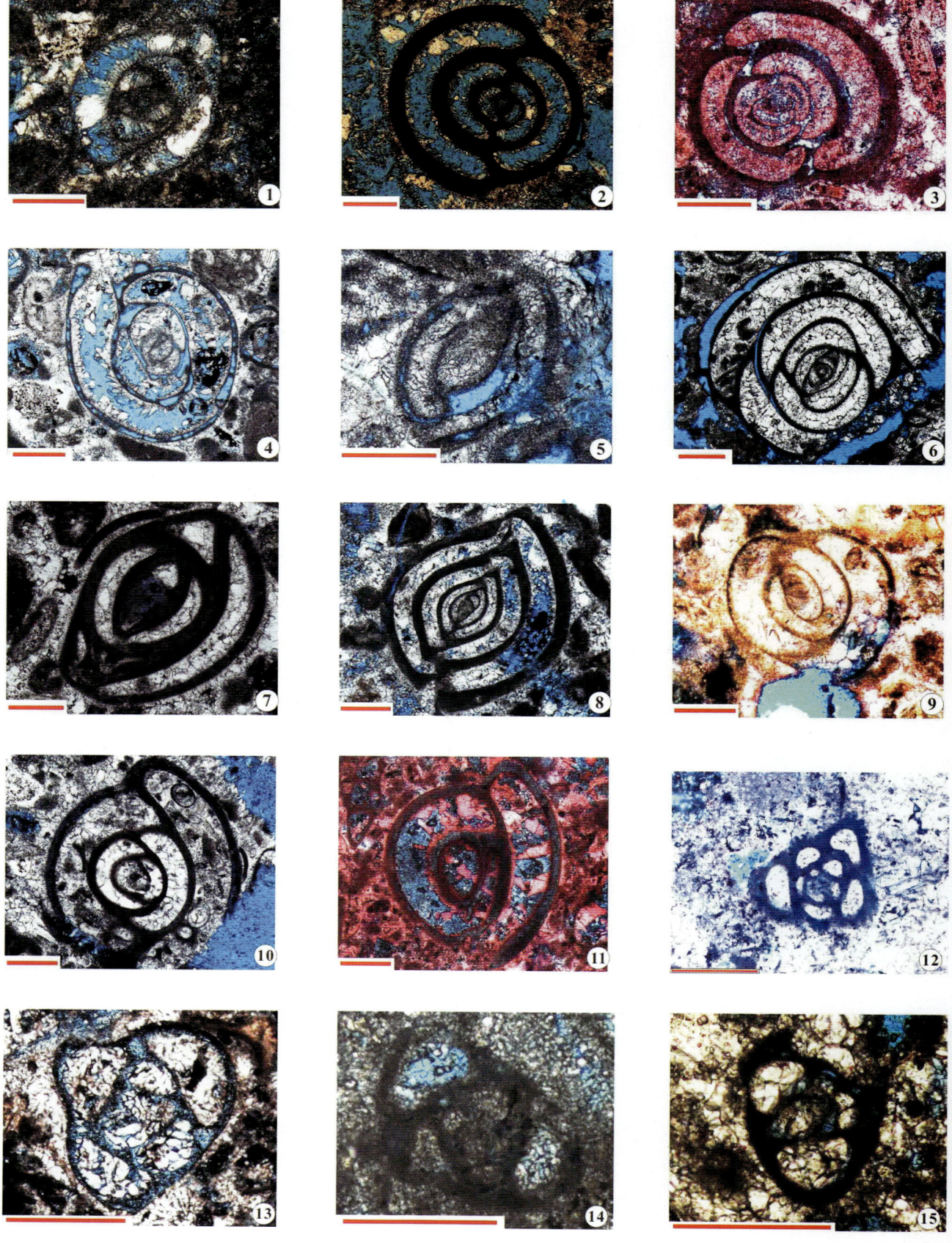

图版 31

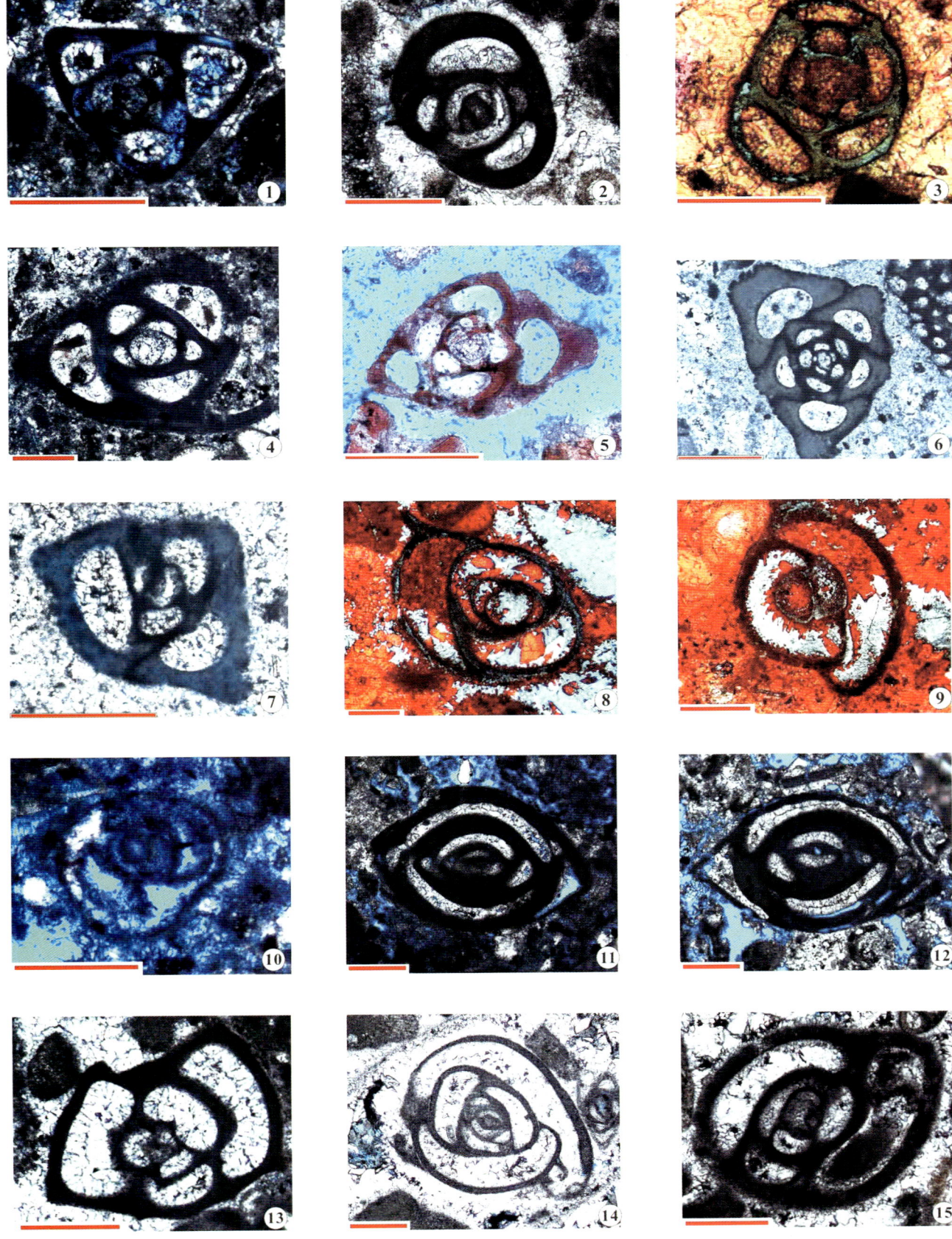

图版 32

图版 33

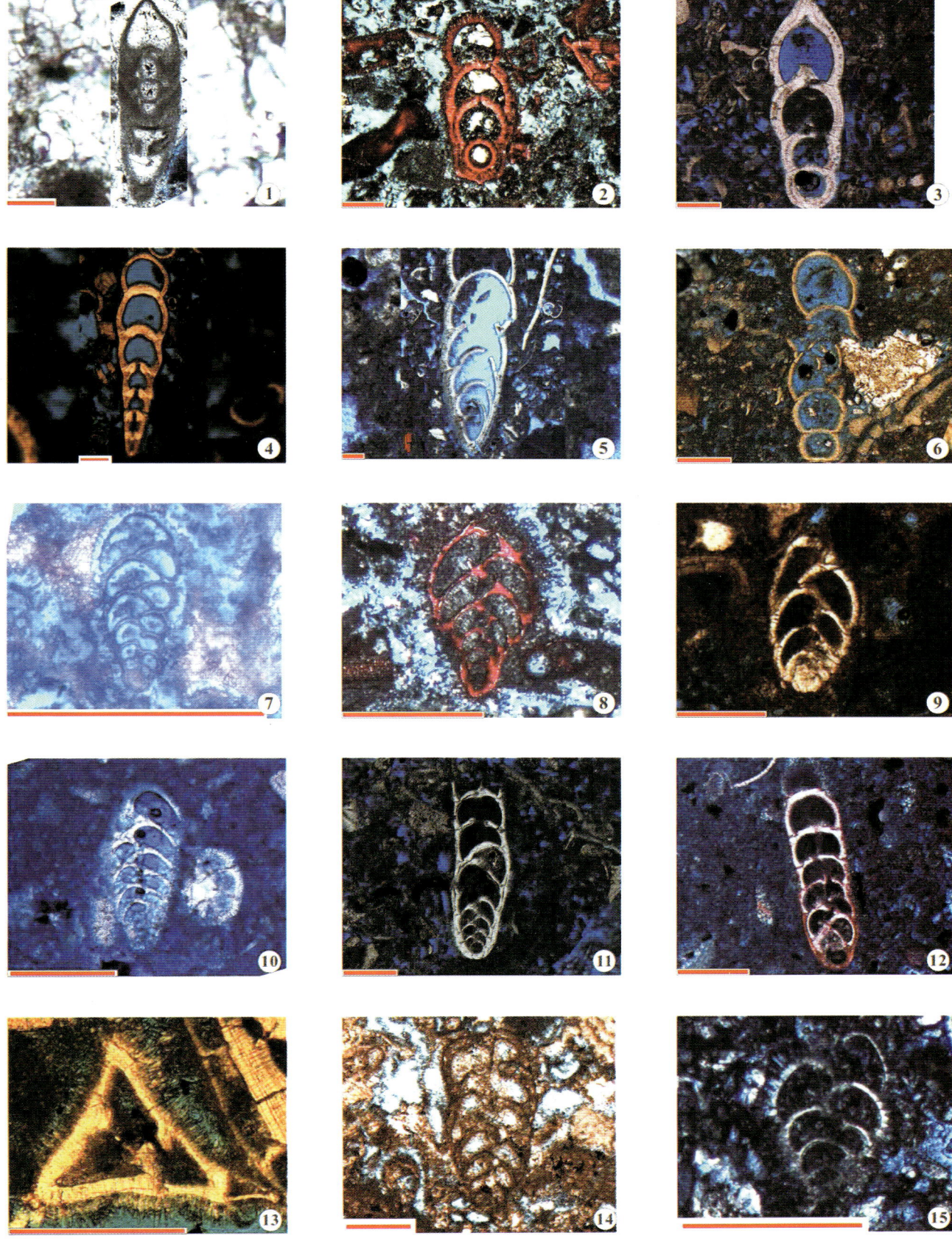

图版 34

图版 35

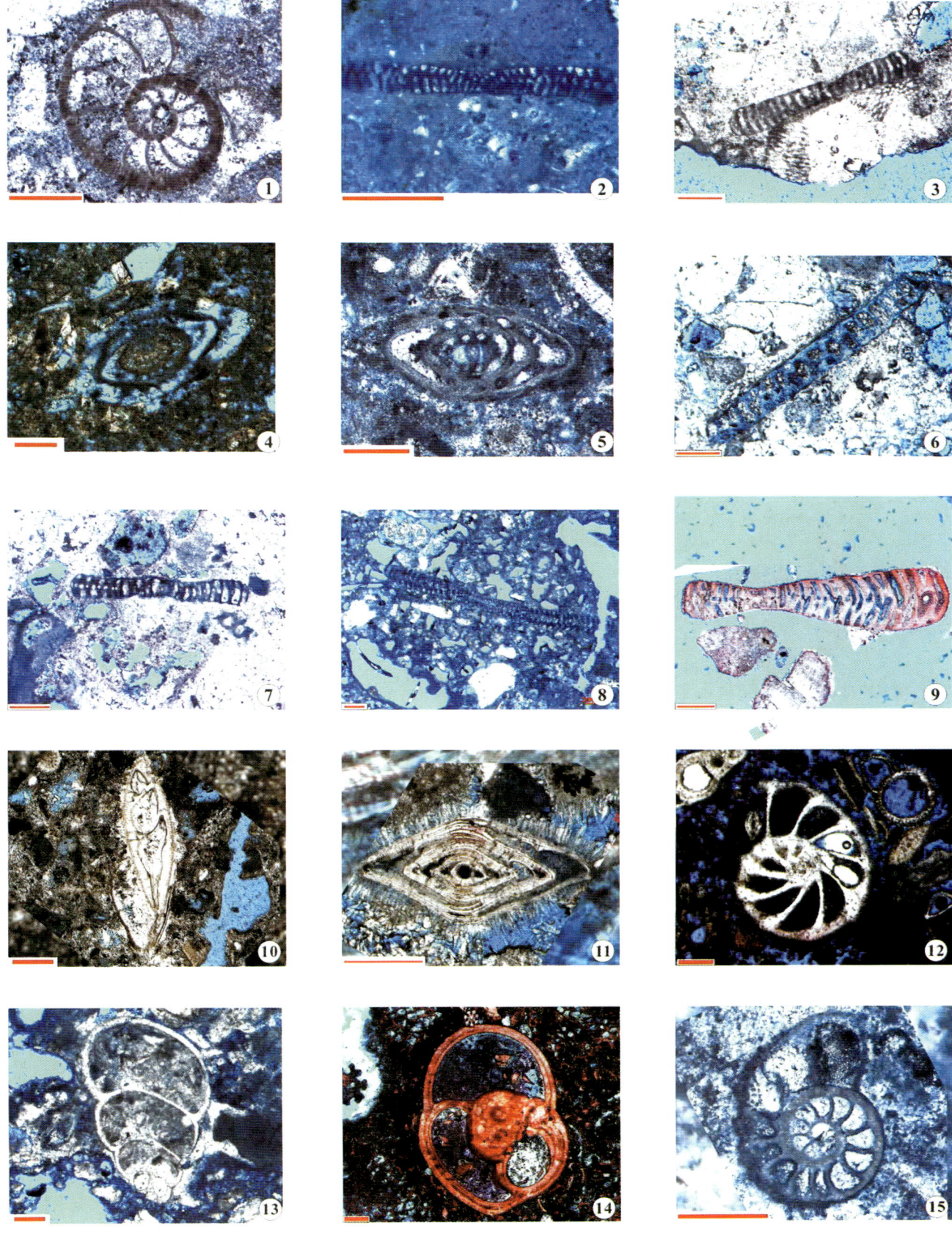

图版 36

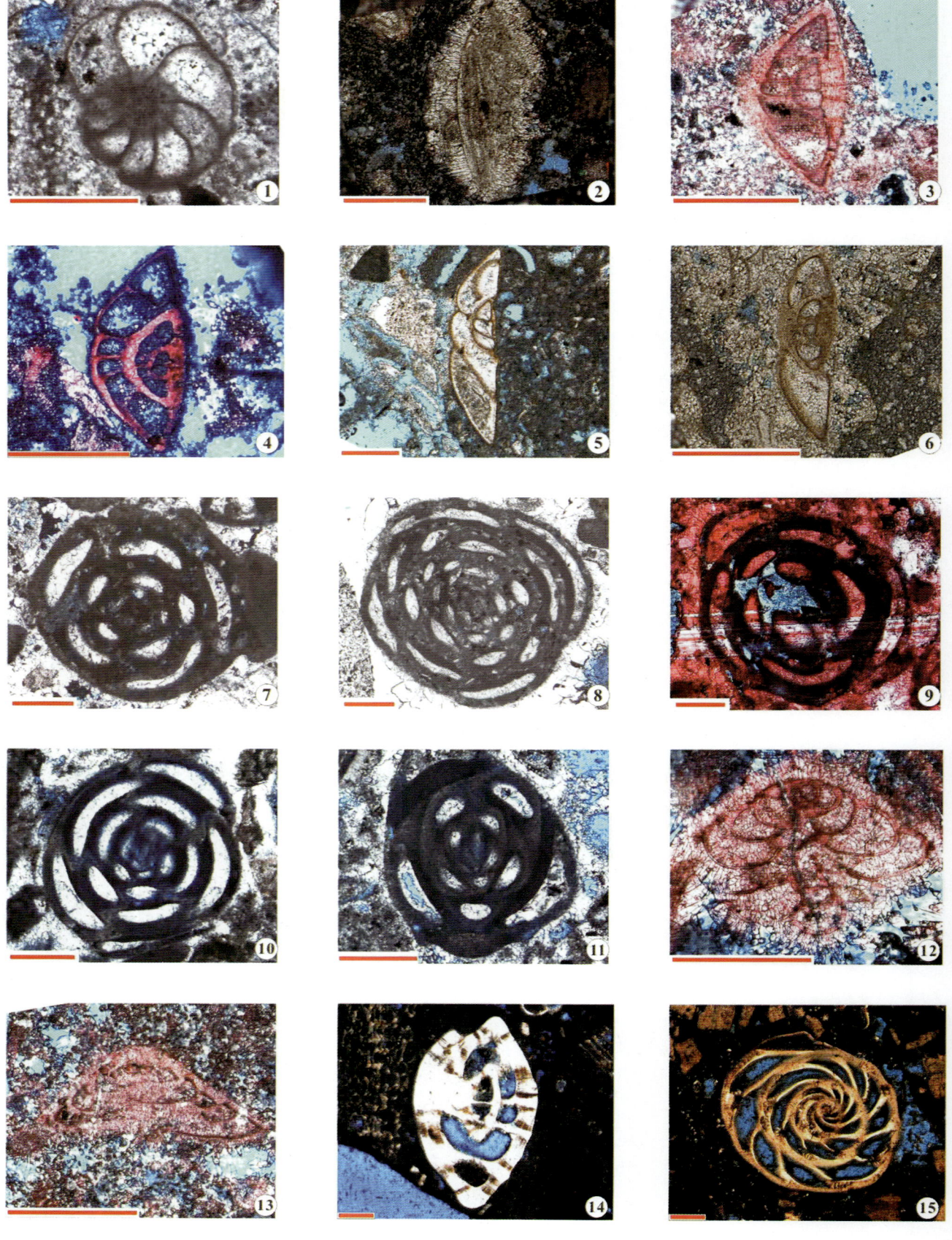

图版 37

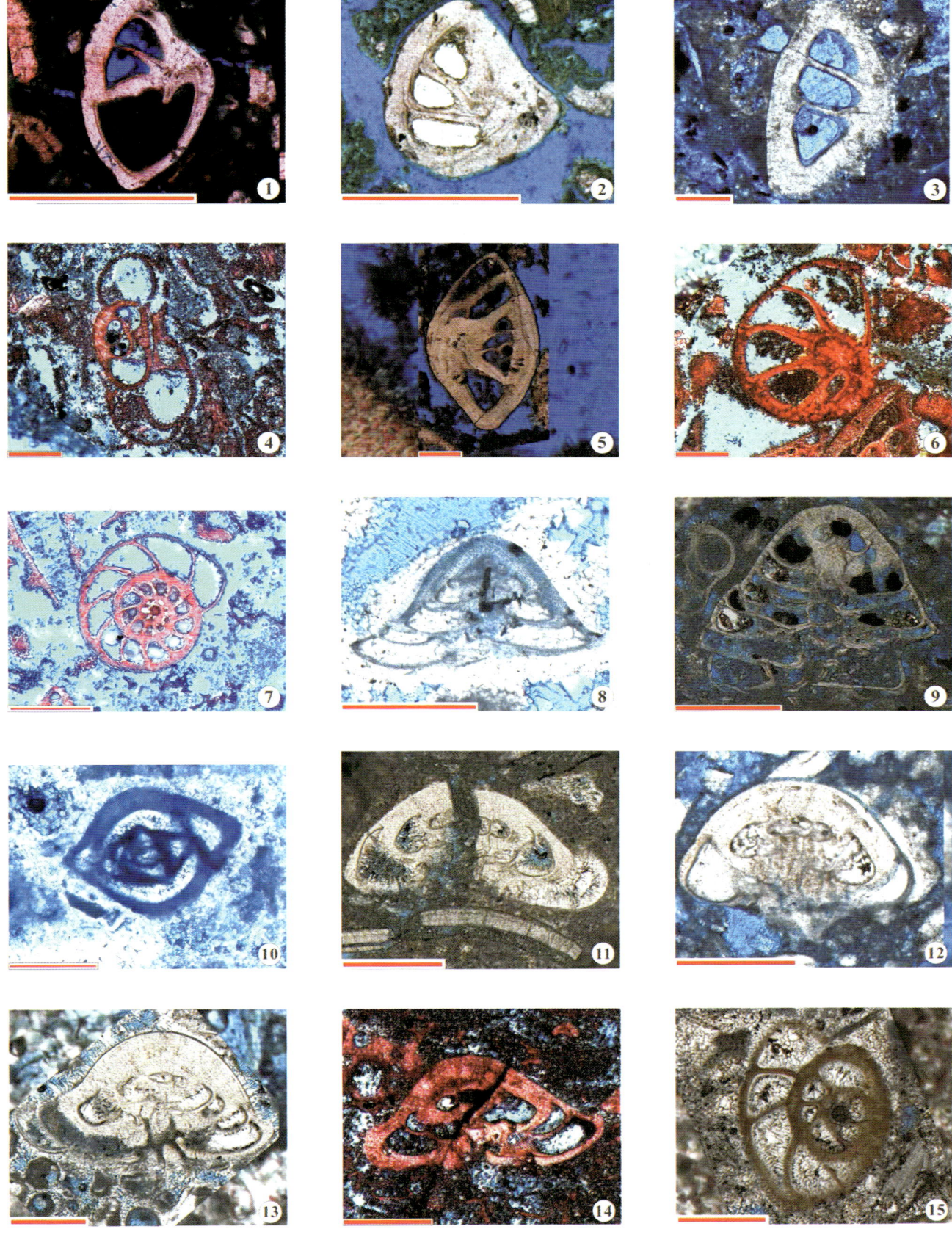

图版 38

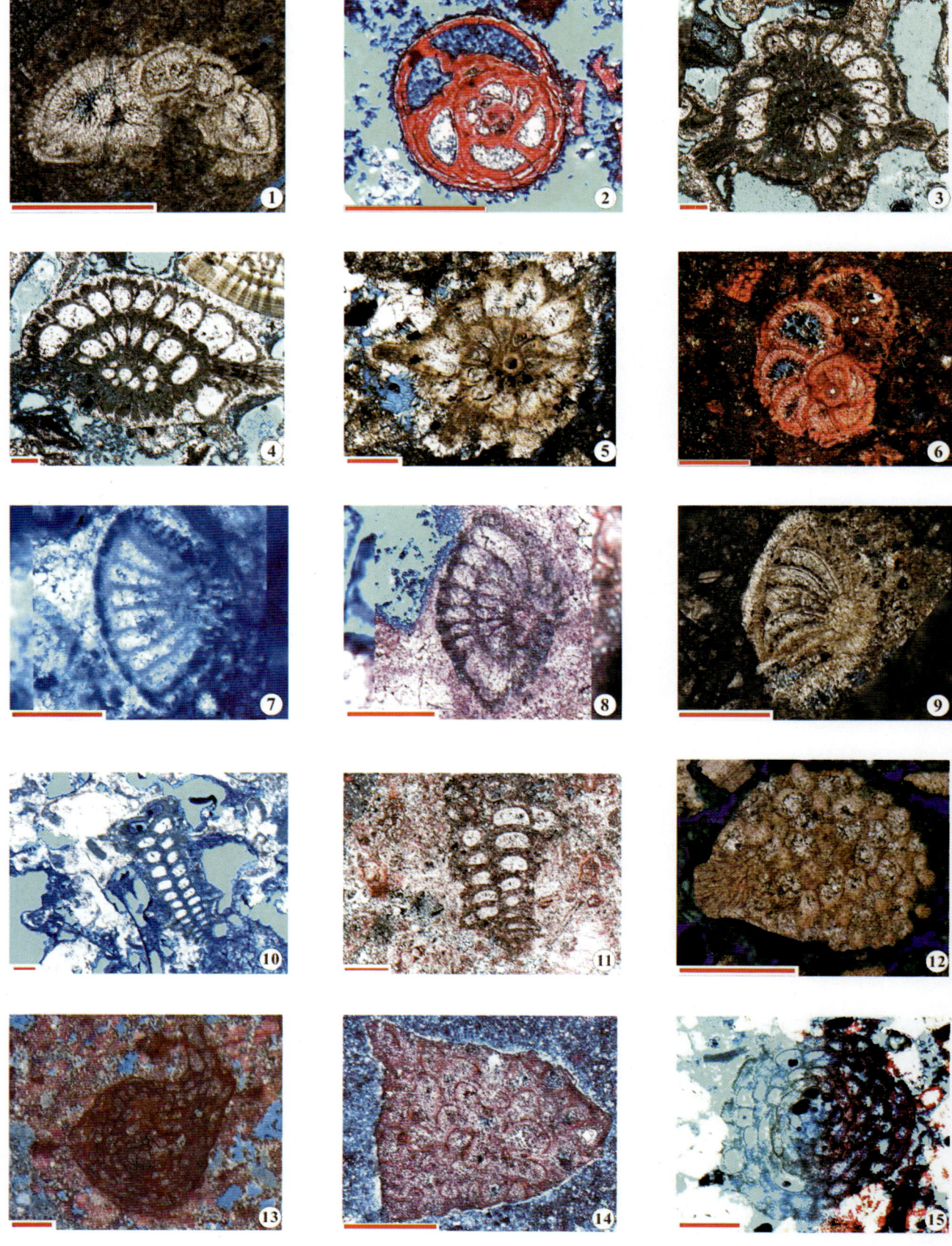

图版 39

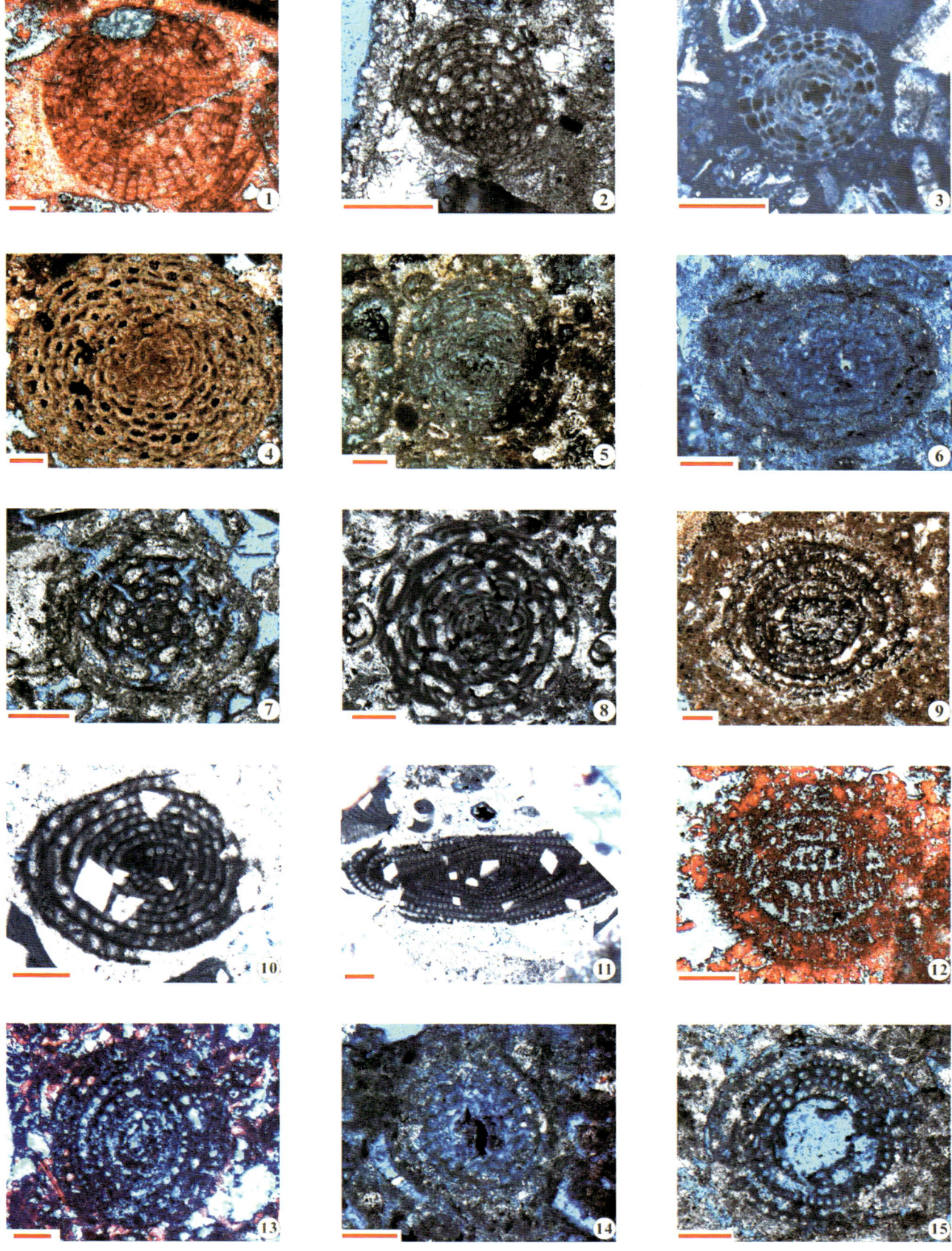

图版 40

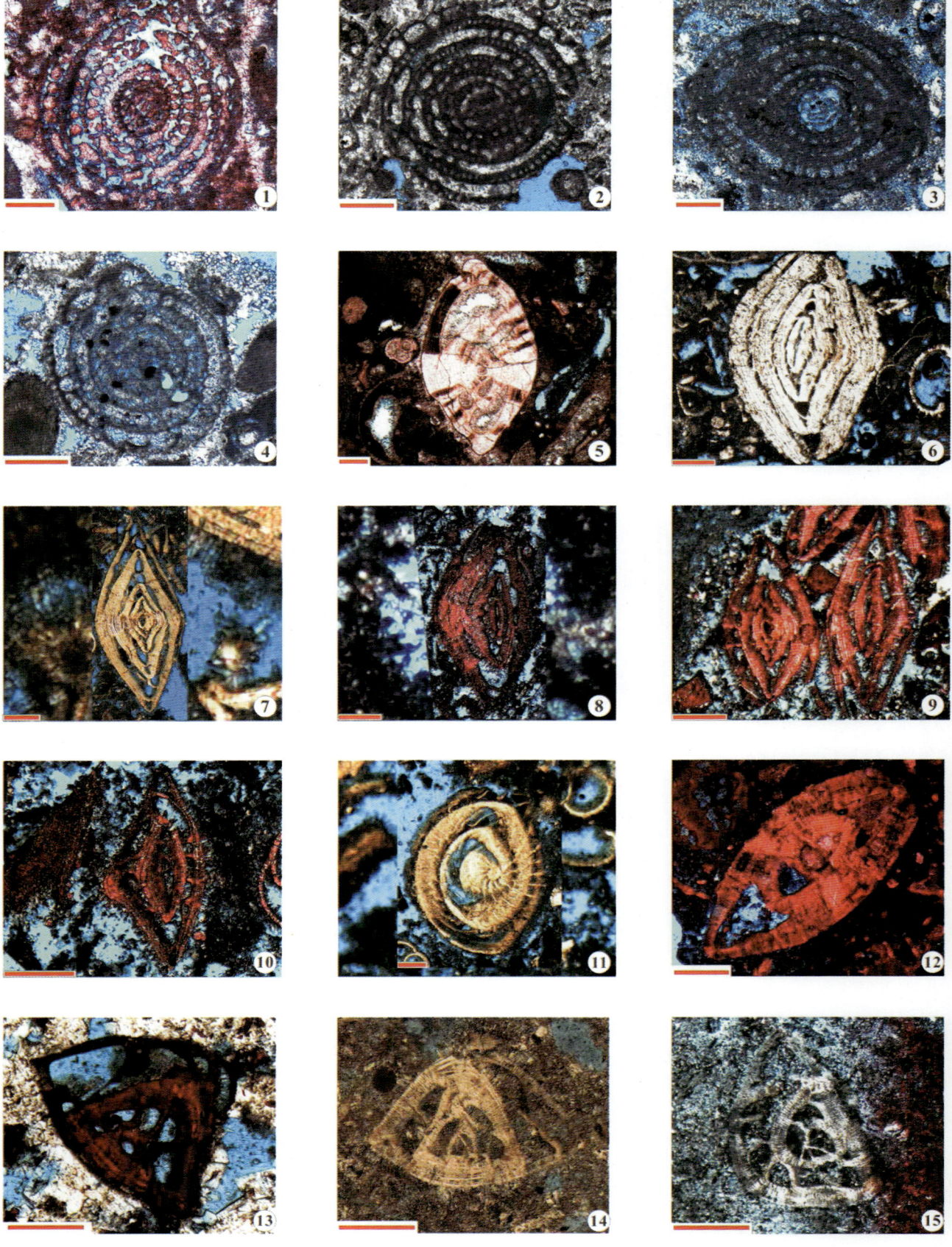

图版 41

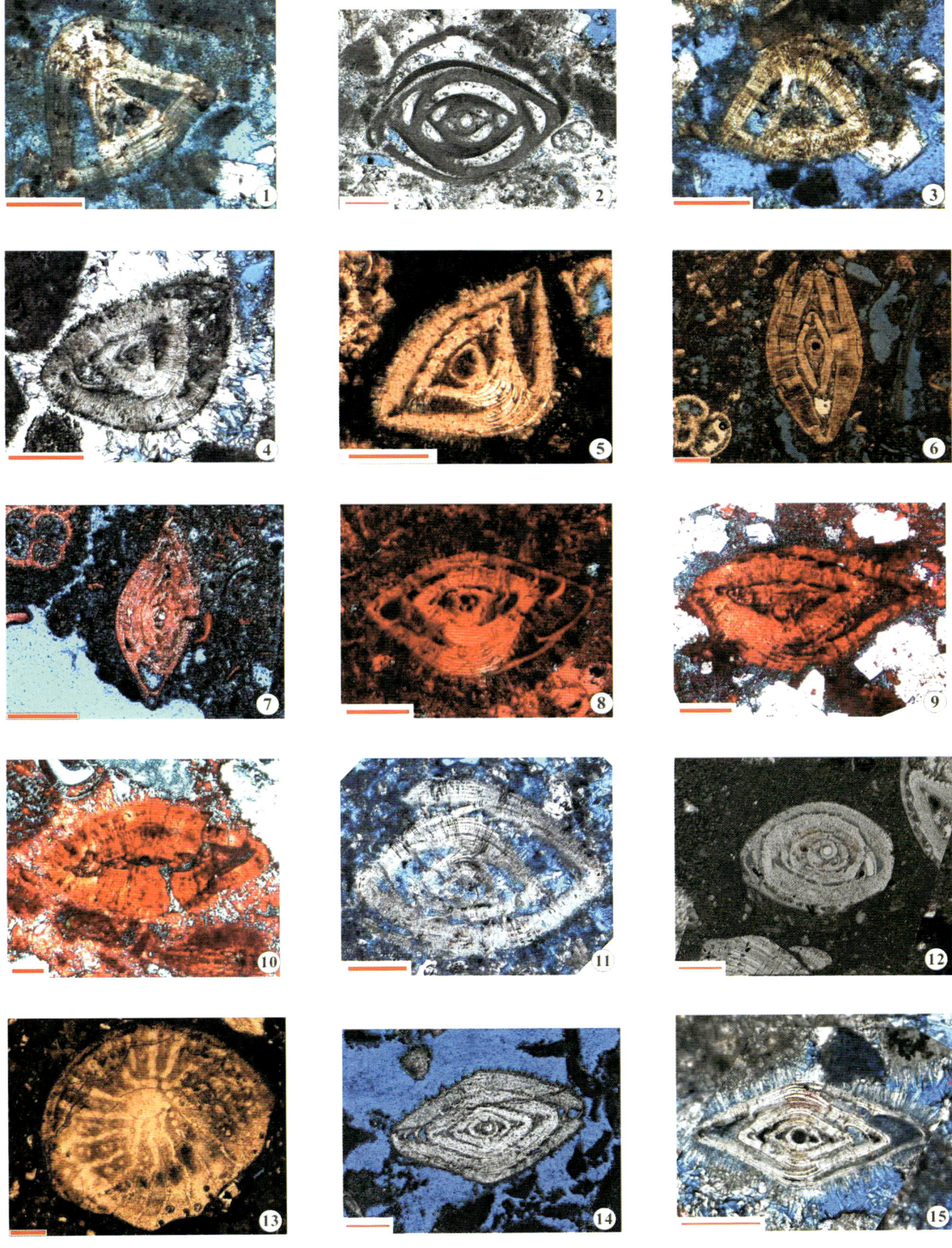

图版 42

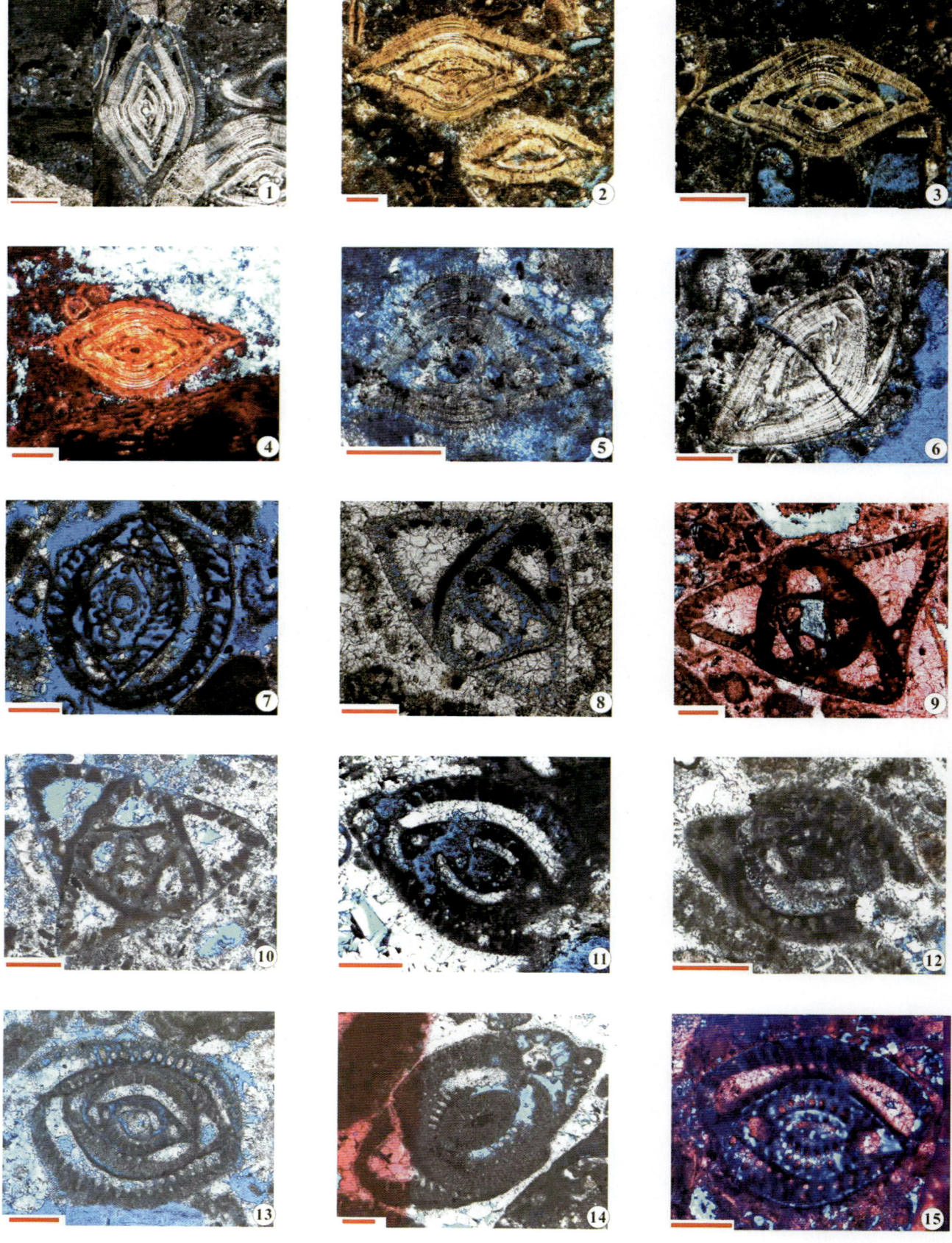

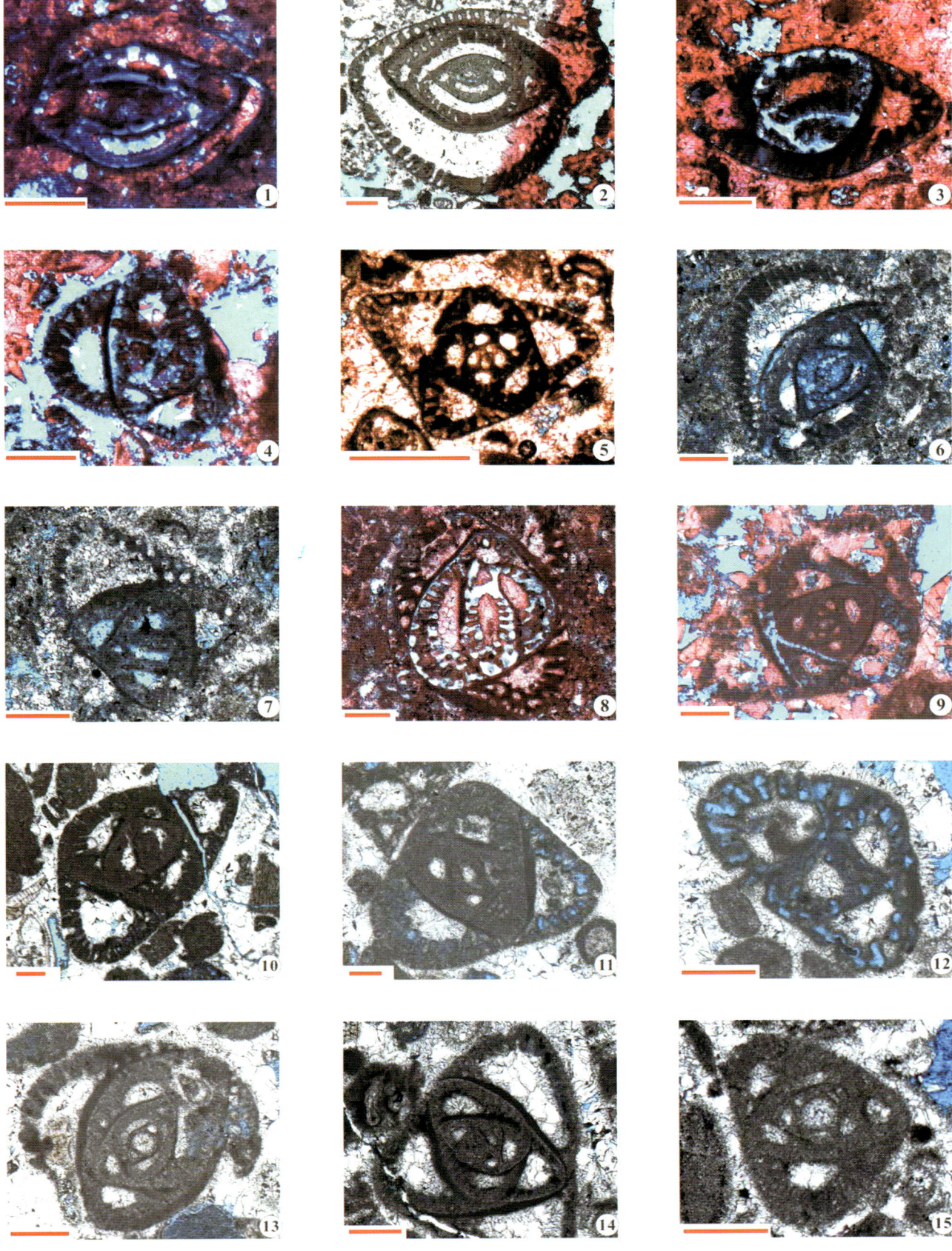

图版 43

图版 44

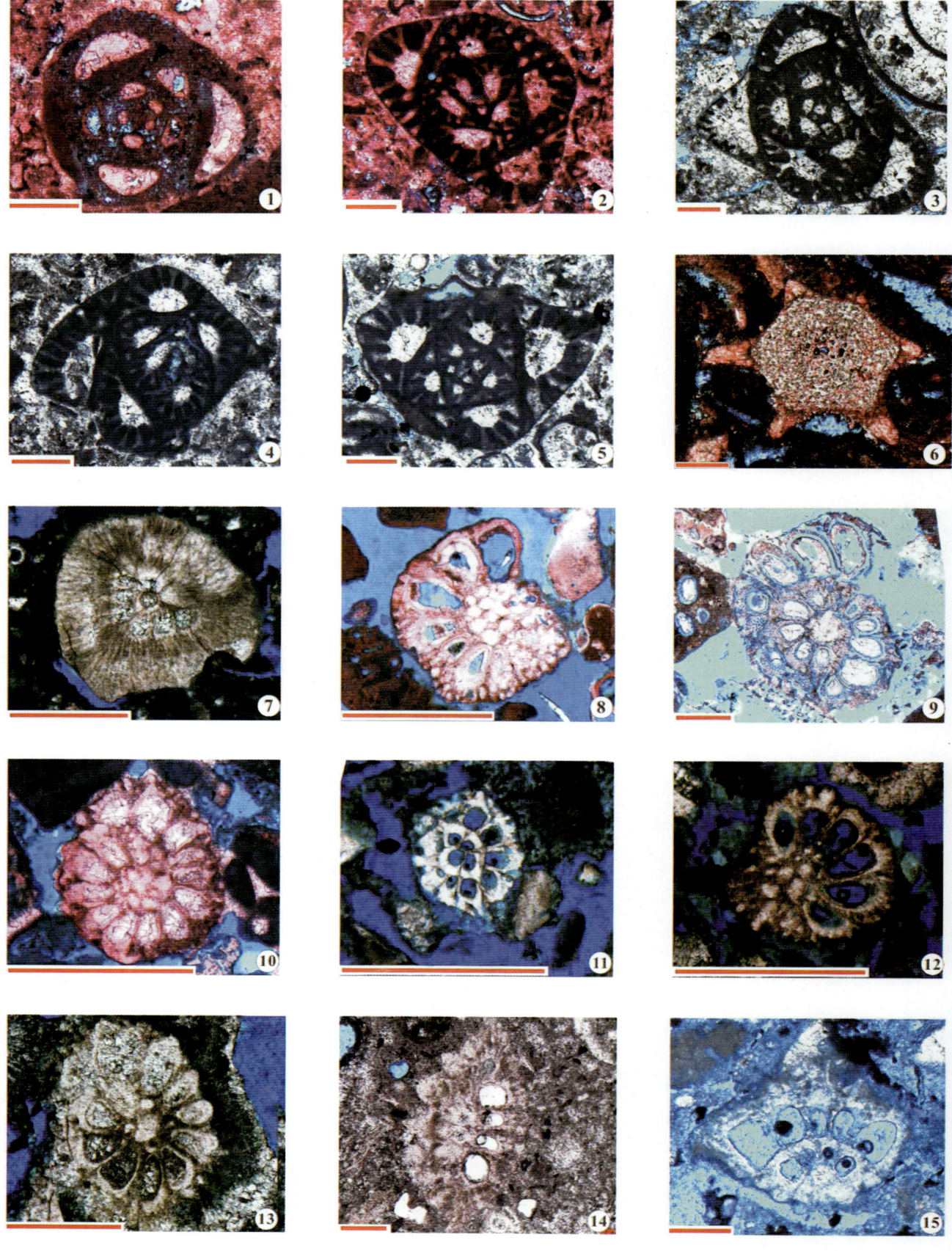

图版 45

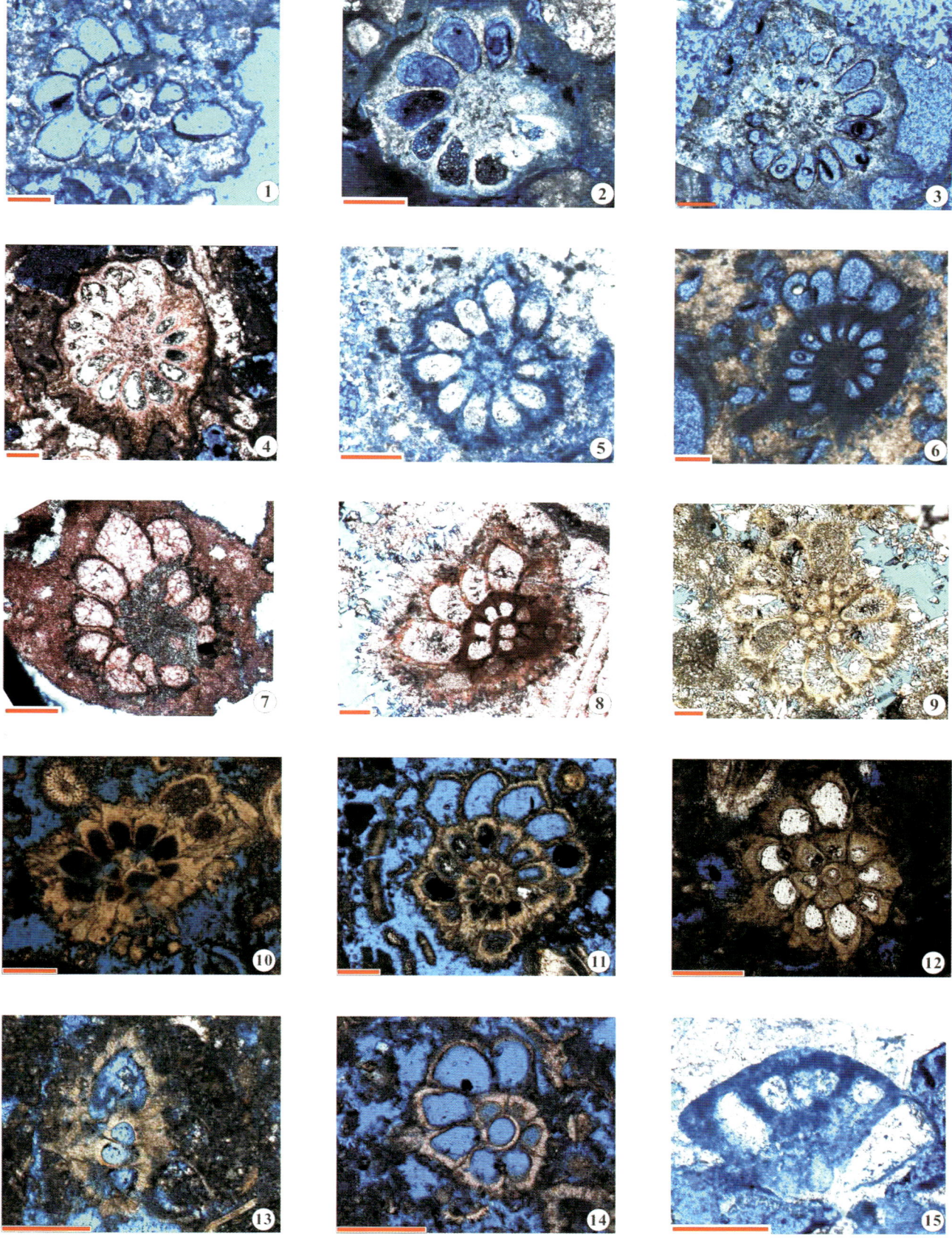

图版 46

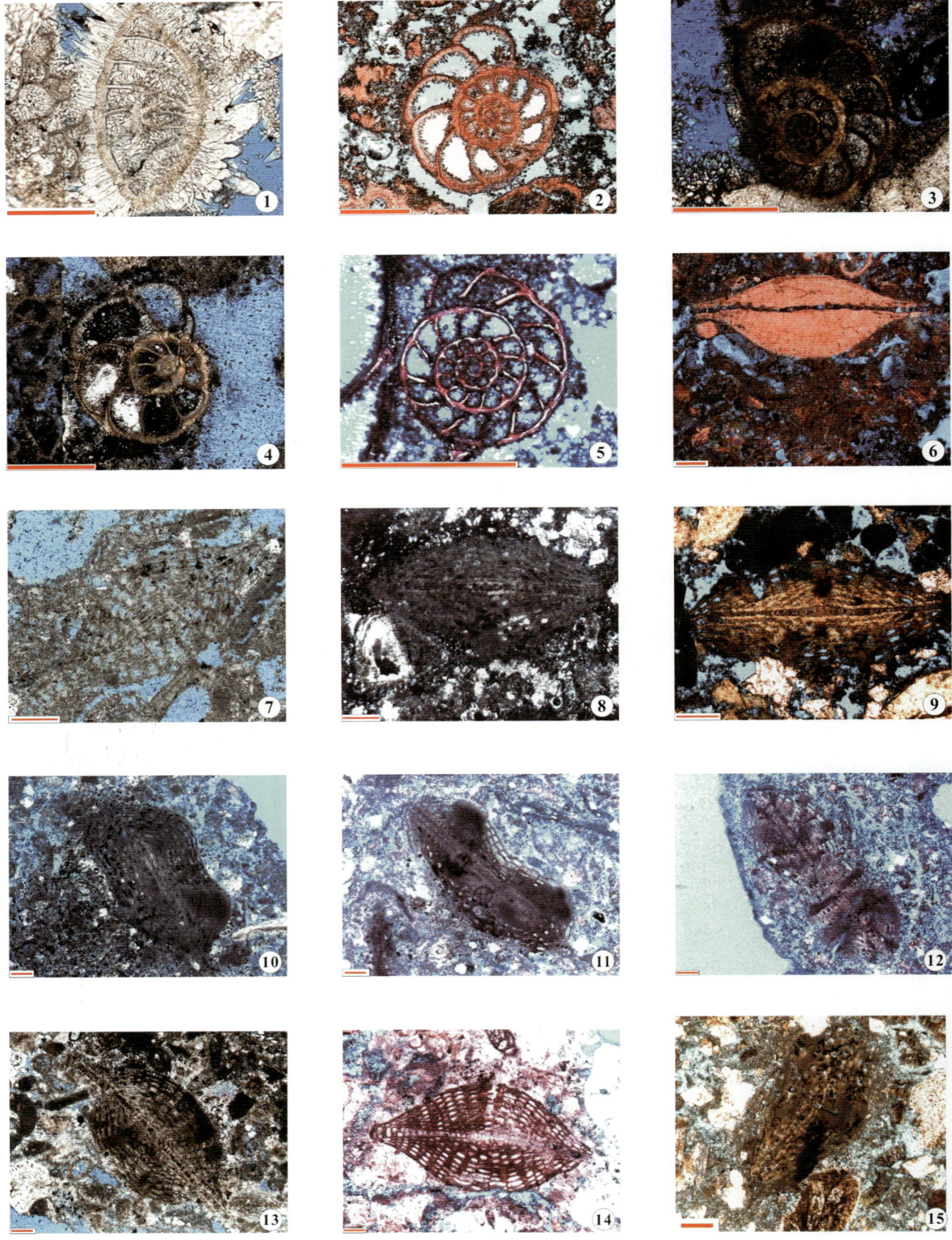

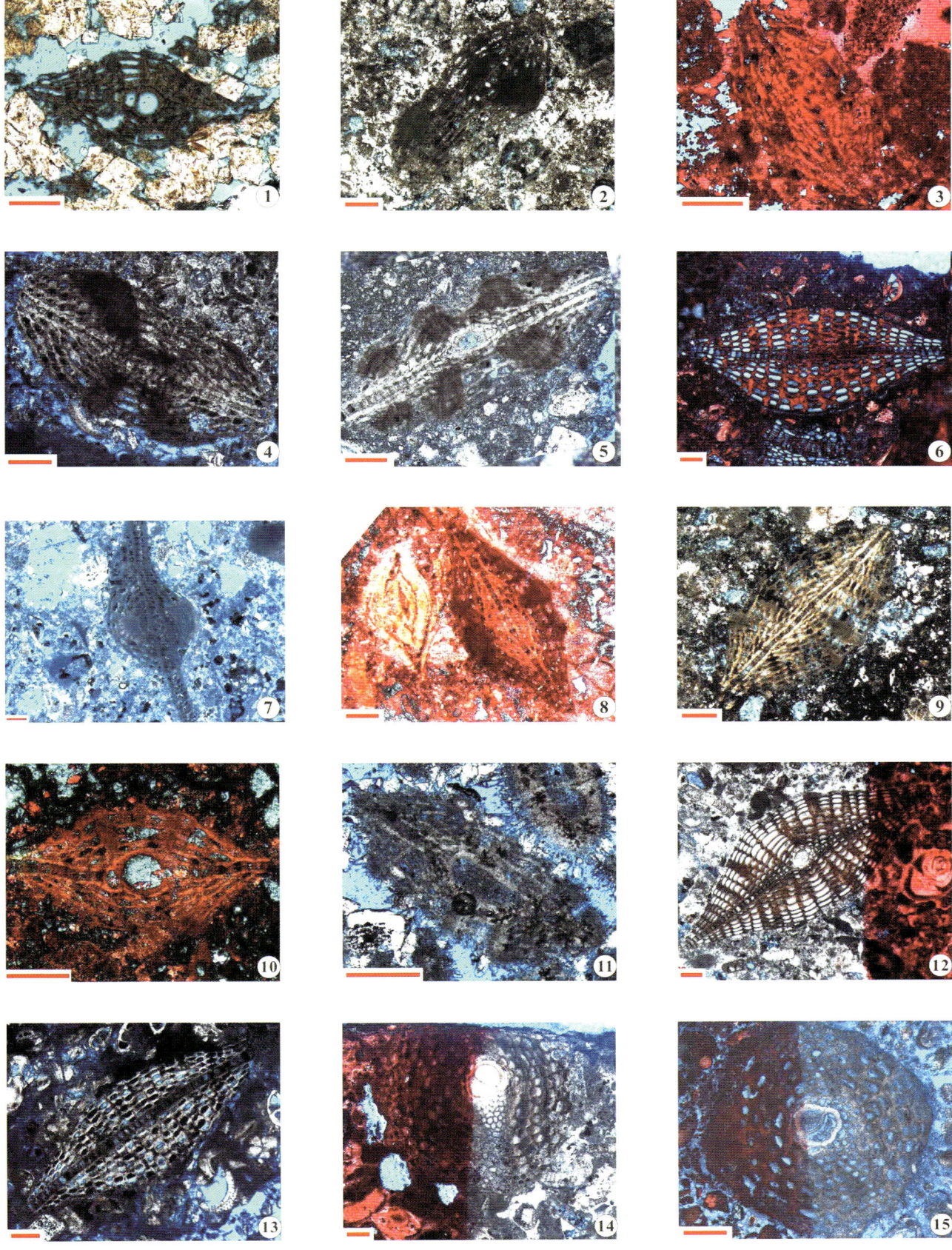

图版 47

图版 48

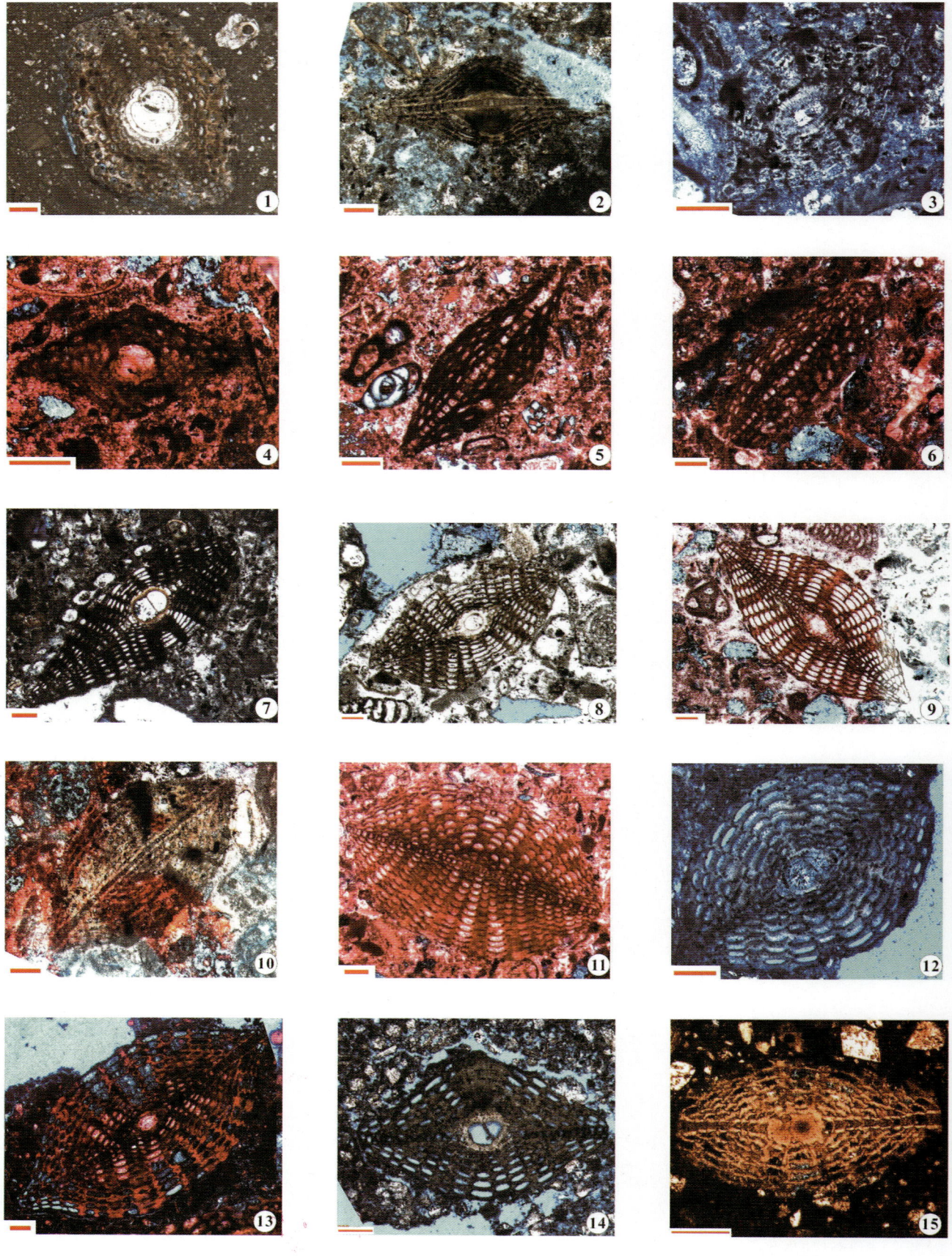

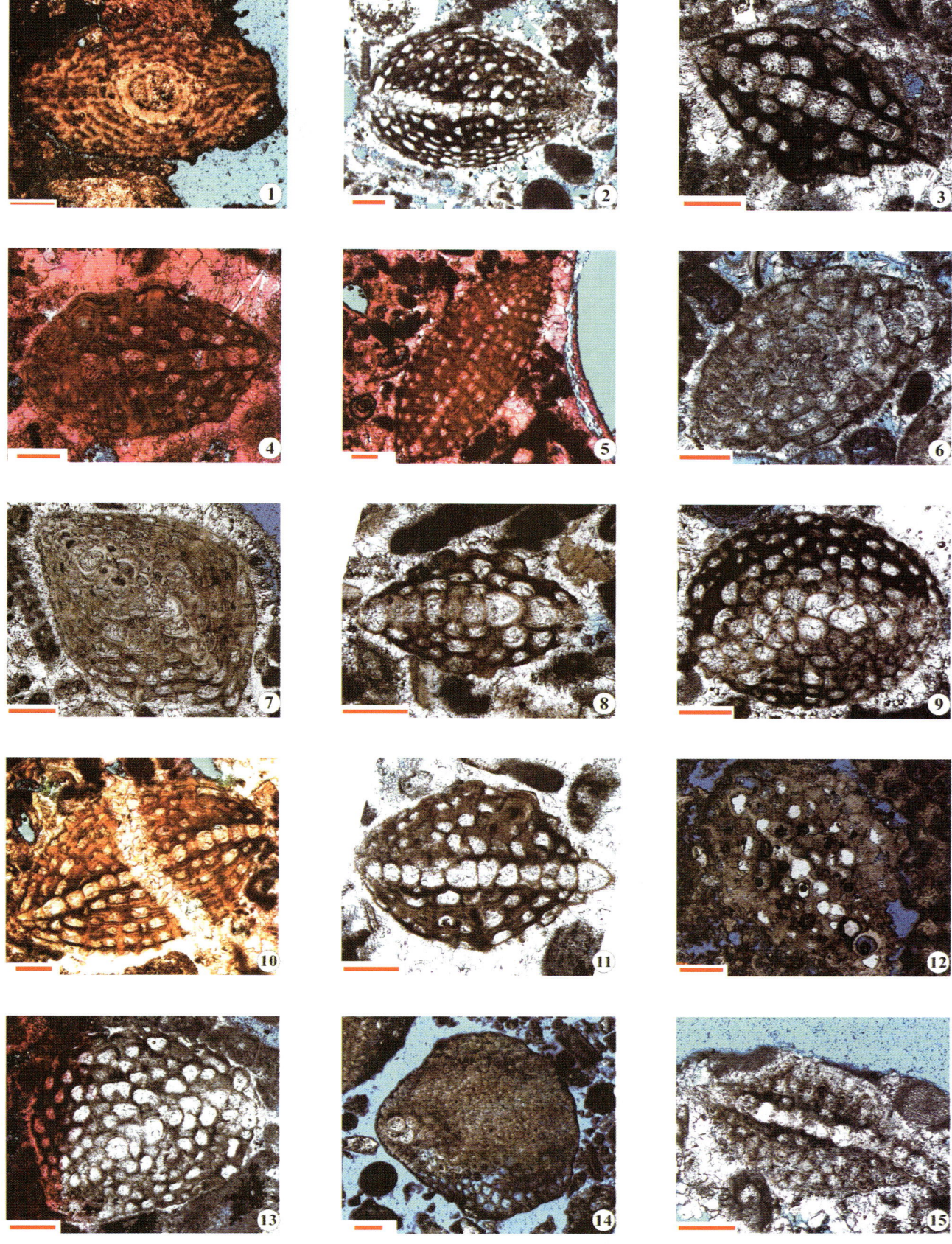

图版 49

图版 50

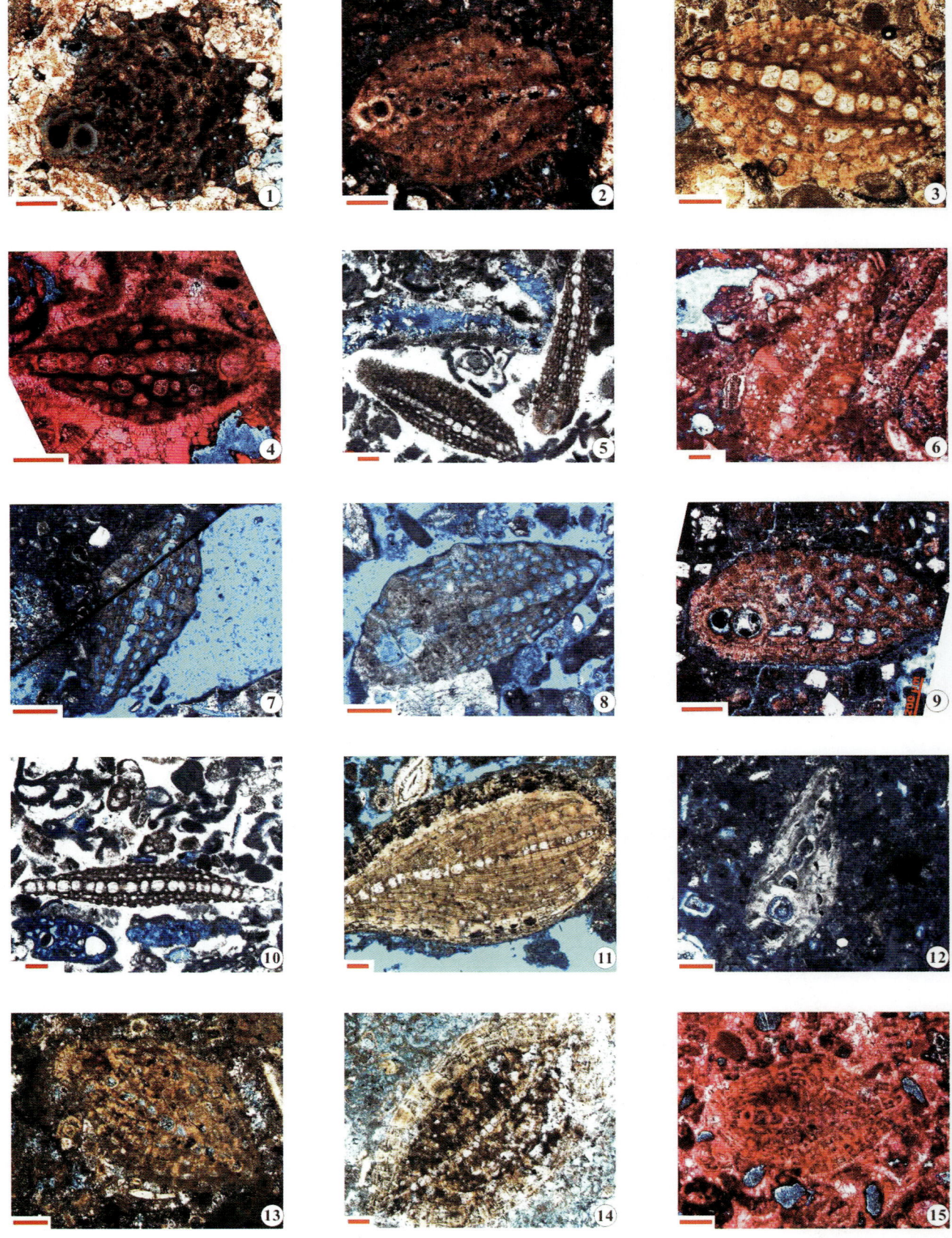

图版 51

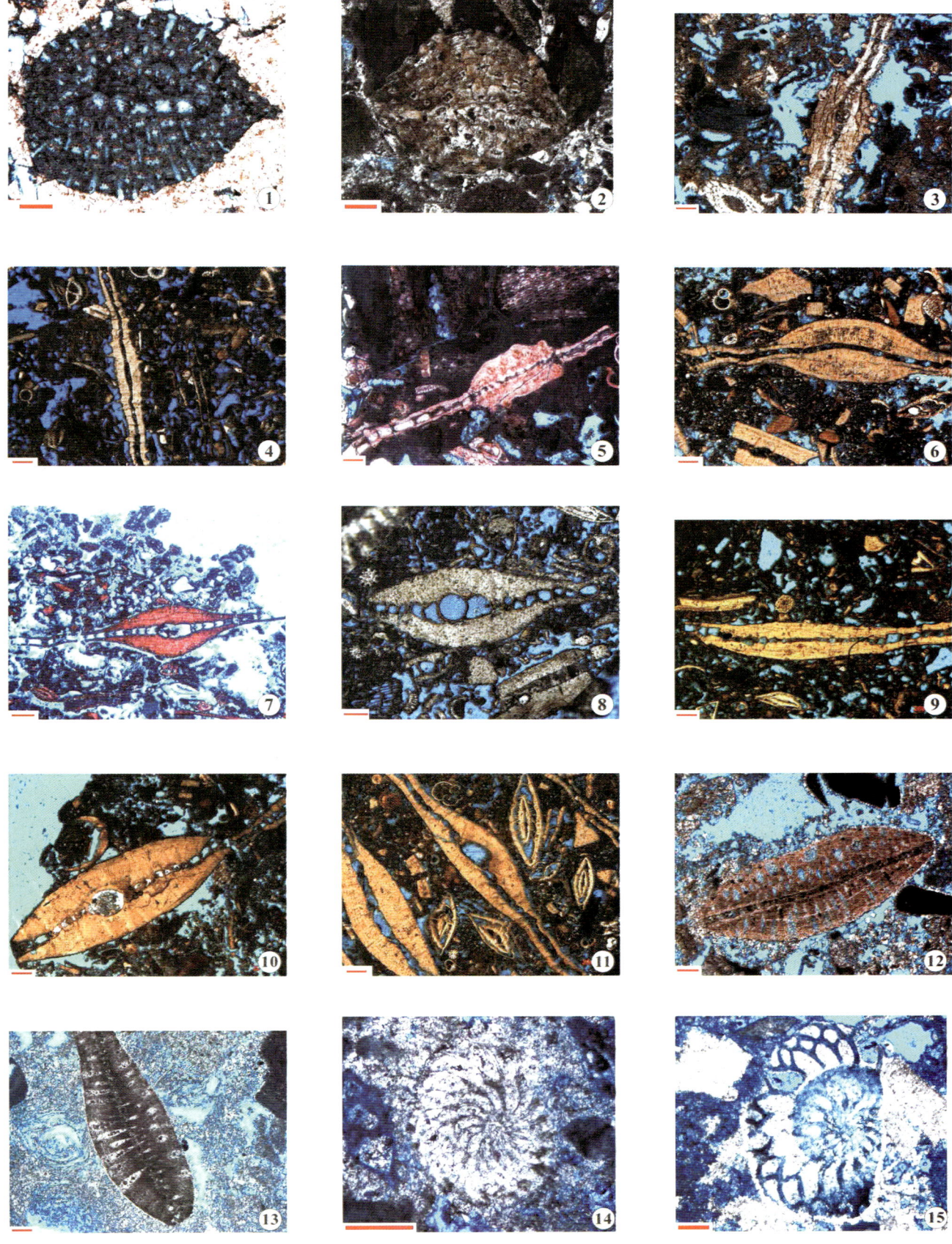

图版 52

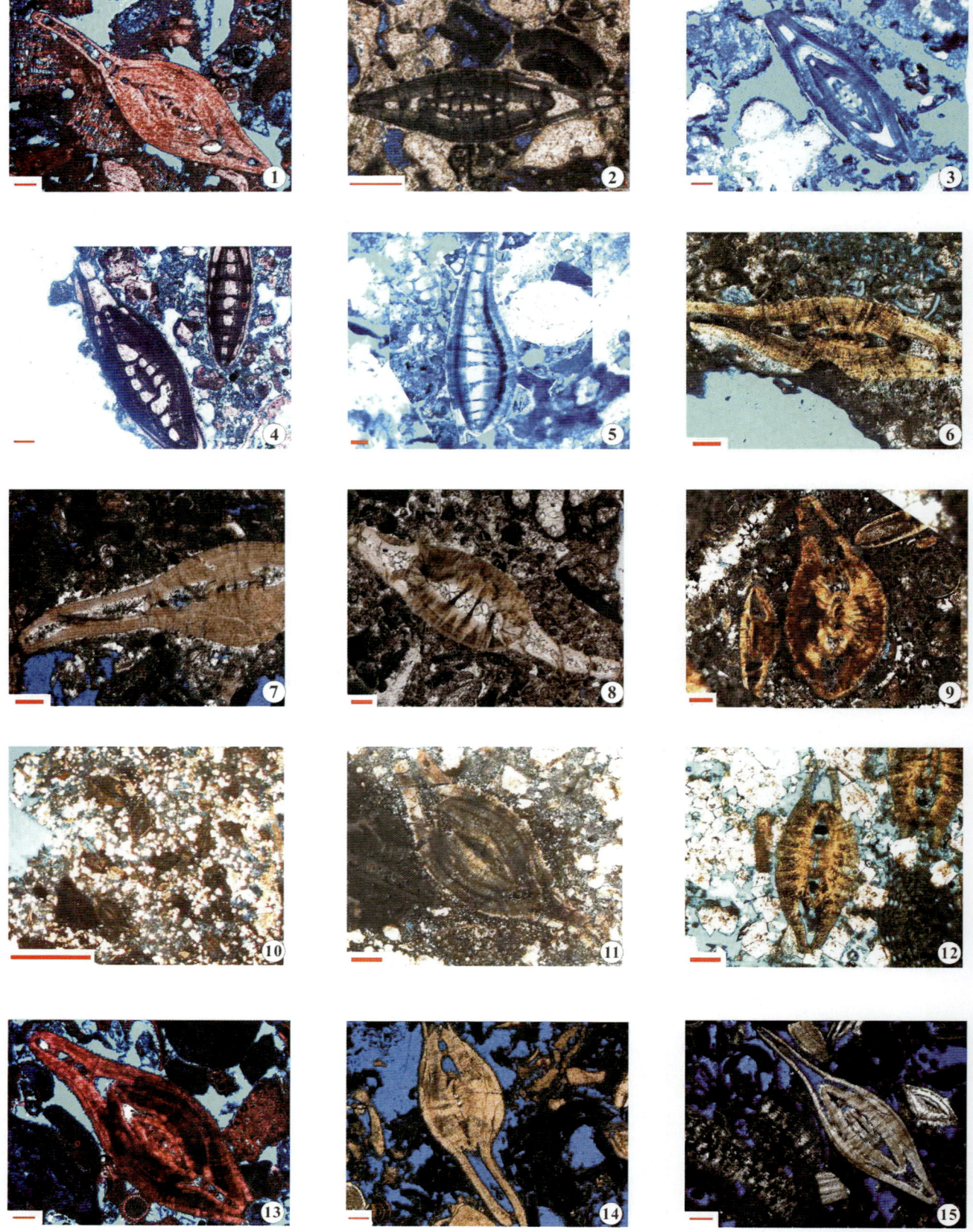

图版 53

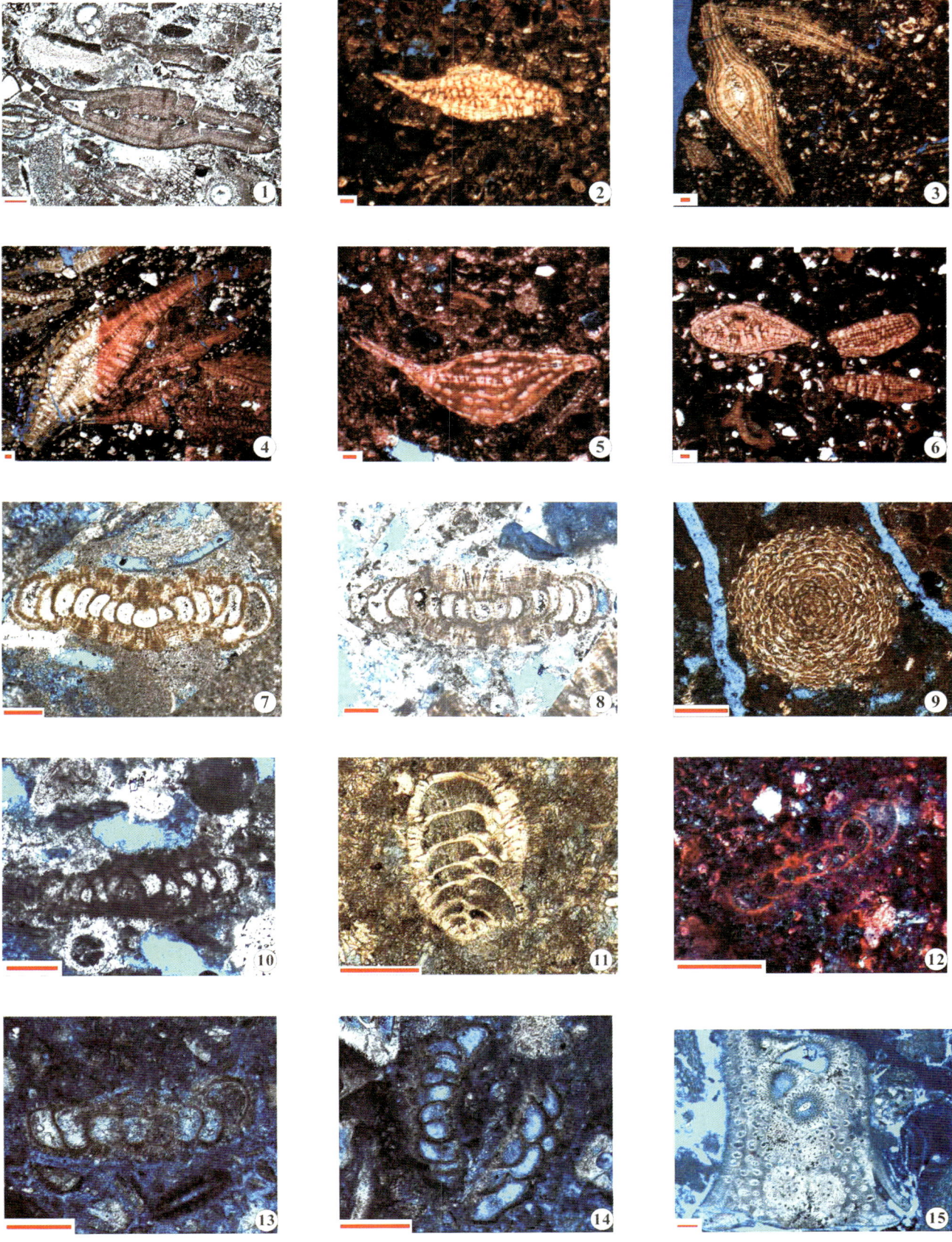

图版 54

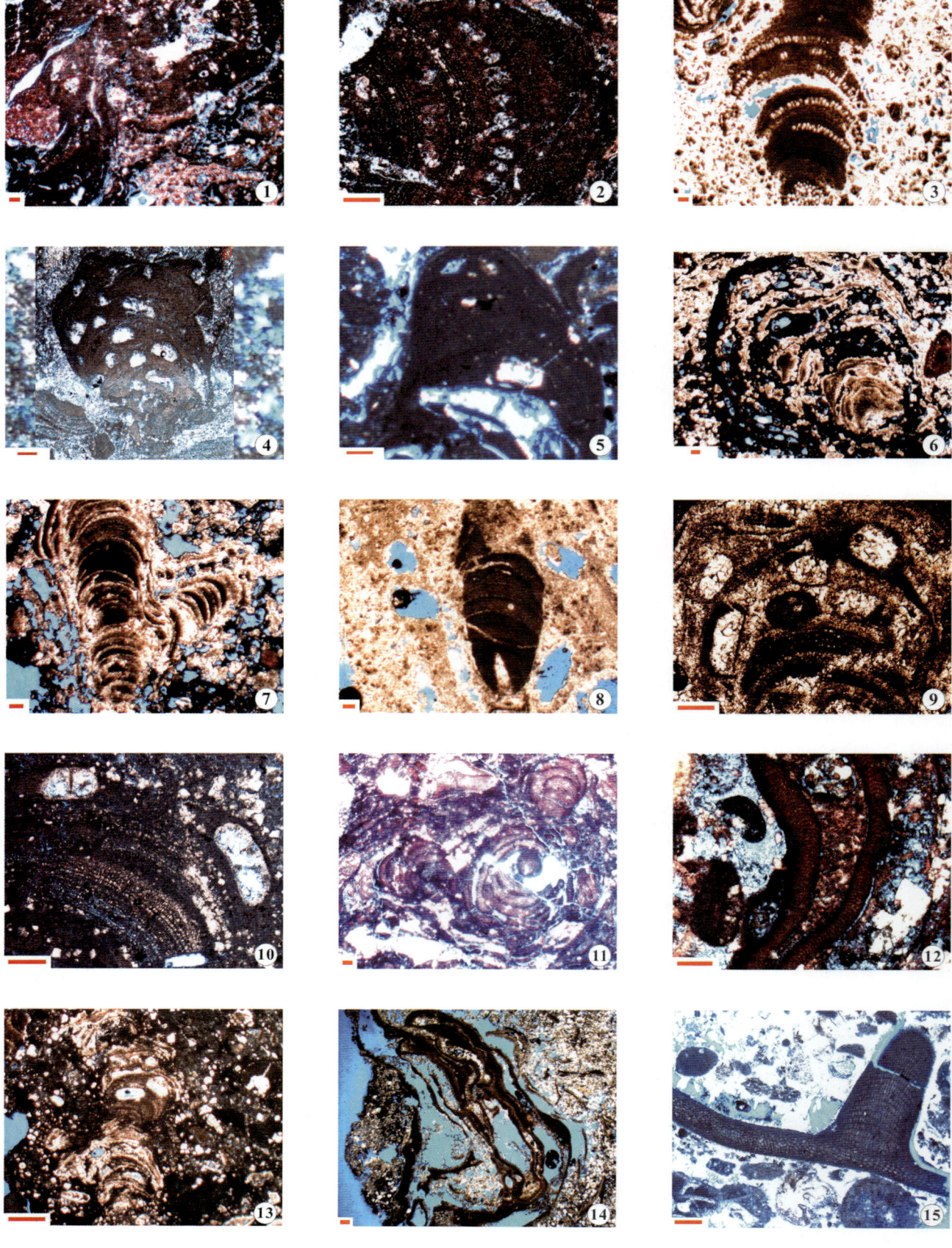

图版 55

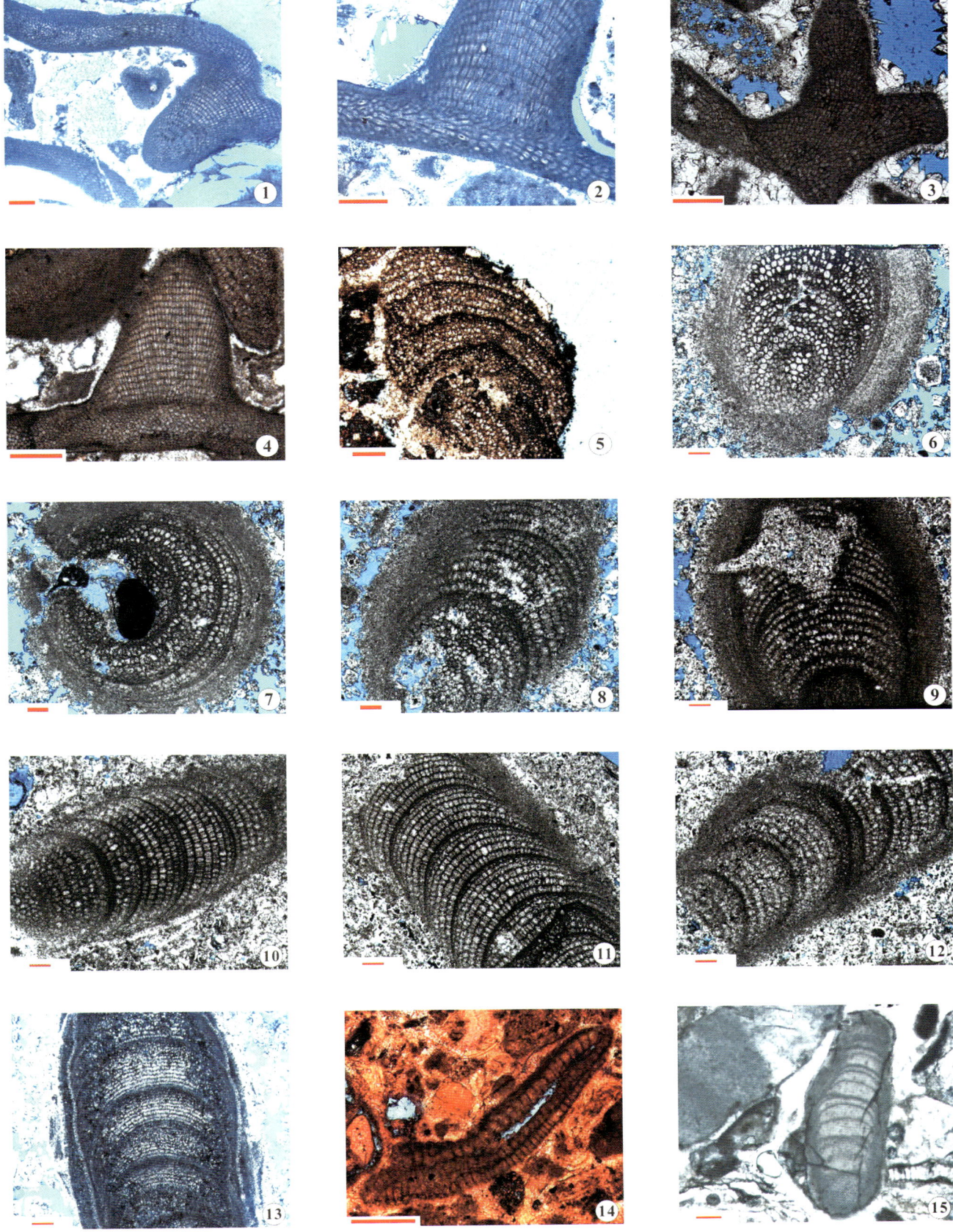

图版 56

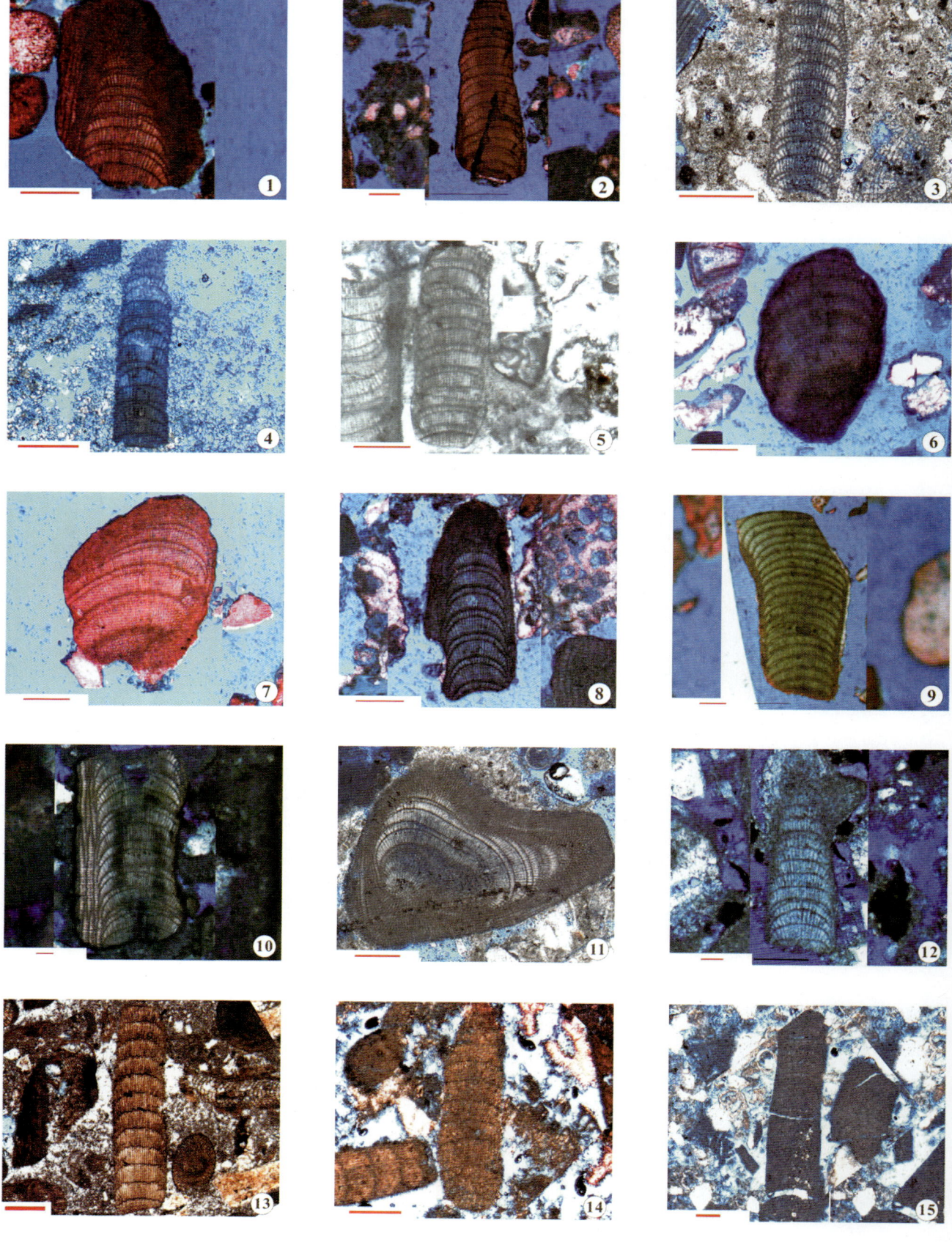

图版 57

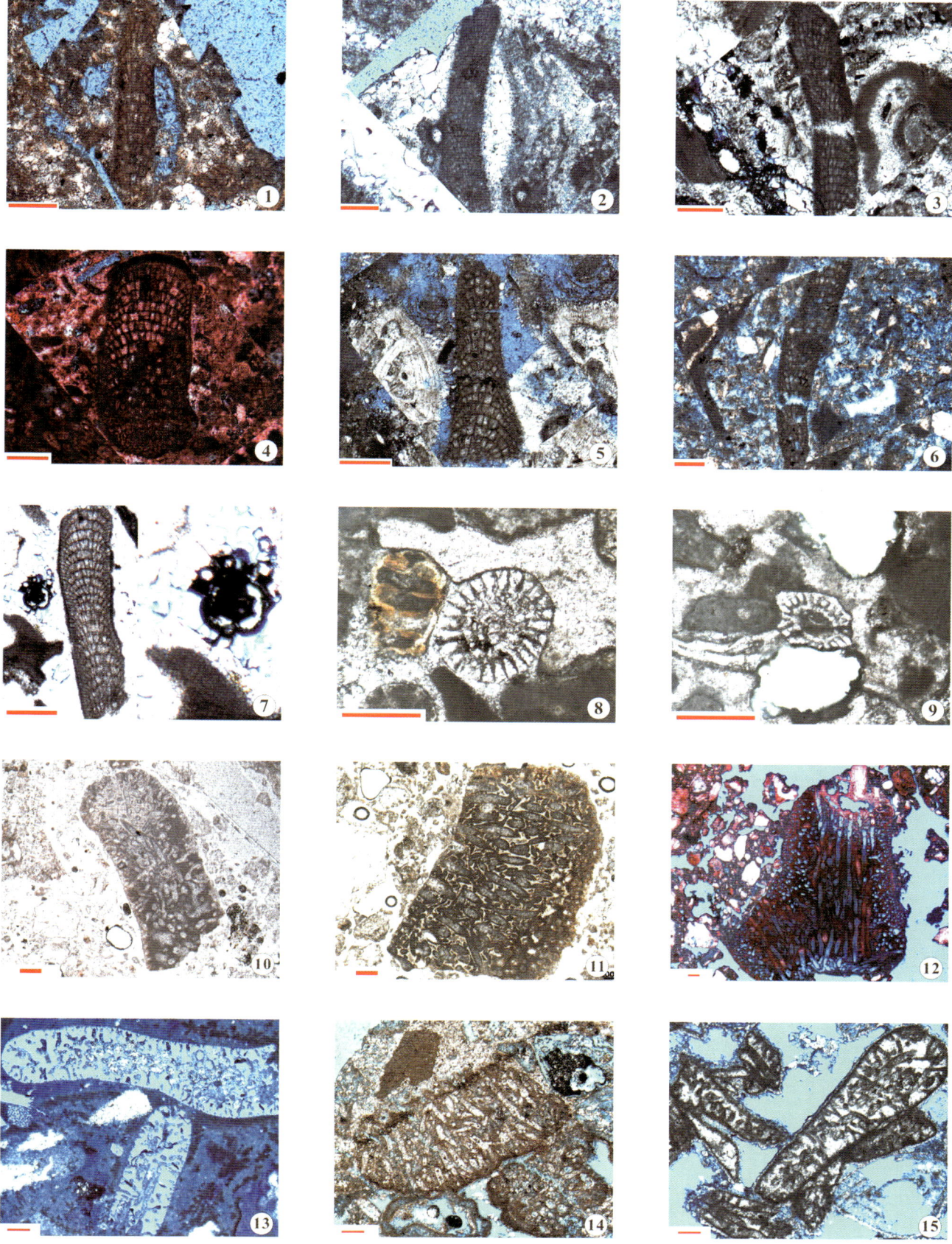

图版 58

图版 59

图版 60

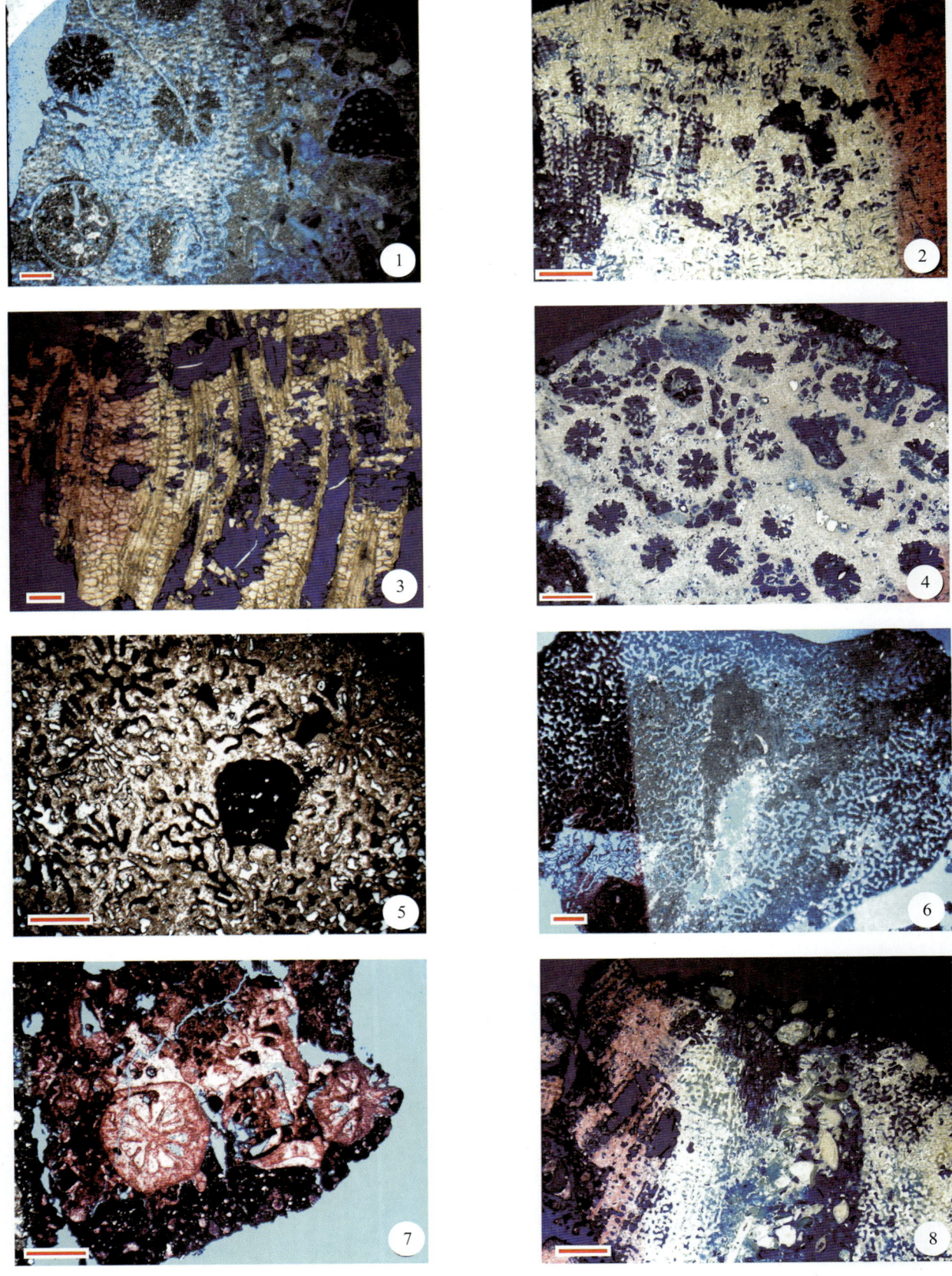

图版 61

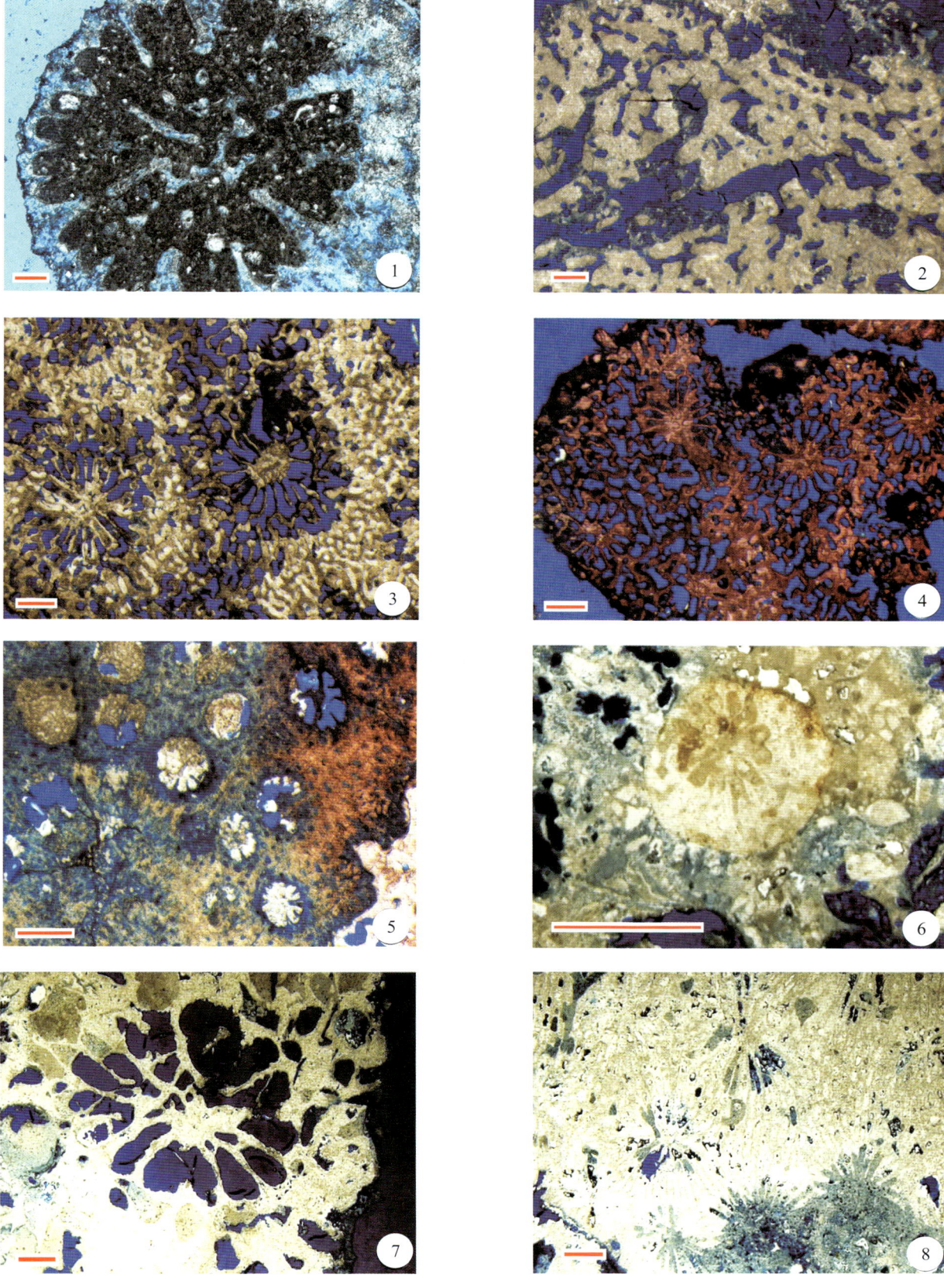

图版 62

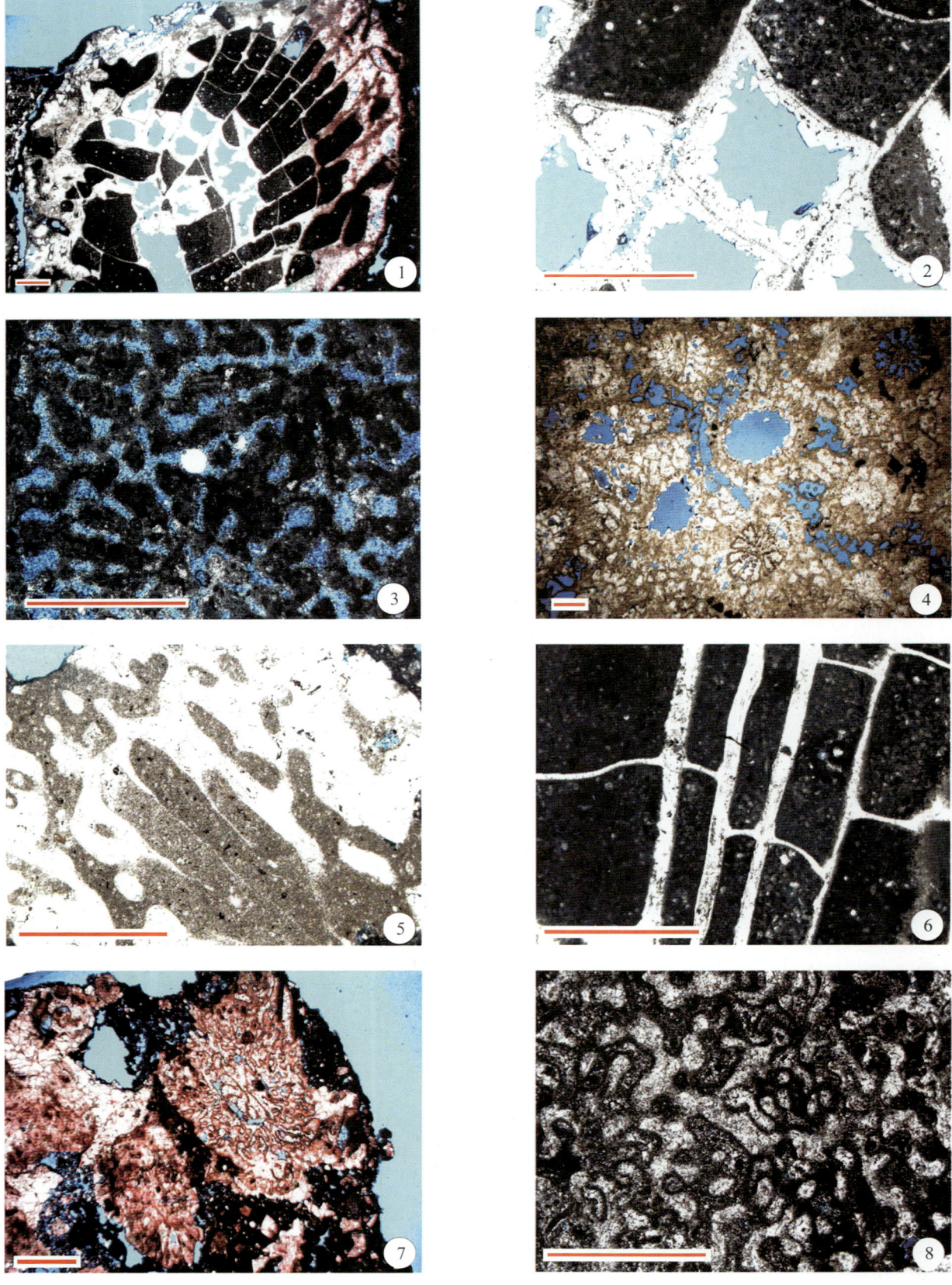

图版 63

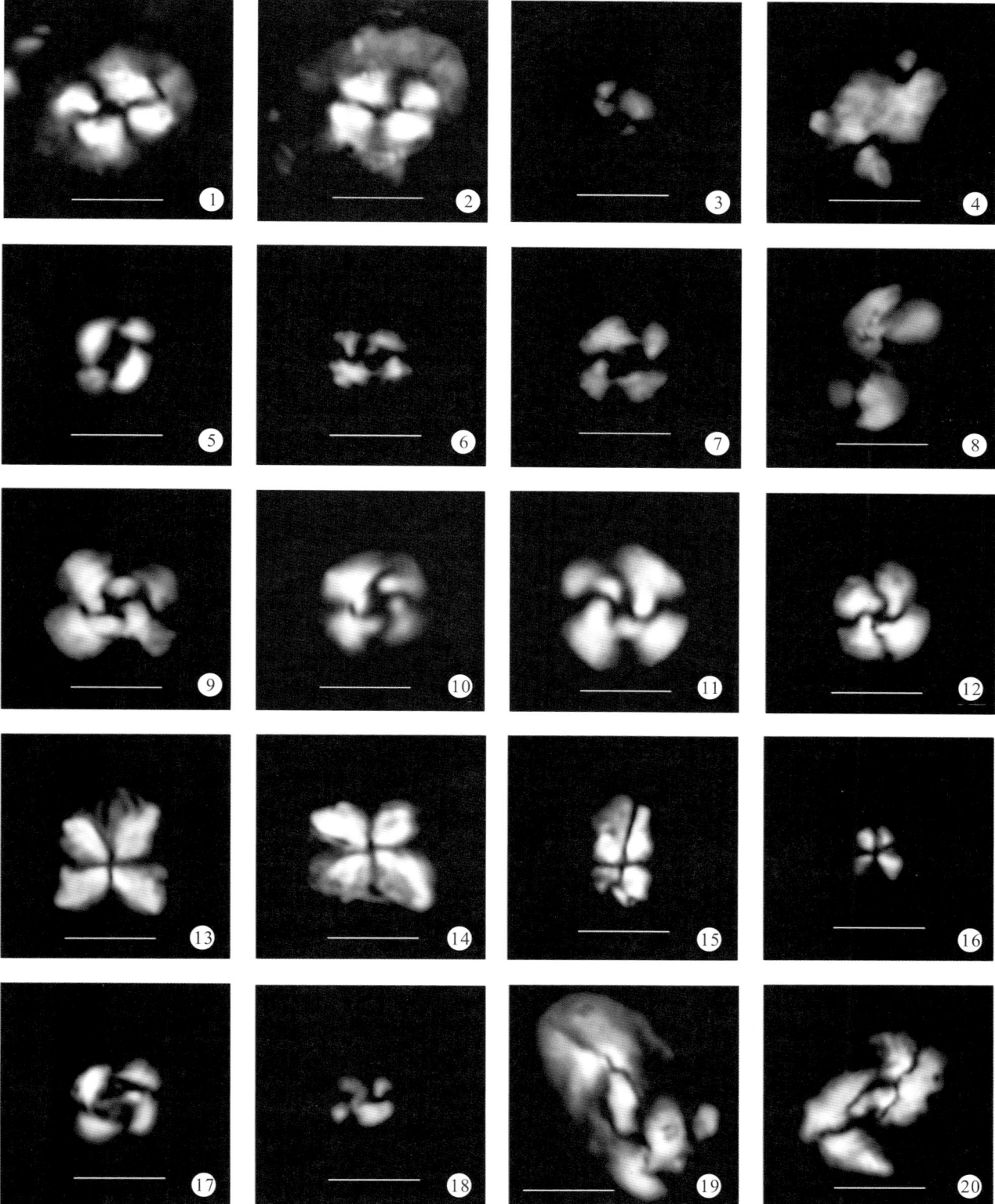

图版 64

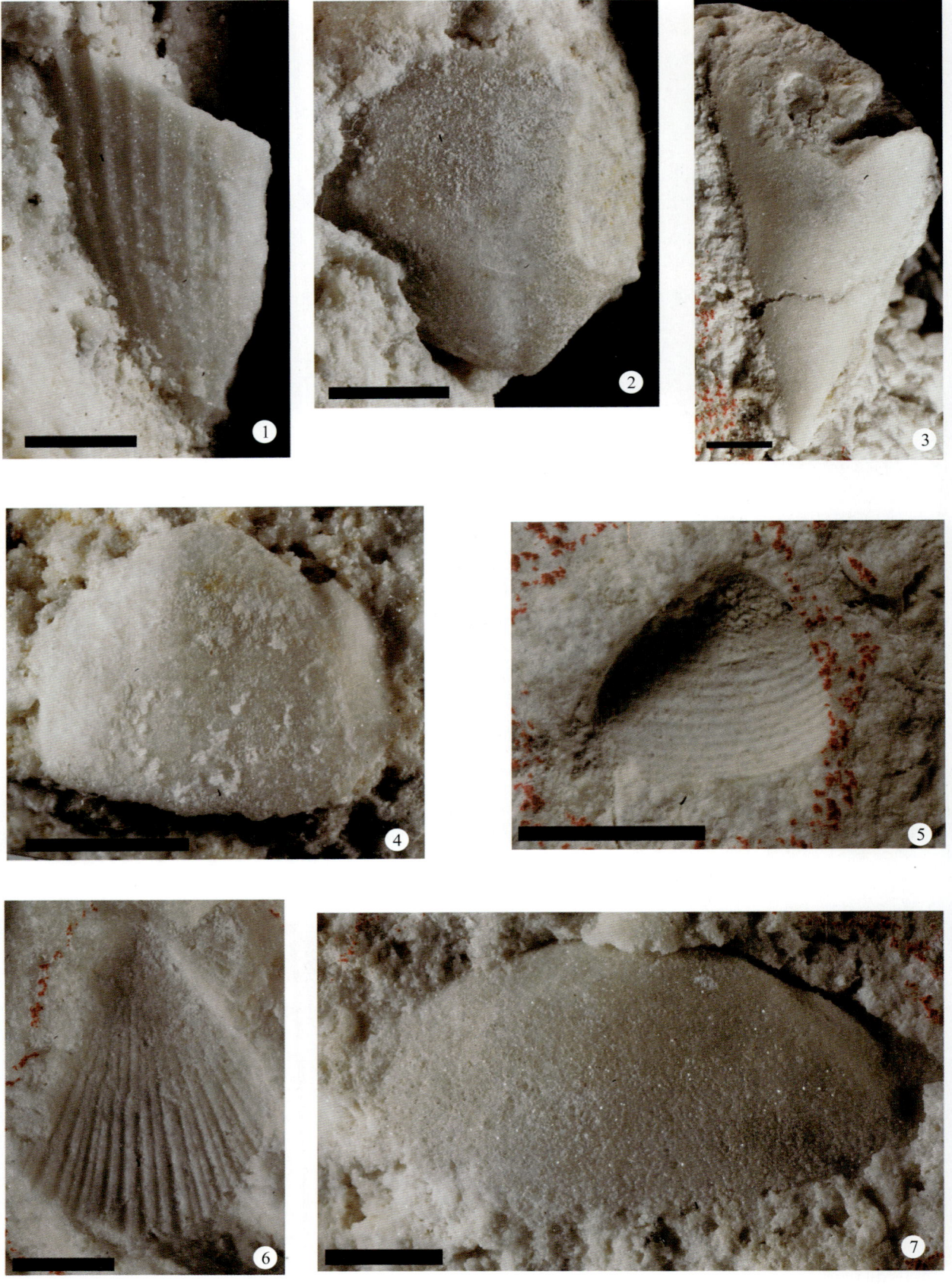

图版 65

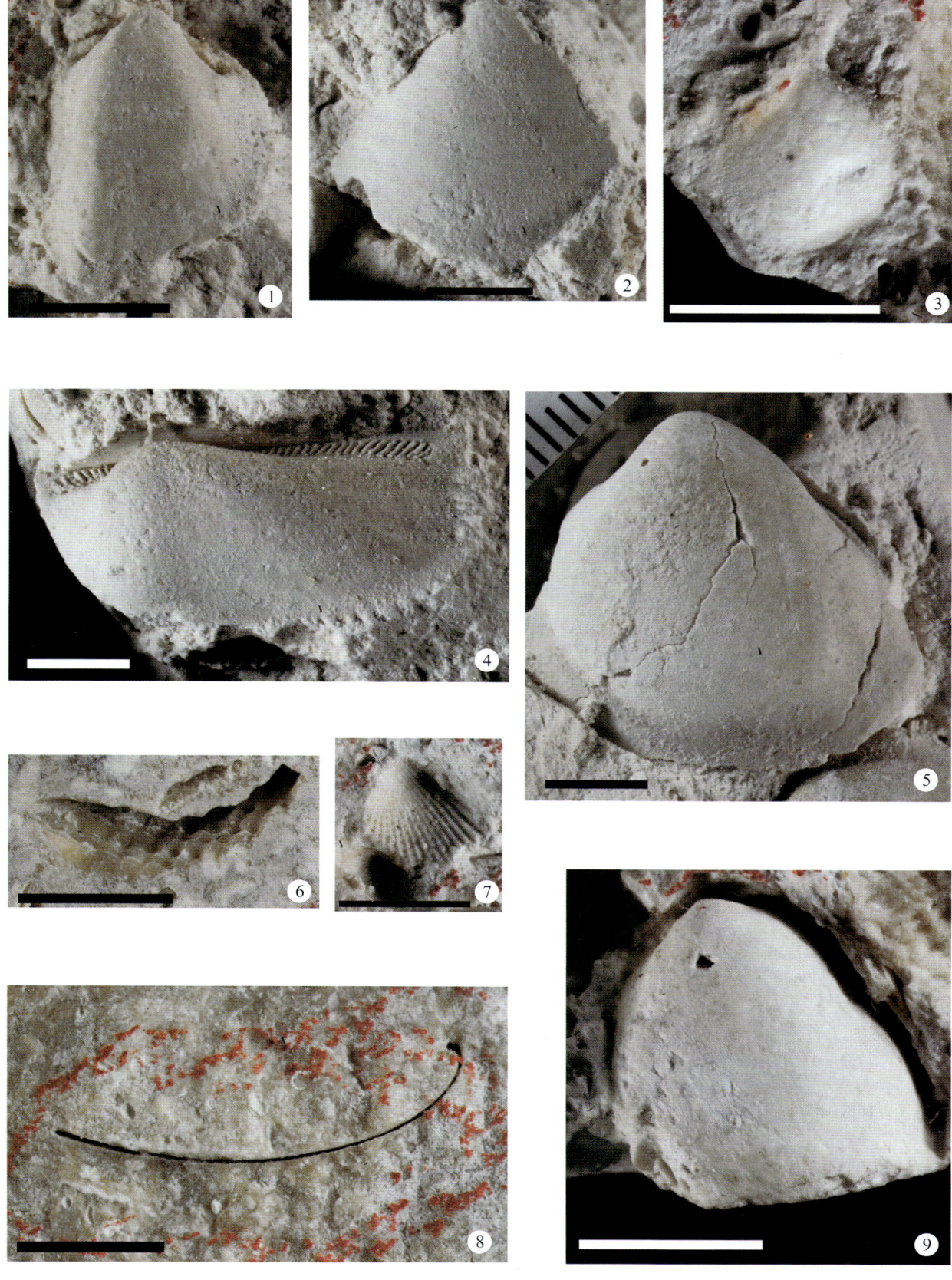

图版 66

图版 67

图版 68